Java
从入门到精通

创客诚品　编著
宋宝卫　朱会东

U0229890

北京希望电子出版社
Beijing Hope Electronic Press
www.bhp.com.cn

创客诚品

内 容 简 介

　　本书内容包括 Java 语言基础、流程控制、面向对象程序设计基础、字符串类、数组、包装类、数字处理类、日期类、继承与多态、抽象类与接口、内部类与包、常用集合、Java 异常处理、Swing 图形用户界面设计、I/O 处理、多线程编程、数据库编程、网络编程技术等。最后介绍进销存管理系统的项目设计，详细说明 Java 语言在程序设计中的实际运用。

　　本书结构合理、内容详实，详细介绍 Java 语言的基础知识与实际运用，是一本实用性很强的程序设计参考书。

　　本书是学习 Java 语言必备的工具书，也可作为各培训机构、软件公司编程人员的参考用书，以及各大中专院校相关专业的教材。

图书在版编目（CIP）数据

Java 从入门到精通 / 创客诚品，宋宝卫，朱会东编著 .
-- 北京：北京希望电子出版社 ,2017.9

　　ISBN 978-7-83002-490-1

　　Ⅰ .① J… Ⅱ .①创… ②宋… ③朱… Ⅲ .① JAVA 语言－程序设计 Ⅳ .① TP312.8

中国版本图书馆 CIP 数据核字 (2017) 第 137821 号

出版： 北京希望电子出版社		**封面：** 刘　那	
地址： 北京市海淀区中关村大街 22 号 中科大厦 A 座 9 层		**编辑：** 全　卫	
邮编： 100190		**校对：** 王丽锋	
网址： www.bhp.com.cn		**开本：** 787mm×1092mm　1/16	
电话： 010-82620818（总机）转发行部		**印张：** 35	
010-82702675（邮购）		**字数：** 830 千字	
传真： 010-62543892		**印刷：** 北京市平谷县早立印刷厂	
经销： 各地新华书店		**版次：** 2017 年 9 月 1 版 1 次印刷	

定价： 69.90 元（配 1DVD）

PERFACE

前言

　　大部分学习编程的读者都要在职场中依次经历程序员、软件工程师、架构师等职位的磨炼，在程序员的成长道路中每天都会不断地修改代码、寻找并解决Bug，不停地进行程序测试和完善项目。虽然这份工作与诸多产业的工作相比有着光鲜的收入，但是程序员的付出也是非常辛苦的。无论从时间成本上还是脑力耗费上，程序员都要付出比一般职业水平高出几倍的汗水，但是只要在研发过程中稳扎稳打，并勤于总结和思考，最终会得到可喜的收获。

选择一本合适的书

　　对于一名想从事程序开发的初学者来说，如何能快速高效地提升自己的程序开发技术呢？买一本适合自己的程序开发教程进行学习是最简单直接的办法。但是市场上面向初学者的编程类图书中，大多都是以基础理论讲解为主的，内容非常枯燥无趣，读者阅读后仍旧对实操无从下手。如何能将理论知识应用到实战项目，独立地掌控完整的项目，是初学者迫切需要解决的问题，为此，笔者特编写了程序设计"从入门到精通"系列图书。

本系列图书内容设置

　　遵循循序渐进的学习思路，第一批主要推出以下课程：

课程	学习课时	内容概述
C# 从入门到精通	64	C# 是由 C 和 C++ 衍生出来的面向对象的编程语言。它不仅继承了 C 和 C++ 强大功能，还去掉了它们的一些复杂特性（比如不允许多重继承）。最终以其强大的操作能力、优雅的语法风格、创新的语言特性和便捷的面向组件编程的支持成为 .NET 开发的首选语言
C 语言从入门到精通	60	C 语言是一种计算机程序设计语言，它既具有高级语言的优势，又具有汇编语言的特点。之所以命名为 C，是因为 C 语言源自 Ken Thompson 发明的 B 语言，而 B 语言则源自 BCPL 语言。C 语言可以作为工作系统设计语言，用于编写系统应用程序，也可以作为应用程序设计语言，编写不依赖计算机硬件的应用程序

课程	学习课时	内容概述
Java 从入门到精通	60	Java 是一种可以撰写跨平台应用程序的面向对象的程序设计语言，它具有卓越的通用性、高效性、平台移植性和安全性，广泛应用于PC、数据中心、游戏控制台、科学超级计算机、移动电话和互联网，同时拥有全球最大的开发者专业社群
SQL Server 从入门到精通	64	SQL 全称 Structured Query Language（结构化查询语言），是一种数据库查询和程序设计语言，用于存取数据以及查询、更新和管理关系数据库系统；同时也是数据库脚本文件的扩展名。结构化查询语言是高级的非过程化编程语言，允许用户在高层数据结构上工作。结构化查询语言语句可以嵌套，这使它具有极大的灵活性和强大的功能
Oracle 从入门到精通	32	Oracle 全称 Oracle Database，又称 Oracle RDBMS，是甲骨文公司的一款关系数据库管理系统，是目前最流行的客户/服务器或B/S 体系结构的数据库之一。Oracle 系统稳定性强，兼容性好，主流的操作系统下都可以安装，安全性比较好，有一系列的安全控制机制，对大量数据的处理能力强，运行速度较快，对数据有完整的恢复和备份机制，主要适用于大型项目的开发

本书特色

☞ **零基础入门轻松掌握**

为了满足初级编程入门读者的需求，本书采用"从入门到精通"基础大全图书的写作方法，科学安排知识结构，内容由浅入深，循序渐进逐步展开，让读者平稳地从基础知识过渡到实战项目。

☞ **理论+实践完美结合，学+练两不误**

200多个基础知识+近200个实战案例+2个完整项目实操，可轻松掌握"基础入门—核心技术—技能提升—完整项目开发"四大学习阶段的重点难点。每章都提供课后练习，学完即可进行自我测验，真正做到举一反三，提升编程能力和逻辑思维能力。

☞ **讲解通俗易懂，知识技巧贯穿全书**

知识内容不是简单的理论罗列，而是在讲解过程中随时插入一些实战技巧，让读者知其然并知其所以然，掌握解决问题的关键。

☞ **同步高清多媒体教学视频，提升学习效率**

该系列每书配有一张DVD光盘，里面包含书中所有实例的代码和每章的重点案例教学视频，这些视频能解决读者在随书操作中遇到的问题，还能帮助读者快速理解所学知识，方便读者参考学习。

☞ **程序员入门必备海量开发资源库**

为了给读者提供一个全面的"基础+实例+项目实战"学习套餐，本书配套DVD光盘中不但提供了书中所有案例的源代码，还提供了项目资源库、面试资源库和测试题资源库等海量素材。

☞ **QQ群在线答疑+微信平台互动交流**

笔者为了方便为读者解惑答疑，提供了QQ群、微信平台等技术支持，以便读者之间相互交流学习。

程序开发交流QQ群： 324108015

微信学习平台： 微信扫一扫，关注"德胜书坊"，即可获得更多让你惊叫的代码和
海量素材！

作者团队

创客诚品团队由多位程序开发工程师、高校计算机专业教师组成。团队核心成员都有多年的教学经验，后加入知名科技公司担任高端工程师。现为程序设计类畅销图书作者，曾在"全国计算机图书排行榜"同品类图书排行中身居前列，深受广大工程设计人员的好评。

本书由郑州轻工业学院的宋宝卫、朱会东老师编写，他们均为Java教学方面的优秀教师，将多年的教学经验和技术融入到了书中，在此对他们的辛勤工作表示衷心的感谢，也特别感谢郑州轻工业学院教务处对本书的大力支持。

读者对象

- 初学编程的入门自学者
- 程序开发爱好者
- 刚毕业的莘莘学子
- 互联网公司编程相关职位的"菜鸟"
- 初中级数据库管理员或程序员
- 程序测试及维护人员
- 大中专院校计算机专业教师和学生
- 计算机培训机构的教师和学员

致谢

转眼间，从开始策划到完成写作已经过去了半年，这期间对程序代码做了多次调试，对正文稿件做了多次修改，最后尽心尽力地完成了本次书稿的编写工作。在此首先感谢选择并阅读本系列图书的读者朋友，你们的支持是我们最大的动力来源。其次感谢参与这次编写的各位老师，感谢为顺利出版给予支持的出版社领导及编辑，感谢为本书付出过辛苦劳作的所有人。

本人编写水平毕竟有限，书中难免有错误和疏漏之处，恳请广大读者给予批评指正。

最后感谢您选择购买本书，希望本书能成为您编程学习的引领者。

从基本概念到实战练习最终升级为完整项目开发，本书能帮助零基础的您快速掌握程序设计！

编 者

阅 读 说 明

在学习本书之前，请您先仔细阅读"阅读说明"，这里指明了书中各部分的重点内容和学习方法，有利于您正确地使用本书，让您的学习更高效。

目录层级分明。 由浅入深，结构清晰，快速理顺全书要点

实战案例丰富全面。 171个实战案例搭配理论讲解，高效实用，让你快速掌握问题重难点

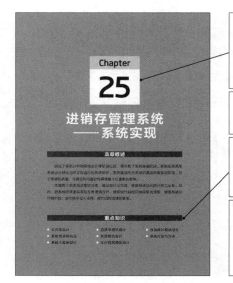

真正掌握项目全过程。 本书最后提供完整项目实操练习，模拟全真商业项目环境，让你在面试中脱颖而出

"TIPS"贴心提示！ 技巧小版块，贴心帮读者绕开学习陷阱

章前页重点知识总结。 每章的章前页上均有重点知识罗列，清晰了解每章内容

解析帮你掌握代码变容易！ 丰富细致的代码段与文字解析，让你快速进入程序编写情景，直击代码常见问题

CONTENTS

目 录

Chapter
03
Java语言基础

Chapter
04
流程控制

Chapter 05　面向对象程序设计基础

Chapter 06 字符串类

Chapter 07 数组

Chapter 08 包装类

Chapter 09 数字处理类

Chapter 10 日期类

Chapter 11 继承与多态

12

抽象类与接口

13

内部类与包

14

常用集合

Chapter

15

Java异常处理

Chapter

16

Swing图形用户界面设计

Chapter

17

I/O处理

Chapter

18

多线程编程

Chapter

19

数据库编程

Chapter

20

网络编程

Chapter

21

Swing表格和树组件

Chapter

22

Swing菜单和对话框组件

Chapter

23

进销存管理系统——系统分析

Chapter 24 进销存管理系统——系统设计

Chapter 25 进销存管理系统——系统实现

Java从入门到精通
全书案例汇总

Chapter 16　Swing图形用户界面设计

Chapter 17　I/O处理

Chapter 18　多线程编程

Chapter 01

从零开始学Java

本章概述

　　Java是一种可以编写跨平台应用程序的面向对象程序设计语言。它具有良好的通用性、高效性、平台移植性和安全性，广泛应用于个人计算机、数据中心、手机和互联网，现已成为最受欢迎和最有影响力的编程语言之一，并拥有全球最大的开发者专业社群。本章将对Java语言的发展历史、特点、开发环境，以及如何编译和执行Java应用程序等内容进行介绍。通过本章的学习，读者将会对Java语言有一个初步的了解，并能够顺利地搭建Java应用程序的运行开发环境。

重点知识

- Java语言发展历史
- Java语言特点
- Java程序的运行机制
- Java开发环境的建立
- 创建第一个Java应用程序

1.1 Java语言发展历史

> Java语言的历史要追溯到1991年，当时美国Sun公司的Patrick Naughton及其伙伴James Gosling带领的工程师小组（Green项目组）准备研发一种能够应用于智能家电（如：电视机、电冰箱）的小型语言。由于家电设备的处理能力和内存空间都很有限，所以要求这种语言必须非常简练且能够生成非常紧凑的代码。同时，由于不同的家电生产商会选择不同的中央处理器（CPU），因此还要求这种语言不能与任何特定的体系结构捆绑在一起，也就是说必须具有跨平台能力。

项目开始时，项目组首先从改写C/C++语言编译器着手，但是在改写过程中感到仅仅使用C语言无法满足需要，而C++语言又过于复杂，安全性也差，无法满足项目设计的需要。于是项目组从1991年6月开始研发一种新的编程语言，并命名为Oak，但后来发现Oak已被另一个公司注册，于是又将其改名为Java，并将一杯冒着热气的咖啡图案作为它的标志。

1992年，Green项目组发布了它的第一个产品，称之为"*7"。该产品具有非常智能的远程控制。遗憾的是当时的智能消费型电子产品市场还很不成熟，没有一家公司对此感兴趣，该产品以失败而告终。到了1993年，Sun公司重新分析市场需求，认为网络具有非常好的发展前景，而且Java语言似乎非常适合网络编程，于是Sun公司将Java语言的应用背景转向了网络市场。

1994年，在James Gosling的带领下，项目组采用Java语言开发了功能强大的HotJava浏览器。为了炫耀Java语言的超强能力，项目组让HotJava浏览器具有执行网页中内嵌代码的能力，为网页增加了"动态的内容"。这一"技术印证"在1995年的SunWorld上得到了展示，同时引发了人们延续至今的对Java语言的狂热追逐。

1996年，Sun公司发布了Java的第1个版本Java 1.0，但Java 1.0不能用来进行真正的应用开发，后来的Java 1.1弥补了其中大部分明显的缺陷，大大改进了反射能力，并为GUI编程增加了新的事件处理模型。

1998年，Sun公司发布了Java 1.2版，这个版本取代了早期玩具式的GUI，并且它的图形工具箱更加精细而且具有较强的可伸缩性，更加接近"一次编写，随处运行"的承诺。

1999年，Sun公司发布Java三个版本：标准版（J2SE）、企业版（J2EE）和微型版（J2ME）。

2005年，Sun公司发布Java SE 6。此时，Java的各种版本已经更名，取消了其中的数字"2"。J2EE更名为Java EE，J2SE更名为Java SE，J2ME更名为Java ME。

2010年，Sun公司被Oracle公司收购，交易金额达到74亿美元。

2011年，Oracle公司发布Java 7.0正式版。

2014年，Oracle公司发布Java SE 8正式版。

目前，Java SE最新开发包是Oracle公司于2017年发布的JDK 8u121正式版。

本书主要介绍的是Java SE，也就是Java标准版。

1.2 Java语言特点

> Java的特点与其发展历史是紧密相关的。它之所以能够受到如此多的好评以及拥有如此迅猛的发展速度，与其语言本身的特点是分不开的。其主要特点总结如下。

1. 简单性

Java语言是在C++语言的基础上进行简化和改进的一种新型编程语言。它去掉了C++中最难正确应用的指针和最难理解的多重继承技术等内容，因此，Java语言具有功能强大和简单易用两个特征。

2. 面向对象性

Java语言是一种新的编程语言，没有兼容面向过程编程语言的负担，因此Java语言和C++相比，其面向对象的特性更加突出。

Java语言的设计集中于对象及其接口，它提供了简单的类机制及动态的接口模型。与其他面向对象的语言一样，Java具备继承、封装及多态等核心技术，更提供了一些类的原型，程序员可以通过继承机制，实现代码的复用。

3. 分布性

Java从诞生之日起就与网络联系在一起，它强调网络特性，从而使之成为一种分布式程序设计语言。Java语言包括一个支持HTTP和FTP等基于TCP/IP协议的子库，它提供一个Java.net包，通过它可以完成各种层次上的网络连接。因此Java语言编写的应用程序可以凭借URL打开并访问网络上的对象，其访问方式与访问本地文件系统几乎完全相同。Java语言的Socket类提供可靠的流式网络连接，使程序设计者可以非常方便地创建分布式应用程序。

4. 平台无关性

借助于Java虚拟机（JVM），使用Java语言编写的应用程序不需要进行任何修改，就可以在不同的软、硬件平台上运行。

5. 安全性

安全性可以分为四个层面，即语言级安全性、编译时安全性、运行时安全性、可执行代码安全性。语言级安全性指Java的数据结构是完整的对象，这些封装过的数据类型具有安全性。编译时要进行Java语言和语义的检查，保证每个变量对应一个相应的值，编译后生成Java类。运行时Java类需要类加载器载入，并经由字节码校验器校验之后才可以运行。 Java类在网络上使用时，对它的权限进行了设置，保证了被访问用户的安全性。

6. 多线程

多线程机制使应用程序能够并行执行，通过使用多线程，程序设计者可以分别用不同的线程完成特定的行为，而不需要采用全局的事件循环机制，这样就可以很容易地实现网络上的实时交互行为和实时控制性能。

大多数高级语言（包括C、C++等）都不支持多线程，用它们只能编写顺序执行的程序（除非有操作系统API的支持）。而Java却内置了语言级多线程功能，提供了现成的Thread类，只要继承这个类就可以编写多线程的程序，使用户程序并行执行。Java提供的同步机制可保证各线程对共享数据的正确操作，完成各自的特定任务。在硬件条件允许的情况下，这些线程可以直接分布到各个CPU上，充分发挥硬件性能，减少用户等待的时间。

7. 自动废区回收性

在用C及C++编写大型软件时，编程人员必须自己管理所用的内存块，这项工作非常困难并往往成为出错和内存不足的根源。在Java环境下编程人员不必为内存管理操心，Java语言系统有一个叫做"无用单元收集器"的内置程序，它扫描内存，并自动释放那些不再使用的内存块。Java语言的这种自动废区收集机制，对程序不再引用的对象自动取消其所占资源，彻底消除了出现存储器泄漏之类的错误，并免去了程序员管理存储器的繁琐工作。

1.3 Java程序的运行机制

> Java语言比较特殊，Java语言编写的程序需要经过编译步骤，但这个编译步骤不会产生特定平台的机器码，而是生成一种与平台无关的字节码（也就是.class文件）。这种字节码不是可执行性的，必须使用Java解释器来解释执行，也就需要是通过Java解释器转换为本地计算机的机器代码，然后交给本地计算机执行。

Java语言里负责解释执行字节码文件的是Java虚拟机，即Java Virtual Machine（JVM）。JVM是可以运行Java字节码文件的虚拟计算机。所有平台上的JVM向编译器提供相同的编程接口，而编译器只需要面向虚拟机，生成虚拟机能理解的代码，然后由虚拟机来解释执行。不同平台上的JVM都是不同的，但他们都提供了相同的接口。JVM是Java程序跨平台的关键部分，只要为不同的平台实现了相应的虚拟机，编译后的Java字节码就可以在该平台上运行。

Java虚拟机执行字节码的过程由一个循环组成，它不停地加载程序，进行合法性和安全性检测，以及解释执行，直到程序执行完毕（包括异常退出）。

Java虚拟机首先从后缀为".class"文件中加载字节码到内存中，接着在内存中检测代码的合法性和安全性，例如检测Java程序用到的数组是否越界、所要访问的内存地址是否合法等，然后解释执行通过检测的代码，并根据不同的计算机平台将字节码转化成为相应的计算机平台的机器代码，再交给相应的计算机执行。如果加载的代码不能通过合法性和安全性检测，则Java虚拟机执行相应的异常处理程序。Java虚拟机不停地执行这个过程直到程序执行结束。Java程序的运行机制和工作原理如图1.1所示。

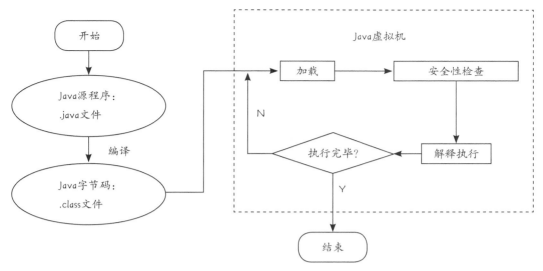

图1.1 Java程序的运行机制和工作原理

1.4 Java开发环境的建立

> 经过前面几节的介绍，相信读者已经对Java语言的特点、运行机制等有了一定的了解。本节我们将详细介绍如何在本地计算机上搭建Java程序的开发环境。

1.4.1 JDK的安装

JDK（Java Development Kit）是Oracle公司发布的免费的Java开发工具，它提供了调试及运行一个Java程序必需的所有工具和类库。在正式开发Java程序前，需要先安装JDK。JDK的最新版本可以到http://www.oracle.com/technetwork/java/javase/downloads/index.html上免费下载。目前JDK最新版本是Oracle公司于2017年1月发布的JDK 8u121正式版。根据运行时所对应的操作系统，JDK 8可以划分为for Windows、for Linux和for Mac OS等不同版本。

本书实例基于的Java SE平台是JDK 8 for Windows。下面就以JDK 8 for Windows为例，来介绍它的安装和配置。

Step 01 通过网址http://www.oracle.com/technetwork/java/javase/downloads/index.html 进入"Java SE"下载页面，可以找到最新版本的JDK，如图1.2所示。

Step 02 单击"Java Platform（JDK）8u121"上方的"DOWNLOAD"按钮，打开"Java SE"下载列表页面，其中包括：Windows、Solaris和Linux等平台的不同环境JDK的下载，如图1.3所示。

Step 03 在下载之前，选中"Accept License Agreement"单选按钮，接受许可协议。由于本书中使用的是64位版本的Windows操作系统，因此这时需要选择与平台对应的Windows x64类型的jdk-8u121-windows-x64.exe超链接，进行JDK的下载，如图1.4所示。

图1.2 "Java SE"下载页面

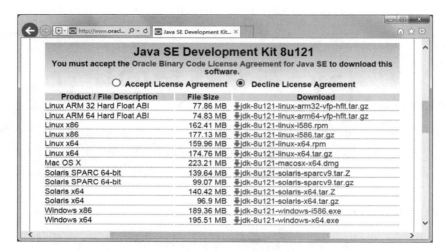

图1.3 "Java SE"下载列表页面

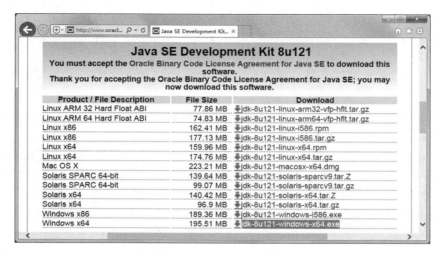

图1.4 "JDK"下载页面

Step 04 下载完成后，在计算机硬盘中可以发现一个名称为jdk-8u121-windows-x64.exe的可执行文件，双击该文件，将会出现"欢迎"窗口，如图1.5所示。

图1.5 "欢迎"窗口

Step 05 单击"下一步"按钮，进入如图1.6所示的"定制安装"窗口。通过此窗口，可以选择要安装的模块和路径。

图1.6 "定制安装"窗口

【 TIPS 】

在上述安装界面中，"开发工具"是必选的，"源代码"是给开发者做参考的，如果硬盘剩余空间比较多的话，最好选择安装，"公共JRE"是一个独立的Java运行时环境（Java Runtime Environment，JRE）。任何应用程序均可使用此JRE。它会向浏览器和系统注册Java插件和Java Web Start。如果不选择此项，IE浏览器可能会无法运行Java编写的Applet程序。安装路径默认的是C:\Program Files\Java\jdk1.8.0_121，如果需要更改安装路径，可以单击"更改"按钮，输入你想要的安装路径即可。

Step 06 单击"下一步"按钮，进入"进度"窗口，如图1.7所示。通过"进度"窗口，可以了解JDK的安装进度。

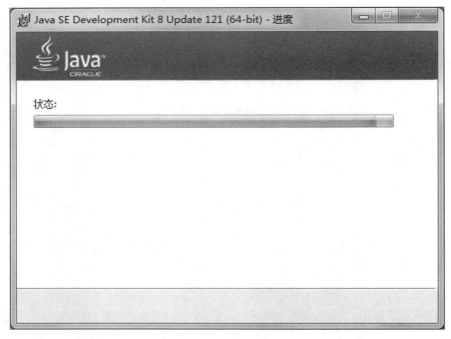

图1.7 "进度"窗口

Step 07 JDK安装完毕后，自动进入"自定义安装JRE"窗口，如图1.8所示。通过此窗口可以选择JRE的安装模块和路径，通常情况下，不需要用户修改这些默认选项。默认的安装路径是C:\Program Files\Java\jre1.8.0_121，也可以通过单击"更改"按钮进行修改。

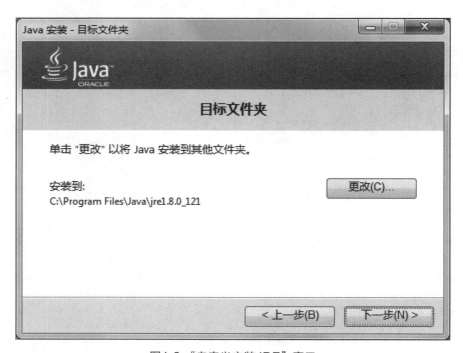

图1.8 "自定义安装JRE"窗口

Step 08 单击"下一步"按钮，开始JRE的安装，如图1.9所示。

图1.9 "安装JRE"窗口

Step 09 JRE安装结束后，自动进入"安装完成"窗口，如图1.10所示。单击"关闭"按钮，完成安装。单击"后续步骤"按钮，可以访问教程、API文档、开发人员指南等内容。在这里，我们直接单击"关闭"按钮，完成JDK的安装。

图1.10 "安装完成"窗口

JDK安装完成后，会在安装目录下多一个名称为jdk1.8.0_121的文件夹，打开该文件夹，如图1.11所示。

从图1.11中可以看出，安装目录下存在多个文件夹和文件，下面我们对其中一些比较重要的文件夹和文件进行简单介绍。

- –bin文件夹：JDK开发工具的可执行文件，包括：java、javac、javadoc、appletviewer等可执行文件。
- –lib文件夹：开发工具需要的附加类库和支持文件。

- –jre文件夹：Java运行时环境，包含java虚拟机、类库及其他文件，可支持执行以Java语言编写的程序。
- –include文件夹：存放用于本地访问的文件。
- –src.zip压缩包：Java核心API类的源代码压缩文件。

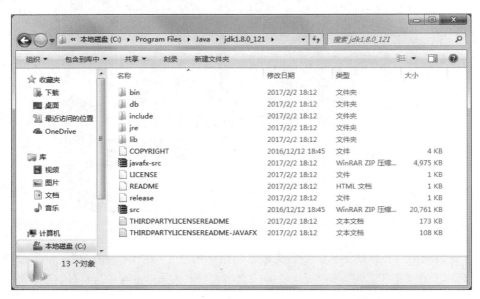

图1.11　文件夹内容

🔑【TIPS】

　　和一般的Windows程序不同，JDK安装成功后，不会在"开始"菜单和桌面生成快捷方式。这是因为bin文件夹下面的可执行程序都不是图形界面，它们必须在控制台中以命令行方式运行。另外，还需要用户手工配置一些环境变量才能方便地使用JDK。

1.4.2 系统环境变量的设置

　　环境变量是包含关于系统及当前登录用户的环境信息的字符串，一些程序使用此信息确定在何处放置和搜索文件。和JDK相关的环境变量主要有两个：path和classpath。其中，path变量记录的是可执行程序所在的路径，系统根据这个变量的值查找可执行程序，如果执行的可执行程序不在当前目录下，那就会依次搜索path变量中记录的路径，而Java的各种操作命令是在其安装路径中的bin文件夹下，所以在path中设置了JDK的安装目录后就不用再把Java文件的完整路径写出来了，它会自动去path中设置的路径中去查找。classpath变量记录的是类搜索路径，系统根据这个变量的值查找编译或运行程序过程中所用到的类（.class）文件。通常情况下，需要把JDK安装目录下的lib子文件夹中的两个核心包dt.jar和tools.jar设置到classpath中。

　　下面我们以Windows 7操作系统为例来介绍如何设置和Java有关的系统环境变量，假设JDK安装在系统默认目录下。

1. path

Step 01 选中"我的电脑"，在右键快捷菜单中选择"属性"命令，然后选择左侧导航栏里面的"高级系统设置"命令，进入"系统属性"窗口，如图1.12所示。

图1.12 "系统属性"窗口

Step 02 在图1.12中,单击"环境变量"按钮,弹出"环境变量"窗口,选中系统变量中的path变量,如图1.13所示。

图1.13 "环境变量"窗口

Step 03 在图1.13中,单击系统变量下方的"编辑"按钮,对环境变量path进行修改,如图1.14所示。

图1.14 "编辑系统变量"窗口

在path变量值的尾部添加"; C:\Program Files\Java\jdk1.8.0_121\bin;",然后单击"确定"按钮,完成对path环境变量的设置。

2. classpath

Step 01 在图1.13中，单击"系统变量"选区下方的"新建"按钮，弹出"新建系统变量"窗口，如图1.15所示。

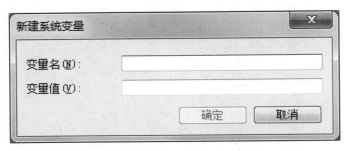

图1.15 "新建系统变量"窗口

Step 02 输入变量名：classpath和变量值："C:\Program Files\Java\jdk1.8.0_121\lib\dt.jar;C:\Program Files\Java\jdk1.8.0_121\lib\tools.jar;"，结果如图1.16所示。

图1.16 "新建系统变量classpath"窗口

Step 03 单击图1.16中的"确定"按钮，完成对classpath环境变量的设置。

Step 04 单击图1.13中的"确定"按钮，保存对path和classpath变量的设置。

3. 测试环境变量配置是否成功

Step 01 按下组合键Win+R，在弹出的运行窗口中输入cmd，如图1.17所示。

图1.17 "运行"窗口

Step 02 单击图1.17中的"确定"按钮，弹出DOS命令行窗口，输入javac命令，然后按回车键，出现如图1.18所示的信息，就表示环境变量配置成功了。

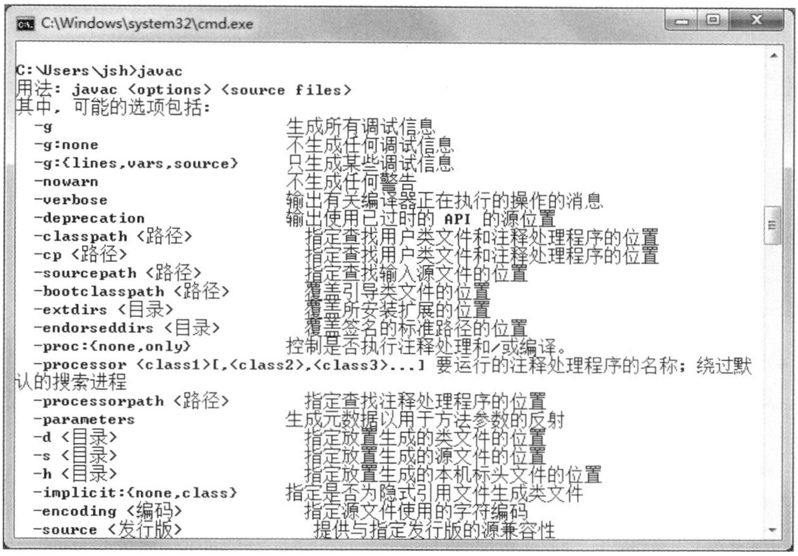

图1.18 "javac命令"执行结果窗口

1.5 创建第一个Java应用程序

> 在Java开发环境建立后，就可以开始编写Java应用程序了。为了使读者对开发Java应用程序的步骤有一个初步的了解，在本节将向读者展示一个完整的Java应用程序开发过程，并给出一些开发过程中应该注意的事项。

1.5.1 编写源程序

Java源程序的编辑可以在Windows的记事本中进行，也可以在诸如Edit Plus、Ultra Edit之类的文本编辑器中进行，还可以在Eclipse、NetBeans、JCreator、MyEclipse等专用的开发工具中进行。

现在我们假设在记事本中进行源程序的编辑，启动记事本应用程序，在其窗口中输入如下程序代码：

```java
public class HelloWorld {
    public static void main(String[] args) {
        System.out.println("Hello world!");
    }
}
```

程序代码输入完毕后，将该文件另存为HelloWorld.java，保存类型选择为"所有文件"，然后单击"保存"按钮，把文件保存到D:\chapter1文件夹中，如图1.19所示。

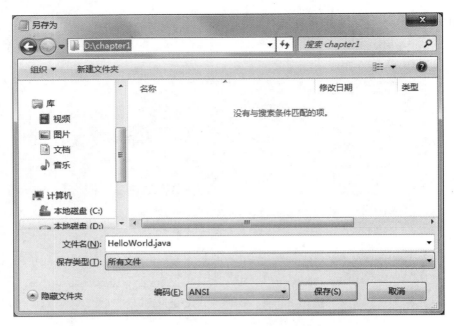

图1.19　保存HelloWorld.java文件窗口

🔑【TIPS】

● 存储文件时，源程序文件的扩展名必须为.java，且源程序文件名必须与程序中声明为public class的类的名字完全一致（包括大小写一致）。

● 程序中的public class HelloWorld表示要声明一个名为HelloWorld的类，其中class是声明一个类必需的关键字。类由类头和类体组成，类体部分的内容由一对大括号括起来，在类中不能嵌套声明其他类。类体内容包括属性和方法，具体内容将在第4章中介绍。

● Java应用程序可以由若干类组成，每个类可以定义若干个方法。但其中必须有一个类中包含有一个且只能有一个public static void main(String args[])方法，main是所有Java应用程序执行的入口点，当运行Java应用程序时，整个程序将从main方法开始执行。

● System.out是Java提供的标准输出对象，println是该对象的一个方法，用于向屏幕输出。

1.5.2 编译和运行执行程序

JDK所提供的开发工具主要有编译程序、解释执行程序、调试程序、Applet 执行程序、文档管理程序、包管理程序等，这些程序都是控制台程序，要以命令的方式执行。其中，编译程序和解释执行程序是最常用的程序，它们都在JDK安装目录下bin文件夹中。

1. 编译程序

JDK的编译程序是javac.exe，该命令将Java 源程序编译成字节码，生成与类同名但后缀名为.class 的文件。通常情况下编译器会把.class文件放在和Java源文件相同的一个文件夹里，除非在编译过程中使用了–d 选项。javac的一般用法如下：

javac [选项…] file.java

其中，常用选项包括：

● –classpath：该选项用于设置路径，在该路径上javac寻找需被调用的类。该路径是一个用分号分开的目录列表。

- –d directory：该选项用于指定存放生成的类文件的位置。
- –g：该选项在代码产生器中打开调试表，以后可凭此调试产生字节代码。
- –nowarn：该选项用于禁止编译器产生警告。
- –verbose：该选项用于输出有关编译器正在执行的操作的消息。
- –sourcepath <路径>：该选项用于指定查找输入源文件的位置。
- – version：该选项标识版本信息。

虽然javac的选项众多，但对于初学者而言，并不需要一开始就掌握这些选项的用法，只需要掌握最简单的用法就可以了。

例如，编译HelloWorld.java源程序文件，只需在命令行输入如下的程序即可。

```
javac HelloWorld.java
```

【TIPS】

javac和HelloWorld.java之间必须用空格隔开，文件名的后缀.java不能省略。

编译HelloWorld.java的具体步骤如下：

Step 01 利用上节介绍的方法，进入DOS命令行窗口。

Step 02 在命令行窗口输入"d:"，按回车键转到D盘，然后再输入"cd chapter1"，按回车键进入Java源程序文件所在目录。

Step 03 输入命令"javac HelloWorld.java"，按回车键，稍等一会儿，如果没有任何其他信息出现，表示该源程序已经通过了编译。

具体操作过程如图1.20所示。

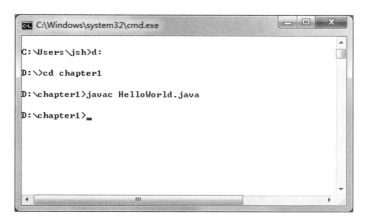

图1.20　编译程序的命令行窗口

【TIPS】

如果编译不正确，则给出错误信息，程序员可根据系统提供的错误提示信息修改源代码，直到编译正确为止。

成功编译后，可以在D:\chapter1文件夹中看到一个名为HelloWorld.class的文件，如图1.21所示。

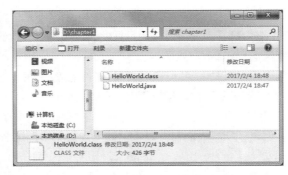

图1.21　chapter1文件夹窗口

2. 解释执行程序

JDK的解释执行程序是java.exe，该程序用于执行编译好的class文件。它的一般用法如下。

java [选项…] file [参数…]

其中，常用选项包括：

- −classpath：用于设置路径，在该路径上javac寻找需被调用的类。该路径是一个用分号分开的目录列表。
- −client：选择客户虚拟机（这是默认值）。
- − server：选择服务虚拟机。
- − hotspot：与client 相同。
- −verify：对所有代码使用校验。
- −noverify：不对代码进行校验。
- −verbose：每当类被调用时，向标准输出设备输出信息。
- − version：输出版本信息。

初学者只要掌握最简单的用法就可以了。

例如，要执行HelloWorld.class 文件，只需要在命令行输入如下的程序即可。

```
java HelloWorld
```

然后按回车键，稍等一会儿，如果在窗口中出现"hello world！"字符串，说明程序执行成功，执行结果如图1.22所示。

图1.22　"程序执行结果"窗口

【TIPS】

　　java HelloWorld的作用是让Java解释器装载、校验并执行字节码文件HelloWorld.class，在输入文件名时，大小写必须严格区分，并且文件名的后缀.class必须省略，否则无法执行该程序。

本章小结

　　本章首先介绍了Java语言的发展史和特点。Java语言的发展历史是简短而曲折的。Java语言是在C++语言的基础上进行简化和改进的一种新型编程语言，它具有简单、平台无关、面向对象、安全、多线程、垃圾自动回收等突出特点。

　　然后介绍了搭建Java应用程序开发环境的步骤和方法。读者可以从Oracle官方网站下载JDK并按照本章介绍的方法进行安装。安装结束后，设置系统环境变量path和classpath。其中path变量记录的是可执行程序所在的路径，系统根据这个变量的值查找可执行程序，如果执行的可执行程序不在当前目录下，那就会依次搜索path变量中记录的路径。classpath变量记录的是类搜索路径，系统根据这个变量的值查找编译或运行程序过程中所用到的类（.class）文件。

　　最后通过一个简单的例子向读者介绍了一个Java应用程序的编写过程及注意事项，并且，在例子中使用的是命令行方式，这有助于读者对编译器工作状态的掌握。读者刚开始编译运行程序时，可能会出现较多的错误，其中大多数是由环境变量配置错误造成的，需要读者熟练掌握环境变量的配置方法。

项目练习

项目练习1

　　到Oracle公司的官方网站上下载文件名为jdk-8u121-windows-x64.exe的安装文件，运行该文件建立Java应用程序的开发运行环境，并编辑系统环境变量path的值，使系统在任何目录下都能识别javac指令。

项目练习2

　　利用记事本编写一个简单的Java应用程序，并用命令行方式对其进行编译和运行。

Chapter

02

熟悉Eclipse开发环境

本章概述

　　Eclipse是目前最流行的Java集成开发环境，其集成的JDT（Java Development Tools）即Java编写、编译、调试环境，在易用性、便捷性及效率方面都具有明显的优势。Eclipse是开源的，Java开发人员可以轻易获得Eclipse，且不用支付任何使用费用，这使得Eclipse在Java开发中受到了程序员的偏爱和追捧。本章将对Eclipse的发展历史、特点、平台搭建和利用平台进行Java应用程序代码的编写、编译和调试方法进行介绍。通过本章的学习，读者将会对Eclipse有一个深入的了解，并能够顺利地利用Eclipse进行Java应用程序的开发和调试。

重点知识

- Eclipse简介
- Eclipse下载
- Eclipse安装
- Eclipse配置与启动
- 利用Eclipse开发Java应用程序

2.1 Eclipse简介

> Eclipse最初是由IBM公司开发的用于替代商业软件Visual Age for Java的下一代IDE。2001年11月，IBM公司将Eclipse作为一个开放源代码的项目发布，将其贡献给开源社区。现在它由非营利软件供应商联盟Eclipse基金会（Eclipse Foundation）管理。

Eclipse只是一个框架和一组服务，它通过各种插件来构建开发环境。Eclipse最初主要用于Java语言开发，但现在可以通过安装不同的插件使Eclipse可以支持不同的计算机语言，比如C++和Python等开发语言。

Eclipse本身只是一个框架平台，但是众多插件的支持使得Eclipse拥有其他功能相对固定的IDE软件很难具有的灵活性。现在，许多软件开发商以Eclipse为框架开发自己的IDE。

2.2 Eclipse下载

> 读者可以到Eclipse的官方网站下载最新版本的Eclipse软件，具体步骤如下。

Step 01 打开浏览器在地址栏中输入http://www.eclipse.org/downloads/，按回车键进入Eclipse官方网站的下载页面，如图2.1所示。

图2.1　Eclipse下载页面

Step 02 单击图2.1中的"DOWNLOAD 64 BIT"按钮，下载页面会根据用户所在的地理位置，分配合理的下载镜像站点，如图2.2所示。

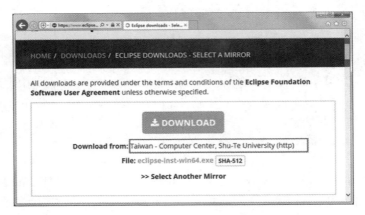

图2.2　选择下载镜像站点

Step 03 单击图2.2中的"DOWNLOAD"按钮，开始进行软件下载，用户只需耐心等待下载完成即可，如图2.3所示。

图2.3　软件下载进度报告页面

Step 04 下载完成后，在本地计算机中会出现一个eclipse-inst-win64.exe可执行文件，如图2.4所示。

图2.4　下载到本地的可执行文件

2.3 Eclipse安装

> Eclipse是基于Java的可扩展开发平台，所以用户在安装Eclipse前要确保自己的计算机上已安装JDK。我们的计算机上已安装的JDK是64位的jdk-8u121-windows-x64正式版。该JDK和我们已下载的64位的eclipse-inst-win64是完全兼容的。

Eclipse的具体安装步骤如下。

Step 01 双击已下载的eclipse-inst-win64.exe可执行文件，等待出现下载列表界面，如图2.5所示。

在下载列表中列出了不同语言的Eclipse IDE，其中第一个是Java开发IDE，第二个是Java EE开发IDE，第三个是C/C++开发IDE，第四个是java web开发IDE，第五个是PHP开发IDE。本书使用的是第一个版本，即Java开发IDE。

Step 02 单击图2.5中的超链接Eclipse IDE for Java Developers，弹出选择安装路径界面，如图2.6所示。

图2.5　Eclipse下载列表

图2.6　选择安装路径

选择安装路径，建议不要安装在C盘，路径下面的两个选项分别是创建开始菜单和创建桌面快捷方式，用户可根据需要自行选择。

Step 03 单击图2.6中的"INSTALL"按钮开始安装Eclipse，在安装过程中会出现安装协议，如图2.7所示。

Step 04 单击图2.7中的"Accept"按钮，耐心等待即可。安装完成后会出现如图2.8所示的界面。

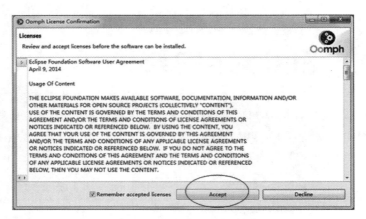

图2.7　Eclipse安装协议

图2.8　Eclipse安装完成

Step 05 关闭窗口，安装过程结束。

2.4 Eclipse配置与启动

> Eclipse安装结束后，可以按照如下的步骤启动Eclipse。

Step 01 在Eclipse的安装目录D:\eclipse_neon\下，找到eclipse目录下的eclipse图标，如图2.9所示。

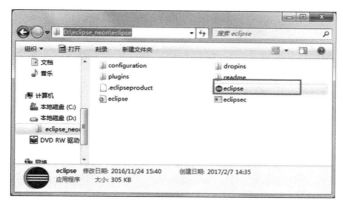

图2.9　Eclipse的安装文件夹

Step 02 双击eclipse图标，启动eclipse，弹出选择工作空间对话框，如图2.10所示。

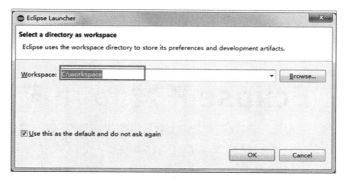

图2.10　选择工作空间对话框

第一次打开Eclipse需要设置Eclipse的工作空间（用于保存Eclipse建立的项目和相关设置），用户可以使用默认的工作空间，或者选择新的工作空间，我们的工作空间是c:\workspace，并且将其设置为默认工作空间，下次启动时就无需再配置工作空间了。

Step 03 单击"OK"按钮，即可启动Eclipse，如图2.11所示。

Eclipse首次启动时，会显示欢迎页面，其中包括：Eclipse概述、新增内容、示例、教程、创建新工程、导入工程等相关选项。

图2.11　Eclipse欢迎界面

Step 04 关闭欢迎界面，将显示Eclipse的工作台，如图2.12所示。

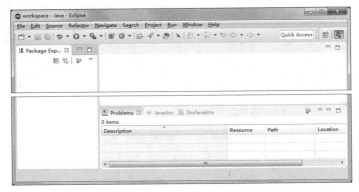

图2.12　Eclipse工作台

Eclipse工作台是程序开发人员开发程序的主要场所。

2.5 Eclipse开发Java应用程序

　　开发前的一切工作都已经准备就绪，本节将通过一个实例来与读者一起体验一下使用Eclipse开发Java应用程序的便捷性。

2.5.1 选择透视图

　　透视图是为了定义Eclipse在窗口里显示的最初的设计和布局。透视图主要控制在菜单和工具上显示什么内容。比如，一个Java 透视图包括常用的编辑Java源程序的视图，而用于调试的透视图则包括调试Java程序时要用到的视图。读者可以转换透视图，但是必须为一个工作区设置好初始的透视图。

　　打开Java透视图的具体步骤如下。

Step 01 在图2.12中，通过"Window"菜单，选择"Open Perspective"的子菜单"Other"，如图2.13所示。然后，打开透视图对话框，如图2.14所示。

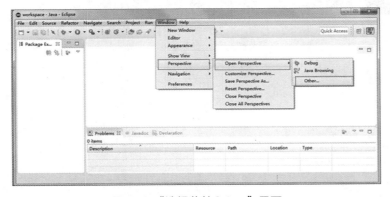

图2.13　"选择菜单Other"界面

图2.14　透视图对话框

Step 02 选择"Java（default）"，然后单击"OK"按钮，即可打开Java透视图，如图2.15所示。

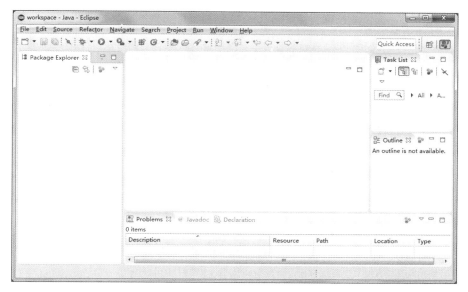

图2.15　Java透视图

2.5.2 新建Java项目

通过新建 Java 项目向导可以很容易地创建Java项目。

Step 01 单击"File"菜单，然后在"New"的级联菜单中选择"Java Project"，如图2.16所示。

Step 02 在弹出的新建Java项目窗口中，读者需要输入项目名称、选择JRE版本和项目布局。通常情况下，读者只需要输入名称，其他内容直接采用默认值即可，如图2.17所示。

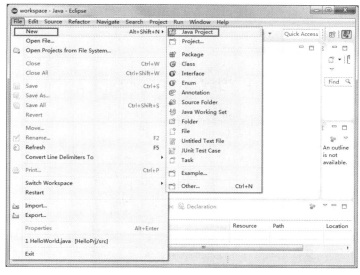

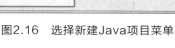

图2.16　选择新建Java项目菜单

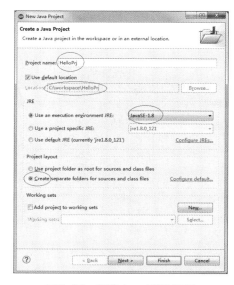

图2.17　新建Java项目窗口

Step 03 单击"Next"按钮，进入Java构建路径设置窗口，在该窗口中可以修改Java构建路径等信息。对于初学者而言，可以直接单击"Finish"按钮完成项目的创建，新建项目会自动出现在包浏览器中，如图2.18所示。

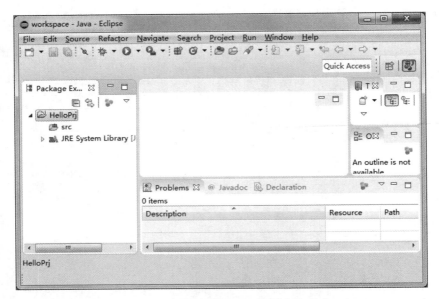

图2.18　查看新建的Java项目HelloPrj

2.5.3 编写Java代码

　　上一小节中创建的项目还只是一个空的项目，没有实际的源程序。现在我们就建立一个Java源程序文件，体验一下在Eclipse中编写代码的乐趣。

Step 01 右键单击项目"HelloPrj"，在弹出的上下文菜单中选择"New"的级联菜单"Class"，如图2.19所示。

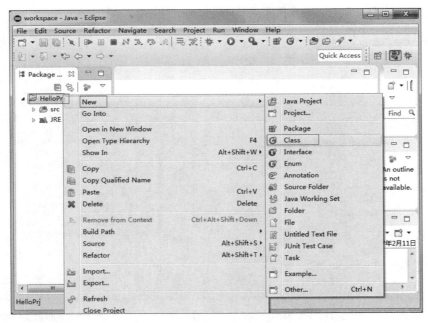

图2.19　选择新建Class命令

Step 02 在弹出的新建Java类窗口中，用户需要输入包名、类名、修饰符及选择要创建的方法等内容。在这里，我们输入了类名，并选择了创建main方法，具体情况如图2.20所示。

图2.20　新建Class菜单对话框

Step 03 单击"Finish"按钮，系统将创建一个Java文件HelloWorld.java，如图2.21所示。

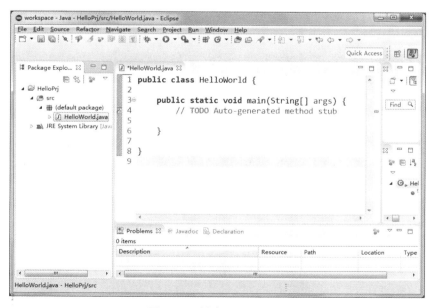

图2.21　创建Java类窗口

Step 04 编辑Java源程序文件。

在源程序的main方法中添加下面的语句：

```
System.out.println("Hello World! ");
```

在编写代码的过程中，代码帮助工具会自动给你提示，帮助你完成代码的编写。比如，当你在System后面键入点（.）后，Eclipse就会显示一个上下文菜单来帮你完成代码的编写，如图2.22所示。你可以从Eclipse提供的下拉菜单中选择合适的选项来完成代码。

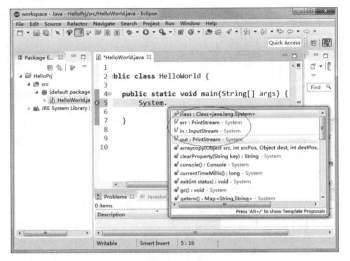

图2.22 "代码提示"窗口

2.5.4 编译和执行程序

编译Java源程序，这一步不用手工来做，Eclipse会自动编译。如果源程序有错误，Eclipse会自动给出相应的提示信息。

运行程序前要确保程序已经成功编译。

运行Java程序，右键单击要执行的程序，在上下文菜单中选择"Run As"的级联菜单"Java Application"，如图2.23所示。稍等一会儿，在下方的控制台窗格中可以看到程序的执行结果，如图2.24所示。

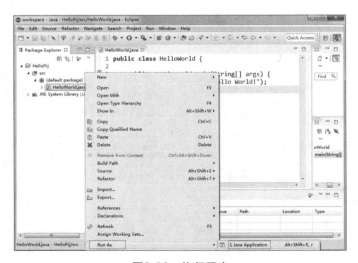

图2.23 执行程序

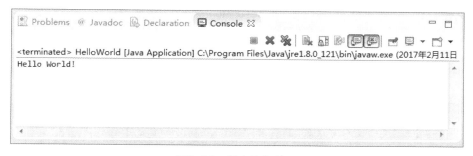

图2.24 程序执行结果

2.5.5 调试程序

Eclipse还集成了程序调试工具，用户不用离开集成开发环境就能通过Eclipse调试器的帮助找到程序的错误。

Eclipse调试器提供了断点设置的功能，使用户可以一行一行地执行程序。在程序执行的同时，用户可以查看变量的值，研究哪个方法被调用了，并且知道程序将要发生什么事件。

我们通过一个简单的例子，介绍一下如何使用Eclipse调试器来调试程序。

```java
public class DebugTest {
    public static void main(String[] args) {
        int sum =0;
        for(int i=1;i<=5;i++){
            sum=sum +i;
        }
        System.out.println(sum);
    }
}
```

上述代码的核心功能是：计算1～5之间的所有整数之和，并输出计算结果，即sum的值。但对于初学者来说，可能对sum的值的变化过程不是非常了解，接下来我们通过Eclipse调试器来了解sum的变化过程。

Step 01 设置断点。双击要插入断点的语句前面的蓝色区域，这时该行最前面会出现一个蓝色的圆点，这就是断点，如图2.25所示。如果要取消该断点，直接双击断点处即可。

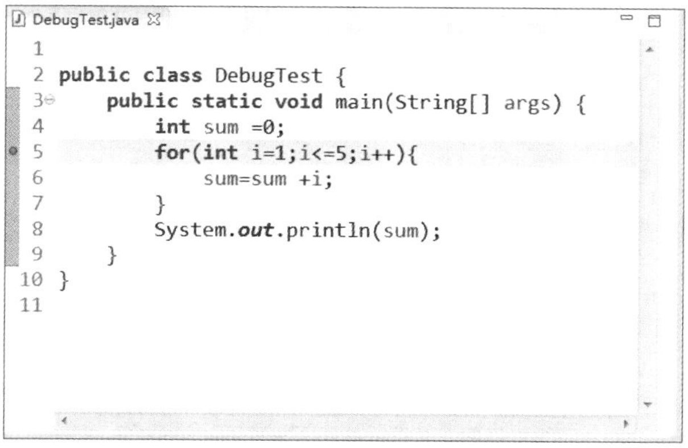

```java
1
2 public class DebugTest {
3⊖    public static void main(String[] args) {
4        int sum =0;
5        for(int i=1;i<=5;i++){
6            sum=sum +i;
7        }
8        System.out.println(sum);
9    }
10 }
11
```

图2.25 设置断点

断点是放置在源程序中告诉调试器到这一行暂停的标志。调试器依次运行程序直到遇到断点停止，所以用户可以追踪设置断点的那部分程序。

Step 02 调试程序。右键单击要调试的程序，在上下文菜单中选择"Debug As"的级联菜单"Java Application"，如图2.26所示。

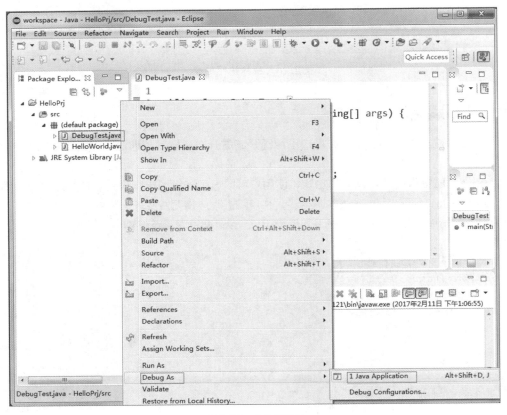

图2.26　调试程序

Step 03 程序开始执行，执行到断点位置，弹出如图2.27所示的对话框，单击"Yes"按钮可以进入Debug透视图模式，如图2.28所示。

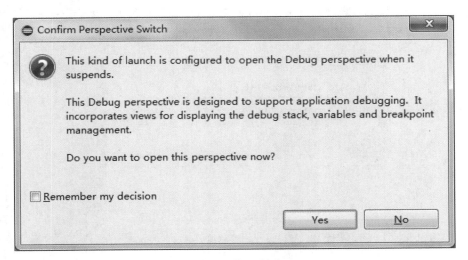

图2.27　提示信息

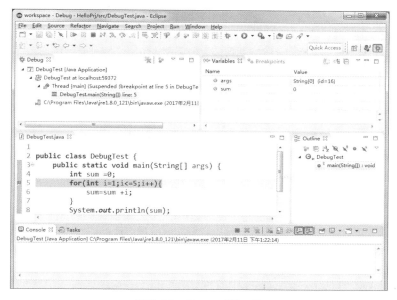

图2.28　Debug透视图

从图中可以发现，设置了断点的语句已经被绿色光带覆盖。

Step 04 逐行执行代码。单击Run下面的Step Over或者直接按F6键，程序开始单步执行，这时可以看到Variable窗口中sum的值是0，然后继续执行，这时读者会发现会重新回到for循环开始的位置，准备下一次的执行。

Step 05 继续执行程序。读者会发现sum的值变成了1，且在Variable窗口中sum所在行被黄色光带覆盖，如图2.29所示。

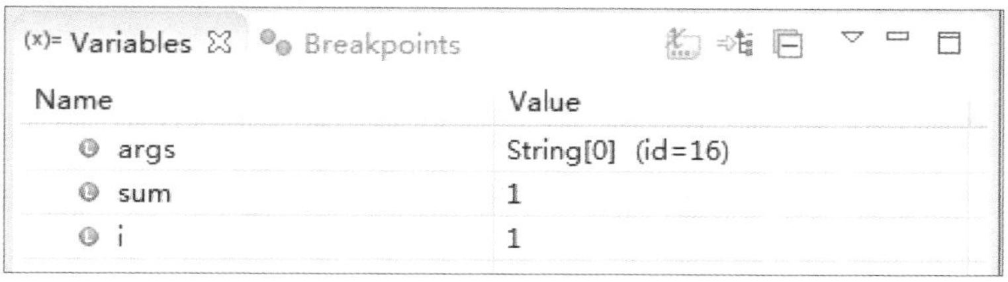

图2.29　Variable窗口

Step 06 继续按F6键，程序继续执行，直到程序执行完毕。在此过程中，读者会发现sum的值从1依次变成3、6、10、15，然后程序执行结束，并在控制台输出sum的值15，如图2.30所示。

图2.30　程序执行结果

【TIPS】

Eclipse调试器是一个不可缺少的、功能强大的工具，它可以帮助用户快速提高自己的编程水平。一开始用户需要花费一些时间去熟悉它，但是你的努力会在将来得到很好的回报。

本章小结

　　本章首先介绍了Eclipse的发展历史和特点。Eclipse最初是由IBM公司开发的，后来IBM公司将其作为一个开放源代码的项目发布，现在它由Eclipse基金会管理。Eclipse是一个框架和一组服务，通过安装不同的插件使Eclipse可以支持不同的计算机语言。

　　然后介绍了下载、安装、启动Eclipse软件的步骤和方法。读者可以从官方网站下载Eclipse的安装文件并进行软件安装，然后启动Eclipse并配置工作空间，在此基础上编写Java应用程序。

　　最后通过一个简单的例子向读者介绍了如何使用Eclipse调试器进行Java程序调试。Eclipse调试器是一个不可缺少的、功能强大的工具，它可以帮助读者快速提高自己的编程水平。建议读者一定要花费一些时间尽早地去熟悉和使用该工具，这有助于快速提高读者的编程水平。

项目练习

项目练习1

　　从官方网站上下载Eclipse的安装文件，运行该文件并在本机上安装Eclipse软件。

项目练习2

　　利用Eclipse开发环境，编写一个简单的Java应用程序，并用Eclipse调试器调试程序，观察程序执行过程。

Chapter

03

Java语言基础

本章概述

　　所有的计算机编程语言都有一套属于自己的语法规则，Java语言自然也不例外。要使用Java语言进行程序设计，就需要对其语法规则进行充分的了解。Java语言与其他编程语言相比，具有语法规则比较简单、歧义较少且与平台无关等优点。本章将对Java语言的标识符、数据类型、变量、常量、运算符、表达式、控制语句和数组等基础知识进行介绍。通过对本章内容的学习，读者可以对Java语言有一个最基本的了解，并能够编写一些简单的Java应用程序。

重点知识

- 标识符和关键字
- 基本数据类型
- 常量和变量
- 运算符
- 数据类型转换
- Java注释语句

3.1 标识符和关键字

> 标识符和关键字是Java语言的基本组成部分，本节将对二者进行介绍。

3.1.1 标识符

标识符（Identifier）可以简单地理解为一个名字，是用来标识类名、变量名、方法名、数组名、文件名的有效字符序列。

Java语言规定标识符由任意顺序的字母、下划线（_）、美元符号（$）和数字组成，并且第一个字符不能是数字。

下面是合法的标识符：

```
birthday
User_name
_system_varl
$max
```

下面是非法的标识符：

```
3max      （变量名不能以数字开头）
room#     （不允许包含字符"#"）
class     （"class"为保留字）
```

🔑 【TIPS】

标识符的使用注意事项如下：
- 标识符不能是关键字。
- Java语言是严格区分大小写的，例如：标识符republican和Republican是两个不相同的标识符。
- Java语言使用unicode标准字符集，最多可以标识65535个字符，因此，Java语言中的字母不仅包括通常的拉丁文字a、b、c等，还包括汉字、日文以及其他许多语言中的文字。

3.1.2 关键字

关键字是Java语言中已经被赋予特定意义的一些单词。关键字对Java编译器有着特殊的含义，Java的关键字可以划分为5种类型：类类型（Class Type）、数据类型（Data Type）、控制类型（Control Type）、存储类型（Storage Type）、其他类型（Other Type）。

每种类型所包含的关键字如下所示：

（1）类类型（Class Type）

```
package,class,abstract,interface,implements,native,this,super,extends,new,import
```

```
instanceof,public,private,protected
```

（2）数据类型（Data Type）

```
char,double,enum,float,int,long,short,boolean,void,byte
```

（3）控制类型（Control Type）

```
break,case,continue,default,do,else,for,goto,if,return,switch,while,throw,
throws
try,catch,synchronized,final,finally,transient,strictfp
```

（4）存储类型（Storage Type）

```
register,static
```

（5）其他类型（Other Type）

```
const,volatile
```

关键字值得我们注意的地方包括以下几点：
- 所有Java关键字都是由小写字母组成的。
- Java语言无sizeof关键字，因为Java语言的数据类型长度和表示是固定的，与程序运行环境没有关系，在这一点上Java语言和C语言是有区别的。
- goto和const在Java语言中并没有具体含义，之所以把它们列为关键字，只是因为它们在某些计算机语言中是关键字。

3.2 基本数据类型

> " Java是一种强类型语言，这是Java安全性的重要保障之一。 "

在Java中有8种基本数据类型可以用来存储数值、字符和布尔值，如图3.1所示。

图3.1　Java基本数据类型

3.2.1 整数类型

整数类型用来存储整数数值，即没有小数部分的数值。可以是正数，也可以是负数。整数类型数据在Java程序中有3种表示形式，分别为十进制、八进制和十六进制。

- 十进制：十进制的表现形式大家都很熟悉，例如：15、309、27。
- 八进制：八进制必须以0开头，如0123（转换成十进制数为83）。
- 十六进制：十六进制必须以0x开头，如0x25（转换成十进制数为37）。

整数类型数据根据它所占内存大小的不同，可分为byte、short、int和long 4种类型。它们具有不同的取值范围，如表3.1所示。

表3.1　整数类型数据取值范围

数据类型	内存空间	取值范围
byte	8bit	−128~127
short	16bit	−32768~32767
int	32bit	−2147483648~2147483647
long	64bit	−9223372036854775808~9223372036854775807

下面以int型变量为例讲解整数类型变量的定义。

⚠ 【例3.1】 定义int型变量

```
int x;                        //定义int型变量x
int x,y = 100;                //定义int型变量x、y
int x = 450,y = -462;         //定义int型变量x、y并赋予初值
```

在定义上述变量时，要注意变量的取值范围，超出取值范围就会出错。对于long型数值，若赋予的值大于int型的最大值或小于int型的最小值，则需要在数值后加L或l，表示该数值为长整数，如long num = 3117112897L。

3.2.2 浮点类型

浮点类型表示有小数部分的数字。Java语言中浮点类型分为单精度浮点类型（float）和双精度浮点类型（double），它们具有不同的取值范围，如表3.2所示。

表3.2　浮点类型数据取值范围

数据类型	内存空间	取值范围
float	32 bit	1.4E−45~3.4028235E38
double	64 bit	4.9E−324~1.7976931348623157E308

在默认情况下，小数都被看作double型，若使用float型小数，则需要在小数后面添加F或f。可以使用后缀d或D来明确表明这是一个double类型数据，不加d不会出错，但声明float型变量时如果不加f，系统会认为变量是double类型而出错。下面举例讲解浮点型变量的定义。

⚠ 【例3.2】 定义浮点型变量

```
float x = 100.23f;
double y1 = 32.12d;
double y2 = 123.45;
```

在定义上述变量时，要注意变量的取值范围，超出取值范围就会出错。

3.2.3 字符类型

字符类型（char）用于存储单个字符，占用16位（2个字节）的内存空间。在定义字符型变量时，要以单引号表示，如's'表示一个字符，而"s"则表示一个字符串，虽然只有1个字符，但由于使用双引号，它仍然表示字符串，而不是字符。

下面举例说明使用char关键字定义字符变量的方法。

⚠ 【例3.3】 声明字符型变量

```
char c1 = 'a';
```

同C和C++语言一样，Java语言也可以把字符作为整数对待，由于字符a在unicode表中的排序位置是97，因此允许将上面的语句写成：

```
char c1 = 97;
```

由于Unicode编码采用无符号编码，可以存储65536个字符（0x0000~0xffff），所以Java中的字符几乎可以处理所有国家的语言文字。若想得到一个0~65536之间的数所代表的Unicode表中相应位置上的字符，也必须使用char关键字显式转换。

有些字符（如：回车符）不能通过键盘录入到字符串中，针对这种情况，Java提供了转义字符，以反斜杠（\）开头，将其后的字符转变为另外的含义，例如：'\n'（换行）、'\b'（退格）、'\''（单引号）、'\t'（水平制表符）。

🔑 【TIPS】

> 用双引号引用的文字，就是我们平时所说的字符串，不是原始类型，而是一个类（class）String，它被用来表示字符序列。字符本身符合Unicode标准，且上述char类型的转义字符适用于String。

3.2.4 布尔类型

布尔类型又称逻辑类型，通过关键字boolean来定义布尔类型变量，只有true和false两个值，分别代表布尔逻辑中的"真"和"假"。布尔类型通常被用在流程控制中作为判断条件。

【例3.4】 声明boolean型变量

```
boolean b1;                    //定义布尔型变量b1
boolean b2 = true;             //定义布尔型变量b2，并赋予初值true
```

【TIPS】

在Java语言中，布尔值不能与整数类型数值转换，C和C++语言允许。

3.3 常量和变量

在程序执行过程中，其值不能被改变的量称为常量，其值能被改变的量称为变量。变量与常量的命名都必须使用合法的标识符。本节将向读者介绍变量与常量的定义和使用方法。

3.3.1 常量

在程序运行过程中一直不会改变的量称为常量（Constant），通常也被称为"final变量"。常量在整个程序中只能被赋值一次。

在Java语言中声明一个常量，除了要指定数据类型外，还需要通过final关键字进行限定。声明常量的标准语法如下：

```
final datatype CONSTNAME=VALUE;
```

其中，final是Java的关键字，表示定义的是常量，datatype为数据类型，CONSTNAME为常量的名称，VALUE是常量的值。

 【例3.5】 声明常量

```
final double PI = 3.1415926;    //声明double型常量PI并赋值
final boolean FLAG = true;      //声明boolean型常量FLAG并赋值
```

【TIPS】

常量名通常使用大写字母，但这并不是必须的。只不过很多Java程序员已经习惯使用大写字母来表示常量，通过这种命名方式体现与变量的区别。

3.3.2 变量

变量（Variable）是一块取了名字的、用来存储Java程序信息的内存区域。在程序中，定义的每块被命名的内存区域都只能存储一种特定类型的数据。假如你定义了一个存储整数的变量，那么就不能用它来存储0.12这样的数据。因为每个变量能够存储的数据类型是固定的，所以无论什么时候在程序中使用变量，编译器都要对它进行检查，检查是否出现类型不匹配或操作不当的地方。如果程序中有一个处理整数的方法，而你不小心地用它处理了其他类型的数据，比如，一个字符串或一个浮点型数据，编译器都会把它检查出来。

在Java中，使用变量之前需要先声明变量。变量声明通常包括3部分，变量类型、变量名和初始值，其中变量的初始值是可选的。声明变量的语法格式如下：

```
type identifier [= value][, identifier [= value]…];
```

其中，type是Java语言的基本数据类型，或者类、接口复杂类型的名称（类和接口将在本书的后面章节中进行介绍），identifier（标识符）是变量的名称，=value表示用具体的值对变量进行初始化，即把某个值赋给变量。

⚠ 【例3.6】 声明变量

```
int age;                                        //声明int型变量
double d1 = 12.27;                              //声明double型变量并赋值
```

3.3.3 变量作用域

由于变量被定义出来后只是暂存在内存中，等到程序执行到某一个点，该变量会被释放掉，也就是说变量有它的生命周期。因此，变量的作用域是指程序代码能够访问该变量的区域，若超出该区域则在编译时会出现错误。

根据作用域的不同，可将变量分为不同的类型：类成员变量、局部变量、方法参数变量和异常处理参数变量。下面将对这几种变量进行详细说明。

1. 类成员变量

类成员变量声明在类中，但不属于任何一个方法，其作用域为整个类。

⚠ 【例3.7】 声明类成员变量

```
class ClassVar
{
    int x = 45;
    int y ;
}
```

在上述代码中，定义的两个变量x、y均为类成员变量，其中第一个进行了初始化，而第二个没有进行初始化。

2. 局部变量

在类的成员方法中定义的变量（在方法内部定义的变量）称为局部变量。局部变量只在当前代码块中有效。

⚠ 【例3.8】 声明两个局部变量

```
class LocalVar
{
    public static void main(String []args)
    {
        int x = 45;            //局部变量，作用域为整个main()方法
        if(x>5)
        {
            int y = 0;         //局部变量,作用域为if语句块
            System.out.println(y);
        }
        System.out.println(x);
    }
}
```

在上述代码中，定义的两个变量x、y均为局部变量，其中x的作用域是整个main()方法，而y的作用域仅仅局限于if语句块。

3. 方法参数变量

声明为方法参数的变量的作用域是整个方法。

⚠ 【例3.9】 声明方法参数变量

```
class FunctionParaVar
{
    public static int getSum(int x)
    {
        x = x + 1;
        return x;
    }
}
```

在上述代码中，定义了一个成员方法getSum()，方法中包含一个int类型的方法参数变量x，其作用域是整个getSum()方法。

4. 异常处理参数变量

异常处理参数变量的作用域在异常处理代码块中，该变量是将异常处理参数传递给异常处理代码块，与方法参数变量用法类似。

⚠ 【例3.10】 声明异常处理参数变量

```java
public class ExceptionParVar
{
    public static void main(String []args)
    {
        try
        {
            System.out.println("exception");
        }catch(Exception e)
        { //异常处理参数变量，作用域是异常处理代码块
            e.printStackTrace();
        }
    }
}
```

在上述代码中，定义了一个异常处理语句，异常处理代码块catch的参数为Exception类型的变量e，作用域是整个catch代码块。

有关变量的声明、作用域和使用方法等更多内容将在后续的章节中通过大量的实例进行进一步讲解。

3.4　运算符

> 运算符是一些特殊的符号，主要用于数学计算、赋值语句和逻辑比较等方面。
> Java中提供了丰富的运算符，如赋值运算符、算术运算符、比较运算符等。本节将向读者介绍这些运算符。

3.4.1 赋值运算符

赋值运算符以符号"＝"表示，它是一个二元运算符（对两个操作数作处理），其功能是将右方操作数所含的值赋给左方的操作数。例如：

```java
int a = 100;
```

该表达式是将100赋值给变量a。左方的操作数必须是一个变量，而右边的操作数则可以是任何表达式，包括变量。

3.4.2 算术运算符

Java中的算术运算符主要有+（加）、−（减）、*（乘）、/（除）、%（求余）等双目运算符，它们都是二元运算符。另外，还有一些单目运算符，如++（自增）和 −−（自减）运算符。Java中的运算符的功能及使用方式如表3.3所示。

表3.3　算术运算符

运算符		含义	示例	结果
双目运算符	+	加法	4 + 3	7
	−	减法	4 − 3	1
	*	乘法	4 * 3	12
	/	除法	4 / 2	2
	%	取余	4 % 2	0
单目运算符	++	自增	a ++	a = a + 1
	−−	自减	a −−	a = a − 1
	−	取负	− 4	− 4

注： 表中的变量a为整型变量。

Java中的运算符的优先级如表3.4所示。

表3.4　算术运算符的优先级

顺序	运算符	规则
高 ↓ 低	( )	如果有多重括号，首先计算最里面的子表达式的值。若同一级有多对括号，则从左至右
	++，−−	变量自增，变量自减
	*，/，%	若同时出现，计算时从左至右
	+，−	若同时出现，计算时从左至右

在算术运算符中比较难于理解的是"++"和"−−"运算符，下面我们对这两个运算符做一个较为详细的介绍。

自增和自减运算是两个快捷运算符（常称作"自动递增"和"自动递减"运算）。其中，自减运算符是"−−"，意为"减少一个单位"；自增运算符是"++"，意为"增加一个单位"。例如，a是一个int变量，则表达式++a等价于a = a + 1。递增和递减运算符不仅改变了变量，并且以变量的值作为生成的结果。

这两个操作符各有两种使用方式，通常称为"前缀式"和"后缀式"。"前缀递增"表示 ++ 操作符位于变量或表达式的前面；而"后缀递增"表示 ++ 操作符位于变量或表达式的后面。"前缀递减"意味着 −− 操作符位于变量或表达式的前面；而"后缀递减"意味着 −− 操作符位于变量或表达式的后面。

对于前缀递增和前缀递减（如 ++a 或 --a ），会先执行运算，再生成值。而对于后缀递增和后缀递减（如a++或a--），是先生成值，再执行运算。下面是一个有关"++"运算符的例子。

⚠ 【例3.11】 ++运算符在程序中的使用

```
public class AutoInc {
    public static void main(String[] args) {
        int i = 1;
        int j = 1;
        System.out.println( "i后缀递增的值= " + (i++)); //后缀递增
        System.out.println( "j前缀递增的值= " + (++j)); //前缀递增
        System.out.println( "最终i的值 =" + i);
        System.out.println( "最终j的值 =" + j);
    }
}
```

程序执行结果如图3.2所示。

图3.2　程序执行结果

从运行结果中可以看到，放在变量前面的自增运算符，会先将变量的值加1，然后再使该变量参与其他运算。放在变量后面的自增运算符，会使变量先参与其他运算，然后再将该变量加1。

3.4.3 比较运算符

关系运算实际上就是"比较运算"，将两个值进行比较，判断比较的结果是否符合给定的条件，如果符合则表达式的结果为true，否则为false。

Java中的关系运算符都是二元运算符，由Java关系运算符组成的关系表达式的计算结果为逻辑型，具体的关系运算符及其说明见表3.5所示。

表3.5　比较运算符

运算符	含义	示例	结果
<	小于	4 < 3	false
<=	小于等于	4 <= 3	fasle
>	大于	4 > 3	true
>=	大于等于	4 >= 3	true
= =	等于	4 ==3	fasle
!=	不等于	4 != 3	true

⚠️ **【例3.12】 比较运算符的使用**

使用比较运算符对变量进行比较运算，并将运算后的结果输出。

```java
public class Compare {
    public static void main(String[] args) {
        int x = 21;
        int y = 100;
        //依次将变量x与变量y的比较结果输出
        System.out.println("x >y返回值为: "+ (x > y));
        System.out.println("x <y返回值为: "+ (x < y));
        System.out.println("x==y返回值为: "+ (x== y));
        System.out.println("x!=y返回值为: "+ (x != y));
        System.out.println("x>=y返回值为: "+ (x >= y));
        System.out.println("x<=y返回值为: "+ (x <= y));
    }
}
```

程序执行结果如图3.3所示。

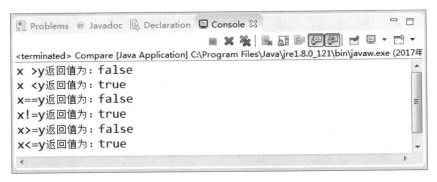

图3.3　程序执行结果

3.4.4 逻辑运算符

Java语言中的逻辑运算符有3个，分别是：&&（逻辑与）、||（逻辑或）、!（逻辑非），其中前两个是双目运算符，第三个为单目运算符。具体的运算规则如表3.6所示。

表3.6　逻辑运算符

操作数a	操作数b	! a	a&&b	a||b
false	false	true	false	false
false	true	true	false	true
true	false	false	false	true
true	true	false	true	true

⚠ **【例3.13】 逻辑运算符在程序中的应用**

```java
public class CLoperation {
   public static void main(String[] args){
      int i = 1;
      boolean b1=((i>0)&&(i<100));
      System.out.println("b1的值为: "+b1);
   }
}
```

程序执行结果如图3.4所示。

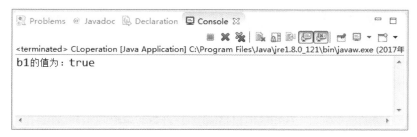

图3.4　程序执行结果

3.4.5　位运算符

位运算符用来对二进制的位进行操作，其操作数的类型是整数类型和字符型，运算结果是整数数据。

整型数据在内存中以二进制的形式表示，如int型变量7的二进制表示是00000000 00000000 00000000 00000111。其中，左边最高位是符号位，最高位0表示正数，若为1则表示负数。负数采用补码表示，如−8的二进制表示为111111111 111111111 1111111 11111000。

了解了整型数据在内存中的表示形式后，就可以开始学习位运算符了。

1."按位与"运算符（&）

"按位与"运算符"&"为双目运算符，其运算法则是：先将参与运算的数转换成二进制数，然后低位对齐，高位不足补零，如果对应的二进制位都是1，则结果为1，否则结果为0。

使用按位与运算符的示例如下：

```java
int a = 3;          //0000 0011
int b = 5;          //0000 0101
int c = a&b;        //0000 0001
```

按照按位与运算的计算规则，3&5的结果是1。

2."按位或"运算符（|）

"按位或"运算符"|"为双目运算符。"按位或"运算的运算法则是：首先将参与运算的数转换成二进制数，然后低位对齐，高位不足补零，如果对应的二进制位只要有一个为1，则结果为1，否则结果为0。

使用按位或运算符的示例如下：

```
int a = 3;        //0000 0011
int b = 5;        //0000 0101
int c = a|b;      //0000 0111
```

按照按位或运算的计算规则，3|5的结果是7。

3."按位异或"运算符（^）

"按位异或"运算符"^"为双目运算符。"按位异或"运算的运算法则是：先将参与运算的数转换成二进制数，然后低位对齐，高位不足补零，如果对应的二进制位相同，则结果为0，否则结果为1。

使用按位异或运算符的示例如下：

```
int a = 3;        //0000 0011
int b = 5;        //0000 0101
int c = a^b;      //0000 0110
```

按照按位异或运算的计算规则，3^5的结果是6。

4."按位取反"运算符（~）

"按位取反"运算符"~"为单目运算符。"按位取反"运算的运算法则是：先将参与运算的数转换成二进制数，然后把各位的1改为0，0改为1。

使用按位取反运算符的示例如下：

```
int a = 3;        //0000 0011
int b = ~ a;      //0000 1100
```

按照按位取反运算的计算规则，~3的结果是-4。

5."右移位"运算符（>>）

"右移位"运算符">>"为双目运算符。"右移位"运算的运算法则是：先将参与运算的数转换成二进制数，然后所有位置的数统一向右移动对应的位数，低位移出（舍弃），高位补符号位（正数补0，负数补1）。

使用右移位运算符的示例如下：

```
int a = 3;        //0000 0011
int b = a>>1;     //0000 0001
```

按照右移位运算的计算规则，3 >>1的结果是1。

6."左移位"运算符（<<）

"左移位"运算符"<<"为双目运算符。"左移位"运算的运算法则是：先将参与运算的数转换成二进制数，然后所有位置的数统一向左移动对应的位数，高位移出（舍弃），低位的空位补0。

使用左移位运算符的示例如下：

```
int a = 3;        //0000 0011
int b = a<<1;     //0000 0110
```

按照左移位运算的计算规则，3 <<1的结果是6。

7. "无符号右移位"运算符（>>>）

"无符号右移位"运算符">>>"为双目运算符。"无符号右移位"运算的运算法则是：先将参与运算的数转换成二进制数，然后所有位置的数统一向右移动对应的位数，低位移出（舍弃），高位补0。

使用无符号右移位运算符的示例如下：

```
int a = 3;        //0000 0011
int b = a>>>1;    //0000 0001
```

按照无符号右移位运算的计算规则，3 >>>1的结果是1。

⚠ 【例3.14】 位运算符的使用

```java
public class BitOperation {
    public static void main(String[] args) {
        int i = 3;
        int j = 5;
        System.out.println("i&j的值为: " + (i&j));
        System.out.println("i|j的值为: " + (i|j));
        System.out.println("i^j的值为: " + (i^j));
        System.out.println("~i的值为: " + (~i));
        System.out.println("i>>1的值为: " + (i>>1));
        System.out.println("i<<1的值为: " + (i<<1));
    }
}
```

程序执行结果如图3.5所示。

图3.5　程序执行结果

3.4.6 条件运算符

条件运算符"？:"需要三个操作数，所以又被称之为三元运算符。条件运算符的语法规则如下：

```
<布尔表达式> ? value1:value2
```

如果"布尔表达式"的结果为true,就返回"value1"的值。如果"布尔表达式"的结果为false,则返回"value2"的值。

使用条件运算符的示例如下:

```
int a = 3;
int b = 5;
int c = (a > b)? 1:2;
```

按照条件运算符的计算规则,执行后c的值为2。

3.4.7 运算符的优先级与结合性

Java语言规定了运算符的优先级与结合性。在表达式求值时,先按照运算符的优先级由高到低的次序执行,例如,算术运算符中的乘、除运算优先于加、减运算。

对于同优先级的运算符要按照它们的结合性来决定。运算符的结合性决定它们是从左到右计算(左结合性)还是从右到左计算(右结合性)。左结合性很好理解,因为大部分的运算符都是从左到右来计算的。需要注意的是右结合性的运算符,主要有3类:赋值运算符(如"="" +="等)、一元运算符(如"++""!"等)和三元运算符(即条件运算符)。表3.7列出了各个运算符优先级的排列与结合性,请读者参考。

表3.7　运算符的优先级与结合性

优先级	描述	运算符	结合性
1	括号运算符	()、[]	自左至右
2	自增、自减、逻辑非	++、--、!	自右至左
3	算术运算符	*、/、%	自左至右
4	算术运算符	+、-	自左至右
5	移位运算符	<<、>>、>>>	自左至右
6	关系运算符	<、<=、>、>=	自左至右
7	关系运算符	= =、!=	自左至右
8	位逻辑运算符	&	自左至右
9	位逻辑运算符	^	自左至右
10	位逻辑运算符	|	自左至右
11	逻辑运算符	&&	自左至右
12	逻辑运算符	||	自左至右
13	条件运算符	?:	自左至右
14	赋值运算符	=、+=、-=、*=、/=、%=	自右至左

因为括号优先级最高，所以不论任何时候，当用户一时无法确定某种计算的执行次序时，可以使用加括号的方法来明确指定运算的顺序，这样不容易出错，同时也是提高程序可读性的一个重要方法。

3.5 数据类型转换

> 当一种数据类型变量的值赋予另外一种数据类型的变量时，就会涉及到数据类型的转换。数据类型的转换有两种方式：隐式类型转换（自动转换）和显式类型转换（强制转换）。

3.5.1 隐式类型转换

从低级类型向高级类型的转换，系统将自动执行，程序员无须进行任何操作。这种类型的转换称为隐式转换。

下列基本数据类型会涉及数据转换，不包括逻辑类型和字符类型。这些类型按精度从低到高排列的顺序为byte < short < int < long < float < double。

⚠ 【例3.15】 使用int型变量为float型变量赋值

此时int型变量将隐式转换成float型变量。

```
int a = 3;           //声明int型变量a
double b = a;        //将a赋值给b
```

此时如果输出b的值，结果将是3.0。

整型、浮点、字符型数据可以混合运算。不同类型的数据先转换为同一类型（从低级到高级），然后进行运算，转换规则见表3.8。

表3.8 数据类型自动转换规则

操作数1类型	操作数2类型	转换后的类型
byte、short、char	int	int
byte、short、char、int	long	long
byte、short、char、int、long	float	float
byte、short、char、int、long、float	double	double

3.5.2 显式类型转换

当把高精度的变量的值赋给低精度的变量时，必须使用显式类型转换运算，又称强制类型转换。需要注意的是：强制类型转换可能会导致数据精度的损失。

强制类型转换的语法规则如下:

```
（type）variableName;
```

其中，type为variableName要转换的数据类型，而variableName是将要进行类型转换的变量名称，示例如下:

```
int a = 3;
double b = 5.0;
a = (int)b;       //将double类型的变量b的值转换为int类型，然后赋值给变量a
```

如果此时输出a的值，结果将是5。

3.6 Java注释语句

> 使用注释可以提高程序的可读性，可以帮助程序员更好地阅读和理解程序。在Java源程序文件的任意位置都可添加注释语句。注释中的文字Java编译器不进行编译，所有代码中的注释文字对程序不产生任何影响。Java语言提供了3种添加注释的方法，分别为单行注释、多行注释和文档注释。

3.6.1 单行注释

"//"为单行注释标记，从符号"//"开始直到换行为止的所有内容均作为注释而被编译器忽略。单行注释语法如下:

```
//注释内容
```

例如，以下代码为声明的int型变量添加注释:

```
int age :                   //定义int型变量用于保存年龄信息
```

3.6.2 多行注释

"/* */"为多行注释标记，符号"/*"与"*/"之间的所有内容均为注释内容。注释中的内容可以换行。
多行注释语法如下:

```
/*
注释内容1
```

```
注释内容2
…
*/
```

有时为了多行注释的美观，编程人员习惯上在每行的注释内容前面加入一个"*"号，构成如下的注释格式：

```
/*
*注释内容1
*注释内容2
*…
*/
```

3.6.3 文档注释

"/** */"为文档注释标记。符号"/**"与"*/"之间的内容均为文档注释内容。当文档注释出现在声明（如类的声明、类的成员变量的声明、类的成员方法声明等）之前时，会被Javadoc文档工具读取作为Javadoc文档内容。文档注释的格式与多行注释的格式相同。对于初学者而言，文档注释并不是很重要，了解即可。

文档注释语法如下：

```
/**
*  注释内容1
*  注释内容2
*  …
*/
```

其注释方法与多行注释很相似，但它是以"/**"符号作为注释的开始标记。与单行、多行注释一样，被"/**"和"*/"符号注释的所有内容均会被编译器忽略。

本章小结

本章首先对Java语言中的标识符、关键字和数据类型等知识进行了介绍，并在此基础上讲解了变量、常量、运算符和表达式以及数据类型转换等内容。

通过对本章内容的学习，读者可以对Java语言的语法规则有了基本的理解，并能够编写一些简单的Java应用程序。

项目练习

项目练习1

在下列标识符中选择可以作为变量名的标识符：

（1）birthday

（2）_name

（3）max￥

（4）张三

（5）room#

（6）public

项目练习2

对int类型变量a进行前"++"和后"++"运算，并输出运算结果。

项目练习3

对正整数7进行左移2位的运算，并输出运算结果。

Chapter

04

流程控制

本章概述

    Java程序的执行要遵循一定的流程，流程是程序执行的顺序。流程控制语句是控制程序中各语句执行顺序的语句，是程序非常关键的组成部分。流程控制语句可以把单个的语句组合成有意义的、能够完成一定功能的逻辑代码块。在Java中常用的流程控制语句主要包括分支语句、循环语句和跳转语句，本章将对这些语句进行详细的介绍。通过对本章内容的学习，读者可以对Java语言中的控制语句有深入的了解。

重点知识

- 分支语句
- 循环语句
- 跳转语句

4.1 分支语句

> 分支语句提供了一种机制，这种机制使得程序在执行过程中可以跳过某些语句不执行（根据条件有选择地执行某些语句），它解决了顺序结构不能判断的缺点。

Java 语言中用得最多的分支语句是if语句和switch语句，它们也被称为条件语句或选择语句。

4.1.1 if语句

if语句的语法格式如下：

```
if(条件表达式) {
    语句块；
}
```

上述语法格式表达的意思是：如果if关键字后面的表达式成立，那么程序就执行语句块，其执行流程如图4.1所示。

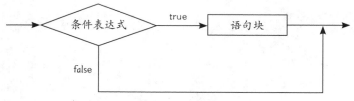

图4.1 if语句执行流程图

当if后面的条件表达式为true时，则执行紧跟其后的语句块；如果条件表达式为false，则执行程序中if语句后面的其他语句。语句块中如果只有一个语句，可以不用{}括起来，但为了增强程序的可读性最好不要省略。

⚠ 【例4.1】通过键盘输入一个整数，判断该整数是否大于18

```java
import java.util.Scanner;          //导入包
public class IFTest {
    public static void main(String[] args){
        System.out.println("请输入你的年龄：");
        Scanner sc = new Scanner(System.in);
        int age = sc.nextInt();              //接收键盘输入的数据
        if(age>=18){
            System.out.println("你已经是成年人了！");
        }
    }
}
```

程序执行结果如图4.2所示。

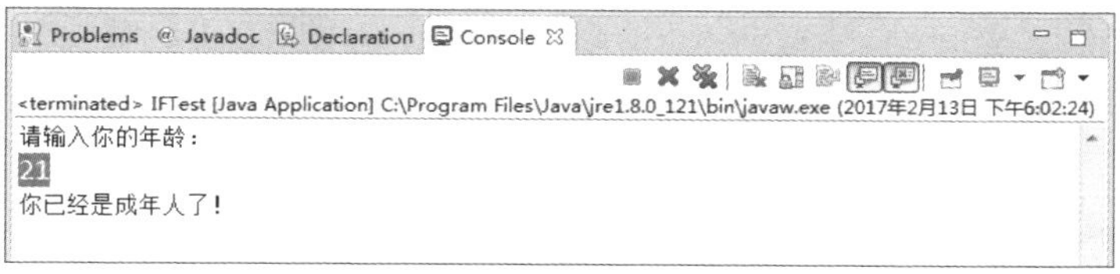

图4.2　程序执行结果

4.1.2　if-else语句

if-else语句的语法格式如下：

```
if(条件表达式) {
    语句块1;
} else {
    语句块2;
}
```

上述语法格式表达的意思是：如果if关键字后面的表达式成立，那么程序就执行语句块1，否则执行语句块2。其执行流程如图4.3所示。

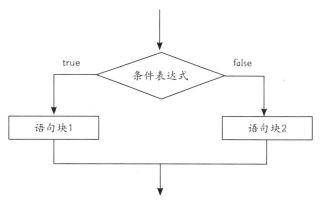

图4.3　if-else语句执行流程图

⚠ 【例4.2】 通过键盘输入一个整数，判断该整数是否大于18

如果大于18输出"成年人"，否则输出"未成年人"。

```java
import java.util.Scanner;        //导入包
public class IfElseTest {
    public static void main(String[] args){
        System.out.println("请输入你的年龄: ");
        Scanner sc = new Scanner(System.in);
        int age = sc.nextInt();            //接收键盘输入的数据
        if(age>=18){
            System.out.println("成年人");
        }else{
```

```
                System.out.println("未成年人");
            }
        }
    }
```

程序执行结果如图4.4所示。

```
 Problems  Javadoc  Declaration  Console 
                                   [icons]
<terminated> IfElseTest [Java Application] C:\Program Files\Java\jre1.8.0_121\bin\javaw.exe (2017年2月13日 下午6:16:
请输入你的年龄：
12
未成年人
```

图4.4 程序执行结果

4.1.3 if-else嵌套语句

if-else嵌套语句是功能最为强大的分支语句，它可以解决几乎所有的分支问题。

if-else嵌套语句的语法格式如下：

```
if(条件表达式1){
    if(条件表达式2){
        语句块1；
    }else{
        语句块2；
    }
}else{
    if(条件表达式3){
        语句块3；
    }else{
        语句块4；
    }
}
```

其执行流程如图4.5所示。

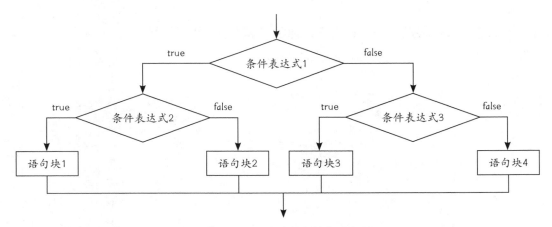

图4.5 if-else嵌套语句执行流程图

⚠️ **【例4.3】 通过键盘输入两个整数，比较它们的大小**

```java
import java.util.Scanner;    //导入包
public class IfElseNestTest {
    public static void main(String[] args){
        Scanner sc = new Scanner(System.in);
        System.out.println("请输入x1:");
        int x1 = sc.nextInt();
        System.out.println("请输入x2:");
        int x2 = sc.nextInt();
        if(x1>x2){
            System.out.println("结果是:" + "x1 > x2");
        }else{
            if(x1<x2){
                System.out.println("结果是:" + "x1 < x2");
            }else{
                System.out.println("结果是: " + "x1 = x2");
            }
        }
    }
}
```

程序执行结果如图4.6所示。

图4.6　程序执行结果

Java 语言中除了if语句和if-else分支语句之外还有一个常用的多分支开关语句，那就是switch语句。

4.1.4 switch语句

switch语句是多分支的开关语句，它的一般格式定义如下（其中break语句是可选的）。

```java
switch（表达式）{
    case        值1:
                语句块1;
                break;
    case   值2:
                语句块2;
                break;
    ...
```

```
    case            值n:
            语句块n;
            break;
    default:
            语句块n+1;
    }
```

其中，switch、case 、break、default是Java的关键字。

使用switch语句，需要特别注意的地方有以下几点：

- switch后面括号中表达式的值必须是符合整型（byte， short，int）或字符型（char）类型的常量表达式，而不能用浮点类型或long类型，也不能为一个字符串。
- default子句是可选的。
- break语句用来在执行完一个case分支后，使程序跳出switch语句，即终止switch语句的执行。但在特殊情况下，多个不同的case值要执行一组相同的操作，此时同一组中前面的case分支中可以去掉break语句。
- 一个switch语句可以代替多个if-else语句组成的分支语句，且switch语句从思路上显得更清晰。

⚠ 【例4.4】 利用switch语句处理表达式中的运算符，并输出运算结果

```java
public class SwitchTest {
    public static void main(String[] args){
        int x=6;
        int y=9;
        char op='+';                //运算符
        switch(op){
        //根据运算符，执行相应的运算
        case '+':                   //输出x+y
            System.out.println("x+y="+ (x+y));
            break;
        case '-':                   //输出x-y
            System.out.println("x-y="+ (x-y));
            break;
        case '*':                   //输出x*y
            System.out.println("x*y="+ (x*y));
            break;
        case '/':                   //输出x /y
            System.out.println("x/y="+ (x/y));
            break;
        default:
            System.out.println("输入的运算符不合适！");
        }
    }
}
```

程序执行结果如图4.7所示。

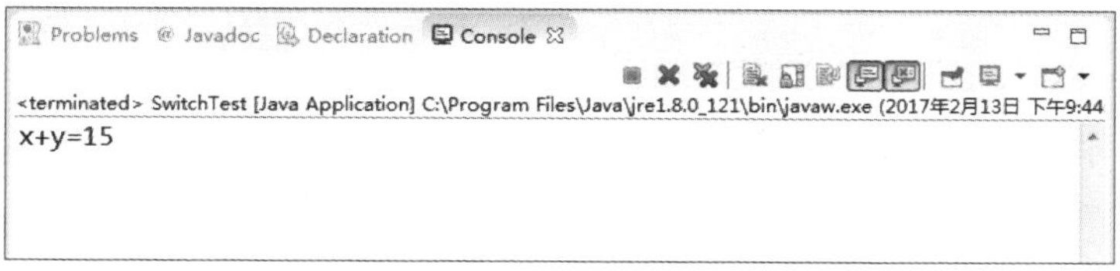

<terminated> SwitchTest [Java Application] C:\Program Files\Java\jre1.8.0_121\bin\javaw.exe (2017年2月13日 下午9:44

x+y=15

图4.7　程序执行结果

4.2 循环语句

> 循环语句的作用是反复执行一段代码，直到满足特定条件为止。Java语言中提供的循环语句主要有3种，分别是while语句、do-while语句、for语句。

4.2.1　while语句

while语句的格式如下：

```
while(条件表达式){
    语句块;
}
```

执行while循环时，首先判断"条件表达式"的值，如果为true，则执行语句块。每执行一次语句块，都会重新计算条件表达式的值，如果为true，则继续执行语句块，直到条件表达式的值为false时结束循环。

while语句执行流程如图4.8所示。

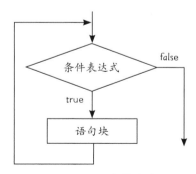

图4.8　while语句执行流程图

⚠ 【例4.5】利用while语句计算1~100之间的整数之和，并输出运算结果

```
public class WhileTest {
    public static void main(String[] args){
        int sum=0;
```

```
        int i=1;
        //如果 i<=100，则执行循环体，否则结束循环
        while(i<=100){
            sum = sum + i;
            //改变循环变量的值，防止死循环
            i = i +1;
        }
        System.out.println("sum = " + sum);
    }
}
```

程序执行结果如图4.9所示。

图4.9　程序执行结果

4.2.2　do-while语句

do-while语句的格式如下：

```
do{
    语句块;
}while(条件表达式);
```

do-while循环与while循环的不同在于：它先执行语句块，然后再判断条件表达式的值是否为true，如果为true则继续执行语句块，直到条件表达式的值为false为止。因此，do-while语句至少要执行一次语句块。

do-while语句执行流程如图4.10所示。

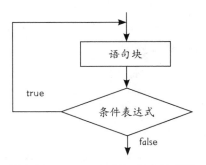

图4.10　do-while语句执行流程图

⚠️【例4.6】利用do-while语句计算1～5的阶乘，并输出计算结果

```
public class DoWhileTest {
    public static void main(String[] args){
```

```
        int result=1;
        int i=1;
        do{
            result = result * i;
            //改变循环变量的值，防止死循环
            i = i +1;
        } while(i<=5) ;
        System.out.println("result = " + result);
    }
}
```

程序执行结果如图4.11所示。

图4.11　程序执行结果

4.2.3 for语句

for语句是功能最强、使用最广泛的一个循环语句。for语句的语法格式如下：

```
for(表达式1;表达式2;表达式3){
    语句块;
}
```

for语句中3个表达式之间用";"分开，它们的具体含义如下：

● 表达式1：初始化表达式，通常用于给循环变量赋初值。

● 表达式2：条件表达式，它是一个布尔表达式，只有值为true时才会继续执行for语句中的语句块。

● 表达式3：更新表达式，用于改变循环变量的值，避免死循环。

for语句的执行流程如图4.12所示。

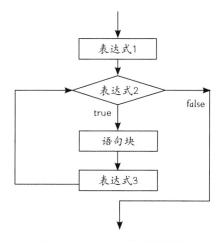

图4.12　for语句执行流程图

for语句的执行流程:

- 循环开始时，首先计算表达式1，完成循环变量的初始化工作。
- 计算表达式2的值，如表达式2的值为true，则执行语句块，否则不执行语句块，跳出循环语句。
- 执行完一次循环后，计算表达式3，负责改变循环变量的状态。
- 转入第二步继续执行。

⚠️ 【例4.7】 利用for语句计算1~100之间能被3整除的数之和，并输出计算结果

```java
public class ForTest {
    public static void main(String[] args){
        int sum=0;
        int i=1;
        for(i=1;i<=100;i++)        {
            if(i%3==0){ //判断 i 能否整除3
                sum = sum + i;
            }
        }
        //打印计算结果
        System.out.println("sum = " + sum);
    }
}
```

程序执行结果如图4.13所示。

图4.13 程序执行结果

4.2.4 循环语句嵌套

所谓循环语句嵌套就是循环语句的循环体中包含另外一个循环语句。Java语言支持循环语句嵌套，如for循环语句嵌套、while循环语句嵌套，也支持二者的混合嵌套。

⚠️ 【例4.8】 利用for循环语句嵌套打印九九乘法表

```java
public class MulForTest {
    public static void main(String[] args){
        for(int i=1;i<=9;i++){    //第一重循环
            for(int j=1;j<=i;j++){        //第二重循环
                System.out.print(i+"*"+j+"=" + (i*j)+ "\t");
            }
            System.out.println();
        }
```

```
      }
  }
```

程序执行结果如图4.14所示。

```
Problems  @ Javadoc  Declaration  Console
<terminated> MulForTest [Java Application] C:\Program Files\Java\jre1.8.0_121\bin\javaw.exe (2017年2月14日 上午9:01:22)
1*1=1
2*1=2    2*2=4
3*1=3    3*2=6    3*3=9
4*1=4    4*2=8    4*3=12   4*4=16
5*1=5    5*2=10   5*3=15   5*4=20   5*5=25
6*1=6    6*2=12   6*3=18   6*4=24   6*5=30   6*6=36
7*1=7    7*2=14   7*3=21   7*4=28   7*5=35   7*6=42   7*7=49
8*1=8    8*2=16   8*3=24   8*4=32   8*5=40   8*6=48   8*7=56   8*8=64
9*1=9    9*2=18   9*3=27   9*4=36   9*5=45   9*6=54   9*7=63   9*8=72   9*9=81
```

图4.14　程序执行结果

4.3 跳转语句

> 跳转语句用来实现循环语句执行过程中的执行流程转移。在前面学习switch语句时，用到的break语句就是一种跳转语句。在Java语言中，经常使用的跳转语句主要包括：break语句和continue语句。

4.3.1 break语句

在Java语言中，break用于强行跳出循环体，不再执行循环体中break后面的语句。如果break语句出现在嵌套循环中的内层循环，则break语句的作用是跳出内层循环。

⚠ 【例4.9】利用for循环语句计算1～100之间的整数之和

当和大于500时，使用break语句跳出循环，并打印此时的求和结果。

```
public class BreakTest {
    public static void main(String[] args){
        int sum=0;
        for(int i=1;i<=100;i++){
            sum = sum + i;
            if(sum>500)
                break;
        }
        System.out.println("sum = " + sum);
    }
}
```

程序执行结果如图4.15所示。

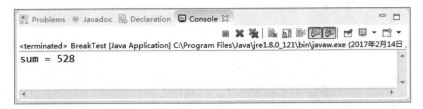

图4.15　程序执行结果

从程序执行结果可以发现，当sum大于500时，程序执行break语句跳出循环体，不再继续执行求和运算，此时sum的值为528，而不是1～100之间的所有数之和5050。

4.3.2 continue语句

continue语句只能用在循环语句中，否则将会出现编译错误。当程序在循环语句中执行到continue语句时，程序一般会自动结束本轮次循环体的执行，并回到循环的开始处重新判断循环条件，决定是否继续执行循环体。

【例4.10】 输出1～10之间所有不能被3整除的自然数

```
public class ContinueTest {
    public static void main(String[] args){
        for(int i=1;i<=10;i++){
            if(i%3==0){
                continue;            //结束本轮次循环
            }
            System.out.println("i = " + i);
        }
    }
}
```

程序执行结果如图4.16所示。

图4.16　程序执行结果

从程序执行结果可以发现，1～10之间能被3整除的自然数在结果中均没有出现。这是因为当程序遇到能被3整除的自然数时，满足了if语句的判断条件，因而执行了continue语句，不再执行continue语句后面的输出语句，而是开始了新一轮次的循环，所以能被3整除的数没有出现在结果中。

64

本章小结

　　本章主要介绍了Java语言中的分支语句、循环语句和跳转语句等控制语句。重点讲解了分支语句中的if语句、if-else语句和switch语句，循环语句中的while语句、do-while语句和for语句，以及跳转语句中的break语句和continue语句。

　　通过对本章的学习，读者可以对Java语言的流程控制语句有一个比较深入的理解，并能够和前面所学内容结合在一起开发一些简单的Java应用程序。

项目练习

项目练习1

通过键盘输入年份，根据输入的年份判断该年份是否为闰年，并输出判断结果。

项目练习2

通过键盘输入年份和月份，根据输入的年份和月份判断出该月份的天数，并输出结果。

项目练习3

通过键盘输入两个整数，计算这两个整数之间的所有奇数之和，并输出计算结果。

项目练习4

通过键盘输入两个整数，计算这两个整数之间的所有素数之和，并输出计算结果。

项目练习5

计算企业应发放奖金总数，奖金发放标准如下：

　　企业发放的奖金根据利润进行提成，利润低于或等于10万元时，奖金可提10%；利润高于10万元，低于20万元时，低于10万元的部分按10%提成，高于10万元的部分，可提成7.5%；利润在20万～40万之间时，高于20万元的部分可提成5%；利润在40万～60万之间时，高于40万元的部分可提成3%；利润在60万～100万之间时，高于60万元的部分可提成1.5%，利润高于100万元时，超过100万元的部分按1%提成。

　　从键盘输入当月利润，求应发放奖金总数，并输出结果。

Chapter

05

面向对象程序设计基础

本章概述

面向对象程序设计是将面向对象的思想应用于软件系统的设计与实现，代表一种全新的程序设计思路。它与传统的面向过程程序设计不同，它不再把程序看作是工作在数据上的一系列过程或函数的集合，而是把程序看作是相互协作而又彼此独立的对象的集合。每个对象代表一个封装体，封装了数据和对数据的操作。这种方法既吸取了结构化程序设计的绝大部分优点，又考虑了现实世界与面向对象空间的映射关系，所追求的目标是将现实世界的问题求解尽可能的简单化。

重点知识

- 面向对象程序设计概述
- 类与对象
- 类的构造方法

- 访问说明符和修饰符
- main()方法
- this引用
- 重载

- 方法中的参数传递
- static与final修饰符详解

5.1 面向对象程序设计概述

> 面向对象出现以前，结构化程序设计是程序设计的主流，结构化程序设计又称为面向过程的程序设计。在面向过程程序设计中，问题被看作一系列需要完成的任务，函数（在此泛指函数或过程）用于完成这些任务，解决问题的焦点集中于函数。其中函数是面向过程的，即它关注如何根据规定的条件完成指定的任务。

5.1.1 面向过程的程序设计

如早期出现的编程语言——C语言，当我们要用这种语言来定义一个复杂的数据类型，譬如人力资源系统中涉及的职员（Employee）时，可以用结构体（Struct）来实现，只要在结构体中使用那些基本的数据类型来定义职员的工号、姓名、部门、职务、奖金以及薪水等属性就可以了。如果我们要对一个职员进行各种操作，如设置职员的基本情况、薪水和奖金等等，我们必须要为每个操作都定义一个函数，这些函数与职员这个结构体本身的定义没有任何关系，如设置职员工号—setEmployeeNo（Struct Employee），设置奖金—setBonus（Struct Employee）等，这些函数都必须接受一个参数，即要操作的对象——职员。程序的重心集中在函数上。

因此面向过程的程序设计最重要的是模块化的思想方法，自上而下逐步求精。程序结构为：

程序 = 数据结构+算法

数据是单独的整体，而算法也是单独的整体，也就是说数据和算法是分离的，当程序规模变大时，数据结构相对复杂，对这些数据处理的算法也将变得复杂，有时会超出程序员的控制能力。面向过程程序结构如图5.1所示。

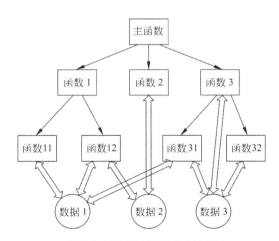

图5.1 面向过程程序结构图

5.1.2 面向对象的程序设计

在C++、Java语言中，可以将职员（Employee）当作一个主体（对象）来看，定义职员时，除了要指定在面向过程中规定的那些属性，如职员的工号、姓名、部门、职务、奖金和薪水等外，还要定义好对应这些动作的函数（也叫方法），如设置职员工号—setEmployeeNo()，设置奖金—setBonus()，获取薪水—getEmployeeSalary()，这些函数都不再接受代表职员的参数。这些函数被调用时，都是针对当前的职员对象。程序的重点集中在主体/对象上。这就是典型的面向对象程序设计方法，将数据和数据的算法封装在一起形成对象，就一个对象来说，它的数据结构和对这些数据的算法的复杂程度不会很大，解决了结构化程序设计方法的缺陷。程序结构为：

对象 =（数据结构+ 算法）

程序 = 对象 + 对象 + 对象 + …… + 对象

对象的封装机制目的在于将对象的使用者和设计者分开，使用者只需了解接口，而设计者的任务是如何封装一个类，哪些内容需要封装在类的内部及需要为类提供哪些接口。

总之，面向对象的程序设计方法是一种以对象为中心的程序设计方式。它包括以下几个主要概念：抽象、对象、类和封装、继承、多态性、消息、结构与关联。

1. 抽象

人类在认识复杂现象的过程中使用的最强有力的思维工具是抽象。抽象就是抽出事物的本质特征而暂不考虑它们的细节。如图5.2所示的就是抽象概念。

例如，从现实世界的不同形状，如长方形、正方形、椭圆形等具体形状中我们可以抽取它们的共性——形状（Shape）的特性。

2. 对象

对象是客观世界存在的具体实体，具有明确定义的状态和行为。对象可以是有形的，如：一本书、一辆车等；也可以是无形的规则、计划或事件，如：记账单、一项记录等。

对象是封装了数据结构及可以施加在这些数据结构上的操作的封装体。属性和操作是对象的两大要素。属性是对象静态特征的描述，操作是对象动态特征的描述，也称方法或行为。如图5.3所示为法拉利汽车对象。

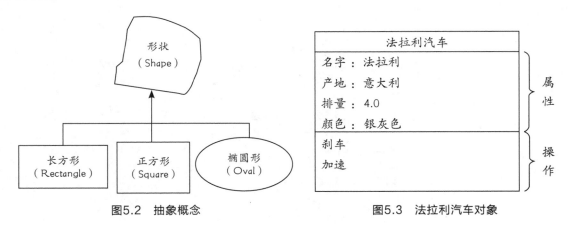

图5.2　抽象概念　　　　　　　　　　　图5.3　法拉利汽车对象

3. 类

类是对象的模板。即类是对一组有相同数据和相同操作的对象的定义，一个类所包含的方法和数据描述一组对象的共同属性和行为。类是在对象之上的抽象，对象则是类的具体化，是类的实例。它包括属性和方法（注：类的服务、行为和操作只是叫法上的区别）。如图5.4所示为汽车类图。

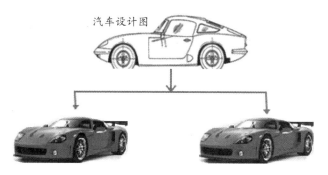

图5.4　汽车类

其中，汽车设计图就是"类"，由这个图纸设计出来的若干汽车就是该类的具体实例。由此可见，类是对象的模板、图纸，而对象（Object）是类（Class）的一个个实例（Instance），是现实世界的一个个实体，一个类可以对应多个对象。如果将对象比作汽车，那么类就是汽车的设计图纸。

【TIPS】

　　面向对象程序设计的重点是类的设计，而不是对象的设计。
　　同一个类可以产生多个对象，刚开始的状态都应该是一样的，好比按照"法拉利F560 Spider"型设计图纸生产出来的汽车刚开始都是一样的，其中一辆"法拉利F560 Spider"汽车被改装后，是不会影响到同型号的其他"法拉利"汽车的。但如果修改了"法拉利F560 Spider"型的设计图纸，就会影响到以后所有出厂的"法拉利F560 Spider"汽车。

4. 封装

封装是一种信息隐蔽技术，它体现于类的说明，是对象的重要特性。通过封装把对象的实现细节对外界隐藏起来了。它具有两层含义：

把对象的全部属性和全部服务结合在一起，形成一个不可分割的独立单位（即对象）。

封装尽可能隐蔽了对象的内部细节，对外形成一个边界（或者说形成一道屏障），只保留有限的对外接口使之与外部发生联系。

5. 继承

继承性是子类自动共享父类的数据和方法的机制。它由类的派生功能体现。一个类直接继承其他类的全部描述，同时可修改和扩充。继承具有传递性，使得一个类可以继承另一个类的属性和方法。这样可以通过抽象出共同的属性和方法组建新的类，便于代码的重用。如图5.5所示即为继承关系。

图中子类Square继承了父类Rectangle的特性，同时又具有自身新的属性和服务。

子类和父类是相对而言的。如哺乳动物是一般类（称为基类、超类或父类），狗和猫是特殊类（也称子类）；而在狗和黑狗之间，狗是一般类，黑狗是特殊类。

6. 多态性

多态性是指不同类型的对象接收相同的消息时会产生不同的行为。这里的消息主要是对类中成员函数的调用，而不同的行为就是指类成员函数的不同实现。当对象接收到发送给它的消息时，可以根据该对象所属的类动态选用在该类中定义的实现算法。如图5.5中，当方法drawShape()消息发出时，不同的子类如Rectangle、Triangle对该消息的响应是不同的，不同的子类会自动判断自己的所属类并执行相应的服务。

7. 消息

向某个对象发出的服务请求称作消息。对象提供的服务的消息格式称作消息协议。

消息包括：被请求的对象标识、被请求的服务标识、输入信息和应答信息。如向正方形类（Square类）的对象square发送的消息drawShape的执行，square.drawShape()。

8. 结构与关联

结构与关联体现了系统中各个对象间的关联。主要包括部分/整体、一般/特殊、实例连接、消息连接等。

对象之间存在着部分与整体的结构关系。该关系中有两种方式：组合和聚集。组合关系中部分和整体的关系很紧密。聚集关系中则比较松散，一个部分对象可以属于几个整体对象。如图5.6的组合关系。

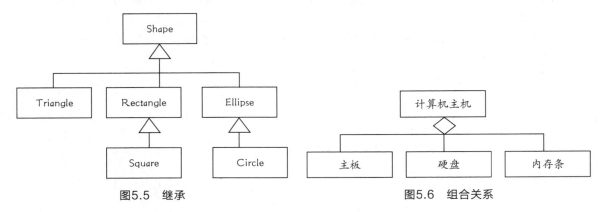

图5.5 继承   图5.6 组合关系

一般/特殊。对象之间存在着一般和特殊的结构关系，也就是说它们存在继承关系。很多时候也称作泛化和特化关系。如图5.5所示的继承关系即为一般和特殊的关系。

实例连接。实例连接表现了对象之间的静态联系，它通过对象的属性来表现出对象之间的依赖关系。对象之间的实例连接称作链接，对象类之间的实例连接称作关联。

消息连接。消息连接表现了对象之间的动态联系，它表现了这样一种联系：一个对象发送消息请求另一个对象的服务，接收消息的对象响应该消息，执行相应的服务。

5.2 类与对象

> 本节主要讲述Java中类的定义、类中成员和方法的定义以及类对象的创建。

5.2.1 类的定义

类定义对象的行为。例如，前面讲到的每一辆汽车都是基于汽车设计图制造的，许多汽车能够从相同的汽车设计图上构造出来，但是每辆汽车都有自己的状态和属性。类可看做创建对象的模板（或图纸），而它本身不是对象。定义类就是要定义类的属性与行为（方法）。请看这段代码：

```
class Employee {                                //定义父类：/职员类
    String employeeName;                        //类的属性----职员姓名
    public void printEmployeeName(){            //类的方法----输出职员的姓名
        system.out.println("employee name  is " + employeeName);
    }
}
```

其中，定义了一个职员类Employee，该类有一个属性employeeName，一个方法printEmployeeName()。类的属性也叫类成员变量，类的方法也叫类的成员函数。一个类中的方法可以直接访问同类中的任何成员（包括成员变量和成员函数），如printEmployeeName()方法可以直接访问同一个类中的EmployeeName变量。

类可理解成Java一种新的数据类型，它是Java程序设计的基本单位。类有成员变量（属性）和成员函数（方法），类的成员变量和成员函数在类的内部定义。

Java定义类的格式如下：

```
[访问说明符] [修饰符]   class   类名
{
    类成员变量声明                  //描述对象的状态
    类方法声明                      //描述对象的行为
}
```

类名是必要的，在定义类时必须给出来。类名用来指构建的具体类，其命名必须遵循Java的命名方式。关键字class用来定义类。

访问说明符和修饰符是任选的，将在后面章节介绍。例如：

```
class Student
{
    String   name;              //类成员变量声明
    public void getName();      //类方法声明

}
```

🔑【TIPS】

双反斜杠 "//" 用作标记备注的输入项（也称备注）的开始。备注是程序员描述类、方法或语句的一条消息。编译程序将忽略你写的备注。

Java支持三种风格的备注：

1. 多行备注——在/* 和*/间的语句被认作备注

    /* 多行备注备注的内容

    */

2. 单行备注——在//以后输入的文字被认为是备注。文本内容不能跨行

    //单行备注的内容

3. javadoc备注——这些备注在javadoc工具里用来创建文档，类似于多行备注，以/**替代 /*

    /** javadoc的备注内容   */（总觉得行距有问题）

5.2.2 创建对象

对象是类的实例。定义对象和定义变量一样。
Java创建对象的格式如下:

```
类名   对象名;
```

例如构建一个职员类的实际对象:

```
Employee     employee;
```

在使用对象之前必须给它们分配内存,这由new关键字来实现,如:

```
Employee = new Employee();
```

5.2.3 成员变量

成员变量(类的属性)的声明方式如下:

```
[访问说明符]    [修饰符]   数据类型    变量名;
```

访问说明符和修饰符是任选的,定义由分号终止。
数据类型:
被储存数据的类型,可以是任何Java的有效数据类型。
变量名:
定义变量必需的字段,变量名用于定义变量名称。
例如:

```
class Employee {                        //定义父类: /职员类
    String employeeName;                //职员姓名
    int employeeNo;                     //职员编号,如在Employee中声明的类的属性:
}
```

5.2.4 成员方法

类的方法,也称类的成员函数,用来规定类属性上的操作,实现类对外界提供的服务,也是类与外界交流的接口。方法的实现包括两部分内容: 方法声明和方法体。

```
[访问说明符]  [修饰符]  返回值类型  方法名(参数列表){
//方法体声明
        局部变量声明;
        语句序列;
    }
```

其中各项含义如下：

● 返回值类型：方法返回值的数据类型。例如：

```
public void printEmployeeName()------没有返回值，所以方法返回类型为void
public String getEmployeeName()------返回String数据类型，所以方法返回类型为String
```

● 方法名：方法名必须遵循Java命名约定。既然方法是类的行为，方法名就是动词－名字的组合，能反映类的行为。例如：

```
printEmployeeName();
```

● 参数列表：传递给方法的一组信息，它被明确地写在方法名后面的括弧里。

下面的代码显示Employee类中方法的定义：

```
class Employee{
    public void setEmployeeSalary(double salary){    //设置职员的薪水
        //该方法带有一个double类型的参数，无返回值
    }
public String toString() {    //输出职员的基本信息
        //该方法不带参数，但有一个String类型的返回值
    }
}
```

5.2.5　成员变量和成员方法的使用

1. 使用成员变量

一旦定义了成员变量，就能初始化并进行计算和其他操作了。

（1）在同一个类中使用成员变量

例如：

```
class Camera{
    float price;                        //价格
    String modelName;                   //产品型号
    int numOfPhotos;                    //照片数目
    public void incrementPhotos(){      //增加照片的个数
        numOfPhotos++;                  //使用成员变量numOfPhotos
    }
}
```

（2）从另外一个类中使用成员变量

通过创建类的对象，然后使用"."操作符指向该变量。

```
class Robot{
    //声明Camera的对象
```

```
        Camera camera;
        //拍照功能的成员函数
        public void takePhotos(){
            //给camera对象分配内存
            camera = new Camera();
            //增加照片个数
            camera.numOfPhotos++;        //使用camera对象的成员变量numOfPhotos
        }
}
```

2. 使用成员函数

调用成员函数必须是在方法名后跟括号和分号。

例如：

上例中Camera类的一个对象camera使用自己的方法计算照片的数量。

```
Camera camera;
camera = new Camera();
camera. incrementPhotos(); //调用camera对象的成员函数
```

（1）调用同类的成员函数

```
class Camera{
    float price;                    //价格
    String modelName;               //产品型号
    int numOfPhotos;                //照片数目
    public void incrementPhotos(){  //增加照片的个数
        numOfPhotos++;              //使用成员变量numOfPhotos
    }
    public void clickButton(){
        //调用同类的成员函数incrementPhotos()
        incrementPhotos();
    }
}
```

（2）调用不同类的成员函数

通过创建类的对象，然后使用"."操作符指向该方法。

例子：

```
class Robot{
    //声明Camera的对象
    Camera camera;
    //拍照功能的成员函数
    public void  takePhotos(){
        //给camera对象分配内存
        camera = new Camera();
        //增加照片个数
```

```
        camera.clickButton();        //使用camera对象的成员函数clickButton()
    }
}
```

5.2.6 类对象的应用

当一个对象被创建时，会对其中各种类型的成员变量按表5.1自动进行初始化赋值。除了基本数据类型之外的变量类型都是引用类型，如上面的Employee及前面讲过的数组等。

表5.1 类对象的成员变量的初始值

成员变量类型	初始值	成员变量类型	初始值
Byte	0	double	0.0D
Short	0	char	'\u0000'（表示为空）
Int	0	boolean	False
long	0L	All reference type	Null
float	0.0F		

（1）有名对象的创建与使用

下面的程序代码演示了Employee类对象的创建及使用方式。

⚠ **【例5.1】自定义类Employee，创建并使用类Employee的两个对象**

```
/*****************************test_employee.java*****************************/
/*本程序的功能是定义一个职员类Employee，并声明该类的两个对象，输出这两个对象的具体信息。*/
import java.io.*;
class Employee {                        //定义父类：职员类
    String employeeName;                //职员姓名
    int employeeNo;                     //职员的编号
    double employeeSalary;              //职员的薪水

    public void setEmployeeName(String name){        //设置职员的姓名
        employeeName = name;
    }
    public void setEmployeeNo(int no){               //设置职员的编号
        employeeNo = no;
    }
    public void setEmployeeSalary(double salary){    //设置职员的薪水
        employeeSalary = salary ;
    }

    public String getEmployeeName() {                //获取职员姓名
        return employeeName;
    }
```

```
        public int getEmployeeNo() {                          //获取职员的编号
            return employeeNo;
        }
        public double getEmployeeSalary()    {                //获取职员工资
            return employeeSalary  ;
        }
        public String toString() {                            //输出员工的基本信息
            String s;
            s = "编号: " + employeeNo + "  姓名: " + employeeName
              +"  工资:  "+ employeeSalary;
            return s;
        }
}
public class test_employee                                    //主程序,测试employee对象
{
    public static void main(String args[])
    {  //Employee的第一个对象employee1
        Employee employee1;        //声明Employee的对象employee,也称employee为引用变量
        employee1 = new Employee();                           //为对象employee分配内存
        //调用类的成员函数为该对象赋值
        employee1.setEmployeeName("王一");
        employee1.setEmployeeNo(100001);
        employee1.setEmployeeSalary(2100);
        System.out.println(employee1.toString());   //输出该对象的数值

        //Employee的第二个对象employee2,并为对象employee分配内存
        Employee employee2 = new Employee();                  //构建Employee类的第二个对象
        System.out.println(employee2.toString());             //输出系统默认的成员变量初始值

        //Employee的第三个对象employee3,并为对象employee分配内存
        Employee employee3 = new Employee();                  //构建Employee类的第二个对象
        employee3.employeeName = "王华";                      //直接给类的成员变量赋值
        System.out.println(employee2.toString());             //除姓名外,输出系统默认的成员
变量初始值
    }
}
/*-----------------------------------------------------------------------*/
```

程序运行结果如图5.7所示。

程序说明如下:

在test_employee.java文件中主要包含两个类,一个是职员类Employee,另外一个是测试类test_employee(在此类中实现Employee类对象的创建及使用),其中文件中只能有一个由public控制符修饰的类,也称为主类,它的特点是包含一个main()方法,该方法实现对其他类对象的处理。(main()方法见后面章节的详解)

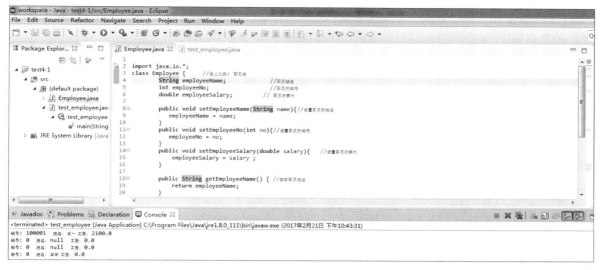

图5.7　程序运行结果

当Java虚拟机解析该程序时，会将含有main()方法的那个类名指定给字节解释器，程序开始运行。

在main()方法中声明了两个Employee类的对象employee1和employee2，它们是两个完全独立的对象，类中定义的成员变量，在每个对象都被单独实例化，不会被所有的对象共享，因此employee1三个成员属性值，不会影响employee2的各属性值。调用某个对象的方法时，该方法内部所访问的成员变量，是这个对象自身的成员变量。

因此程序的输出结果为：

对象employee1的成员数值为——编号：100001　姓名：王一　工资：2100.00

对象employee1的成员数值为——编号：0　姓名：null　工资：0.0

每个创建的对象都是有自己的生命周期的，对象只能在其有效的生命周期内被使用，当没有引用变量指向某个对象时，这个对象就会变成垃圾，不能再被使用。如employee1对象使用完后就没用了，不会影响到第二个对象employee2的数据成员的数值，employee2得到系统赋予每个成员的默认初值，与表5.1中各类型的变量初值一致。

（2）匿名对象的创建与使用

创建完对象，在调用该对象的方法时，我们也可以不定义对象的句柄，而直接调用这个对象的方法。这样的对象叫做匿名对象，我们把前面的test_employee程序中的代码：

```
Employee employee2 = new Employee();        //   构建Employee类的第二个对象
System.out.println(employee2.toString());   //   输出系统默认的成员变量初始值
```

改写成：

```
System.out.println(new Employee().toString());
```

这句代码没有产生任何句柄，而是直接用new关键字创建了Employee类的对象并直接调用它的toString()方法，得出的结果和改写之前是一样的。这个方法执行完，这个对象也就变成了垃圾。

使用匿名对象的两种情况：
- 如果对一个对象只需要进行一次方法调用，那么就可以使用匿名对象。
- 我们经常将匿名对象作为实参传递给一个函数调用，比如程序中有一个getSomeEmployee函数，要接收一个Employee类对象作为参数，函数定义如下：

```
public static void getSomeEmployee(Employeee){
    ......
}
```

可以用下面的语句调用这个函数：

```
getSomeEmployee(new Employee());
```

（3）实现类的封装性

上述程序中也可以直接操作其中的成员变量employeeName。

```
Employee employee3 = new Employee();        //构建Employee类的第二个对象
employee3.name = "王华";                      //直接给类的成员变量赋值
```

这样的代码段，显然在实际应用中不应该出现，这样做会导致数据的错误、混乱或安全性问题。如果外面的程序可以随意修改一个类的成员变量，会造成不可预料的程序错误。

怎样对一个类的成员实现这种保护呢？只需要在定义一个类的成员（包括变量和方法）时，使用private关键字说明这个成员的访问权限，这个成员成了类的私有成员，只能被这个类的其他成员方法调用，而不能被其他的类中的方法所调用。修改上述Employee类的语句：

```
String employeeName;
```

为

```
private  String employeeName;
```

则测试程序test_employee再调用语句employee3.employeeName = "王华";时，编译时会出现如图5.8所示的错误。

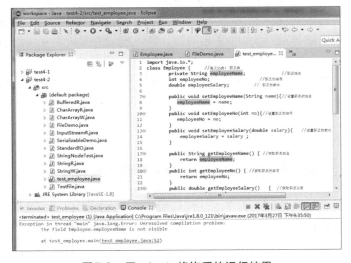

图5.8　用private修饰后的运行结果

错误的意思是：employeeName是Employee类里的私有变量，不能在其他类中直接调用和修改。虽然在类test_employee中用的是"对象.对象成员"的格式去访问Employee类中的employeeName属性，这是从其他类访问另外一个类实例对象的成员的必要格式，但这也是不行的，因为一个类里的成员（包括变量和方法）一旦用private加以修饰，就变成该类的私有成员了，这个类之外的其他类就再也不能访问它了。

明白了private关键字，大家就自然明白了public关键字，如果用public修饰类里的成员，那么，这些成员就变成公有的，并可以在任意类中访问了。当然，要在一个类外部访问这个类的成员，只能是用"对象.对象成员"的格式。

为了实现良好的封装性，通常将类的成员变量声明为private，再通过public的方法来对这个变量进行访问。这种方式就被称为封装。实现封装可以达到如下目的：

- 隐藏类的实现细节。
- 让使用者只能通过事先定制好的方法来访问数据，可以方便地加入控制逻辑，限制对属性的不合理操作。
- 便于修改，增强代码的可维护性。
- 可进行数据检查。

【TIPS】

private和public为访问说明符，具体访问说明符的使用见后面章节。

当然，在实际应用中，对于错误赋值的处理，不会只是简单地将变量赋值为0就算完事了，可以使用更有效的方式去处理这种非法调用，更有效地通知调用者非法调用的原因。这就是以后要讲到的抛出异常的方式，读者可以暂时不必细究这个问题，在后面的章节中会有详细的介绍。

5.3　类的构造方法

> 面向对象的概念取自于现实生活。当你创建一个对象时，需要初始化类成员变量的数值，如何确保类的每一个对象都能获取该成员变量的初值呢？Java通过提供一个特殊的方法——构造方法来实现。构造方法包含初始化类的成员变量的代码，当类的对象在创建时，它自动执行，因此不管谁创建类对象，构造方法被激活，成员变量被初始化。

5.3.1　构造方法的定义

我们先来看一个程序：

```
class Employee{
    private double employeeSalary = 1800;
    public Employee(){
```

```
    System.out.println("构造方法被调用!");
    }
public void getEmployeeSalary(){
    System.out.println("职员的基本薪水为:    "+employeeSalary);
    }
}
public  class TestEmployee{
    public static void main(String[] args){
        Employee e1=new Employee();
        e1.getEmployeeSalary();
        Employee e2=new Employee();
        e2.getEmployeeSalary();
        Employee e3=new Employee();
        e3.getEmployeeSalary();
    }
}
```

运行结果如图5.9所示。

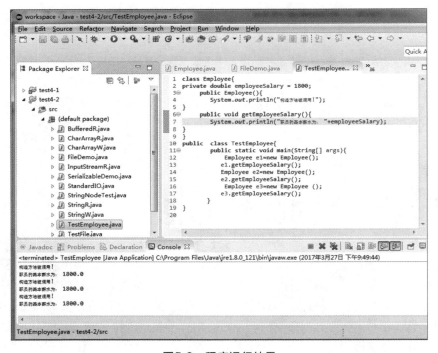

图5.9　程序运行结果

通过运行的结果读者可以发现,在TestEmployee的main()方法中并没有调用刚才新加的Employee()方法,但它却被自动调用了,而且每创建一个Employee对象,这个方法都会被自动调用一次。这就是"构造方法"。关于这个Employee方法,有几点不同于一般方法的特征:

- 它具有与类相同的名称。
- 它不含返回值。
- 它不能在方法中用return语句返回一个值。

构造方法语法格式如下:

```
[访问说明符] 类名(参数列表)
{
    //构造方法的语句体
}
```

- 参数列表: 为参数,可以为空。
- 构造方法的语句体:构建对象时的语句,也可为空。

构造方法在程序设计中非常有用,它可以为类的成员变量进行初始化工作,当一个类的实例对象刚产生时,这个类的构造方法就会被自动调用,可以在这个方法中加入要完成初始化工作的代码。

例如:

```
//带参数的构造方法
public Employee(String name){
    employeeName = name;
    System.out.println("带有姓名参数的构造方法被调用!");
}
```

构造方法的规则如下:
- 构造方法在对象创建时自动调用,它和声明它的类是同名的。
- 构造方法没有返回类型,因为构造方法不能显示调用。

5.3.2 构造方法的一些细节

(1)在Java的每个类里都至少有一个构造方法,如果程序员没有在一个类里定义构造方法,系统会自动为这个类产生一个默认的构造方法,这个默认构造方法没有参数,在其方法体中也没有任何代码,即什么也不做。

下面程序中的Customer类的两种写法效果完全是一样的。

```
class Customer{
}
class Customer{
    public Customer(){}
}
```

对于第一种写法,类虽然没有声明构造方法,但可以用new Customer()语句来创建Customer类的实例对象。

由于系统提供的默认构造方法往往不能满足编程者的需求,可以自己定义类的构造方法来满足需要,一旦编程者为该类定义了构造方法,系统就不再提供默认的构造方法了。

```
class Customer{
    String customerName;
    public Customer(String name){
        customerName = name;
    }
}
```

上面的Customer类中定义了一个为成员变量赋初值的构造方法，该构造方法有一个形式参数，这时系统就不再产生默认的构造方法了，我们再编写一个调用Customer类的程序。

```
class TestCustomer{
    public static void main(String [] args){
        Customer c = new Customer();
    }
}
```

编译上面的程序，出现如下错误：

```
Exception in thread "main" java.lang.Error: Unresolved compilation problem:
    The constructor Customer() is undefined
    at TestCustomer.main(TestCustomer.java:15)
```

错误的原因是在调用new Customer ()创建Customer类的实例对象时，要调用的是没有参数的那个构造方法，但程序中定义一个有参数的构造方法取代无参数的构造方法，这时系统就不再自动生成无参数的构造方法。针对这种情况，就必须自己定义构造方法，且都需要带上一个无参数的构造方法，否则，就会经常碰到上面这样的错误。

（2）声明构造方法时，可以使用private访问修饰符吗？运行这段程序，看看有什么结果：

```
class Customer{
    private Customer(){
        System.out.println("the constructor is calling!");
    }
}
class Test Customer{
    public static void main(String[] args){
        Customer c1 = new Customer();
    }
}
```

编译上面的程序，仍会出现上述的错误：

```
Exception in thread "main" java.lang.Error: Unresolved compilation problem:
The constructor Customer() is not visible
at TestCustomer.main(TestCustomer.java:15)
```

这段信息是说Customer()构造方法是私有的，不可以被外部调用，可见构造方法一般都是public的，因为它们在对象产生时会被系统自动调用。

【TIPS】

在构造方法里不含返回值的概念是不同于"void"的，"public void Employee()"这样的写法就不再是构造方法了，而变成了普通方法。很多人都会犯这样的错误，在定义构造方法时加了"void"，结果这个方法就不再被自动调用了。

5.4 访问说明符和修饰符

" 本节主要讲述Java的访问说明符和修饰符的概念。 "

5.4.1 访问说明符（public、protected、private）

访问说明符决定一个类的那些特征（类、成员变量和成员方法）并且可以被其他类使用。Java支持三种访问说明符。

- public　　　　访问说明符
- protected　　 访问说明符
- private　　　　访问说明符

如果没有明确三种访问说明符，则系统默认以缺省值（无关键字）方式表述。下面给出Java中访问说明符的含义。

1. public访问说明符

一个类被声明为公共类（除内部类外），表明它可以被所有的其他类所访问和引用，这里的访问和引用是指这个类作为整体对外界是可见和可使用的，程序的其他部分可以创建这个类的对象、访问这个类内部可见的成员变量和调用它的可见的方法。

一个类作为整体对程序的其他部分可见，并不能代表类内的所有属性和方法也同时对程序的其他部分可见，前者只是后者的必要条件，类的属性和方法能否为所有其他类所访问，还要看这些属性和方法自己的访问说明符。

🔑【TIPS】

类的属性尽可能不用public关键字，否则会造成安全性和数据封装的下降。
例如：
```
public  class PublicClass{
   public int publicVar;
   public void publicMethod();
}
```

2. protected保护访问说明符

用protected修饰的成员变量可以被三种类所引用：该类自身、与它在同一个包中的其他类、在其他包中的该类的子类。使用protected修饰符的主要作用是允许其他包中的它的子类来访问父类的特定属性。

protected关键字为我们引入了"继承"的概念，它以现有的类为基础派生出具有新成员变量的子类，子类能继承父类的数据成员和方法，除private修饰的数据外。
例如：

```
protected int publicVar;
```

3. private私有访问说明符

用private修饰的属性或方法只能被该类自身所访问和修改，而不能被任何其他类，包括该类的子类获取和引用。

例如：

```
private int publicVar;
```

实现类时，我们要使所有的数据字段都是私有的，因为公开的数据是危险的。对于方法又是什么情况呢？虽然大多数方法是公有的，但是私有方法也经常使用。这些私有的方法只能被同一个类的方法调用。

类的私有方法包括：其一，是与类的使用者无关的那些方法；其二，如果类的实现改变了，不容易维护的那些方法。

4. 缺省访问说明符

假如一个类没有规定访问说明符，说明它具有缺省的访问说明符（friend）。这种缺省的访问控制权规定该类只能被同一个包中的类访问和引用，而不可以被其他包中的类使用，这种访问特性称为包访问性。通过声明类的访问说明符可以使整个程序结构清晰、严谨，减少可能产生的类间干扰和错误。

例如：

```
int publicVar;
```

 【TIPS】

在Java中friend不是关键字，它是在没有规定访问说明符时指出访问级别的字段。但不能用friend说明符来声明类、变量或方法。

表5.2给出了每一种访问说明的访问等级。

表5.2　访问说明符的访问等级

访问说明符	当前类	当前类的所有子类	当前类所在的包	所有类
private	√			
缺省	√	√		
protected	√	√	√	
public	√	√	√	√

 【TIPS】

方法中定义的变量不能有访问说明符，有关包的概念见后面章节。

5.4.2 修饰符

修饰符决定成员变量和方法如何在其他类和对象中使用。

1. static修饰符

假如一个类Employee已经有很多的对象，想知道能够创建多少个对象，该怎样做呢？

在这就需要一个变量（计数器），它由类本身所拥有，属于类的每一个对象。每次构建对象时，构造函数将增加计数器的值。因此计数器的值将显示创建的对象数。

static修饰符可以修饰类的成员变量，也可以修饰类的方法。被static修饰的属性不属于任何一个类的具体对象，是公共的存储单元。任何对象访问它时，取得的都是相同的数值。当需要引用或修改一个static限定的类属性时，可以使用下面的类名访问static变量或方法。也可以使用某一个对象名，效果相同。

```
StaticClass.staticVar;          //直接用类名.访问成员变量
StaticClass.staticMethod();     //直接用类名.访问成员函数
```

 【TIPS】

> 不必创建一个类的对象调用static变量或方法。用static关键字声明的变量或方法称为类变量或类方法。
> 不能从static方法（实例）中访问非静态成员变量，因为非静态成员变量为实例变量，属于实例本身）

2. final修饰符

final在Java中并不常用，然而它却为我们提供了诸如在C/C++语言中的const功能，不仅如此，final还可以让你控制你的成员、方法或者一个类是否可被覆盖或继承等功能。

final修饰符有以下限制：

- 一个final类不能被继承。
- 一个final方法不能被子类改变（重载）。
- Final成员变量不能在初始化后被改变。
- 在final类里的所有成员变量和方法都是final类型。

3. abstract修饰符

abstract修饰符表示所修饰的类没有完全实现，还不能实例化。如果在类的方法声明中使用abstract修饰符，表明该方法是一个抽象方法，它需要在子类实现。如果一个类包含抽象函数，则这个类也是抽象类，必须使用abstract修饰符，并且不能实例化。

在下面的情况下，类必须是抽象类：

- 类中包含一个明确声明的抽象方法。
- 类的任何一个父类包含一个没有实现的抽象方法。
- 类的直接父接口声明或者继承了一个抽象方法，并且该类没有声明或者实现该抽象方法。

abstract修饰符与final修饰符相反，其抽象类必有子类，而fianl类不能有子类。

4. native修饰符

native修饰符仅用作方法。一个native方法就是一个Java调用非Java代码的接口。native方法的语句体是位于Java环境外的。这种方法仅当你在另外一种语言里已有现有的代码和不想在Java里重写代码时才使用，为此Java使用native方法来扩展Java程序的功能。

5. synchronized修饰符

synchronized修饰符用在多线程程序中。在编写一个类时，如果该类中的代码可能运行于多线程环境下，那么就要考虑同步的问题。在Java中内置了语言级的同步原语——synchronized，这也大大简化了Java中多线程同步的使用。

6. volatile修饰符

volatile修饰的成员变量在每次被线程访问时，都强迫从共享内存中重读该成员变量的值。而且，当成员变量发生变化时，强迫线程将变化值回写到共享内存。这样在任何时刻，两个不同的线程总是能看到某个成员变量的同一个值。

【TIPS】

访问说明符决定从其他类的对象访问数据的可能性。如被声明为private（私有），成员数据不能被任何其他类的对象访问。

修饰符决定成员数据如何在其他对象中使用。如成员变量声明为static（静态），即可被在没有创建它所属类的对象时被访问。

5.5 main()方法

在Java应用程序中，可以有很多类，每个类有很多的方法，但编译器首先运行的是main()方法。而含有main()方法的类被称为Java的主控类。

main()方法的语法格式如下：

```
public static void main(String args[]){
    ...
}
```

该方法声明为public以使编译器能够访问它。该方法没有返回值，所以定义为void。使用static修饰符是为了不必创建类的实例而直接调用main()方法。

另外，代码所在的文件的主名必须要和main()方法所在的类名一致。

例如【例5.1】中的类test_employee里定义了main()方法，文件名必须是test_employee.java。

main()方法该有一个参数，但main()方法不能是明确调用并且第一个被执行的方法，只能从命令行传递参数给它，详见后面章节。

5.6　this引用

一个对象中的一个成员方法，可以引用另外一个对象的成员，如下面的程序代码：

```
class A{
    String name;
    public A(String x){
        name = x;
    }
    public void func1(){
        System.out.println("func1 of  " + name +" is calling");
    }
    public void func2(){
        A a2 = new A("a2");
        a2.func1();
    }
}
class TestA{
    public static void main(String [] args){
        A a1 = new A("a1");
        a1.func2();
    }
}
```

在上面的程序中，一共产生了两个类A的实例对象a1和a2，在a1的func2中，调用了a2的func1。

从类方法的使用可以知道，如果func2方法被调用，一定是事先已经有了一个存在的对象，而func2被作为那个对象的方法使用。

但如果想在func2内部能引用别的对象，能不能在func2内部引用那个"事先存在并对func2进行调用"的对象呢？对于一个方法来说，只要是对象，它就可以调用，它根本就不区分是不是自己所属的那个对象！

接着来思考下面的问题，在func2中，怎么引用自己所属的那个对象呢？也就是自己所属的那个对象的引用名称是什么呢？是a1吗？那个对象在TestA的main()方法中叫a1，但在func2内就不叫a1了，因为，在定义func2时，对象a1还没产生，不可能提前知道以后产生的类A的每个实例对象的引用名称，显然我们在func2中不能用以后定义的对象引用名来引用它所属的那个对象。这就需要this关键字了。

this关键字在Java程序里的作用和它的词义很接近，它在函数内部就是这个函数所属的对象的引用变量。

下面修改上述的程序代码，在func2中使用this关键字调用func1方法。

```
class A{
    String name;
    public A(String x){
```

```
        name = x;
    }
    public void func1(){
        System.out.println("func1 of  " + name +" is calling");
    }
    public void func2(){
        A a2 = new A("a2");
        this.func1();          //使用this关键字调用func1方法
        a2.func1();
    }
}
class TestA{
    public static void main(String [] args){
        A a1 = new A("a1");
        a1.func2();
    }
}
```

重新编译TestA.java后，运行类TestA，结果如下：

```
func1 of a1 is calling
func1 of a2 is calling
```

前面讲过，一个类中的成员方法可以直接调用同类中的其他成员，其实将this.func1();调用直接写成func1();调用，效果是一样的。

对于类A中的构造方法：

```
public A(String x){
    name = x;
}
```

可以改写成如下形式：

```
public A(String x){
    this.name = x;
}
```

在成员方法中，在访问的同类中的成员前加不加this引用，效果都是一样的。但在有些情况下，非得用this关键字不可。

（1）通过构造方法将外部传入的参数赋值给类成员变量，构造方法的形式参数名称与类的成员变量名相同。

```
class Customer{
    String name;
    public Customer(String name) {
        name = name;
```

在这段代码里，语句name = name;根本分不出哪个是成员变量，哪个是方法的变量。最终会产生错误的结果。

形式参数就是方法内部的一个局部变量，成员变量与方法中的局部变量同名时，在该方法中对同名变量的访问是指那个局部变量。如果明白了这个道理和this关键字的作用，就可以修改上面的程序代码来达到目的了。

```
class Customer{
    String name;
    publicCustomer(String name) {
        this.name = name;
    }
}
```

（2）假设有一个容器类和一个部件类，在容器类的某个方法中要创建部件类的实例对象，而部件类的构造方法要接收一个代表其所在容器的参数，程序代码如下：

```
class Container  {
    Component comp;
    public void addComponent(){
        comp = new Component(this);    //将this作为对象引用传递
    }
}
class Component{
    Container myContainer;
    public Component(Container c){
        myContainer = c;
    }
}
```

这就是通过this引用把当前的对象作为一个参数传递给其他的方法和构造方法的应用。

（3）构造方法是在产生对象时被Java系统自动调用的，不能在程序中象调用其他方法一样去调用构造方法。但可以在一个构造方法里调用其他重载的构造方法，不是用构造方法名，而是用this(参数列表)的形式，根据其中的参数列表，选择相应的构造方法。

```
public class Person{
    String name;
    int age;
    public Person(String name){
        this.name = name;
    }
    public Person(String name,int age){
        this(name);
        this.age = age;
```

```
    }
}
```

在类Person的第二个构造方法中，通过this(…)调用，执行第一个构造方法中的代码。

5.7 重载

> 在Java中，同一个类中的2个或2个以上的方法可以有同一个名字，只要它们的参数声明不同即可。在这种情况下，该方法就被称为重载（overloaded）。

5.7.1 方法重载

方法重载（overloading）是在一个类中允许同名方法的存在，是类对自身同名方法的重新定义。重载Overloading是一个类中多态性的一种表现。

如Java系统提供的输出命令的同名方法如下：

```
System.out.println();                  //输出一个空行
System.out.println(double   salary);   //输出一个双精度类型的变量后换行
System.out.println(String name);       //输出一个字符串对象的值后换行
```

由于重载发生在同一个类里，不能再用类名来区分不同的方法了，所以一般采用不同的形式参数列表，包括形式参数的个数、类型、顺序的不同，来区分重载的方法。只需简单地调用print方法并把一个参数传递给print，由系统根据这个参数的类型来判断应该调用哪一个print方法。

方法重载有不同的表现形式，如基于不同类型参数的重载：

```
class Add{
    public String Sum(String para1, String para2) {…}
    public int Sum(int para1, int para2){…}
}
```

如相同类型不同参数个数的重载：

```
class Add{
    public int Sum(int para1, int para2)     {…}
    public int Sum(int para1, int para2,int para3)      {…}
}
```

Java的方法重载，就是在类中可以创建多个方法，它们具有相同的名字，但具有不同的参数和不同的定义。调用方法时通过传递给它们的不同参数个数和参数类型来决定具体用哪个方法, 这就是多态性。

重载的时候，方法名要一样，但是参数类型和个数不一样，返回值类型可以相同也可以不相同，无法以返回值类型作为重载函数的区分标准。

例如：

```java
class Calculate{
    public  int add(int i, int j){
        System.out.println("int  " + " int");
        return i+j;
    }
    public  float  add(float i, float j){
        System.out.println("float " +" float");
        return i+j;
    }
    public  double  add(double i, int  j){
        System.out.println("double  " +"  double");
        return i+j;
    }
    public static void main(String args[]){
        Calculate ca = new Calculate();
        System.out.println(ca.add(1,10));
        System.out.println(ca.add(1.2f,10f));
        System.out.println(ca.add(1d,10));
    }
}
```

程序运行结果如图5.10所示。

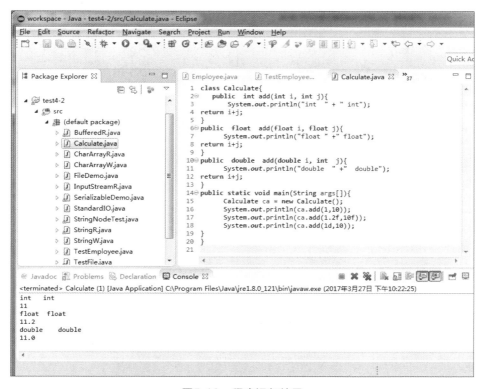

图5.10　程序运行结果

5.7.2 构造方法的重载

构造方法也可以被重载，这种情况其实是很常见的，先来看看下面的例子：

⚠️ 【例5.2】自定义类Employee，创建并使用类Employee的三个构造方法

```
/************************ConstructorOverloaded.java************************/
/*本程序的功能是定义一个职员类Employee，并声明该类的三个对象，并输出这三个对象的具体信息，
验证构造方法的重载*/
class Employee{
    private double employeeSalary = 1800;
    private String employeeName = "姓名未知。";
    private int employeeNo;
    public Employee(){                              //默认构造方法

        System.out.println("不带参数的构造方法被调用!");
    }
    public Employee(String name){                   //带一个参数的构造方法
        employeeName = name;
        System.out.println("带有姓名参数的构造方法被调用!");
    }

    public Employee(String name,double salary){     //带两个参数的构造方法
        employeeName = name;
        employeeSalary = salary;
        System.out.println("带有姓名和薪水这两个参数的构造方法被调用!");
    }
    public String toString() {                      //输出员工的基本信息
        String s;
        s = "编号: " + employeeNo + "  姓名:  " + employeeName
            +"  工资:  "+ employeeSalary;
        return s;
    }

}
public  class ConstructorOverloaded{
    public static void main(String[] args){
        Employee e1=new Employee();
        System.out.println(e1.toString());

        Employee e2=new Employee("李萍");
        System.out.println(e2.toString());

        Employee e3=new Employee("王嘉怡",2500);
        System.out.println(e3.toString());

    }
}
```

程序运行的结果如图5.11所示。

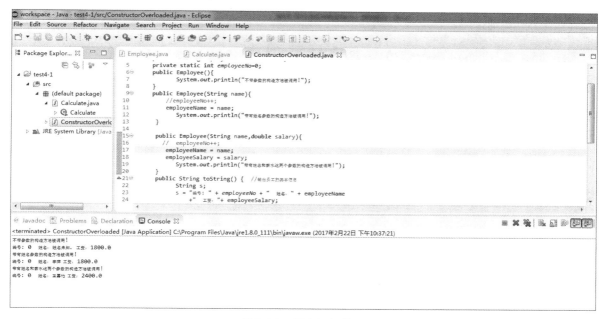

图5.11 程序运行结果

上述程序中共定义3个Employee的对象，这3个对象调用了不同的构造方法，可见，因为括号中传递的参数个数或类型不同，调用的构造方法也不同。

分析一下语句Employee e3 = new Employee("王嘉怡",2500);都干了些什么？

它会做这样几件事：创建指定类的新实例对象，在堆内存中为实例对象分配内存空间，并调用指定类的构造方法，最后将实例对象的首地址赋值给引用变量e1。

首先，等号左边定义了一个Employee类的引用变量e3，等号右边使用new关键字创建了一个Employee类的实例对象。

接着，调用相应的构造方法，构造方法接受外部传入的姓名和薪水，在执行构造方法中的代码之前，进行属性的显式初始化，也就是在定义成员变量时就对其进行赋值。

```
employeeSalary = 2500;        //显式初始化
employeeName = "王嘉怡";      //显式初始化
```

最后，把刚刚创建的对象赋予引用变量。

【TIPS】

默认的构造方法用预先确定的值初始化类的属性，而重载的构造方法根据创建对象时设置的参数值指定对象的状态。可以在一个类中重载多个构造方法。

5.8 方法中的参数传递

> 本节将介绍Java中方法的参数传递的问题，包括传值调用和引用调用，以及
> 命令行参数的使用。

5.8.1 传值调用

Java中所有原始数据类型的参数是传值的，这意味着参数的原始值不能被调用的方法改变。被调用的方法仅获得变量的一份拷贝。也就是说被调用方法对对象所做的任何改变不会反映到调用方法中。我们看看下面的程序代码：

⚠ 【例5.3】 自定义类SimpleValue

```
/**************************** SimplValue.java****************************/
/*本程序的功能是定义一个职员类SimpleValue，实现基本数据的参数传递*/
  class PassValue{
      public static void main(String [] args)      {
          int x = 5;
          System.out.println("方法调用前 x = "   + x);
          change(x);
          System.out.println("change方法调用后 x = "   + x);
      }
      public static void change(int x){
          x = 5;
      }
  }
```

程序输出结果如图5.12所示。

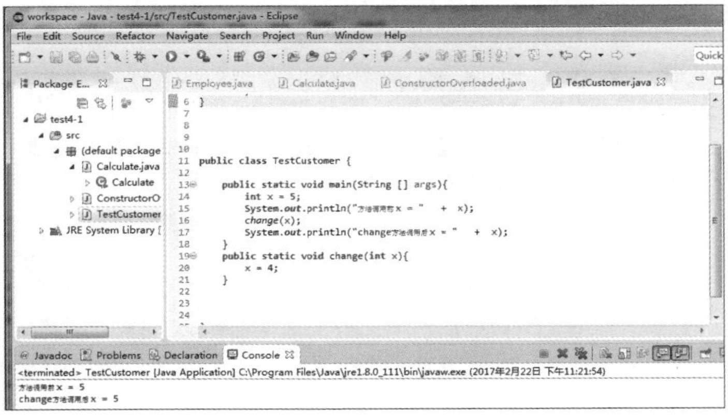

图5.12　传值调用程序运行结果

change方法被调用时，传递给它一个实参变量x，值为5。Change方法接受该参数，并在语句体中重新给该变量赋值，值为5。但这仅仅在change方法中有效，它不会改变main()方法中传递过来的变量x的值，因此最后的输出结果仍旧是5。

可见，在传值调用里，参数值的一份拷贝传给了被调用方法，把它放在一个独立的内存单元。因此，当被调用的方法改变参数的值时，这个变化不会反映到调用方法来里。

5.8.2 引用调用

对象的引用变量并不是对象本身，它们只是对象的句柄（名称）。就好像一个人可以有多个名称一样（如中文名，英文名），一个对象也可以有多个句柄，我们在前面已经讲过对象的生命期与引用变量之间的关系。

⚠【例5.4】自定义类ReferenceValue

```
/************************* ReferenceValue.java***************************/
/*本程序的功能是定义一个职员类ReferenceValue，实现引用数据的参数传递*/
class ReferenceValue{
    int x ;
    public static void main(String [] args)  {
        ReferenceValue obj = new ReferenceValue();
        obj.x = 5;
        System.out.println("chang方法调用前的x =  "  + obj.x);
        change(obj);
        System.out.println("chang方法调用后的x =  "  + obj.x);
    }
    public static void change(ReferenceValue obj){
        obj.x=5;
    }
}
```

程序输出结果如图5.13所示。

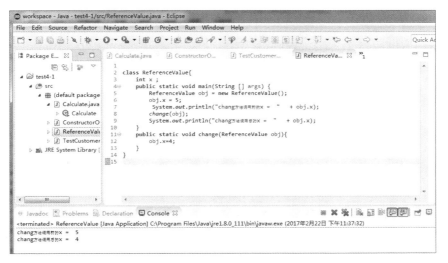

图5.13　引用调用程序运行结果

main()方法中首先生成obj对象,并给其成员变量x赋值为5,接下来调用类内定义的方法change。在chang方法调用时把main()方法的obj的值赋给change方法中的obj,使其指向同一内容。

change方法结束,change中的obj变量被释放,但堆内存的对象仍然被main()方法中的obj引用,我们会看到:在main()方法中的obj所引用的对象的内容被改变。

 【TIPS】

> Java语言中基本类型数据传递是传值调用,对象的参数传递是引用调用。

5.8.3 命令行参数的使用

5.5节讲到main()方法是一个重要而又特殊的方法。它是Java应用程序的入口,JVM在运行字节码文件时,做完初始化之后,就会查找main()方法,从这里开始整个程序的运行。

在main()方法的括号里面有一个形式参数"String args[]",args[]是一个字符串数组,可以接受系统所传递的参数,而这些参数则来自于命令行参数。

在命令行执行一个程序通常的形式是:

```
java    类名    [参数列表]
```

"参数列表"中可以容纳多个参数,参数间以空格或制表符隔开,它们被称为命令行参数。系统传递给main()方法的实际参数正是这些命令行参数。由于Java中数组的下标是从0开始的,所以形式参数中的args[0],……,args[n-1]依次对应第1,……,n个参数。参数与args数组的对应关系如图5.14所示。

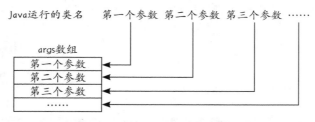

图5.14　参数与args数组对应关系

下面这个例子展示了main()方法是如何接收这些命令行参数的。

⚠ 【例5.5】 命令行参数的使用

```
/**********************test_commandLine_arguments.java********************/
class test_commandLine_arguments {
    public static void main(String args[]){    //依次获取命令行参数并输出
        for(int i=0;i<args.length;i++)
            System.out.println("args["+i+"]:   "+args[i]);
    }
}
/*-------------------------------------------------------------------------*/
```

在程序的for循环中，用到了一个属性：args.length。在Java中，数组也是预定义的类，它拥有属性length，用来描述当前数组所拥有的元素。若命令行中没有参数，该值为0，否则就是参数的个数。若在命令行输入下列命令：

```
java test_commandLine_arguments testing command_line arguments
```

程序执行后的输出结果如图5.15所示。

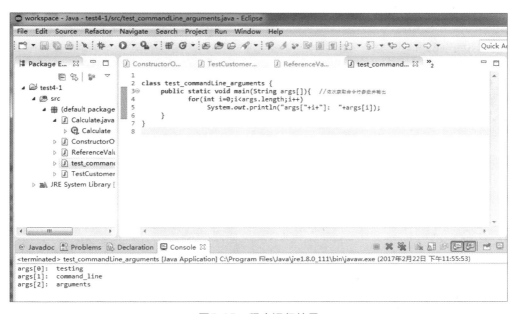

图5.15　程序运行结果

5.9 static、final修饰符的应用

" 本节将对修饰符static、final的使用进行详细介绍。"

5.9.1 static关键字的使用

static是静态修饰符，可以修饰类的属性，也可以修饰类的方法。被static修饰的属性不属于任何一个类的具体对象，是公共的存储单元。任何对象访问它时，取得的都是相同的数值。当需要引用或修改一个static限定的类属性时，可以使用类名，也可以使用某一个对象名，效果相同。

1. 静态属性

定义静态数据的简单方法就是在其属性前加上static关键字。例如，下述代码能生成一个static数据成员，并对其初始化：

```
class StaticTest {
    static int i = 57;
}
```

接下来声明两个StaticTest对象，但它们同样拥有StaticTest.i的一个存储空间。这两个对象都共享同样的i。下述代码的运行结果一致：

```
StaticTest st1 = new StaticTest();
StaticTest st2 = new StaticTest();
```

此时，无论st1.i还是st2.i都有同样的值57，因为它们引用的是同样的内存区域。

上述例子采用对象引用属性的方法，也可直接使用该类的静态属性。正如上面展示的那样，可通过一个对象命名它，如st2.i。也可直接用它的类名引用，如StaticTest.i，而这在非静态成员里是行不通的。再看下面的语句：

```
StaticTest.i++;
```

其中，++运算符会使静态变量i的值增加1。此时，无论st1.i还是st2.i的值都是58。类似的逻辑也适用于静态方法。既可象对其他任何方法那样通过一个"对象"引用静态方法，也可用特殊的语法格式"类名.方法()"加以引用。如以下程序：

```
class StaticTest{
    static void increat() {
        StaticTest.i++;
    }
}
```

从中可看出，类StaticTest的方法increat()使静态数据i增加1。通过类的对象调用increat()方法的具体代码段如下：

```
{
    StaticTest  st1 = new StaticTest();
    st1.increat();
}
```

也可以通过类名直接调用该静态方法，具体代码如下：

```
StaticTest.increat();
```

static一项最重要的用途就是帮助我们在不必创建对象的前提下调用static修饰的方法。

2. 静态代码块

在类中，也可以将某一块代码声明为静态的，这样的程序块叫静态初始化段。静态代码块的一般形式如下：

```
static
{
    语句序列
}
```

- 静态代码块只能定义在类里面，它独立于任何方法，不能定义在方法里面。
- 静态代码块里面的变量都是局部变量，只在本块内有效。
- 静态代码块会在类被加载时自动执行，而无论加载者是JVM还是其他的类。
- 一个类中允许定义多个静态代码块，执行的顺序根据定义的顺序进行。
- 静态代码块只能访问类的静态成员，而不允许访问非静态成员。

如下代码定义了一个静态代码块：

```
static{
    int stVar = 12;    //这是一个局部变量，只在本块内有效
    System.out.println("This is static block." + stVar);
}
```

编译通过后，用Java命令加载本程序，程序运行结果首先输出：

```
This is static block. 12
```

接下来才是main()方法中的输出结果，由此可知静态代码块甚至在main()方法之前就被执行了。

方法也可分为非静态方法（也称实例方法）和静态方法。其中，非静态方法必须在类实例化之后通过对象来调用，而静态方法可以在类实例化之前就使用。与成员变量不同的是：无论哪种方法，在内存中只有一份——无论该类有多少个实例，都共用同一个方法。

本节以前的例子中，除了main()方法，其余的方法都是非静态方法，而main()则是一个静态方法，所以它才能够被系统直接调用。

3. 静态方法

（1）静态方法的声明和定义

静态方法的定义和非静态方法的定义在形式上并没有什么区别，都是在声明为静态的方法前加上一个关键字static。它的一般语法形式如下：

```
[访问权限修饰符] static [返回值类型] 方法名([参数列表])
{
    语句序列
}
```

例如Java主控类的main()方法的定义如下：

```
public static void main(String args[]){
    System.out.println("java主类的静态的main()方法");
}
```

（2）静态方法和非静态方法的区别

静态方法和非静态方法的区别主要体现在两个方面：

- 在外部调用静态方法时，可以使用"类名.方法名"的方式，也可以使用"对象名.方法名"的方式。而实例方法只有后面这种方式。也就是说，调用静态方法可以无需创建对象。
- 静态方法在访问本类的成员时，只允许访问静态成员（即静态成员变量和静态方法），不能访问非静态的成员变量。

⚠ 【例5.6】 静态方法访问成员变量

```
/*************************** test_accessStatic.java***************************/
/*本程序的功能是测试静态的方法是否能访问非静态的数据成员和方法，实现方法对静态数据成员和方法
的调用。*/
class test_accessStatic{
    private static int count;            //定义一个静态成员变量，用于统计对象的个数
    private String name;                 //定义一个非静态的成员变量
    public test_accessStatic(String Name){
        name = Name;
        count++;
    }
    //定义一个静态方法,测试静态的方法是否能够调用非静态的数据成员和方法
    public static void accessStaticMethod(){
        int i = 0;                       //正确，可以有自己的局部变量
        count++;                         //正确，静态方法可以使用静态变量
        anotherStaticMethod();           //正确，可以调用静态方法
        name = "静态对象";               //错误，不能使用实例变量
        resultMethod();                  //错误，不能调用实例方法
    }
    public static void anotherStaticMethod()        //类中另一个静态的方法
    {
        System.out.println("测试能被类中静态和非静态方法调用的静态方法");
        count++;
    }
    //下面定义一个实例方法
    public void  resultMethod(){
        anotherStaticMethod();                          //正确，可以调用静态方法
        System.out.println("新建对象的信息" + name );
        System.out.println("新建对象个数" +count );    //可正确调用静态的数据成员
    }
    public static void main(String args[])  {
        test_accessStatic t1 = new test_accessStatic("第一个对象");
        t1. accessStaticMethod();
        test_accessStatic t2 = new test_accessStatic("第二个对象");
        t2. accessStaticMethod();
```

```
    }
}
/* - - - - - - - - - - - - - - - - - - - - - - - - - - - - - - - - - - - - - - - - - - - - - - - -*/
```

程序经过编译，会产生如图5.16所示的错误。

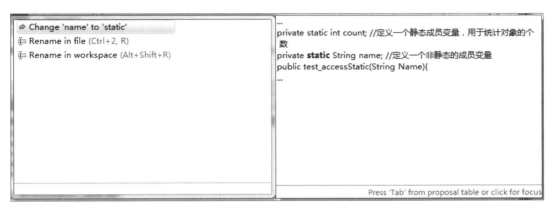

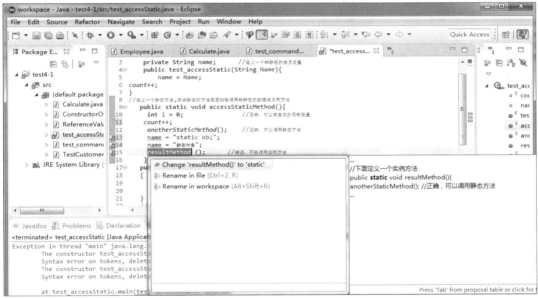

图5.16　运行错误

原因在于，静态方法只能访问静态成员，实例方法可以访问静态和实例成员。因为非静态的成员变量隶属于某个对象，而静态方法在执行时，并不一定存在对象。同样，因为非静态的方法可以访问实例成员变量，如果允许静态方法调用实例方法，将间接地允许它使用实例成员变量，所以它也不能调用实例方法。基于同样的道理，静态方法中也不能使用关键字this。

5.9.2　final关键字的使用

final关键字在Java中并不常用，然而它却提供了诸如在C/C++语言中const关键字的功能，不仅如此，final关键字还可以让你控制你的成员、方法或者一个类是否可被覆盖或继承等功能，这使final关键字在Java中拥有了一个不可或缺的地位，它是学习Java时必须要知道和掌握的关键字之一。

1. final成员

当在类中定义变量时，要在其前面加上final关键字，也就是说，这个变量一旦被初始化便不可改变，对基本类型来说是其值不可变，而对于对象变量来说是其引用不可变。

其初始化可以在两个地方，一是其定义时，也就是说在final变量定义时直接为其赋值；二是在构造方法中。这两个地方只能选其一，要么在定义时赋值，要么在构造方法中赋值，不能同时既在定义时赋值，又在构造方法中赋另外的值。如下面程序代码：

```
public class  test_final{
    final PI=5.15;           //定义final变量时便赋值
    final int I;             //在构造方法中对final变量初始化，定义时不能再赋初值
    public test_final(){
        I = 100;
    }
}
```

上述类很简单地演示了final的常规用法。这样在程序的随后部分可以直接使用这些变量，就像它们是常数一样。

2. final方法

将方法声明为final，那就说明你已经知道这个方法提供的功能可以满足你的要求，不需要进行扩展，并且也不允许任何从此类继承的类来覆写这个方法，但是仍然可以继承这个方法，也就是说可以直接使用。

3. final类

当你将final用于类身上时，你就需要仔细考虑，因为一个final类是无法被任何人继承的，那也就意味着此类在一个继承树中是一个叶子类，并且此类的设计已被认为很完美而不需要进行修改或扩展。

本章小结

　　本章主要介绍了面向对象程序设计的基本概念，它区别于传统的结构化程序设计，它将面向对象的思想应用于软件系统的设计与实现，代表一种全新的程序设计思路。它不再把程序看作是工作在数据上的一系列过程或函数的集合，而是把程序看作是相互协作而又彼此独立的对象的集合。它是一种以对象为中心的程序设计方式。它包括以下几个主要概念：抽象、对象、类和封装、继承、多态性、消息、结构与关联。

　　本章还详细介绍了Java中有关类的定义，及类中属性和方法的声明。其中方法是类对外提供的接口，类与类之间的交流是通过类中的方法实现的，因此着重介绍了方法的定义、方法的调用、方法的重载以及方法调用过程中参数的传递方式。

　　另外，本章也详细介绍了类的特殊方法——构造方法的创建及使用。

　　最后又介绍了Java中访问说明符和几个主要关键字的使用。

项目练习

项目练习1

　　编程创建一个Point类，在其中定义两个变量表示一个点的坐标值，再定义构造函数初始化为坐标原点，然后定义一个方法实现点的移动，再定义一个方法打印当前点的坐标，并创建一个对象验证。

　　关键代码如下：

```
void move(int newX,int newY){
    x=newX;
    y=newY;
}
void print(){
    System.out.println("Newx="+x+"New y="+y);
}
...
p.print();
p.move(50,50);
System.out.println("**after moving**");
p.print();   //call method of an object
```

项目练习2

定义一个表示学生信息的类Student，要求如下：（有关类的编程）

（1）类Student的成员变量

    sNO 表示学号。

    sName表示姓名。

    sSex表示性别。

    sAge表示年龄。

    sJava：表示Java课程成绩。

（2）类Student带参数的构造方法

    在构造方法中通过形参完成对成员变量的赋值操作。

（3）类Student的方法成员

    getNo()：获得学号。

    getName()：获得姓名。

    getSex()：获得性别。

    getAge()：获得年龄。

    getJava()：获得Java课程成绩。

（4）根据类Student的定义，创建5个该类的对象，输出每个学生的信息，计算并输出这5个学生Java语言成绩的平均值，以及计算并输出他们Java语言成绩的最大值和最小值。

关键代码如下：

```java
public Student(String XH,String XM,String XB,int NL,int XF) //构造方法
{
    sNO=XH;
    sName=XM;
    sSex=XB;
    sAge=NL;
    sJava=XF;
}
public String getNO()
{
    return sNO;
}
...
Student[] st = new Student[5];
```

项目练习3

定义一个类实现银行帐户的概念，变量有"帐号"和"存款余额"，方法有"存款""取款"和"查询余额"。定义主类，创建帐户类的对象，并完成相应操作。

关键代码如下：

```java
public int getleftmoney(){
```

```
        return leftmoney;
    }
    public void savemoney(double money){
        leftmoney+=money;
    }
    public void getmoney(double money){
        if(money<=leftmoney)
            leftmoney-=money;
        else
        System.out.println("只能取: "+leftmoney);
    }
    ...
```

主程序提示:

```
BankAccount ba = new BankAccount("100001",200);    //默认账户有200元
ba.savemoney(200);                                 //再存入200
System.out.println("存入200元后余额为: "+ba.getleftmoney());
ba.getmoney(100);                                  //取100
System.out.println("取100元后余额为: "+ba.getleftmoney());
```

Chapter
06

字符串类

本章概述

　　JDK为开发人员提供了种类丰富、功能齐全的类库，学习Java，其中最重要的一项技能就是学习如何使用Java API开发文档，从中找到所需要的类。在Java中，字符串是作为内置对象进行处理的，在java.lang包中，有2个专门处理字符串的类，分别是String和StringBuffer，还有一个类StringToknizer，这3个类提供了十分丰富的功能特性，以方便处理字符串。本章主要介绍String和StringBuffer这两个类的用法。通过本章的学习，读者将可以掌握字符串处理的常见方法，并能进一步熟练应用java API文档的其他类。

重点知识

- String类
- StringBuffer类

6.1 String类

> String类表示了定长、不可变的字符序列，Java程序中所有的字符串常量（如"abc"）都可以作为此类的实例来实现。它的特点是一旦赋值，便不能改变其指向的字符串对象，如果更改，则会指向一个新的字符串对象，下面介绍String类中常用的一些方法。

1. String类的构造方法

String类支持多种构造方法，共有13个，如下所示。

```
String()
String(byte[]bytes)
String(byte[] ascii, int hibyte)
String(byte[] bytes, int offset, int length)
String(byte[] ascii, int hibyte, int offset, int count)
String(byte[]bytes, int offset, int length, String charsetName)
String(byte[] bytes, String charsetName)
String(char[] value)
String(char[] value, int offset, int count)
String(int[] codePoints, int offset, int count)
String(String original)
String(StringBuffer buffer)
String(StringBuilder builder)
```

在初始化一个字符串对象的时候，可以根据需要调用相应的构造方法。参数为空的构造方法是String类默认的构造方法，例如下面的语句：

```
String str=new String();
```

此语句将创建一个String对象，该对象中不包含任何字符。

如果希望创建含有初始值的字符串对象，可以使用带参数的构造方法。

```
char[] chars={'H','I'};
String s=new String(chars);
```

这个构造方法用字符数组chars中的字符初始化s，结果s的值就是"Hi"。

使用下面的构造函数可以指定字符数组的一个子区域作为初始化值。

```
String(char[] value, int offset, int count)
```

其中，offset指定了区域的开始位置，count表示区域的长度即包含的字符个数。例如在程序中有如下两条语句：

```
char chars[]={'W','e','l','c','o','m'};
String s=new String(chars,3,3);
```

执行以上两条语句后s的值就是"com"。

用下面的构造方法可以构造一个String对象，该对象包括了与另一个String对象相同的字符序列。

```
String(String original);
```

此处original是一个字符串对象。

⚠ 【例6.1】 创建类，使用不同的构造方法创建String对象

```
public class CloneString {
    public static void main(String args[]){
        char c[]={'H','e','l','l','o'};
        String str1=new String(c);
        String str2=new String(str1);
        System.out.println(str1);
        System.out.println(str2);
    }
}
```

运行此程序，输出结果如图6.1所示。

图6.1 CloneString.Java的运行结果

这里需要注意的是，当从一个数组创建一个String对象时，数组的内容将被复制。在字符串被创建以后，如果改变数组的内容，String对象将不会随之改变。

上面的例子说明了如何通过使用不同的构造方法创建一个String对象，但是这些方法在实际的编程中并不常用。对于程序中的每一个字符串常量，Java会自动创建string对象。因此，可以使用字符串常量初始化String对象。例如，下面的程序代码段创建了两个相等的字符串。

```
char chars[]={'W', 'a', 'n', 'g'};
String s1=new String(chars);
String s2="Wang";
```

执行此代码段，则s1和s2的内容相同。

由于对应每一个字符串常量，都有一个String对象被创建，因此，在使用字符串常量的任何地方，都可以使用String对象。使用字符串常量来创建String对象是最为常见的。

2. 字符串长度

字符串的长度是指其所包含的字符的个数，调用String的length() 方法可以得到这个值。

3. 字符串连接

"+"运算符可以连接两个字符串，产生一个String对象。也允许使用一连串的"+"运算符，把多个字符串对象连接成一个字符串对象，如例6.2所示。

⚠ 【例6.2】 创建类，使用"+"运算符进行String对象的连接

```
public class BookDetails{
   final String name="《Java经典课堂》";
   final String author="张三";
   final String publisher="清华大学出版社";
   public static void main(String args[]){
      BookDetails oneBookDetail =new BookDetails();
      System.out.println("the book datail:"+ oneBookDetail .name +
         " - " + oneBookDetail.author + " - " +
         oneBookDetail. publisher);
   }
}
```

运行此程序，输出结果如图6.2所示。

```
 Problems  @ Javadoc  Declaration   Console ☒
<terminated> BookDetails [Java Application] C:\Program Files\Java\jre1.8.0_1
the book datail:《Java经典课堂》 - 张三 - 清华大学出版社
```

图6.2　BookDetails.Java的运行结果

4. 字符串与其他类型数据的连接

字符串除了可以连接字符串以外，还可以和其他基本类型数据连接，连接以后成为新的字符串。例如下面程序段：

```
int age=38;
String s="He is "+age+"years old.";
System.out.println(s);
```

执行此段程序，输出结果为：He is 38 years old.

5. charAt()方法

从一个字符串中截取一个字符，可以通过charAt()方法实现。其形式如下：

```
char charAt(int where)
```

这里，where是想要获取的字符的下标，其值必须为非负的，它指定该字符在字符串中的位置。例如下面两条语句：

```
char ch;
ch="abc".charAt(1);
```

执行以上两条语句，则ch的值为"b"。

6. getChars()方法

如果想一次截取多个字符，可以使用getChar()方法。它的形式为：

```
void getChars(int sourceStart,int sourceEnd,char targte[],int targetStart)
```

其中，sourceStart表示子字符串的开始位置，sourceEnd是子字符串中最后一个字符的下一个字符的位置，因此截取的子字符串包含了从sourceStart到sourceEnd-1的字符，字符串存放在字符数组target中从targetStart开始的位置，在此必须确保target足够大，能容纳所截取的子串。

⚠️ 【例6.3】 getChars()方法的应用

```java
public class GetCharsDemo {
    public static void main(String[] args) {
        String s="hello world";
        int start=6;
        int end=11;
        char buf[]=new char[end-start]; //定义一个长度为end-start的字符数组
        s.getChars(start, end, buf, 0);
        System.out.println(buf);
    }
}
```

运行此程序，输出结果如图6.3所示。

```
Problems  @ Javadoc  Declaration  Console ⊠
<terminated> GetCharsDemo [Java Application] C:\Program
world
```

图6.3 GetCharsDemo.Java运行结果

7. getBytes()方法

byte[] getBytes()方法使用平台的默认字符集将此字符串编码为 byte 序列，并将结果存储到一个新的 byte 数组中。也可以使用指定的字符集对字符串进行编码，把结果存到字节数组中，String类中提供了getBytes()的多个重载方法，在进行java io操作的过程中，此方法是很有用的，使用本方法，还可以解决中文乱码问题。

8. toCharArray()方法

如果想将字符串对象中的字符转换为一个字符数组，最简单的方法就是调用toCharArray()方法。其一般形式为：char[] toCharArray()。使用getChar()方法也可获得相同的结果，但此方法更便利。

9. 对字符串进行各种形式的比较操作

String类中包括了几个用于比较字符串或子字符串的方法，下面分别介绍。

（1）equals()和equalsIgnoreCase()方法

使用equals()方法可以比较两个字符串是否相等。它的一般形式为：

```
public boolean equals(Object obj)
```

如果两个字符串具有相同的字符和长度，将返回true，否则返回false。这种比较是区分大小写的。为了执行忽略大小写的比较，可以使用equalsIgnoreCase()方法，其形式为：

```
public boolean equalsIgnoreCase(String anotherString)
```

下面举例说明这两个方法的具体使用。

⚠ 【例6.4】 equals()和equalsIgnoreCase()的应用

```
public class EqualDemo {
    public static void main(String[] args) {
        String s1="hello";
        String s2="hello";
        String s3="Good-bye";
        String s4="HELLO";
        System.out.println(s1+" equals "+s2+"->"+s1.equals(s2));
        System.out.println(s1+" equals "+s3+"->"+s1.equals(s3));
        System.out.println(s1+" equals "+s4+"->"+s1.equals(s4));
        System.out.println(s1+" equalsIgnoreCase"+s4+"->"+s1.
            equalsIgnoreCase(s4));
    }
}
```

运行此程序，输出结果如图6.4所示。

图6.4　EqualDemo.Java运行结果

（2）startsWith()和endsWith()方法

startsWith()方法判断该字符串是否以指定的字符串开始，而endsWith()方法判断该字符串是否以指定的字符串结尾，它们的形式为：

```
public boolean startsWith(String prefix)
public boolean endsWith(String suffix)
```

此处，prefix和suffix是被测试的字符串，如果字符串匹配，则这两个方法返回true，否则返回false。例如："Foobar".endWith("bar")和"Foobar".startsWith("Foo")的结果都是true。

（3）equals()与"=="的区别

equals()方法与"=="运算的功能都是比较是否相等，但它们二者的具体含义不同，理解它们之间的区别很重要的。如上面解释的那样，equals()方法比较字符串对象中的字符是否相等，而"=="运算符则比较两个对象引用是否指向同一个对象。例6.5清晰说明了二者区别。

⚠ **【例6.5】 equals()与"=="的区别**

```
public class EqualsDemo {
    public static void main(String[] args) {
        String s1="book";
        String s2=new String(s1);
        String s3=s1;
        System.out.println("s1 equals s2->"+s1.equals(s2));
        System.out.println("s1 == s2->"+(s1==s2));
        System.out.println("s1 == s3->"+(s1==s3));
    }
}
```

运行此程序，输出结果如图6.5所示。

图6.6是上述程序在内存中的状态图。

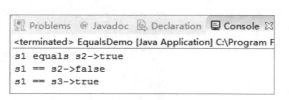

图6.5　EqualsDemo.Java的运行结果

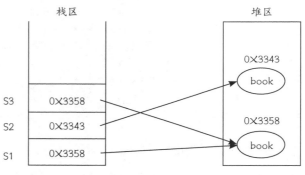

图6.6　例6.5程序的内存状态图

（4）compareTo()方法

通常，仅知道两个字符串是否相同是不够的，比如对于实现排序的程序来说，必须知道一个字符串是大于、等于还是小于另一个字符串。字符串的大小关系是指它们在字典中出现的先后，先出现的为小，后出现的为大。而compareTo()方法可实现这样的功能。它的一般定义形式如下：

```
public int compareTo(String anotherString)
```

这里anotherString是被比较的对象，此方法的返回值有3个，分别代表不同的含义。

值小于0：调用字符串小于anotherString。

值大于0：调用字符串大于anotherString。

值等于0：调用字符串等于anotherString。

10. 字符串搜索

String类提供了两个方法，实现在字符串中搜索指定的字符或子字符串。其中indexOf()方法用来搜索字符或子字符串首次出现的位置，而lastIndexOf()方法用来搜索字符或子字符串最后一次出现的位置。

indexOf()方法有4种形式，分别如下：

```
int indexOf(int ch)
int indexOf(int ch, int fromIndex)
int indexOf(String str)
int indexOf(String str, int fromIndex)
```

第一个方法返回指定字符在字符串中首次出现的位置，其中ch代表指定的字符；第二个方法返回从指定搜索位置起指定字符在字符串中首次出现的位置，其中指定字符由ch表示，指定位置由fromIndex表示；第三个方法返回指定子字符串在字符串中首次出现的位置，其中指定子字符串由str给出；第四个方法返回从特定搜索位置起特定子字符串在字符串中首次出现的位置，其中特定的子字符串由str给定，特定搜索位置由fromIndex给定。

lastIndexOf()方法也有4种形式，分别如下：

```
int lastIndexOf(int ch)
int lastIndexOf(int ch,int fromIndex)
int lastIndexOf(String str)
int lastIndexOf(String str,int fromIndex)
```

其中每个方法中参数的具体含义和indexOf()方法类似。

11. 字符串修改

字符串的修改包括获取字符串中的子字符串、字符串之间的连接、替换字符串中的某字符、消除字符串的空格等功能。在String类中有如下方法来提供这些功能：

```
String substring(int startIndex)
String substring(int startIndex, int endIndex)
String concat(String str)
String replace(char original, char replacement)
String replace(CharSequence target, CharSequence reDlacen
String trim()
```

substring()方法用于得到字符串中的子字符串，这个方法有两种形式，startIndex指定开始下标，endIndex指定结束下标。第一种形式返回从startIndex开始到该字符串结束的子字符串的拷贝，第二种形式返回的字符串包括从开始下标直到结束下标的所有字符，但不包括结束下标对应的字符。

concat()方法用来连接两个字符串。这个方法会创建一个新的对象，该对象包含原字符串，同时把str的内容跟在原来字符串的后面。concat()方法与"+"运算符具有相同的功能。

replace()方法用来替换字符串，这个方法也有两种形式。第一种形式中，original是原字符串中需要替换的字符，replacement是用来替换original的字符。第二种形式在编程中不是很常用。

trim()方法用来去除字符串前后多余的空格。

在此需要注意的是，因为字符串是不能改变的对象，因此调用上述修改方法对字符串进行修改都会产生新的字符串对象，原来的字符串保持不变。

12. valueOf()方法

valueOf()方法是定义在String类内部的静态方法，利用这个方法，可以将几乎所有的Java简单数据类型转换为String类型。这个方法是String类型和其他Java简单类型之间的一座转换桥梁。除了把Java中的简单类型转换为字符串之外，valueOf()方法还可以把Object类和字符数组转换为字符串。valueOf()方法总共有9种形式。

```
static String valueOf(boolean b)
static String valueOf(char c)
static String valueOf(char[]data)
static String valueOf(char[]data, int offset, int count)
static String valueOf(double d)
static String valueOf(float f)
static String valueOf(int i)
static String valueOf(long 1)
static String valueOf(Object obj)
```

13. toString()方法

当Java在使用连接运算符"+"将其他类型数据转换为其字符串形式时，是通过调用字符串中定义的valueOf()的重载方法来完成的。对于简单类型，valueOf()方法返回一个字符串，该字符串包含了相应参数的可读值。对于对象，valueOf()方法调用toString()方法。

toString()方法在Object中定义，所以任何类都具有这个方法。然而toString()方法的默认实现是不够的，对于用户所创建的大多数类，通常都希望用自己提供的字符串表达式重载toString()方法。toString()方法的一般形式：String toString()。

实现toString()方法，仅仅返回一个String对象，该对象包含描述类中对象的可读的字符串。通过对所创建类的toString()方法的覆盖，允许得到的字符串完全继承到Java的程序设计环境中。例如它们可以被用于print()和println()语句以及连接表达式中。

在下面的例子中，将在Person类中覆盖toString()方法，当Person对象在连接表达式中使用或在调用println()方法时，Person类的toString()方法被自动调用。

⚠ 【例6.6】 toString()方法的覆盖

```
public class Person {
   String name;
   int age;
   Person(String n,int a){
      this.name=n;
      this.age=a;
   }
   public String toString(){     //覆盖超类的toString()方法，返回自己的字符串对象
      return"姓名是"+name+",年龄是"+age+"岁";
   }
}
```

```
class PersonDemo{
    public static void main(String[] args) {
        Person p=new Person("春雪瓶",18);
        System.out.println(p);
    }
}
```

运行该程序，输出结果如图6.7所示。

图6.7 PersonDemo.java的运行结果

6.2 StringBuffer类

> 在实际应用中，经常需要对字符串进行动态修改，这时String类的功能就受到了限制，而StringBuffer类可以完成字符串的动态添加、插入和替换等操作。StringBuffer表示变长的和可写的字符序列。StringBuffer类可添加插入其中或追加其后的字符或子字符串，还可以针对这些添加自动地增加空间，同时它通常还有比实际需要更多的预留字符，从而允许增加空间。

1. StringBuffer的构造方法

StringBuffer有4种构造方法：

```
StringBuffer()
StringBuffer(int capacity)
StringBuffer(String str)
StringBuffer(CharSequence seq)
```

第一种形式的构造方法预留了16个字符的空间，该空间不需再分配；第二种形式的构造方法接收一个整数参数，用以设置缓冲区的大小；第三种形式接收一个字符串参数，设置StringBuffer对象的初始内容，同时多预留了16个字符的空间；第四种形式的方法在实际编程中使用的次数很少。当没有指定缓冲区的大小时，StringBuffer类会分配16个附加字符的空间，这是因为再分配的时间代价很大，且频繁地再分配会产生内存碎片。

2. append()方法

可以向已经存在的StringBuffer对象追加任何类型的数据，StringBuffer类提供了相应的append()方法，如下所示：

```
StringBuffer append(boolean b)
StringBuffer append(char c)
StringBuffer append(char[]str)
StringBuffer append(char[]str, int offset, int fen)
StringBuffer append(CharSequence s)
StringBuffer append(CharSequence s, int start, int end)
StringBuffer append(double d)
StringBuffer append(float f)
StringBuffer append(int i)
StringBuffer append(10ng lng)
StringBuffer append(Object obj)
StringBuffer append(String str)
StringBuffer append(StringBuffer sb)
```

以上的方法都是向字符串缓冲区"追加"元素，但是，这个"元素"参数可以是布尔量、字符、字符数组、双精度数、浮点数、整型数、长整型数对象类型的字符串和StringBuffer类等。如果添加的字符超出了字符串缓冲区的长度，Java将自动进行扩充。例如下面的代码段：

```
String question = new String("1+1=");
int answer = 3;
boolean result = (1+1==3);
StringBuffer sb = new StringBuffer();
sb.append(question);
sb.append(answer);
sb.append('\t');
sb.append(result);
System.out.println(sb);
```

执行上述代码段，则输出结果为：1+1=3   false

3. length()和capacity()方法

对于每一个StringBuffer对象来说，有两个很重要的属性，分别是长度和容量。通过调用length()方法可以得到当前StringBuffer的长度，而通过调用capacity()方法可以得到总的分配容量。它们的一般形式如下：

```
int length()
int capacity()
```

请看下面的示例：

```
StringBuffer sb=new StringBuffer("Hello");
System.out.println("buffer="+sb);
System.out.println("length="+sb.length());
System.out.println("capacity="+sb. capacity());
```

执行上述代码，则输出结果如下所示：

```
buffer=Hello
length=5
capacity=21
```

上述示例很好地说明了StringBuffer是如何为另外的处理预留额外空间的。

4. ensureCapacity()和setLength()方法

ensureCapacity方法的一般形式如下：

```
void ensureCapacity(int minimumCapacity)
```

其功能是确保字符串容量至少等于指定的最小值。如果当前容量小于minimumCapacity参数，则可分配一个具有更大容量的新的内部数组。新容量的大小应大于minimumCapacity与（2*旧容量+2）中的最大值。如果minimumCapacity为非正数，此方法不进行任何操作返回。

使用setLength()方法可以设置字符序列的长度，其一般形式如下：

```
void setLength(int len)
```

len指定了新字符序列的长度，这个值必须是非负的。如果len小于当前长度，则长度将改为指定的长度，如果len大于当前长度，则增加缓冲区的大小。空字符将被加在现存缓冲区的后面，下面两段代码演示了这两个方法的应用：

```
StringBuffer sb1 = new StringBuffer(5);
StringBuffer sb2 = new StringBuffer(5);
sb1.ensureCapacity(6);
sb2.ensureCapacity(100);
System.out.println("sb1.Capacity:" + sb1.capacity());
System.out.println("sb2.Capacity:" + sb2.capacity());;
```

执行此段代码，则输出结果为：

```
sb1.Capacity: 12
sb2.Capacity: 100
```

接着看如下代码段：

```
StringBuffer sb = new StringBuffer("0123456789");
sb.setLength(5);
System.out.println( "sb: " + sb );
```

执行上述代码，则结果为：

```
sb: 01234
```

5. insert()方法

insert()方法主要用来将一个字符串插入另一个字符串中，和append()方法一样，它也被重载而可以接收所有简单类型的值以及Object、String和CharSequence对象的引用。

它是先调用String类的valueOf()方法，得到相应的字符串表达式，随后这个字符串被插入所调用的StringBuffer对象中。inser()t方法有如下几种形式：

```
StringBuffer insert(int offset,boolean b)
StringBuffer insert(int offset,cbar c)
StringBuffer insert(int offset,char[]str)
StringBuffer insert(int index,char[]str,int offset,int len)
StringBuffer insert(int dstOffset,CharSequence s)
StringBuffer insert(int dstOffset,CharSequence s,int start,int end)
StringBuffer insert(int offset,double d)
StringBuffer insert(int offset,float f)
StringBuffer insert(int offset,int i)
StringBuffer insert(int offset,long 1)
StringBuffer insert(int offset,Object obj)
StringBuffer insert(int offset,String str)
```

6. reverse()方法

可以使用reverse()方法将StringBuffer对象内的字符串进行翻转，它的一般形式如下：

```
StringBuffer reverse()
```

例如下面的程序段：

```
StringBuffer s=new StringBuffer("abcdef");
System.out.println(s);
s.reverse();
System.out.println(s);
```

代码执行后，输出结果为：

```
abcdef
fedcba
```

本章小结

　　本章介绍了Java类库中String、StringBuffer两个专门用来处理字符串的类，前者表示定长、不可变的字符序列，一旦被创建，就不能修改它的值，对于已经存在的String对象的修改都是重新创建一个新的对象，然后把新的值保存进去，并且String是final类，不能被继承；后者表示可变的和可写的字符序列，当对它进行修改的时候不会像String那样重新建立对象，它只能通过构造方法来建立，不能直接用字符串常量对它进行赋值。如果程序中需要频繁地对字符串进行修改和连接操作，则使用StringBuffer效率更高一些。

项目练习

项目练习1

编写一个字符串功能类StringFunction，可采用如下方法：

（1）public int getWordNumber(String s) throws Exception

参数是一个英文句子，方法的功能是取得此英文句子的单词个数。如果参数为空或为空字符串，抛出异常，异常信息为：“字符串为空”。

（2）public int getWordNumber(String s1, String s2) throws Exception

此方法传递2个String参数，返回s1中出现s2的次数。

项目练习2

编写程序将“jdk”全部变为大写，并输出到屏幕，截取子串“DK”并输出到屏幕。

项目练习3

编写程序判断从键盘任意输入的一个字符串是否对称。

项目练习4

编写程序，将下面一段文本中的各个单词的字母顺序翻转。

“To be or not to be”

Chapter

07

数组

本章概述

　　数组是一种最简单的复合数据类型，是一组同类型有序数据组成的集合。数组中的数据成员称为数组元素，数组元素可以通过数组名和下标（序号）来唯一确定，数组下标从0开始编号。根据数组下标的是一个还是多个，数组分为一维数组或多维数组。

　　使用数组的最大好处是可以让一批类型相同的数据共用一个变量名，而不必为每个数据进行命名，不仅使程序书写大为简便，而且还便于用循环语句来处理这些数据。

　　通过对本章内容的学习，读者可以对Java语言中的数组有更深入的了解，并能够利用数组编写一些简单的Java应用程序。

重点知识

- 一维数组
- 多维数组

7.1 一维数组

> 一维数组的各个元素排成一行，它是数组最简单的形式，也是最常用的的数组。通过数组名和下标就可以直接访问一维数组中的元素。

7.1.1 声明数组

与变量一样，使用数组之前，必须先声明这个数组。声明一维数组的语法格式有以下两种方式：

```
数据类型  数组名[];
数据类型  []数组名;
```

其中，数据类型可以是基本数据类型，也可以是引用数据类型。数组名可以是任意合法的Java标识符。

⚠ 【例7.1】 采用不同方式声明两个一维数组

```
int [] a1;          //整型数组
double b1[];         //浮点型数组
```

在声明数组时，不能指定数组的长度，否则编译无法通过。

7.1.2 分配空间

声明数组仅为数组指定数组名和数组元素的类型，并没有为元素分配实际的存储空间，需要为数组分配空间才能使用。

分配空间就是告诉计算机在内存中为它分配几个连续的位置来存储数据，在Java中使用new关键字来为数组分配空间。其语法格式如下：

```
数组名 = new 数据类型[数组长度];
```

其中，数组长度就是数组中能存放的元素个数，是大于0的整数。

⚠ 【例7.2】 为【例7.1】的数组分配空间

```
a1 = new int[10];
b1 = new double[20];
```

也可以在声明数组时就为它分配空间，语法格式如下：

```
数据类型  数组名[] = new 数据类型[数组长度];
```

⚠ 【例7.3】 声明数组时即分配空间

```
int a2[] = new int[10];
```

一旦声明了数组的大小，就不能再修改。

7.1.3 一维数组的初始化

初始化一维数组是指分别为数组中的每个元素赋值。可以通过以下两种方法进行数组的初始化。

（1）直接指定初值

在声明一个数组的同时，将数组元素的初值依次写入赋值号后的一对花括号内，给这个数组的所有元素赋初始值。这样，Java编译器可通过初值的个数确定数组元素的个数，为它分配足够的存储空间并将这些值写入相应的存储单元。

语法格式如下：

```
数据类型　数组名[] ＝ {元素值1，元素值2，元素值3，...，元素值n};
```

⚠ 【例7.4】 使用直接指定初值的方式初始化一维数组

```
int [] a1 = {23,-9,38,8,65};
double b1[] = {1.23, -90.1, 3.82, 8.0 ,65.2};
```

（2）通过下标赋值

数组元素在数组中按照一定的顺序排列编号，首元素的编号规定为0，其他元素顺序编号，元素编号也称为下标或索引。因此，数组下标依次为0、1、2、3……。数组中的每个元素可以通过下标进行访问，例如a1[0]表示数组的第一个元素。

通过下标赋值的语法格式如下：

```
数组名[下标] ＝ 元素值;
```

⚠ 【例7.5】 通过下标赋值方式向数组a1中存放数据

```
a1[0] = 13;
a1[1] = 14;
a1[2] = 15;
a1[3] = 16;
...
```

7.1.4 一维数组的应用

下面通过一个实例，帮助读者初步了解数组的应用。

⚠ 【例7.6】 在数组中存放4位同学的成绩，计算这4位同学的总成绩和平均成绩

```java
public class Array1Test {
    public static void main(String[] args){
        double score[]={76.5,88.0,92.5,65};
        double sum =0;
        for(int i=0;i<score.length;i++){
        sum = sum + score[i];
        }
        System.out.println("总 成 绩 为: " + sum);
        System.out.println("平均成绩为: " + sum/score.length);
    }
}
```

程序执行结果如图7.1所示。

图7.1　程序执行结果

🔑【TIPS】

在Java语言中，数组是一种引用类型，它拥有方法和属性，例如在例子中出现的length就是它的一个属性，利用该属性可以获得数组的长度。

7.2 多维数组

> 数组元素可以是Java语言允许的任何数据类型。当数组元素的类型是数组类型时，就构成了多维数组。例如，二维数组实际上就是每个数组元素是一个一维数组的一维数组。

7.2.1 声明多维数组

这里以二维数组为例，声明多维数组的语法格式有以下两种方式：

```
数据类型　数组名[] [];
数据类型 [] [] 数组名;
```

声明数组仅为数组指定数组名和数组元素的类型，并没有为元素分配实际的存储空间，需要为数组分配空间才能使用。

⚠ 【例7.7】 采用不同方式声明两个多维数组

```
int [][]matrix;   //整型二维数组
double b1[][][];  //浮点型三维数组
```

在声明数组时，不能指定数组的长度，否则编译无法通过。

7.2.2 分配空间

对于多维数组来说，声明数组同样是仅为数组指定数组名和数组元素的类型，并没有为元素分配实际的存储空间，需要为数组分配空间才能使用。

在Java中同样使用new关键字来为多维数组分配空间。为多维数组（这里以三维数组为例）分配空间的语法格式如下：

```
数组名 = new 数据类型[数组长度1] [数组长度2] [数组长度3];
```

其中，数组长度1是第一维数组元素个数，数组长度2是第二维数组元素个数，数组长度3是第三维数组元素个数。

⚠ 【例7.8】 为【例7.7】的数组分配空间

```
matrix = new int[3] [3];              //为整型二维数组分配空间
b1[][][]= new double[3] [5] [5];      //为浮点型三维数组分配空间
```

也可以在声明数组时，就为它分配空间，语法格式如下：

```
数据类型   数组名[] [] [] = new 数据类型[数组长度1] [数组长度2] [数组长度3];
```

⚠ 【例7.9】 声明一个整型三维数组，并为其分配空间

```
int array3[][][] = new int[2] [2] [3];
```

该数组有2*2*3个元素，各元素在内存中的存储情况如表7-1所示。

表7.1 三维数组array3的元素存储情况

array3[0] [0] [0]	*array3*[0] [0] [1]	*array3*[0] [0] [2]
array3[0] [1] [0]	*array3*[0] [1] [1]	*array3*[0] [1] [2]
array3[1] [0] [0]	*array3*[1] [0] [1]	*array3*[1] [0] [2]
array3[1] [1] [0]	*array3*[1] [1] [1]	*array3*[1] [1] [2]

7.2.3 多维数组的初始化

初始化多维数组是指分别为多维数组中的每个元素赋值。可以通过以下两种方法进行数组的初始化。

（1）直接指定初值

在声明一个多维数组的同时，将数组元素的初值依次写入赋值号后的一对花括号内，给这个数组的所有元素赋初始值。这样，Java编译器可通过初值的个数确定数组元素的个数，为它分配足够的存储空间并将这些值写入相应的存储单元。

这里以二维数组为例，其语法格式如下：

```
数据类型   数组名[] []  =  {数组1，数组2 };
```

⚠ 【例7.10】 使用直接指定初值的方式初始化二维数组

```
int matrix2[][]  = {{1, 2, 3}, {4,5,6}};
```

（2）通过下标赋值

通过下标赋值的方法与一维数组类似，这里举例说明。

⚠ 【例7.11】 通过下标赋值方式向多维数组中存放数据

```
int matrix3[][]  =  new int[2][3];
matrix3 [0] [0] = 0;
matrix3 [0] [1] = 1;
matrix3 [0] [2] = 2;
matrix3 [1] [0] = 3;
matrix3 [1] [1] = 4;
matrix3 [1] [2] = 5;
```

7.2.4 多维数组的应用

以二维数组为例，可用length()方法测定二维数组的长度，即元素的个数。但使用"数组名.length"得到的是二维数组的行数，而使用"数组名[i].length"得到的是该行的列数。

下面通过实例对上述内容进行说明，首先声明一个二维数组。

```
int[][] arr1={{3, -9},{8,0},{11,9} };
```

则arr1.length的返回值是3，表示数组arr1有3行。而arr1[1].length的返回值是2，表示arr1[1]对应的行（第二行）有2个元素。

⚠ 【例7.12】 声明并初始化一个二维数组，然后输出该数组中各元素的值

```
public class Array2Test {
    public static void main(String[] args){
        int i=0;
```

```
        int j=0;
        int ss[][] = {{1,2,3},{4,5,6},{7,8,9}};
        for(i=0;i<ss.length;i++){
            for(j=0;j<ss[i].length;j++){
                System.out.print("ss["+i+"]["+j+"]="+ss[i][j]+"");
            }
            System.out.println();
        }
    }
}
```

程序执行结果如图7.2所示。

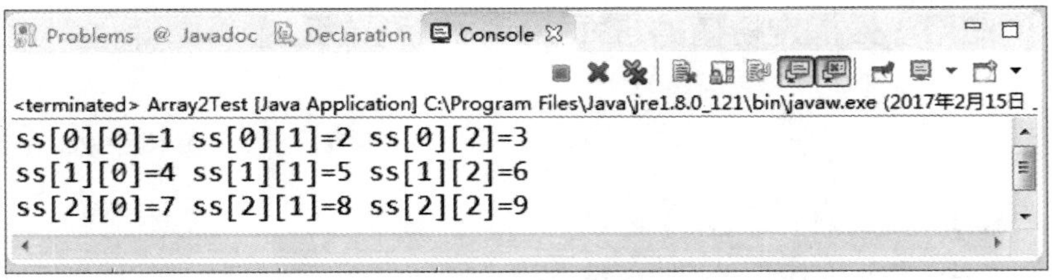

图7.2 程序执行结果

本章小结

　　本章重点介绍了一维数组和多维数组的声明、分配空间、初始化的方法，并通过一些简单的实例介绍了数组的应用方法和技巧。

　　通过对本章内容的学习，读者可以对Java语言的数组有比较深入的理解，并能够与前面章节的内容结合在一起，开发一些较为复杂的Java应用程序。

项目练习

项目练习1

　　创建一个int类型的一维数组用于存放10个同学的年龄，然后输出这10个同学的年龄与平均年龄的差。

项目练习2

　　创建并初始化一个int类型的一维数组，然后将该数组中的元素按照从小到大顺序依次输出。

项目练习3

　　创建一个二维数组用于存储一个矩阵的元素值，然后进行矩阵的转置，并输出转置后的矩阵每个元素值。

Chapter

08

包装类

本章概述

　　Java是一种面向对象的语言，Java中的类把方法与数据连接在一起，构成了自包含式的处理单元。但是Java中的基本数据类型却不是面向对象的，这在实际使用时存在很多不便之处。为了弥补这个不足，Java为每个基本类型提供了相应的包装类，这样便可以把这些基本类型转换为对象来处理了。Java语言提供了8种基本类型，其中包含6种数字类型（4个整数型，2个浮点型），1种字符类型，还有1个布尔类型。本章主要介绍这些包装类的具体用法，通过本章的学习，读者将掌握每种包装类的使用方法。

重点知识

- 包装类概述
- Integer
- Boolean
- Byte
- Character
- Double

8.1　包装类概述

　　8种基本类型对应的包装类都位于java.lang包中，这8种包装类和基本数据类型的对应关系如表8.1所示。

　　基本数据类型和对应的包装类可以相互转换，具体转换规则如下。

- 由基本类型向对应的包装类转换称为装箱，例如把int包装成Integer类的对象。
- 包装类向对应的基本类型转换称为拆箱，例如把Integer类的对象重新简化为int。

表8.1　基本数据类型和包装类的对应关系

基本数据类型	包装类	基本数据类型	包装类
byte	Byte	char	Character
short	Shrot	float	Float
int	Integer	double	Double
long	Long	boolean	Boolean

　　从表6.1可以看出，除了int和char之外，其他类型的包装类都是将其首字母变为大写即可。包装类的用途主要有两种：第一，作为和基本数据类型对应的类型存在，便于涉及到对象的操作；第二，包含每种基本数据类型的相关属性如最大值、最小值等，以及相关的操作方法。

8.2　Integer

　　　　java.lang包中的Integer类、Long类和Short类，分别将基本类型int、long和short封装成一个类。由于这些类都是Number的子类，区别就是封装不同的数据类型，其包含的方法基本相同，所以本节以Integer类为例介绍整数包装类。

　　Integer类在对象中包装了一个基本类型int的值，该类的对象包含一个int类型的字段。此外，该类提供了多个方法，能在int类型和String类型之间互相转换，同时还提供了处理int类型时非常有用的其他一些常量和方法。

1. 构造方法

　　Integer有两个构造方法：

　　（1）以int类型变量作为参数创建Integer对象

　　如：Integer number = new Integer(7);

（2）以String型变量作为参数创建Integer对象

如：Integer number = new Integer("7");

2. int和Integer类之间的转换

在实际转换时，可以通过Integer类的构造方法将int装箱，通过Integer类的intValue()方法将Integer拆箱。如例8.1所示。

⚠ **【例8.1】 创建类，实现int和Integer之间的转换**

```
public class IntTranslator {
    public static void main(String[] args) {
        int number1=100;
        Integer obj1=new Integer(number1);
        int number2=obj1.intValue();
        System.out.println("number2="+number2);
        Integer obj2=new Integer(100);
        System.out.println("obj1等价于obj2?"+obj1.equals(obj2));
    }
}
```

运行结果如图8.1所示。

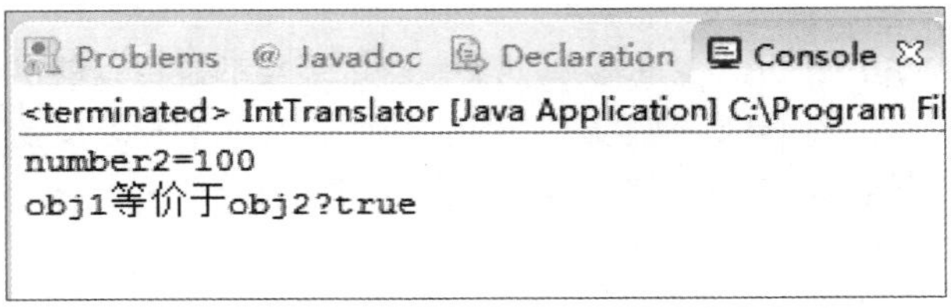

图8.1　int和Integer转换结果图

3. 整数和字符串之间的转换

在部分编程语言中，实现数字和字符串间的转换比较麻烦，而Java提供了便捷的方法，可以在数字和字符串间轻松转换。

Integer类中的parseInt()方法可以将字符串转换为int数值，该方法的形式如下：

```
Public static int parseInt(String s)
```

其中s代表要转换的字符串，如果字符串中有非数字字符，则程序执行将出现异常。

另一个重载的parseInt()方法可以实现将字符串按指定的进制转为int，其形式如下：

```
public static parseInt(String s,int radix)
```

其中，radix参数代表指定的进制，为可选参数，默认为十进制。

另外，Integer类中有一个静态的toString()方法，可以将整数转换为字符串，形式如下：

```
public static String toString(int i)
```

例8.2演示了整数和字符串之间的具体转换方法。

⚠ 【例8.2】 创建类，实现整数和字符串之间的相互转换

```java
public class IntStringTrans {
    public static void main(String[] args) {
        String s1="123";
        int n1=Integer.parseInt(s1);
        System.out.println("字符串\""+s1+"\""+"按十进制可以转换为"+n1);
        int n2=Integer.parseInt(s1, 16);
        System.out.println("字符串\""+s1+"\""+"按十六进制可以转换为"+n2);
        String s2=Integer.toString(n1);
        System.out.println("整数123可以转换为字符串\""+s2+"\"");
    }
}
```

运行结果如图8.2所示。

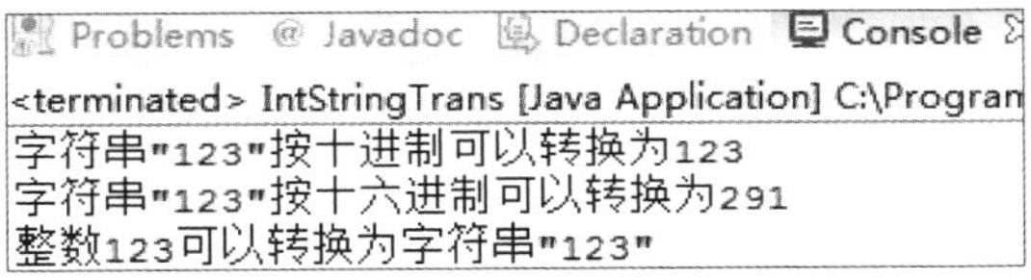

图8.2　整数和字符串转换结果图

上面两个例子中，都需要手动实例化一个包装类，这称之为手动拆箱装箱。Java 1.5之后版本中，可以实现自动拆箱装箱，即在进行基本数据类型和对应包装类的转换时，系统将自动进行拆箱装箱，这将大大方便程序员的代码编写。例8.3演示了自动拆箱装箱的过程。

⚠ 【例8.3】 创建类，在int和Integer间进行自动转换

```java
public class AutoTrans {
    public static void main(String[] args) {
        int m = 500;
        Integer obj = m;        //自动装箱
        int n = obj;            //自动拆箱
        System.out.println("n = " + n);
        Integer obj1 = 500;
        System.out.println("obj 等价于 obj1? "+ obj.equals(obj1));
    }
}
```

运行结果如图8.3所示。

图8.3　int和Integer自动转换结果图

8.3 Boolean

> Boolean类将基本类型为boolean的值包装在一个对象中。一个Boolean类型的对象只包含一个类型为boolean的字段。此外，此类还为boolean和String的相互转换提供了许多方法，并提供了处理boolean时非常有用的其他一些常量和方法。

1. 构造方法

（1）创建一个表示value参数的boolean对象，代码如下：

```
Boolean b=new Boolean(true);
```

（2）以String变量作为参数，创建boolean对象，代码如下：

```
Boolean b=new Boolean("ok");
```

2. 常用方法

Boolean的其他常用方法如表8.2所示。

表8.2 Boolean的常见方法

方法	返回值	功能描述
booleanValue()	boolean	将此Boolean对象的值作为基本布尔值返回
equals(Object obj)	boolean	当且仅当参数不是null，而是一个与此对象一样，都表示同一个Boolean值的boolean对象时，才返回true
parseBoolean(String s)	boolean	将字符串参数解析为boolean值
toString()	String	返回表示该布尔值的String对象
valueOf(boolean b)	boolean	返回一个表示指定boolean值的Boolean实例

8.4 Byte

> Byte类将基本类型为byte的值包装在一个对象中，一个byte类型的对象只包含一个类型为byte的字段。此外，该类还为byte和string之间相互转换提供方法，并提供了一些处理byte时非常有用的常量。

1. 构造方法

Byte类提供了两种构造方法的重载形式来创建Byte类对象。

（1）Byte（byte value）

通过这种方法创建的byte对象，可表示指定的byte值。

例：byte mybyte=45;

　　Byte b=new Byte(mybyte);

（2）Byte(String str)

通过这种方法创建的byte对象，可表示String参数指定的byte值。

例：Byte mybyte=new Byte("12")

2. 常用方法

Byte的其他常用方法如表8.3所示。

表8.3　Byte的常见方法

方法	返回值	功能描述
byteValue()	byte	作为一个byte返回此Byte的值
compareTo(Byte anotherByte)	int	在数字上比较两个Byte对象
doubleVaiue()	double	作为一个double返回此Byte的值
intValue()	int	作为一个int返回此Byte的值
parseByte(String s)	byte	将string参数解析为有符号的十进制 byte
toString()	String	返回表示此Byte的值的String对象
valueOf(String s)	Byte	返回一个保持指定String所给出的值的Byte对象
equals(Object obj)	boolean	将此对象与指定对象比较。当且仅当参数不为null，而是一个与此对象一样包含相同Byte值的byte对象时，结果才为true

8.5 Character

> Character类在对象中包装一个基本类型为char的值。一个Character对象包含类型为char的单个字段。此外，该类提供了几种方法，以确定字符的类别（小写字母、数字等），并将字符从大写转换成小写，反之亦然。

1. 构造方法

Character类的构造方法的语法如下：

```
Character(char value)
```

2. 常用方法

Character的其他常用方法如表8.4所示。

表8.4　Character的常见方法

方法	返回值	功能描述
charValue()	char	返回此 Character 对象的值
compareTo(Byte anotherByte)	int	根据数字比较两个 Character 对象
equals(Object obj)	boolean	将此对象与指定对象比较。当且仅当参数不是null，而是一个与此对象包含相同char值的Character对象时，结果才是true
toUpperCase(char ch)	char	将字符参数转换为大写
toLowerCase(char ch)	char	将字符参数转换为小写
toString()	String	返回表示此Character的值的String对象
charValue()	char	返回此Character对象的值
isUpperCase(char ch)	boolean	确定指定字符是否为大写字母
isLowerCase(char ch)	boolean	确定指定字符是否为小写字母

8.6 Double

> Double和Float包装类是对double、float基本类型的封装，他们都是Number类的子类，也都是对小数进行操作，所以常用基本方法相同。Double类在对象中包装一个基本类型为double的值，每个double类都包含一个double类型的字段。

1. 构造方法

Double类提供了两种构造方法来获得Double类对象。

- Double（double value）：基于double参数创建Double类对象。
- Double（String str）：构造一个新分配的Double对象，表示用字符串表示的Double类型的浮点值。

2. 常用方法

Double类的常用方法如表8.5所示。

表8.5　Double的常见方法

方法	返回值	功能描述
byteValue()	byte	以 byte 形式返回此 Double 的值（通过强制转换为 byte）
compareTo(Double anotherDouble)	int	对两个 Double 对象所表示的数值进行比较。如果 anotherDouble 在数字上等于此 Double，则返回0；如果此 Double 在数字上小于anotherDouble，则返回小于0的值；如果此 Double 在数字上大于此anotherDouble，则返回大于0的值
equals(Object obj)	boolean	将此对象与指定对象比较。当且仅当参数不是null而是 Double对象，且表示的Double值与此对象表示的double 值相同时，结果为 true
intValue()	int	以int形式返回此Double的值（通过强制转换为int类型）
isNaN()	boolean	如果此Double值是非数字（NaN）值，则返回 true；否则返回 false
toString()	String	返回此Double对象的字符串表示形式
valueOf(String s)	Double	返回保存用参数字符串s表示的double值的Double对象
doubleValue()	double	返回此Double对象的double 值
longValue()	longValue()	以long形式返回此Double的值（通过强制转换为long类型）

本章小结

　　本章介绍了Java类库中包装类的基本用法。Java中有8种基本类型的包装类，可以将基本数据类型以类的形式进行操作。基本数据类型变为包装类的过程称为装箱，反过来把包装类变为基本类型的过程称为拆箱，jdk1.5之后提供了自动装箱和自动拆箱的功能。另外使用包装类可以将字符串和基本数据类型进行相互转换，这为编程人员提供了极大的便利。

项目练习

项目练习1

编程实现从键盘任意输入一串数字，把其转换为对应的整数，自增1后输出到屏幕上。

项目练习2

请说明：为什么要使用包装类，8大基本数据类型的包装类分别是什么？

项目练习3

编程求一个字符串数组中各元素的累加和，并输出到屏幕上。

Chapter

09

数字处理类

本章概述

　　在解决实际问题时，对数字的处理是非常普遍的，如数学问题、随机问题等，为了应对以上问题，Java提供了处理相关问题的类，包括DecimalFormat类（用于格式化数字）、Math类（为各种数学计算提供了工具方法）、Random类（为Java处理随机数问题提供了各种方法）等。通过本章的学习，读者将学会使用相关类对数字进行各种各样的处理。

重点知识

- 数字格式化
- 数学运算
- 随机数处理类Random

9.1 数字格式化

> 数字的格式化处理在解决实际问题时非常普遍，比如表示商场某种商品的价格，需要保留两位有效数字。Java主要对浮点型数据进行格式化操作，其中浮点型数据包括double和float，对于这些浮点数的输出，不管是显式还是隐式地调用toSting()得到它的表示字符串，输出格式都是按照如下规则进行的：如果绝对值大于0.001且小于10000000，那么就以常规的小数形式表示；如果在上述范围之外，则使用科学计数法表示，即类似于1.234E8的形式。在Java中使用java.text.DecimalFormat格式化数字，本节将着重讲解DecimalFormat的用法。

DecimalFormat是NumberFormat的一个子类，用于格式化十进制数字，它可以将一些数字格式化为整数、浮点数、科学技术法、百分数等。通过使用该类，可以为要输出的数字加上单位或控制数字的精度。当格式化数字时，在DecimalFormat类中使用一些特殊字符构成一个格式化模板，使数字按照一定的特殊字符规则进行匹配，具体特殊字符格式说明如表9.1所示。

表9.1 DecimalFormat类中特殊字符说明

字符	说　　明
0	代表阿拉伯数字，使用特殊字符"0"表示数字的一位阿拉伯数字，如果该位不存在，则显示0
#	代表阿拉伯数字，使用特殊字符"#"表示数字的一位阿拉伯数字，如果该位存在数字，则显示字符；如果该位不存在数字，则不显示
.	小数分隔符或货币小数分隔符
−	负号
,	分组分隔符
E	分隔科学计数法中的尾数和指数
%	本符号放置在数字的前缀或者后缀，将数字乘以100并显示为百分数
\u2030	本符号放置在数字的前缀或后缀，将数字乘以1000显示为千分数
\u00A4	本符号放置在数字的前缀或后缀，作为货币记号
'	用于在前缀或或后缀中为特殊字符加引号，例如 "'#'#" 将 123 格式化为 "#123"。要创建单引号本身，请连续使用两个单引号："# o''clock"

一般情况下可以在实例化DecimalFormat对象时传递数字格式，也可以通过DecimalFormat类中的applyPattern()方法来实现数字格式化。

⚠ 【例9.1】 创建类，使用DecimalFormat类对浮点数进行格式化

```java
import java.text.*;
public  class FormatDemo {
    public static void main(String[] args) {
        double d = 1231423.3823;
        System.out.println("格式化前: "+d);
        DecimalFormat f = new DecimalFormat();

        f.applyPattern("#.##");
        System.out.println("applyPattern{#.##} 格式化后: "+f.format(d));

        f.applyPattern("0000000000.000000");
        System.out.println("applyPattern{0000000000.000000} 格式化后: "+f.format(d));

        f.applyPattern("-#,###.###");
        System.out.println("applyPattern{##,###.##} 格式化后: "+f.format(d));

        f.applyPattern("0.00KG");
        System.out.println("applyPattern{0.00KG} 格式化后: "+f.format(d));

        f.applyPattern("#000.00KG");
        System.out.println("applyPattern{#000.00KG} 格式化后: "+f.format(d));

        f.applyPattern("0.00%");
        System.out.println("applyPattern{0.00%} 格式化后: "+f.format(d));

        //E后面是指数的格式，前面是底数的格式
        f.applyPattern("#.##E000");
        System.out.println("applyPattern{#.##E000} 格式化后: "+f.format(d));

        ///u2030 表示乘以1000并表示成 ‰，放在最后
        f.applyPattern("0.00/u2030");
        System.out.println("applyPattern{0.00/u2030%} 格式化后: "+f.format(d));
    }
}
```

运行结果如图9.1所示。

```
🔲 Problems  @ Javadoc  🔲 Declaration  🔲 Console 🔀
<terminated> FormatDemo [Java Application] C:\Program Files\Java\jre1.8.0_111\
格式化前: 1231423.3823
applyPattern{#.##} 格式化后: 1231423.38
applyPattern{0000000000.000000} 格式化后: 0001231423.382300
applyPattern{##,###.##} 格式化后: -1,231,423.382
applyPattern{0.00KG} 格式化后: 1231423.38KG
applyPattern{#000.00KG} 格式化后: 1231423.38KG
applyPattern{0.00%} 格式化后: 123142338.23%
applyPattern{#.##E000} 格式化后: 1.23E006
applyPattern{0.00/u2030%} 格式化后: 1231423.3823/u23
```

图9.1 运行结果图

9.2 数学运算

> Java语言提供了执行数字基本运算的Math类，该类包括常用的数学运算方法，如三角函数方法、指数函数方法等一些常用数学函数，除此之外还提供了一些常用的数学常量。

9.2.1 Math类的属性和方法

Math类中定义的属性和方法都是静态的。在Math中定义了最常用的两个double型常量E和PI。定义的方法非常多，按功能可以分为如下几类：

- 三角和反三角函数
- 指数函数
- 各种不同的舍入函数
- 其他函数

此处主要介绍各种不同的舍入函数，如表9.2所示。在使用其他方法的时候，请参阅JDK的帮助文档，本节不再赘述。

表9.2 Math常用方法列表

方法	功能描述
static int abs(int arg)	返回arg的绝对值
static long abs(long arg)	返回arg的绝对值
static float abs(float arg)	返回arg的绝对值
static double abs(double arg)	返回arg的绝对值
static double ceil(double arg)	返回最小的（最接近负无穷大）double 值，该值大于等于参数，并等于某个整数
static double floor(double arg)	返回最大的（最接近正无穷大）double 值，该值小于等于参数，并等于某个整数
static int max(int x,int y)	返回x和y中的最大值
static long max(long x,long y)	返回x和y中的最大值
static float max(float x, float y)	返回x和y中的最大值
static double max(double x, double y)	返回x和y中的最大值
static int min(int x,int y)	返回x和y中的最小值
static long min(long x,long y)	返回x和y中的最小值
static float min(float x, float y)	返回x和y中的最小值
static double min(double x, double y)	返回x和y中的最小值

（续表）

方法	功能描述
static double rint(double arg)	返回最接近arg个整数值
static int round(float arg)	返回arg的只入不舍的最近的整型(int)值
static long round(double arg)	返回arg的只入不舍的最近的长整型(long)值

另外还有一个计算随机数的方法也比较常用，此方法的定义如下：

```
public static double random()
```

这个方法返回带正号的double值，该值大于等于 0.0，且小于1.0。返回值是一个伪随机选择的数，在该范围内（近似）均匀分布。第一次调用该方法时，它将创建一个新的伪随机数生成器，之后，新的伪随机数生成器可用于此方法的所有调用，但不能用于其他地方。 此方法是完全同步的，可允许多个线程使用而不出现错误。但是，如果许多线程需要以极高的速率生成伪随机数，那么这可能会减少每个线程对拥有自己伪随机数生成器的争用。

9.2.2 Math类的应用

本节通过一个具体的实例来演示Math中常用方法的使用。

【例9.2】Math常用方法的应用

```
public class MathDemo {
    public static void main(String[] args) {
        double a=Math.random();
        double b=Math.random();
        System.out.println(Math.sqrt(a*a+b*b));
        System.out.println(Math.pow(a, 8));
        System.out.println(Math.round(b));
        System.out.println(Math.log(Math.pow(Math.E, 5)));
        double d=60.0,r=Math.PI/4;
        System.out.println(Math.toRadians(d));
        System.out.println(Math.toDegrees(r));
    }
}
```

运行此程序，输出结果如图9.2所示。

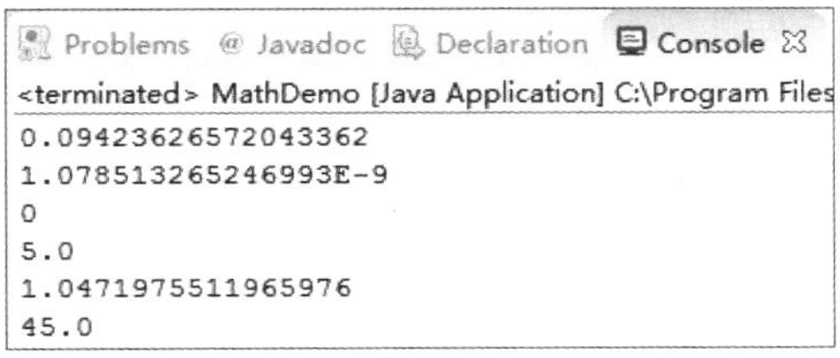

图9.2　MathDemo.java的运行结果

9.3 随机数处理类Random

在实际的项目开发过程中，经常需要产生一些随机数值，例如网站登录中的校验数字等，或者需要以一定的几率实现某种效果，例如游戏程序中的物品掉落等。在Java API中，java.util包中专门提供了一个和随机处理有关的类，即Random类。随机数字的生成相关的方法都包含在该类的内部。

Random类中实现的随机算法是伪随机，也就是有规则的随机。在进行随机时，随机算法的起源数字称为种子数（seed），在种子数的基础上进行一定的变换，从而产生需要的随机数字。

相同种子数的Random对象，相同次数生成的随机数字是完全相同的。也就是说，两个种子数相同的Random对象，第一次生成的随机数字完全相同，第二次生成的随机数字也完全相同。这点在生成多个随机数字时需要特别注意。

下面介绍Random类的使用，以及如何生成指定区间的随机数组和实现程序中要求的几率。

1. Random对象的生成

Random类包含两个构造方法，下面依次进行介绍。

（1）public Random()

该构造方法使用一个和当前系统时间对应的相对时间有关的数字作为种子数，然后使用这个种子数构造Random对象。

（2）public Random(long seed)

该构造方法可以通过制定一个种子数来创建对象。

示例代码如下：

```
Random r = new Random();
Random r1 = new Random(10);
```

需要强调的是，种子数只是随机算法的起源数字，和生成的随机数字的区间无关。

2. Random类中的常用方法

Random类中的方法比较简单，每个方法的功能也很容易理解。需要说明的是，Random类中各方法生成的随机数字都是均匀分布的，也就是说区间内部的数字生成的几率是均等的。下面对这些方法进行基本的介绍。

（1）public boolean nextBoolean()

该方法的作用是生成一个随机的boolean值，生成true和false的值几率相等，也就是都是50%的几率。

（2）public double nextDouble()

该方法的作用是生成一个随机的double值，数值介于[0,1.0)之间，这里中括号代表包含区间端点，小括号代表不包含区间端点，也就是0~1之间的随机小数，包含0而不包含1.0。

（3）public int nextInt()

该方法的作用是生成一个随机的int值，该值介于int的区间，也就是–231～231–1之间。

如果需要生成指定区间的int值，则需要进行一定的数学变换，具体可以参看下面的使用示例中的代码。

（4）public int nextInt(int n)

该方法的作用是生成一个随机的int值，该值介于[0,n)的区间，也就是0～n之间的随机int值，包含0而不包含n。

如果想生成指定区间的int值，需要进行一定的数学变换，具体可以参看下面示例中使用的代码。

（5）public void setSeed(long seed)

该方法的作用是重新设置Random对象中的种子数。设置完种子数以后的Random对象和相同种子数使用new关键字创建出的Random对象相同。

3. Random类使用示例

使用Random类，一般生成指定区间的随机数字，下面一一介绍如何生成对应区间的随机数字。以下生成随机数的代码均使用Random对象r进行生成：

```
Random r = new Random();
```

（1）生成[0,1.0)区间的小数

```
double d1 = r.nextDouble();
```

直接使用nextDouble方法获得。

（2）生成[0,5.0)区间的小数

```
double d2 = r.nextDouble() * 5;
```

因为nextDouble方法生成的数字区间是[0,1.0)，将该区间扩大5倍即是要求的区间。

同理，生成[0,d)区间的随机小数，d为任意正的小数，则只需要将nextDouble方法的返回值乘以d即可。

（3）生成[1,2.5)区间的小数

```
double d3 = r.nextDouble() * 1.5 + 1;
```

生成[1,2.5)区间的随机小数，需要首先生成[0,1.5)区间的随机数字，然后将生成的随机数区间加1即可。

同理，生成任意非从0开始的小数区间[d1,d2)范围的随机数字（其中d1不等于0），只需要首先生成[0,d2–d1)区间的随机数字，然后将生成的随机数字区间加上d1即可。

（4）生成任意整数

```
int n1 = r.nextInt();
```

直接使用nextInt方法即可。

（5）生成[0,10)区间的整数

```
int n2 = r.nextInt(10);
n2 = Math.abs(r.nextInt() % 10);
```

以上两行代码均可生成[0,10)区间的整数。第一种是使用Random类中的nextInt(int n)方法直接实现。

第二种方法中，首先调用nextInt()方法生成一个任意的int数字，该数字和10取余以后生成的数字区间为(-10,10)，因为按照数学上的规定余数的绝对值小于除数，然后再对该区间求绝对值，则得到的区间就是[0,10)了。

同理，生成任意[0,n)区间的随机整数，都可以使用如下代码：

```
int n2 = r.nextInt(n);
n2 = Math.abs(r.nextInt() % n);
```

（6）生成[0,10]区间的整数

```
int n3 = r.nextInt(11);
n3 = Math.abs(r.nextInt() % 11);
```

相对于整数区间，[0,10]区间和[0,11)区间等价，所以即生成[0,11)区间的整数。

（7）生成[-3,15)区间的整数

```
int n4 = r.nextInt(18) - 3;
n4 = Math.abs(r.nextInt() % 18) - 3;
```

生成非从0开始区间的随机整数，可以参照上面非从0开始的小数区间的实现方法。

（8）几率实现

按照一定的几率实现程序逻辑也是随机处理可以解决的一个问题。下面以一个简单的示例演示如何使用随机数字实现几率的逻辑。

在前面的方法介绍中，nextInt(int n)方法中生成的数字是均匀的，也就是说该区间内部的每个数字生成的几率是相同的。那么，如果生成一个[0,100)区间的随机整数，则每个数字生成的几率应该是相同的，而且由于该区间中总计有100个整数，所以每个数字的几率都是1%。按照这个理论，可以实现程序中的几率问题。

例如，要随机生成一个整数，该整数以55%的几率生成1，以40%的几率生成2，以5%的几率生成3。实现的代码如下：

```
int n5 = r.nextInt(100);
int m; //结果数字
if(n5 < 55){ //55个数字的区间，55%的几率
    m = 1;
    }else if(n5 < 95){//[55,95),40个数字的区间，40%的几率
    m = 2;
}else{
```

```
        m = 3;
    }
```

因为每个数字的几率都是1%，因此任意55个数字的区间的几率就是55%，为了方便书写代码，这里使用[0,55)区间的所有整数，后续的原理一样。

当然，这里的代码可以简化，因为几率都是5%的倍数，所以只要以5%为基础来控制几率即可，下面是简化的代码：

```
int n6 = r.nextInt(20);
int m1;
if(n6 < 11){
m1 = 1;
}else if(n6 < 19){
m1= 2;
}else{
m1 = 3;
}
```

在程序内部，几率的逻辑可以按照上面的说明来实现。

4. 其他问题

（1）相同种子数Random对象问题

前面介绍过，相同种子数的Random对象，相同次数生成的随机数字是完全相同的，下面是测试的代码：

```
Random r1 = new Random(10);
Random r2 = new Random(10);
for(int i = 0;i < 2;i++){
System.out.println(r1.nextInt());
System.out.println(r2.nextInt());
}
```

在该代码中，对象r1和r2使用的种子数都是10，因此，这两个对象相同次数生成的随机数是完全相同的。

如果想避免出现随机数字相同的情况，则需要注意，无论项目中需要生成多少个随机数字，都只使用一个Random对象。

（2）关于Math类中的random()方法

其实在Math类中也有一个random()方法，该random()方法的功能是生成一个[0,1.0)区间的随机小数。

通过阅读Math类的源代码可以发现，Math类中的random()方法就是直接调用Random类中的nextDouble()方法实现的。只是random()方法的调用比较简单，所以很多程序员都习惯使用Math类的random()方法来生成随机数字。

随机数是一个非常有用的工具，上面介绍的Math中的random()方法只能生成0.0～1.0之间的随机实数，要想生成其他类型和区间的随机数必须进一步加工。而java.util包中的Random类可以生成任何类型的随机数流。

本章小结

　　本章首先介绍了对数字进行格式化处理的类DecimalFormat的用法，它可以把数字格式化为不同的格式，比如整数、浮点数、科学计数法、百分数等，还可以为数字添加单位以及控制浮点数的精度。然后讲解了数学类Math的用法，此类提供的方法可以实现数学里面的所有运算。最后简单介绍了随机数处理类Random的用法，使用该类可以生成任意类型的随机数。

项目练习

项目练习1

编写程序，对于一个给定的浮点数，输出下图所示的不同表示形式。

```
人民币：￥123456789.25元
按3为数字分组：123,456,789.25
按4为数字分组：1,2345,6789.25
保留1-6位小数：123456789.25
强制保留6位小数：123456789.250000
强制截取12数整数：000123456789
百分比：123456789.25%
```

项目练习2

　　使用Math类的random()方法产生一个随机数，将其转换为字符串，取小数点后三个字符，得到一个"0.xxx"的字符串，再将其转换成double型，对这个数据进行相关计算，使其取值范围在0~200之间，最后分别调用Math 类的ceil、floor 、sqr等方法，并显示结果。

项目练习3

产生随机给定范围内N个不同的随机数。

Chapter

10

日期类

本章概述

　　使用程序进行时间和日期处理，是程序员必备的一项技能，不同的程序设计语言提供了不同的格式来实现。Java语言没有提供时间日期的简单数据类型，它采用类对象的方式来处理时间和日期，Java的日期和时间类位于java.util包中。利用日期时间类提供的方法，可以获取当前的日期和时间，创建日期和时间参数，计算和比较时间。本章主要介绍Date、Calendar、DateFormat和SimpleDateFormat等类的实现方式以及基本的应用。通过本章的学习，读者将对Java语言的时间和日期处理技术形成比较全面的认识。

重点知识

- Date类
- SimpleDateFormat类
- DateFormat类
- Calendar类

10.1 Date类

> 在JDK1.0中，Date类是唯一的一个代表时间的类，但是由于Date类不便于实现国际化，所以从JDK1.1版本开始，推荐使用Calendar类进行时间和日期处理，这里简单介绍一下Date类的使用。

1. Date常用的构造方法

Date常用的构造方法如下：

- public Date()：分配 Date 对象并初始化此对象，以表示分配给它的时间（精确到毫秒）。
- public Date(long date)：分配 Date 对象并初始化此对象，表示自从标准基准时间，称为"历元（epoch）"（1970年1月1日 00:00:00 GMT），以来的指定毫秒数。

2. Date常用的方法

Date类中有很多方法，可以对时间日期进行操作，但是有许多方法从JDK1.1以后都已不再适用，其相应的功能也有Calendar中的方法来取代，在此我们只介绍其中几个比较常用的方法，如表10.1所示。

表10.1 Date常用方法列表

方法	描述
boolean after(Date when)	测试此日期是否在指定日期之后
boolean before(Date when)	测试此日期是否在指定日期之前
Object clone()	返回此对象的副本
int compareTo(Date anotherDate)	比较两个日期的顺序，如果参数Date等于此Date，则返回值0；如果此Date在Date参数之前，则返回小于0的值；如果此Date在Date参数之后，则返回大于0的值
boolean equals(Object obj)	比较两个日期的相等性。当且仅当参数不为null，并且是一个表示与此对象相同的时间点（到毫秒）的Date对象时，结果才为true
long getTime()	返回自1970年1月1日00:00:00 GMT以来此Date对象表示的毫秒数
void setTime(long time)	设置此Date对象，以表示1970年1月1日00:00:00 GMT以后time毫秒的时间点
String toString()	把此Date对象转换为字符串形式

⚠ 【例10.1】Date类的应用

```
import java.util.*;
public class DeteTest {
```

```
public static void main(String[] args) {
    Date date=new Date();              //实例化一个Date对象，代表当前时间点
    System.out.println(date);          //用toString()方法显示时间和日期
    long msec=date.getTime();          //得到日期的毫秒数
    System.out.println("1970-1-1到现在的毫秒数是"+msec);
}
}
```

运行此程序的结果如图10.1所示。

```
Problems  @ Javadoc  Declaration  Console ✕
<terminated> DeteTest [Java Application] C:\Program Files\
Mon Feb 13 11:57:08 CST 2017
1970-1-1到现在的毫秒数是1486958228046
```

图10.1　DeteTest.java的运行结果

10.2 Calendar类

> 从JDK1.1版本开始，在处理日期和时间时，系统推荐使用Calendar类来实现。在设计上，Calendar类的功能要比Date类强大很多，在实现方式上也比Date类要复杂一些，下面介绍Calendar类的使用。

Calendar是一个抽象类，它提供了一组方法，可以将以毫秒为单位的时间转换成一组有用的分量。Calendar没有公共的构造方法，要得到其对象，不能使用构造方法，而要调用其静态方法getInstance()，然后调用相应的对象方法。

1. 使用Calendar类代表当前时间

```
Calendar c = Calendar.getInstance();
```

由于Calendar类是抽象类，且Calendar类的构造方法是protected，所以无法使用Calendar类的构造方法来创建对象，API中提供了getInstance方法用来创建对象。

使用该方法获得的Calendar对象就代表当前的系统时间，由于Calendar类的toString()方法实现方式没有Date类直观，所以直接输出Calendar类的对象意义不大。

2. 使用Calendar类代表指定的时间

```
Calendar c1 = Calendar.getInstance();
c1.set(2017, 3 - 1, 9);
```

使用Calendar类代表特定的时间，需要首先创建一个Calendar的对象，然后再设定该对象中的

年月日参数。

set方法的声明如下：

```
public final void set(int year,int month,int date)
```

以上示例代码设置的时间为2017年3月9日，其参数的结构和Date类不一样。Calendar类中年份的数值直接书写，月份的值为实际的月份值减1，日期的值就是实际的日期值。

如果只设定某个字段，例如日期的值，则可以使用如下set方法：

```
public void set(int field,int value)
```

在该方法中，参数field代表要设置的字段的类型，常见类型如下：

```
Calendar.YEAR——年份
Calendar.MONTH——月份
Calendar.DATE——日期
Calendar.DAY_OF_MONTH——日期，和上面的字段完全相同
Calendar.HOUR——12小时制的小时数
Calendar.HOUR_OF_DAY——24小时制的小时数
Calendar.MINUTE——分钟
Calendar.SECOND——秒
Calendar.DAY_OF_WEEK——星期几
```

后面的参数value代表设置成的值，例如：

```
c1.set(Calendar.DATE,10);
```

该代码的作用是将c1对象代表的时间中的日期设置为10，其他所有的数值会被重新计算，例如星期几以及对应的相对时间数值等。

3. 获得Calendar类中的信息

```
Calendar c2 = Calendar.getInstance();
//年份
int year = c2.get(Calendar.YEAR);
//月份
int month = c2.get(Calendar.MONTH) + 1;
//日期
int date = c2.get(Calendar.DATE);
//小时
int hour = c2.get(Calendar.HOUR_OF_DAY);
//分钟
int minute = c2.get(Calendar.MINUTE);
//秒
int second = c2.get(Calendar.SECOND);
//星期几
int day = c2.get(Calendar.DAY_OF_WEEK);
```

使用Calendar类中的get方法可以获得Calendar对象中对应的信息，get方法的声明如下：

```
public int get(int field)
```

其中参数field代表需要获得的字段的值，字段说明和上面的set方法保持一致。需要说明的是，获得的月份为实际的月份值减1，获得的星期的值和Date类不一样。在Calendar类中，周日是1，周一是2，周二是3，依次类推。

4 .其他方法说明

其实Calendar类中还提供了很多其他有用的方法，下面简单介绍几种常见方法的使用。
（1）add()方法

```
public abstract void add(int field,int amount)
```

该方法的作用是在Calendar对象中的某个字段上增加或减少一定的数值，增加时，amount的值为正；减少时，amount的值为负。

例如，计算当前时间100天以后的日期，代码如下：

```
Calendar c3 = Calendar.getInstance();
c3.add(Calendar.DATE, 100);
int year1 = c3.get(Calendar.YEAR);
//月份
int month1 = c3.get(Calendar.MONTH) + 1;
//日期
int date1 = c3.get(Calendar.DATE);
System.out.println(year1 + "年" + month1 + "月" + date1 +"日");
```

这里add()方法是指在c3对象的Calendar.DATE，也就是日期字段上增加100，类内部会重新计算该日期对象中其他各字段的值，从而获得100天以后的日期，上述程序的输出结果可能为：

```
2009年6月17日
```

（2）after()方法

```
public boolean after(Object when)
```

该方法的作用是判断当前日期对象是否在when对象的后面，如果在when对象的后面则返回true，否则返回false。例如：

```
Calendar c4 = Calendar.getInstance();
c4.set(2009, 10 - 1, 10);
Calendar c5 = Calendar.getInstance();
c5.set(2010, 10 - 1, 10);
boolean b = c5.after(c4);
System.out.println(b);
```

在该示例代码中，对象c4代表的时间是2009年10月10号，对象c5代表的时间是2010年10月10号，则对象c5代表的日期在c4代表的日期之后，所以after()方法的返回值是true。

另外一个类似的方法是before()，该方法可判断当前日期对象是否位于另外一个日期对象之前。

（3）getTime()方法

```
public final Date getTime()
```

该方法的作用是将Calendar类型的对象转换为对应的Date类对象，两者代表相同的时间点。

类似的方法是setTime()，该方法的作用是将Date对象转换为对应的Calendar对象，该方法的声明如下：

```
public final void setTime(Date date)
```

转换的示例代码如下：

```
Date d = new Date();
Calendar c6 = Calendar.getInstance();
//Calendar类型的对象转换为Date对象
Date d1 = c6.getTime();
//Date类型的对象转换为Calendar对象
Calendar c7 = Calendar.getInstance();
c7.setTime(d);
```

5. Calendar对象和相对时间之间的转换

```
Calendar c8 = Calendar.getInstance();
long t = 1252785271098L;
//将Calendar对象转换为相对时间
long t1 = c8.getTimeInMillis();
//将相对时间转换为Calendar对象
Calendar c9 = Calendar.getInstance();
c9.setTimeInMillis(t1);
```

在转换时，使用Calendar类中的getTimeInMillis()方法可以将Calendar对象转换为相对时间。在将相对时间转换为Calendar对象时，首先创建一个Calendar对象，然后再使用Calendar类的setTimeInMillis()方法设置时间即可。

下面通过一个例子演示Calendar类中相关方法的使用。

【例10.2】 使用Calendar对象表示当前时间

分别输出不同格式的时间值，然后重新设置该Calendar的时间值，输出更新后的时间。

```
import java.util.*;
public class CalendarTest {
    public static void main(String[] args) {
        String[] months={"Jan","Feb","Mar","Apr","May","jun","Jul",
```

```
                "Aug","Sep","Oct","Nov","Dec"};
    //获得一个Calendar实例,表示当前时间
    Calendar calendar=Calendar.getInstance();
    System.out.print("Date:");
    //输出当前时间的年月日格式,注意Calendar.MONTH的取值为0-11
    System.out.print(months[calendar.get(Calendar.MONTH)]+"");
    System.out.print(calendar.get(Calendar.DATE)+"");
    System.out.println(calendar.get(Calendar.YEAR));
    System.out.print("Time:");
    //输出当前时间的时分秒格式
    System.out.print(calendar.get(Calendar.HOUR)+":");
    System.out.print(calendar.get(Calendar.MINUTE)+":");
    System.out.println(calendar.get(Calendar.SECOND));
    //重新设置该Calendar的时分秒值
    calendar.set(Calendar.HOUR,20);
    calendar.set(Calendar.MINUTE,57);
    calendar.set(Calendar.SECOND,20);
    System.out.print("Upated time: ");
    //输出更新后的时分秒格式
    System.out.print(calendar.get(Calendar.HOUR)+":");
    System.out.print(calendar.get(Calendar.MINUTE)+":");
    System.out.println(calendar.get(Calendar.SECOND));
    }
}
```

运行此程序,输出结果如图10.2所示。

```
Problems  @ Javadoc  Declaration  Console ⌗
<terminated> CalendarTest [Java Application] C:\Program Fil
Date:Mar 8 2017
Time:6:25:54
Upated time: 8:57:20
```

图10.2　CalendarTest.java的运行结果

10.3　DateFormat类

> DateFormat是对日期/时间进行格式化的抽象类,它以独立于local的方式,格式化分析日期或时间,该类位于java.text包中。

DateFormat提供了很多方法,利用它们可以获得基于默认或者给定语言环境和多种格式化风格的默认日期/时间Formater。格式化风格包括FULL、LONG、MEDIUM和SHORT。比如下面这些示例:

```
DateFormat.SHORT:11/4/2009
DateFormat.MEDIUM:Nov 4,2009
DateFormat.FULL: Wednesday ,November 4, 2009
DateFormat.LONG: Wednesday 4,2009
```

因为DateFormat是抽象类，所以实例化对象的时候不能用new，而是通过工厂类方法返回DateFormat的实例。比如：

```
DateFormat df=DateFormat.getDateInstance();
DateFormat df=DateFormat.getDateInstance(DateFormat.SHORT);
DateFormatdf=DateFormat.getDateInstance(DateFormat.SHORT,
Locale.CHINA);
```

使用DateFormat类型可以在日期时间和字符串之间进行转换，例如，把字符串转换为一个Date对象，可以使用DateFormat的parse()方法，其代码片段如下所示：

```
DateFormat  df = DateFormate.getDateTimeInstance();
Date date=df.parse("2011-05-28");
```

还可以使用DateFormat的format()方法把一个Date对象转换为一个字符串，例如：

```
String strDate=df.format(new Date());
```

另外，使用getTimeInstance可获得该国家的时间格式，使用getDateTimeInstance可获得日期和时间格式。

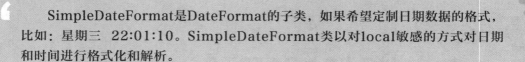

10.4 SimpleDateFormat类

> SimpleDateFormat是DateFormat的子类，如果希望定制日期数据的格式，比如：星期三 22:01:10。SimpleDateFormat类以对local敏感的方式对日期和时间进行格式化和解析。

SimpleDateFormat类的format()方法可将Date转为指定日期格式的String，而parse()方法将String转换为Date。
比如：

```
System.out.println(new SimpleDateFormat("[yyyy-MM-dd hh:mm:ss:SSS]").
format(new Date()));
```

此语句将输出：

```
[2009-11-04 09:45:45:419]
```

若希望从一个文本字符串中按定制的格式解析出一个日期对象，则使用paser()方法。

⚠ 【例10.3】 按照指定的格式把字符串解析为Date对象

```java
import java.text.*;
import java.util.*;
public class DateFormatTest {
    public static void main(String[] args) {
        time();//调用time()方法
        time2();//调用time2()方法
        time3();//调用time3()方法
        }
        //获取现在的日期（24小时制）
        public static void time() {
            SimpleDateFormat sdf = new SimpleDateFormat();//格式化时间
            sdf.applyPattern("yyyy-MM-dd HH:mm:ss a");//a为am/pm的标记
            Date date = new Date();//获取当前时间
            //输出已经格式化的现在时间（24小时制）
            System.out.println("现在时间: "+ sdf.format(date));
        }
        //获取现在时间（12小时制）
        public static void time2() {
            SimpleDateFormat sdf = new SimpleDateFormat();//格式化时间
            sdf.applyPattern("yyyy-MM-dd hh:mm:ss a");
            Date date = new Date();
            //输出格式化的现在时间（12小时制）
            System.out.println("现在时间: " + sdf.format(date));
        }
        //获取5天后的日期
        public static void time3() {
            SimpleDateFormat sdf = new SimpleDateFormat();//格式化时间
            sdf.applyPattern("yyyy-MM-dd HH:mm:ss a");
            Calendar calendar = Calendar.getInstance();
            calendar.add(Calendar.DATE, 5);//将现在日期加上5天
            Date date = calendar.getTime();
            //输出五天后的时间
            System.out.println("五天后的时间: " + sdf.format(date));
        }
}
```

程序的输出结果如图10.3所示。

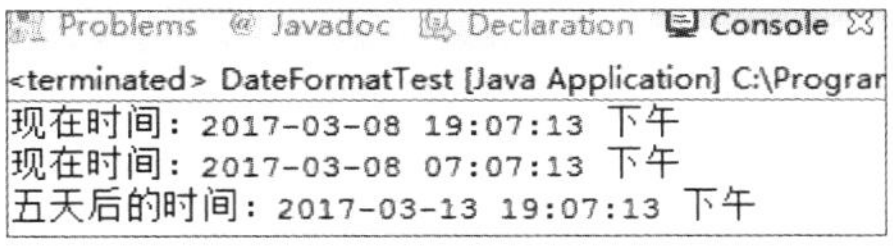

图10.3　DateFormatTest.java的运行结果

本章小结

　　本章介绍了Java中用来处理日期时间的相关类，主要有Date、Calendar、DateFormat和SimpleDateFormat。其中，Date类可以代表当前时间和某个指定的时间，它提供了相关的方法用于对时间进行各种处理，但由于Date类不便于实现国际化，自JDK1.1之后逐渐被Calendar取代。Calendar是一个抽象类，它提供了可以将以毫秒为单位的时间转换成有用的分量的方法。Calendar不能使用构造方法，而要调用其静态方法getInstance()，然后调用相应的对象方法。如果想得到指定格式的日期时间值，可以使用DateFormat和SimpleDateFormat进行格式化。DateForma是一个抽象类，可以对日期时间进行格式化处理，创建其对象必须使用工厂模式，不能直接使用new关键字。SimpleDateFormat是DateFormat的子类，它允许格式化 (date -> text)、语法分析 (text -> date)和标准化。

项目练习

项目练习1

计算两个日期之间相差的天数。

项目练习2

编写一个日期功能类：DateFunction，采用如下方法：

（1）public static Date getCurrentDate()//取得当前日期

（2）public static String getCurrentShortDate()//返回当前年月日格式日期：yyyy-mm-dd

（3）public static Date covertToDate(String currentDate) throws Exception//将字符串日期转换为日期类型，字符串格式为：yyyy-mm-dd，如果转换失败，抛出异常。

编写测试类Test，对所有方法进行测试。

项目练习3

编写程序输出某年某月的日历页，通过主方法的参数将年和月份传递到程序中。

Chapter

11

继承与多态

本章概述

　　面向对象程序设计的三大原则是封装性、继承性和多态性。继承性是子类自动共享父类的数据和方法的机制，它由类的派生功能体现。继承具有传递性，使得一个类可以继承另一个类的属性和方法，这样通过抽象出共同的属性和方法组建新的类，便于代码的重用。而多态性是指不同类型的对象接收相同的消息时产生不同的行为，这里的消息主要是对类中成员函数的调用，而不同的行为是指类成员函数的不同实现。当对象接收到发送给它的消息时，根据该对象所属的类，动态选用在该类中定义的实现算法。本章主要介绍Java在继承和多态方面的特性。

重点知识

- 继承的概述
- 继承机制
- 多态性

11.1 继承的概述

在现实世界中存在有很多如图11.1的关系。

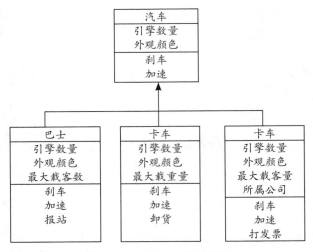

图11.1　不同车之间的关系

巴士、卡车和出租车都是汽车的一种，分别拥有相似的特性。例如，引擎的数量、外观的颜色等。它们拥有相似的行为，如刹车和加速的功能。但是每种不同的交通工具又有自己的特性，如巴士拥有和其他交通工具不同的特性和行为——最大载客数量和到指定站点要报站的特点，而卡车的主要功能是运送货物，也就是载货和卸货，因此拥有最大载重量的特性。

不管这几种交通工具自身特性和行为有哪些不同，我们都称其为汽车。在面向对象的程序设计中该怎样描述现实世界的这种状况呢？这就要用到继承的概念。

所谓继承，就是从已有的类中派生出新的类，新的类能吸收已有类的数据属性和行为，并能扩展新的能力。已有的类一般称为父类（基类或超类），这个过程也称为类的派生。由基类产生的新类称为派生类或子类，派生类同样也可以作为基类再派生新的子类，这样就形成了类间的层次结构。如图11.2所示的继承关系。

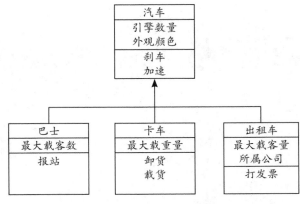

图11.2　继承关系

在此，汽车被抽取为父类（也称超类或基类），代表一般化属性，而巴士、卡车和出租车转化为子类，继承父类的一般特性包括父类的数据成员和行为，如外观颜色和刹车等特性，同时产生自己独特的属性和行为，如巴士的最大载客数和报站，区别于父类的特性。

继承的方式包括单一继承和多重继承。单一继承（Single Inheritance）是最简单的方式：一个派生类只从一个基类派生。多重继承（Multiple Inheritance）是一个派生类有两个或多个基类，如生活中孩子同时继承父亲和母亲两个人的属性。这两种继承方式如图11.3所示。

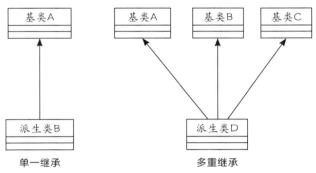

图11.3 继承的方式

请注意图中箭头的方向，本书约定，箭头表示继承的方向，由子类指向父类。

通过前面介绍，可以看出基类与派生类的关系如下：

- 基类是派生类的抽象（基类抽象了派生类的公共特性）。
- 派生类是对基类的扩展。
- 派生类和基类的关系相当于"是一个（is a）"的关系，即派生类是基类的一个对象，而不是"有（has）"的关系，即类的对象包含一个或多个其他类的对象作为该类的属性，如汽车类拥有发动机、轮胎和门类，这种关系成为类的组合。

【TIPS】

Java不支持多重继承，但它支持"接口"概念。接口使Java获得了多重继承的许多优点，摒弃了相应的缺点。

11.2 继承机制

本节主要介绍Java继承的定义和实现，类中属性和方法的继承、覆盖以及继承方关系中父类与子类的关系。

11.2.1 继承的定义

通过一个实际应用问题，来介绍类的继承的定义。

我们常常在编程中遇到下面的情况：

定义教师类，其中一类教师为.Net教师，属性为姓名、所属部门，方法为授课（步骤：打开Visual studio 2010、实施理论课授课）、自我介绍。

```java
public class DotNetTeacher {
    private String name;                    //教师姓名
    private String school;                  //所在学校
    public DotNetTeacher(String myName, String mySchool1) {
        name = myName;
        school = mySchool1;
    }
    public void giveLession(){
        System.out.println("启动VS2010");
        System.out.println("知识点讲解");
        System.out.println("总结提问");
    }
    public void introduction() {
        System.out.println("大家好! 我是"          + school + "的" + name + ".");
    }
}
```

定义教师类，其中一类教师为Java教师，属性为姓名、所属部门，方法为授课（步骤：打开MyEclipse、实施理论课授课）、自我介绍。

```java
public class JavaTeacher {
    private String name;                    //教师姓名
    private String school1;                 //所在学校
    public JavaTeacher(String myName, String mySchool1) {
        name = myName;
        school1 = mySchool1;
    }
    public void giveLession(){              //授课方法的具体实现
        System.out.println("启动 MyEclipse");
        System.out.println("知识点讲解");
        System.out.println("总结提问");
    }
    public void introduction() {            //自我介绍方法的具体实现
        System.out.println("大家好! 我是"          + school1 + "的" + name + ".");
    }
}
```

在程序处理中，发现两个类的定义非常相似，有很多相同点，如教师的属性姓名、所属部门类似，类的方法也基本相同。

针对这种情况，将Java教师类和.Net教师类的共性抽取出来，形成父类Teacher类，使得.Net教师和Java教师成为Teacher类的子类，则子类继承父类的基本属性和方法，就简化了子类的定义。上述代码修改如下：

父类Teacher:

```
public class Teacher {
   private String name;                        //教师姓名
   private String school;                      //所在学校
   public Teacher(String myName, String mySchool) {
      name = myName;
      school = mySchool;
   }
   public void giveLesson(){                   //授课方法的具体实现
      System.out.println("知识点讲解");
      System.out.println("总结提问");
   }
      public void introduction() {             //自我介绍方法的具体实现
         System.out.println("大家好! 我是" + school + "的" + name + "。");
      }
}
```

子类JavaTeacher:

```
public class JavaTeacher extends Teacher {
   public JavaTeacher(String myName, String mySchool) {
      super(myName, mySchool);
   }
   public void giveLesson(){
      System.out.println("启动 MyEclipse");
      super.giveLesson();
   }
}
```

子类NetTeacher:

```
public class DotNetTeacher extends Teacher {
   public DotNetTeacher(String myName, String mySchool) {
      super(myName, mySchool);
   }
   public void giveLesson(){
      System.out.println("启动 VS2010");
      super.giveLesson();
   }
}
```

子类自动继承父类的属性和方法，子类中不再存在重复代码，从而实现代码的重用。

完整的代码见例11.1。

⚠ 【例11.1】 自定义父类Teacher

创建其两个子类JavaTeacher和DotNetTeacher。

```
/******************************test_teacher.java******************************/
/*本程序的功能是定义一个教师类Teacher，声明该类的两个子类，并进行调试。*/
 class Teacher {
    private String name;                        //教师姓名
    private String school;                      //所在学校
```

```
        public Teacher(String myName, String mySchool) {
            name = myName;
            school = mySchool;
        }
        public void giveLesson(){                        //授课方法的具体实现
            System.out.println("知识点讲解");
            System.out.println("总结提问");
        }
            public void introduction() {                //自我介绍方法的具体实现
                System.out.println("大家好! 我是" + school + "的" + name + "。");
            }
}


 class JavaTeacher extends Teacher {
    public JavaTeacher(String myName, String mySchool) {
        super(myName, mySchool);
    }
    public void giveLesson(){
        System.out.println("启动 MyEclipse");
        super.giveLesson();
    }
}



class DotNetTeacher extends Teacher {
    public DotNetTeacher(String myName, String mySchool) {
        super(myName, mySchool);
    }
    public void giveLesson(){
        System.out.println("启动 VS2010");
        super.giveLesson();
    }
}
public class test_teacher{

    public static void main(String args[]){
        //声明javaTeacher
        JavaTeacher javaTeacher = new JavaTeacher("李伟","郑州轻工业学院");
        javaTeacher.giveLesson();
        javaTeacher.introduction();
        System.out.println("\n");

        //声明dotNetTeacherTeacher
        DotNetTeacher dotNetTeacher = new DotNetTeacher("王珂","郑州（轻）工业学院");
        dotNetTeacher.giveLesson();
        dotNetTeacher.introduction();

    }
```

程序运行结果如图11.4所示。

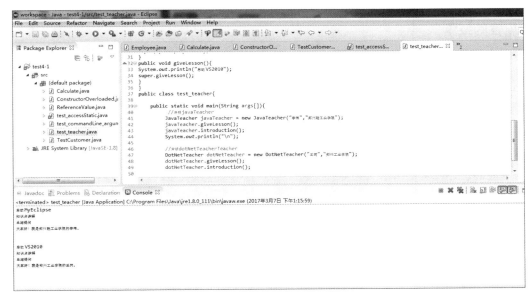

图11.4　程序运行结果

通过关键字extends，分别创建父类Teacher的子类JavaTeacher和DotNetTeacher。子类继承父类所有的成员变量和成员方法，但不能继承父类的构造方法。在子类的构造方法中，可使用语句super（参数列表）调用父类的构造方法，如子类构造方法中的语句super(myName, mySchool)。

test_teacher的main()方法中声明两个子类对象，子类对象分别调用各自的方法进行授课和自我介绍。比如语句javaTeacher.giveLesson()，就调用javaTeacher子类的方法实现授课的处理，该子类的方法来自对父类Teacher方法giveLesson()的继承，语句super.giveLesson()代表对父类同名方法的调用。

由此可见在Java中可用extends关键字来表示从基类派生类。

Java中继承定义的一般格式如下。

```
class 派生类名 extends 基类名{
    //派生类的属性和方法的定义
};
```

其中，基类名是已声明的类，派生类名是新生成的类名。extends说明了要构建一个新类，该类从已存在的类派生而来。已存在的类成为基类或父类，而新类就叫派生类或子类。

派生的定义过程，实际是经历了以下几个过程：

● 子类继承父类中被声明为public和protected的成员变量和成员方法，但不能继承被声明为private的成员变量和成员方法。

● 重写基类成员，包括数据成员和成员函数。如果派生类声明了一个与基类成员函数相同的成员函数，派生类中的新成员则屏蔽了基类同名成员，类似函数中的局部变量屏蔽全局变量，称为同名覆盖（Overriding）。

● 定义新成员。新成员是派生类自己的新特性。派生类新成员的加入使得派生类在功能上有所发展。

● 必须在派生类中重写构造方法，因为构造方法不能继承。

11.2.2 类中属性的继承与覆盖

1. 属性的继承

子类可以继承父类的所有非私有属性。

见下面代码:

```java
class Person{
    public String name;
    public int age;
    public void showInfo() {
        System.out.println( "尊敬的"+name+",您的年龄为:"+age);
    }
}
class Student extends Person{
    public string school;
    public int engScore;
    public int javaScore;
    public void setInfo() {
        name="陈冠一";                //基类的数据成员
        age=20;                      //基类的数据成员
        school1="郑州轻工业学院";
    }
}
```

子类Student从父类继承了成员变量name和age。

2. 属性的覆盖

子类也可以覆盖继承的成员变量,对于子类可以从父类继承的成员变量,只要子类中定义的成员变量和父类中的成员变量同名,子类就覆盖了继承的成员变量。

当子类执行它自己定义的方法时,所操作的就是它自己定义的数据成员,从而覆盖父类继承来的数据成员。

见下面代码:

```java
class Employee1{
    public String name;
    public int age;
    public double salary = 1200 ;        //薪水
    public void showSalary() {
        System.out.println( "尊敬的"+name+",您的薪水为:"+ salary);
    }
}
class Worker extends Employee1{
    public double salary;                //薪水
    public void setInfo(){
        name="可人";
        age=20;                          //基类的数据成员
```

```
        System.out.println( "尊敬的"+super.name+",您的薪水为:"+ super.salary);
                                        //调用父类的成员变量salary
        salary = 800;                   //给与父类同名的成员变量赋值

    }
    public void showSalary() {
        //调用自己成员变量salary, 覆盖发类同名的成员变量
        System.out.println( "尊敬的"+name+",您的薪水为:"+ salary);
    }
}


public class classAtrribute {
    public static void main(String args[]){
        Worker w = new Worker();
        w.setInfo();
        w.showSalary();
    }
}
```

程序输出结果如图11.5所示。

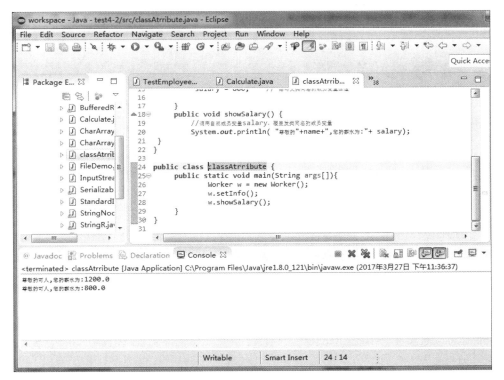

图11.5　程序运行结果

从程序的运行结果可知，当子类Worker自定义成员变量salary与父类中的成员变量salary同名时，子类成员变量覆盖父类同名的成员变量。

11.2.3 类中方法的继承与覆盖

1. 方法的继承

父类中非私有（private）方法可以被子类所继承。

下面的程序将实现这一功能，详见程序中的注释。

```
class Person{                                              //基类
    private String name;
    private int age;
    public void initInfo(String n,int a){
        name =n;
        age =a;
    }
    public void showInfo(){
System.out.println("尊敬的"+ name + " ,您的年龄为:"+age);
    }
}
public class SubStudent extends Person{                    //子类
    private String school;
    private int engScore;
    private int javaScore;
    public void setScores(String s,int e,int j){
        school=s;
        engScore =e;
        javaScore =j;
    }
    public static void main(String[] args){
        SubStudent objStudent = new SubStudent();
        objStudent.initInfo("王烁",22);                    //来自父类继承的方法
        objStudent.showInfo();                            //来自父类继承的方法
        objStudent.setScores("情话（清华）大学",79,92);
    }
}
```

在子类继承父类的成员方法时，应注意以下两项：

● 子类不能访问父类的private（私有）成员方法，但子类可以访问父类的public（公有）、protected（保护）成员方法。

● 访问protected时，子类和同一包内的方法都能访问父类的protected成员方法，但其他方法不能访问。

2. 方法的覆盖

方法覆盖是指子类中定义一个方法，并且这个方法的名字、返回类型、参数列表与从父类继承的方法完全相同。

【TIPS】

　　方法的覆盖要注意以下几点：

● 子类的方法不能缩小父类方法的访问权限。

● 父类的静态方法不能被子类覆盖为非静态方法。

● 父类的私有方法不能被子类覆盖。

● 子类的方法不能抛出比父类方法更多的异常。

　　修改上述例子，在子类中添加与父类同名的方法，具体代码见例11.2。

【例11.2】自定义父类Person，创建其子类SubStudent

```java
/****************************SubStudent.java****************************/
/*本程序的功能是定义一个Person类和它的子类SubStudent，测试父子类具有同名方法时子类的方法
覆盖父类的同名方法*/
class Person{                                        //基类
    protected String name;
    protected int age;
    public void initInfo(String n,int a){
        name =n;
        age =a;
    }
    public void showInfo(){
        System.out.println( "尊敬的"+ name + "   ,您的年龄为:"+age);
    }
}
public class SubStudent extends Person{       //子类
    private String school;
    private int engScore;
    private int javaScore;
    public void showInfo(){                          //与父类同名的方法
        System.out.println(school+ "的" + name+"同学"+ " 年龄为:"+age+"英语成绩是: "
                            +engScore+",  你的Java成绩是: "+javaScore);
    }
    public void setScores(String s,int e,int j){
        school=s;
        engScore =e;
        javaScore =j;
    }
    public static void main(String[] args){
        SubStudent objStudent = new SubStudent();
        objStudent.initInfo("王烁",22);              //来自父类继承的方法
        objStudent.setScores("郑州轻工业学院",79,92);
        //调用自身和父类同名的方法，子类的方法覆盖父类同名的方法
        objStudent.showInfo();
    }
}
```

程序输出结果如图11.6所示。

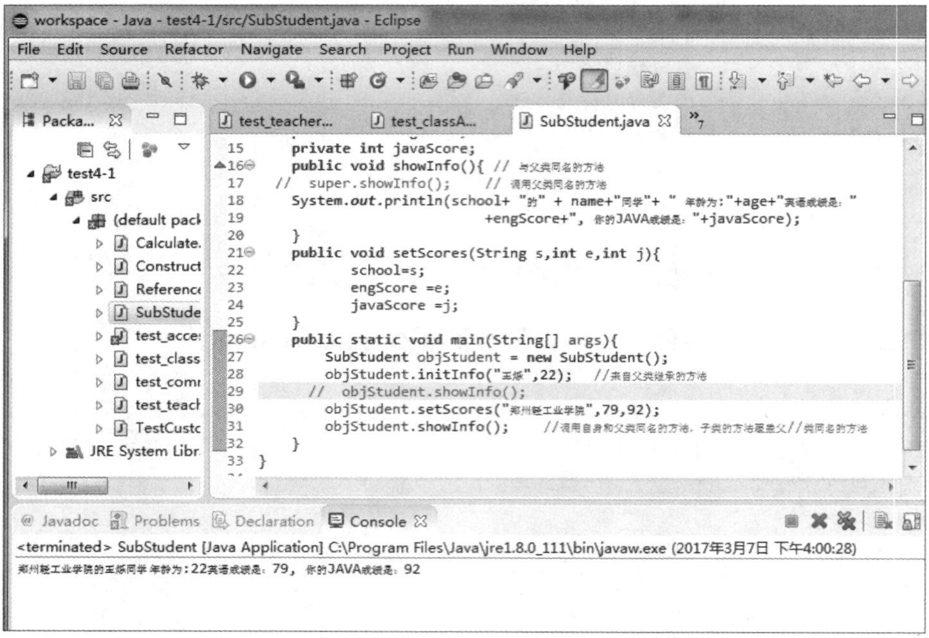

图11.6 程序输出结果

父类Person和子类SubStudent具有同名方法showInfo，方法的定义如下。
父类定义的方法：

```
public void showInfo(){
    System.out.println( "尊敬的"+ name + " ,您的年龄为:"+age);
    }
```

子类的方法：

```
System.out.println(school+ "的" + name+"同学"+ " 年龄为:"+age+"英语成绩是: "+
    engScore+", 你的JAVA成绩是: "+javaScore);
    }
```

在SubStudent的main()方法中生成该子类的对象objStudent，通过子类方法setScores为对象赋值，接下来调用和父类同名的方法showInfo，根据Java父子类同名覆盖的原则，子类的方法覆盖父类的方法，即产生图11.6中的结果。

11.2.4 继承的传递性

类的继承是可以传递的。类b继承了类A，类c又继承了类b，这时，c包含a和b的所有成员，以及c自身的成员，这称为类继承的传递性。类的传递性对Java语言有重要的意义。

下面以代码进行说明。

```
public class Vehicle{
```

```
    void vehicleRun(){
        System.out.println("汽车在行驶！");
    }
}
public class Truck extends Vehicle{          //直接父类为Vehicle
    void truckRun(){
        System.out.println("卡车在行驶！");
    }
}
public class SmallTruck extends Truck{        //直接父类为Truck
    protected void smallTruckRun(){
        System.out.println("微型卡车在行驶！");
    }
    pbulic static void main(String[] args){
        SmallTruck smalltruck = new SmallTruck();
        smalltruck.vehicleRun();                  //祖父类的方法调用
        smalltruck.truckRun();                    //直接父类的方法调用
        smalltruck.smallTruckRun();               //子类自身的方法调用
    }
}
```

11.2.5 在子类中使用构造方法

子类不能继承父类的构造方法。

子类在创建新对象时，依次向上寻找其基类，直到找到最初的基类，然后开始执行最初的基类的构造方法，再依次向下执行派生类的构造方法，直至执行完最终的扩充类的构造方法为止。

对于无参数的构造方法，执行不会出现问题。如果基类中没有默认构造方法或者希望调用带参数的基类构造方法，就要使用关键字super来显式调用基类构造方法。

使用关键字super调用基类构造方法的语句，必须是子类构造方法的第一个可执行语句。调用基类构造方法时，传递的参数不能是关键字this或当前对象的非静态成员。

下面通过一个实例分析如何在子类中使用构造方法。

⚠ 【例11.3】 子类中使用构造方法

```
/***********************test_constructor.java***********************/
/* 程序功能描述：在程序中声明了父类Employee和子类CommonEmployee，子类继承了父类的非私
有的属性和方法，但父子类计算各自的工资的方法不同，如父类对象直接获取工资，而子类在底薪的基础上
增加奖金数为工资总额，通过调用子类的构造方法中super，类初始化父类的对象，并调用继承父类的方法
toString()输出员工的基本信息。*/
    class Employee {                          //定义父类：雇员类
        private String employeeName;          //姓名
        private double employeeSalary;        //工资总额
        static double mini_salary = 600;      //员工的最低 工资
        public Employee(String name){         //有参构造方法
            employeeName = name;
            System.out.println("父类构造方法的调用。");
```

[""]

```java
    }
    public double getEmployeeSalary(){                    //获取雇员工资
        return employeeSalary;
    }
    public void setEmployeeSalary(double salary){         //计算员工的薪水
        employeeSalary = salary + mini_salary ;
    }
    public String toString(){                             //输出员工的基本信息
        return("姓名: " + employeeName +" :    工资:  " );
    }
}
class CommonEmployee extends Employee{                    //定义子类: 一般员工类
    private double bonus;                                 //奖金，新的数据成员
    public CommonEmployee(String name,double bonus){
        super(name);                 //通过super()的调用，给父类的数据成员赋初值
        this.bonus = bonus;          //this指当前对象
        System.out.println("子类构造方法的调用。");
    }
    public  void setBonus(double newBonus){               //新增的方法，设置一般员工的薪水
        bonus = newBonus;
    }
    //来自父类的继承，但在子类中重新覆盖父类方法，用于修改一般员工的薪水
    public double getEmployeeSalary(){
        return bonus + mini_salary;
    }
    public String toString(){
        String s;
        s = super.toString();                             //调用父类的同名方法toString()
    //调用自身对象的方法getEmployeeSalary()，覆盖父类同名的该方法
        return( s + getEmployeeSalary() +"  ");
    }
}
public class test_constructor{                            //主控程序
    public static void main(String args[]){
        Employee employee = new Employee("李 平");          //创建员工的一个对象
        employee.setEmployeeSalary(1200);
        //输出员工的基本信息
        System.out.println("员工的基本信息为 :  " + employee.toString()+employee.
getEmployeeSalary());
        //创建子类一般员工的一个对象
        CommonEmployee commonEmployee = new CommonEmployee("李晓云",1100);
        //输出子类一般员工的基本信息
        System.out.println("员工的基本信息为:  " + commonEmployee.toString()) ;
    }
}
/*********************************************************************/
```

程序的输出结果如图11.7所示。

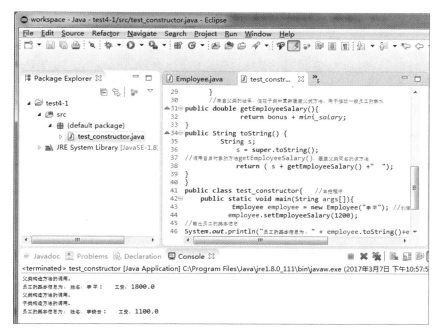

图11.7 程序输出结果

在本例中，创建子类CommonEmployee对象时，首先调用父类的构造方法，接下来才调用子类的构造方法；子类对象创建时，为构建父类对象，就必须使用super()将子类的实参传递给父类的构造方法，为父类对象赋初值。

关于子类构造方法的使用总结如下：

● 构造方法不能继承，它们只属于定义它们的类。

● 创建一个子类对象时，首先调用父类的构造方法，接着才执行子类构造方法。

11.2.6 super关键字

super关键字主要应用于继承关系实现子类对父类方法的调用，包括对父类构造方法和一般方法的调用。具体使用方法如下：

（1）子类的构造方法如果要引用super，必须把super放在构造方法的第一个可执行语句。

比如，例11.3中的子类CommonEmployee 的构造方法的定义如下：

```
public CommonEmployee(String name,double bonus ){
    super(name);                 //通过super()的调用，给父类的数据成员赋初值
    this.bonus = bonus;          //this指当前对象
    System.out.println("子类构造方法的调用。");
}
```

如果想用super继承父类构造的方法，但是没有放在第一行，那么在super之前的语句，肯定是为了完成某些行为的语句但又用了super继承父类的构造方法，那么以前所做的修改将回到之前状态，又成了父类的构造方法。

（2）在Java中，有时还会遇到子类中的成员变量或方法与父类（有时也称父类）中的成员变量或

方法同名。因为子类中的成员变量或方法名优先级高，所以子类中的同名成员变量或方法将覆盖了父类的成员变量或方法，但是我们如果想要使用父类中的这个成员变量或方法，就需要用到super。

比如，例11.3中的父类Employee和子类CommonEmployee 中toString方法的定义如下：

```
public String toString(){          //父类的toString()方法
    return( "姓名： " + employeeName +" ：    工资： " );
}


public String toString(){          //子类的toString()方法
    String s;
    s = super.toString();          //调用父类的同名方法toString()
    //调用自身对象的方法getEmployeeSalary()，覆盖父类同名的该方法
    return( s + getEmployeeSalary() +"  ");
}
```

为了在子类中引用父类中的成员方法value()，在代码中使用了super.toString()，若不使用super而调用toString()方法，则重复调用子类定义的方法toString()，程序陷入死循环。

（3）可以用super直接传递参数。

见下面代码：

```
class Person{
    Person(){
        prt("A Person.");
    }
    Person(String name){
        prt("A person name is:" + name);
    }
    public static void prt(String s){
        System.out.println(s);
    }
}
public class Chinese extends Person{
    Chinese(){
        super();                    //调用父类无形参构造方法
        prt("A chinese.");          //调用父类的方法prt()
    }
    Chinese(String name){
        super(name);                //调用父类具有相同形参的构造方法
        prt("his name is:" + name);
    }
    Chinese(String name, int age){
        this(name);                 //调用当前具有相同形参的构造方法
        prt("his age is:" + age);
    }
    public static void main(String[] args){
        Chinese cn = new Chinese();
        cn = new Chinese("kevin");
```

```
        cn = new Chinese("Jhone", 22);
    }
}
```

程序输出结果如图11.8所示。

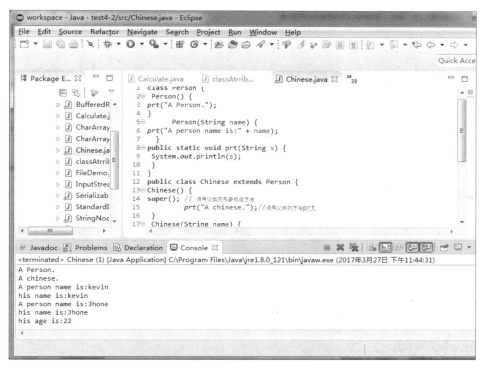

图 11.8　程序运行结果

程序分析如下：

- main()中首先构建Chinese的第一个对象cn，语句cn = new Chinese()调用子类无参的构造方法Chinese()，在构造方法中super()语句调用父类的无参构造方法Person()，在父类无参的构造方法中调用父类的方法prt()，程序输出结果 A Person，接下来返回子类的构造方法的调用处，继续执行下面的语句prt("A chinese.")，则调用父类的方法prt输出结果A chinese.结束第一条语句。

- 程序继续执行第二条语句 cn = new Chinese("kevin")；此时调用子类具有一个参数参的构造方法Chinese(name)，在构造方法中super(name)语句调用父类的有参构造方法Person(name)，为父类的name进行初始化，接下来在父类有参的构造方法中调用父类的方法prt("A person name is:"+ name)，程序输出结果 A person name is:kevin，接下来返回子类的构造方法的调用处，继续执行下面的语句 prt("his name is:"+ name)，则调用父类的方法prt输出结果his name is:kevin，结束第二条语句。

- 接下来程序继续执行第三条语句cn = new Chinese("Jhone,"22)；程序执行时先调用子类具有两个参数参的构造方法Chinese(name，age)，在构造方法中this（name）语句则调用的是当前具有相同参数的构造方法，即调用子类具有一个参数参的构造方法Chinese(name)，接下来调用父类的有参构造方法Person(name)，为父类的name进行初始化，再接下来在父类有参的构造方法中调用父类的方法prt("A person name is:"+ name)，程序输出结果

A person name is: Jhone，接下来返回子类的构造方法的调用处，继续执行下面的语句prt("his name is:"+ name)，则调用父类的方法prt输出结果his name is: Jhone，调用结束后程序返回子类构造方法Chinese(name，age)执行语句prt("his age is:"+ age)；输出结果his age is:22，结束第二条语句。

如果子类构造方法中的语句this(name)，改为super(name)的话，则程序的输出结果为：

```
Chinese(String name, int age){
    super(name);
    prt("his age is:" + age);
}

A Person.
A chinese.
A person name is:kevin
his name is:kevin
A person name is:Jhone
his age is:22
```

读者可自行分析程序的执行过程，理解this和super在Chinese的各个重载构造方法中的各种用法。

11.3 多态性

" 本节主要讲述Java中多态性的实现方式——重载和覆盖。 "

11.3.1 多态性概述

在面向对象程序设计中，多态性主要体现在向不同的对象发送同一个消息，不同的对象在接收时会产生不同的行为（即方法）。也就是说，每个对象可以用自己的方式去响应共同的消息。

在Java语言中，多态性体现在两个方面，即由方法重载实现的静态多态性（编译时多态）和方法重写实现的动态多态性（也称动态联编）。

- 编译时多态：在编译阶段，具体调用哪个被重载的方法，编译器会根据参数的不同来静态确定调用相应的方法。
- 动态联编：由于子类继承了父类所有的属性（私有的除外），所以子类对象可以作为父类对象使用。程序中凡是使用父类对象的地方，都可以用子类对象来代替。一个对象可以通过引用子类的实例来调用子类的方法。

11.3.2 静态多态性

静态多态性是在编译的过程中确定同名操作的具体操作对象。下面的代码体现了编译时的多态性。

```
public class Person{
    private String name;
    private int age;
    public void initInfo(String n,int a){      //同名方法，参数不同
        name =n;
        age =a;
    }
    public void initInfo(String n){            //同名方法，参数不同
        name =n;
    }
    public void showInfo(){
        System.out.println("尊敬的"+name+",您的年龄为:"+age);
    }
}
```

具体方法重载的实现可参见第四章的内容。本章重点讲解方法的动态调用。

11.3.3 动态调用

和静态联编相对应，如果联编工作在程序运行阶段完成，则称为动态联编。在编译、连接过程中无法解决的联编问题，要等到程序开始运行之后再来确定。

如果父类的引用指向一个子类对象，当调用一个方法完成某个功能时，程序会在运行时选择正确的子类的同样方法去实现该功能，就称为方法动态绑定。

下面举一个方法动态调用的简单例子。

```
class Parent{
    public void function(){
        System.out.println("I am in Parent!");
    }
    }
    class Child extends Parent{
    public void function(){
        System.out.println("I am in Child!");
    }
    }
    public class test_parent{
    public static void main(String args[]){
        Parent p1=new Parent( );          //创建父类对象
        Parent p2=new Child( );           //创建子类对象，并将子类对象赋值给父类对象
        p1.function( );
        p2.function( );
    }
    }
```

程序的输出结果如图11.9所示。

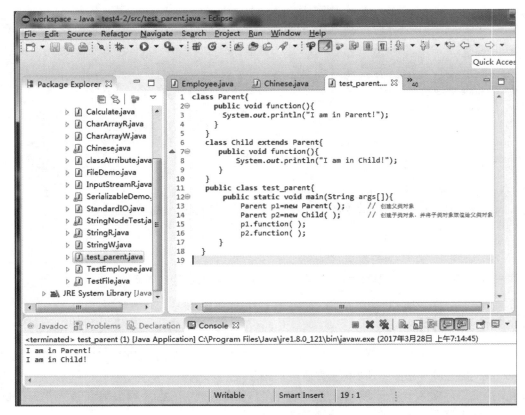

图11.9　程序运行结果

　　当执行语句Parent p1=new Child()时，父类的引用p1指向子类Child对象，语句p2.function()执行时，子类的方法function重写父类同名的方法，因此输出结果是"I am in Child!"。

　　事实上，一个对象变量（如例子中Parent）可以指向多种实际类型，这种现象称为"多态"。在运行时自动选择正确的方法进行调用，称作方法动态绑定。

11.3.4 父类对象与子类对象间的类型转化

　　假设B类是A类子类或间接子类，当我们用子类B创建一个对象，并把这个对象的引用赋给A类的对象时，称这个A类对象a是子类对象b的上转型对象。

```
A a;
B b = new B();
a = b;
```

　　子类对象可以赋给父类对象，但指向子类的父类对象不能操作子类新增的成员变量，不能使用子类新增的方法。

　　上转型对象可以操作子类继承或覆盖成员变量，也可以使用子类继承的或重写的方法。

　　可以将对象的上转型对象再强制转换到一个子类对象，该子类对象又具备了子类所有属性和功能。

　　如果子类重写了父类的方法，那么重写方法的调用原则为：Java运行时系统根据调用该方法的实例，来决定调用哪个方法。对子类的一个实例，如果子类重写了父类的方法，则运行时系统调用子类的方法；如果子类继承了父类的方法（未重写），则运行时系统调用父类的方法。

通过下面的程序进一步理解上述内容。

```java
class  Mammal{                              //哺乳动物类
   private int n=110;
   void crySpeak(String s){
      System.out.println(s);
   }
}
public class Monkey extends Mammal{         //猴子类
   void computer(int aa,int bb){
      int cc=aa*bb;
      System.out.println(cc);
   }
   void crySpeak(String s){
      System.out.println("**"+s+"**");
   }
   public static void main(String args[]){
      //mammal是Monkey类的对象的上转型对象
      Mammal mammal=new Monkey();
      mammal.crySpeak("I love this game");
      //mammal.computer(10,10);
      //把上转型对象强制转化为子类的对象
      Monkey monkey=(Monkey)mammal;
      monkey.computer(10,10);
   }
}
```

如果执行上述程序中的语句mammal.computer(10,10)，将会出错，错误提示为：

```
Exception in thread "main" java.lang.Error: Unresolved compilation problem:
   The method computer(int, int) is undefined for the type Mammal
```

原因在于，将父类的引用对象mammal指向子类对象后，父类对象不能操作子类新增的成员变量。父类对象如果要用子类新增的成员，则必须进行强制类型的转换。可用如下代码进行转换。

```
Monkey monkey=(Monkey)mammal;
```

总之，父类对象和子类对象的转化需要注意如下原则：
● 子类对象可被视为是其父类的一个对象。
● 父类对象不能被当作是其某一个子类的对象。
● 如果一个方法的形式参数定义的是父类对象，那么调用这个方法时，可以使用子类对象作为实际参数。

本章小结

面向对象编程的优点之一是可通过继承性实现程序复用。

本章主要介绍了Java中继承的定义和实现方法。子类可继承父类的功能，并根据具体需要添加子类新的功能。

Java中的子类不能继承父类的构造方法，本章详细介绍了实现子类构造函数的继承的方法。

多态性（Polymorphism）是面向对象程序设计的另一个重要内容，它与封装性和继承性一起构成了面向对象程序设计的三大特性。本章也重点介绍了Java中多态性的定义和实现，主要体现在方法的动态调用。

项目练习

项目练习1

根据下面的类图，编写一个程序，实现父类Point和子类Circle。

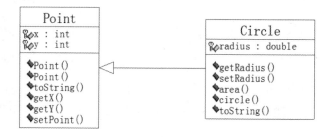

程序提示如下：

（1）父类Point

```
class Point{
    public Point( int a, int b ){              //父类构造函数
        setPoint( a, b );
    }

    public void setPoint( int a, int b ){      //设置点的坐标x与y值
        x = a;
```

```
        y = b;
    }

    public String toString(){              //点的坐标转换成字符串输出
        return "[" + x + ", " + y + "]"; }
```

（2）子类Circle

```
public class Circle extends Point{          //圆类继承点类
    protected double radius;                //圆的半径
    public Circle( double r, int a, int b ) {   //子类Circle的构造函数
        super( a, b );                      //调用父类构造函数
        setRadius( r );
    }
.........
    public double area() { return Math.PI * radius * radius; } //圆面积计算
    public String toString(){//圆的圆心、半径转换成字符串输出的方法
        return "Center = " + "[" + x + ", " + y + "]" +
            "; Radius = " + radius;
    }
}
```

项目练习2

编写一个程序，实现多态性的概念，要求如下。

（1）构建父类Employee（职员类），类结构如下：

```
class Employee{                             //职员类
    public Employee(String n, double s,int year, int month, int day);
//构造方法
    public String getName()
    public double getSalary();              //获取薪水
    public Date getHireDay();               //获取职员雇用日期
    public void raiseSalary(double byPercent){  //涨工资
        double raise = salary * byPercent / 100;
        salary += raise;
    }
    private String name;
    private double salary;
    private Date hireDay;
}
```

（2）子类Manager，类结构如下：

```
class Manager extends Employee{          //经理类，来自父类Employee的派生
    public Manager(String n, double s,int year, int month, int day) ;
//子类构造方法
    public double getSalary() ;          //子类和父类同名的方法
    public void setBonus(double b);      //设置奖金{
    private double bonus;                //子类新添加的属性，奖金
}
```

（3）主类

```
public class TrainingPloymorphism{
    public static void main(String[] args){  //创建一个新的经理并设置他的奖金
        Manager boss = new Manager("陈鹏", 80000, 1987, 12, 15);
        boss.setBonus(5000);
        //多态的实现
        Employee[] staff = new Employee[3];    //建立员工数组和经理一起填充
        staff[0] = boss;
        staff[1] = new Employee("何恒", 50000, 1989, 10, 1);
        staff[2] = new Employee("童同", 40000, 1990, 3, 15);
        ..............
        //输出所有对象的信息

    }
}
```

Chapter

12

抽象类与接口

本章概述

我们知道，所有的对象都是通过类来描绘的，但是反过来却不是这样。并不是所有的类都是用来描绘对象的，如果一个类中没有包含足够的信息来描绘一个具体的对象，这样的类就是抽象类。

重点知识

- 抽象类
- 接口

12.1 抽象类

> Java语言中，用abstract关键字来修饰一个类时，这个类叫做抽象类。抽象类只关心它的子类是否具有某种功能，并不关心该功能的具体实现。功能的具体行为由子类负责实现。一个抽象类中可以有一个或多个抽象方法。

12.1.1 抽象类的定义

抽象类的一般格式如下：

```
abstract class ClassName {
    //类实现…………
}
```

例如：

```
abstract class Employee{    //职员类
    //类实现
}
```

一旦ClassOne类声明为抽象类，则它不能被实例化，只能用作派生类的基类而存在。
因此下面的语句会产生编译错误：

```
ClassOne  a =  new ClassOne();
```

由此可见，当一个类的定义完全表示抽象的概念时，它不应该被实例化为一个对象，而应描述为一个抽象类。

抽象方法的一般格式如下：

```
abstract 返回值类型 抽象方法( 参数列表 );
```

比如语句public abstract void Method();

抽象方法的一个主要目的就是为所有子类定义一个统一的接口。抽象类必须被继承，抽象方法必须被重写。抽象方法只需声明，无需实现；抽象类不能被实例化，抽象类不一定要包含抽象方法。若类中包含了抽象方法，则该类必须被定义为抽象类。

抽象类有以下定义规则：

- 抽象类必须用abstract关键字来修饰；抽象方法也必须用abstract来修饰。
- 抽象类不能被实例化，不能用new关键字生成对象。
- 抽象方法只需声明，而不需实现。
- 含有抽象方法的类必须被声明为抽象类，抽象类的子类必须覆盖所有的抽象方法后，才能被实例

　　化，否则这个子类还是个抽象类。

具体实现可参考下面两段代码。

（1）抽象类的基本实现方法如下：

```
abstract class Base{
    int basevar;                //成员变量
    public abstract void M1(); //抽象的成员函数，只有声明，没有集体的实现，必须在该类
的子类实现方法
              ……
    }
class Derived  extends  Base{
    int derivedvars;            //成员变量
    public void M1(){           //子类必须重写父类的抽象成员函数M1
                                //实际实现的语句体

    }
    ……
    }
```

　　（2）继承于抽象类的类，一般应该实现抽象类中的所有抽象方法（重写）。如果没有，那么该派生类也应该声明为抽象类。

```
abstract class A{
    public abstract void MethodA();
    }
    class B extends A {          //错误，子类B没有实现对象父类A中抽象方法MethodA()
                                    的重写，因此B类应声明为抽象类

    public void MethodB(){}
    }
    class C extends A{
    public void MethodA(){}
    }
}
```

12.1.2 抽象类的使用

　　下面以实例形式演示抽象类和抽象方法的定义，以及子类如何实现父类抽象方法的重写。

⚠ 【例12.1】 抽象类

```
/*********************** test_shape .java***********************************/
/*程序功能介绍：Shape类是对现实世界形状的抽象，子类Rectangle和子类Circle是Shape类的两个
子类，分别代表现实中两种具体的形状。在子类中根据不同形状自身的特点，计算不同子类对象的面积。*/
abstract class Shape {              //定义抽象类
    protected double length=0.0d;
    protected double width=0.0d;
    Shape(double len,double w){
        length = len;
        width = w;
```

```
    }
    abstract double area();        //抽象方法，只有声明，没有实现
}

class Rectangle extends Shape {
    /**
    *@param num  传递至构造方法的参数
    *@param num1  传递至构造方法的参数
    */
    public Rectangle(double num, double num1){
        super(num,num1); //调用父类的构造上函数，将子类长方形的长和宽传递给父类构造方法
    }
    /**
    * 计算长方形的面积
    * @return double
    */
    double area(){          //长方形的area()方法，重写父类Shape的方法
        System.out.print("长方形的面积为: ");
        return length * width;
    }
}
class Circle extends Shape {    //圆形子类
    /**
    *@param num  传递至构造方法的参数
    *@param num1  传递至构造方法的参数
    *@param radius  传递至构造方法的参数
    */
    private double radius;
    public Circle(double num,double num1,double r){
        super(num,num1);   //调用父类的构造上函数，将子类圆的圆心位置和半径传递
                           //给父类构造方法
        radius = r;
    }
    /**
    * 计算圆形的面积
    * @return double
    */
    double area(){                 //圆形的area()方法，重写父类Shape的方法
        System.out.print("圆形位置在 (" + length +", "+ width +")的圆形面积为: ");
        return 3.14*radius*radius;
    }
}
public class test_shape{
    public static void main(String args[]){
    //定义一个长方形对象，并计算长方形的面积
    Rectangle rec = new Rectangle(15,20);
    System.out.println(rec.area());
    //定义一个圆形对象，并计算圆形的面积
    Circle circle = new Circle(15,15,5);
```

```
        System.out.println(circle.area());
        //父类对象的引用指向不同的子类对象的实现方式
        Shape shape = new Rectangle(15,20);
        System.out.println(shape.area());
        shape = new Circle(15,15,5);;
        System.out.println(shape.area());
    }
}
/*-------------------------------------------------------------------*/
```

程序的输出结果如图12.1所示。

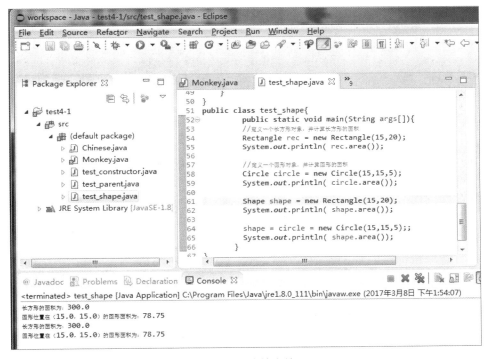

图12.1　程序输出结果

抽象类Shape是对现实世界中不同形状的抽象，其有两个数据成员length和width代表通用形状的长宽或某个点的位置坐标，并说明一个抽象的方法area，语句如下：

```
abstract double area(); //抽象方法，只有声明，没有实现
```

area代表该形状面积的计算，但只是声明，需在不同的子类，即各种具体形状中实现。

子类Rectangle代表长方形，长方形的长宽来自对父类的继承，方法area重写父类抽象的方法area，从而实现长方形对象面积的计算，下面代码显示方法area的重写过程。

```
double area(){//长方形的area()方法，重写父类Shape的方法
    System.out.print("长方形的面积为: ");
    return length * width;
}
```

子类Circle代表圆形，圆形的坐标位置来自对父类中数据成员length和width的继承，方法area重写父类抽象的方法area，从而实现圆形对象面积的计算，下面代码显示方法area的重写过程。

```
double area(){   //圆形的area()方法，重写父类Shape的方法
    System.out.print("圆形位置在（" + length +", "+ width +"）的圆形面积为: ");
    return 3.14*radius*radius;
}
```

test_shape的main()方法中分别声明Rectangle和Circle类的对象，分别实现各自对象面积的计算，从而体现抽象类的使用方法。

接下来，再提供一个较为复杂的实例，体现了Java中多态性的特点，读者可细细体会。

⚠ 【例12.2】 抽象类的多态性使用

```
/**********************test_abstract .java************************/
/*程序功能介绍：利用多态性实现工资系统中的一部分程序。Employee类是抽象的员工父类，Employee
类的子类有经理Boss，每星期获取固定工资，而不计工作时间；子类普通雇员CommissionWorker类，除基
本工资外，还根据每周的销售额发放浮动工资等。子类Boss和CommissionWorker声明位final，表明它们
不再派生新的子类。*/
import java.text.DecimalFormat;
abstract class Employee{                          //抽象的父类Employee
    private String name;
    private double mini_salary = 600;
    public Employee(String name) {                //构造方法
        this.name = name;
    }
    public String getEmployeeName(){
        return name;
    }
    public String toString(){                     //输出员工信息
        return  name;
    }
    //Employee抽象方法getSalary(),将被他的每个子类具体实现
    public abstract double getSalary();
 }
final class Boss extends Employee
{
    private double weeklySalary;                   //Boss新添成员，周薪
    public Boss( String name, double salary) {     //经理Boss类的构造方法
        super( name);                              //调用父类的构造方法为父类员工赋初值
        setWeeklySalary( salary );                 //设置Boss的周薪
    }
    public void setWeeklySalary( double s ) {       //经理Boss类的工资
        weeklySalary =( s > 0 ? s : 0 );
    }
    public double getSalary(){//重写父类的getSalary()方法，确定Boss的薪水
        return weeklySalary ;
    }
```

```
    public String toString() {//重写父类同名的方法toString(), 输出Boss的基本信息
        return "经理: " + super.toString();  //调用父类的同名方法
    }
}
final class CommissionWorker extends Employee
{
    private double salary;          //每周的底薪
    private double commission;  //每周奖金系数
    private int quantity;          //销售额
    //普通员工类的构造方法
    CommissionWorker( String name,double salary, double commission, int quantity) {
        super( name );              //调用父类的构造方法
        setSalary( salary );
        setCommission( commission );
        setQuantity( quantity );
    }
    public void setSalary( double s ) {                     //确定普通员工的每周底薪
        salary = ( s > 0 ? s : 0 );
    }
    public void setCommission( double c ) {                 //确定普通员工的每周奖金
        commission = ( c > 0 ? c : 0 );
    }
    public void setQuantity( int q ) {                      //确定普通员工销售额
        quantity = ( q > 0 ? q : 0 );
    }
        //重写父类的getSalary()方法, 确定CommissionWorker的薪水
    public double getSalary() {
        return salary + commission * quantity;
    }
    //重写父类同名的方法toString(), 输出CommissionWorker的基本信息
    public String toString(){
        return "普通员工: " + super.toString();              //调用父类的同名方法
    }
}
public class test_abstract{
    public static void main( String args[] ){
        Employee employeeRef;                               //ref为Employee引用
        String output = "";
        Boss boss = new Boss( "李晓华", 800.00 );
        CommissionWorker commission = new CommissionWorker( "张 雪",500.0, 3.0, 150);
        //创建一个输出数据的格式化描述对象
        DecimalFormat precision = new DecimalFormat( "0.00" );
        //把父类的引用employeeRef赋值为子类Boss对象boss的引用
        employeeRef = boss;
        output += employeeRef.toString() + " 工资 ￥" +
            precision.format(employeeRef.getSalary()) + "\n" +
            boss.toString() + " 工资 ￥" +
            precision.format(boss.getSalary()) + "\n";
        //把父类的引用employeeRef赋值为子类普通员工对象commission的引用
```

```
        employeeRef = commission;
        output += employeeRef.toString() + " 工资 ￥" +
            precision.format( employeeRef.getSalary() ) + "\n" +
            commission.toString() + " 工资 ￥" +
            precision.format( commission.getSalary() ) + "\n";
        System.out.println(output);
    }
}
/*-----------------------------------------------------------------------------*/
```

程序输出结果如图12.2所示。

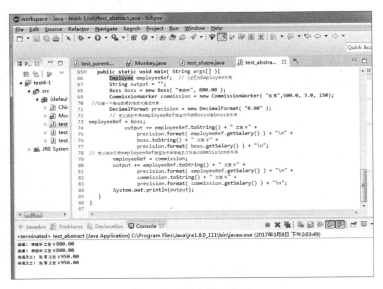

图12.2　程序输出结果

为实现动态多态性，以Boss子类的处理为例，来说明动态方法绑定的实现过程。

（1）在主程序中首先声明了对父类的引用employeeRef。

```
Employee employeeRef;  //employeeRef;ref为Employee引用
```

（2）实例化Boss的对象，并通过super(name)调用父类的构造方法，初始化父类相关的方法和成员。

```
Boss boss = new Boss("李晓华", 800.00);
```

（3）把父类的引用employeeRef指向Boss对象，是实现动态方法绑定的必需。

```
employeeRef = boss;  //把父类的引用指向子类Boss对象
```

（4）调用相应的方法，实现不同员工工资的处理过程，程序会确定此时被引用的对象是Boss类型的对象，并调用Boss的方法getSalary()覆盖父类同样的方法，而不是调用父类Employee的getSalary()，这就是所谓的动态方法绑定——直到程序运行时才确定哪一个对象的方法被调用。

```
employeeRef.earnings()
```

（5）如果父类中没有和子类定义同样的方法getSalary()，则将父类的引用指向父类的任何一个子类的对象时，则上述方法的调用时(employeeRef.getSalary())就出现编译错误,因为employeeRef的声明类为Employee，而getSalary()方法不是它自身定义的方法。因此动态方法绑定的实现必须保证引用的方法在父子类中共存。

（6）输出语句中的引用调用的方法getSalary()和boss对象调用的方法getSalary()的输出结果一致，表明引用在多态的动态实现时，父类的引用指向了相应的子类对象。

```
employeeRef.toString()
boss.toString()
```

CommissionWorker子类的处理与Boss子类的处理一致，这里不再一一描述。

12.2 接口

> Java只支持单一继承，而接口是Java实现多重继承功能的一种手段，一种结构。接口只定义了与外界交流时输入、输出的格式，换句话说，通过在接口中定义一些方法（抽象方法），可以用接口大致规划出类的共同行为，而把具体的实现留给具体的类。本节主要讲述Java中接口的定义和实现方法。

12.2.1 接口定义

接口是抽象方法和常量值的定义的集合，从本质上讲，接口是一种特殊的抽象类，这种抽象类中只包含常量和方法的定义，而没有变量和方法的实现。

1. 接口声明

接口声明的一般格式如下：

```
public interface 接口名{
    //常量
    //方法声明
}
```

常量定义和部分定义的常量均具有public、static和final属性。

接口中只能进行方法的声明，不提供方法的实现，在接口中声明的方法具有public和abstract属性。

```
public interface PCI {
    final int voltage ;
```

```
    public void start();
    public void stop();
}
```

2. 接口实现

接口可以由类来实现，类通过关键字implements 声明自己使用一个或多个接口。所谓实现接口，就是实现接口中声明的方法。

```
class 类名 extends [基类] implements 接口,…,接口
{
……    //成员定义部分
}
```

接口中的方法被默认是public，所以类在实现接口方法时，一定要用public来修饰。
如果某个接口方法没有被实现，实现类中必须将它声明为抽象的，该类当然也必须声明为抽象的。

```
interface IMsg{
    void Message();
}
public abstract class MyClass implements IMsg{
    public abstract void Message();
}
```

12.2.2 接口的使用

下面以实例形式介绍接口的使用。

⚠ 【例12.3】 接口的实现

```
/*****************************Assembler.java*****************************/
/*程序功能：模拟现实世界的计算机组装功能。定义计算机主板的PCI类，模拟主板的pci通用插槽，有两个
方法——start（启用）和stop（停用）。接下来声明具体的子类声卡类SoundCard和网卡类NetworkCard，
它们分别实现PCI接口中的start和stop方法，从而实现PCI标准的不同部件的组装和使用。*/
interface PCI{//这是Java接口，相当于主板上的PCI插槽的规范
    void start();
    void stop();
}

class SoundCard implements PCI{//声卡实现了PCI插槽的规范，但行为完全不同
    public void start(){
        System.out.println("Du  du du ......");
    }
    public void stop(){
        System.out.println("Sound stop!");
    }
}
```

```
class NetworkCard implements PCI{        //网卡实现了PCI插槽的规范，但行为完全不同
    public void start(){
        System.out.println("Send ......");
    }
    public void stop(){
        System.out.println("Network stop!");
    }
}
class MainBoard{
    public void usePCICard(PCI p){        //该方法可使主板插入任意符合PCI插槽规范的卡
        p.start();
        p.stop();
    }


}

public class Assembler{
    public  static void main(String args[]){
        PCI nc = new NetworkCard();
        PCI sc = new SoundCard();
        MainBoard mb = new MainBoard();
        //主板上插入网卡
        mb.usePCICard(nc);
        //主板上插入声卡
        mb.usePCICard(sc);
    }
}
/************************************************************************************/
```

程序输出结果如图12.3所示。

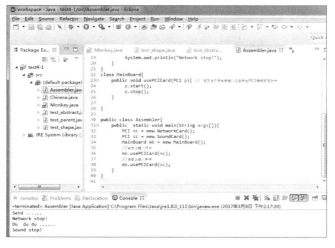

12.3 程序输出结果

由此可知，Java开发系统时，主体构架使用接口，接口构成系统的骨架，这样就可以通过更换接口的实现类来更换系统的实现，这称作面向接口的编程方式。

本章小结

　　抽象类往往用来表征我们在对问题领域进行分析、设计中得出的抽象概念，是对一系列看上去不同，但是本质上相同的具体概念的抽象。正是因为抽象的概念在问题领域没有对应的具体概念，所以用以表征抽象概念的抽象类是不能实例化的。

　　在面向对象领域，抽象类主要用来进行类型隐藏。我们可以构造出一个固定的一组行为的抽象描述，但是这组行为却能够有任意个可能的具体实现方式。这个抽象描述就是抽象类，而这一组任意个可能的具体实现则表现为所有可能的派生类。

　　由于在Java中不支持多重继承，因此引入了接口的概念。通过定制一个抽象的接口类，在类中提供一个服务的集合，在实现它时，通过子类中方法的覆盖，实现对接口的使用，从而扩展不同子类的功能。

项目练习

项目练习1

　　下面给出了一个根据员工类型利用抽象方法和多态性完成工资单计算的程序。Employee是抽象（abstract）父类，Employee的子类有经理Boss，每星期发给他固定工资，而不计工作时间；普通雇员CommissionWorker，除基本工资外还根据销售额发放浮动工资；计件工人PieceWorker，按其生产的产品数发放工资；计时工人HourlyWorker，根据工作时间长短发放工资。该例的Employee的每个子类都声明为final，因为不需要再由它们生成子类。类间的结构关系如下图所示。

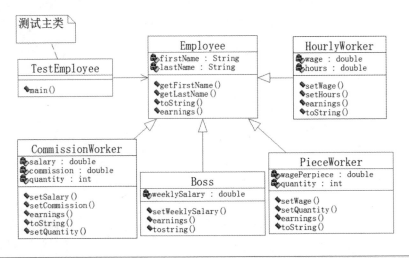

设计要求如下：

根据面向对象程序设计中多态性的特点，用Java实现上述类的关系。

设计思路如下：

- 对所有员工类型都使用earnings方法，但是每个人挣的工资按他所属的员工类计算，所有员工的类都是从父类Employee继承的。
- 如果一个子类是从一个具有abstract方法的父类继承的，子类也是一个abstract类并且必须被显式声明为abstract类。
- 一个abstract类可以有实例数据和非abstract方法，而且它们遵循一般的子类继承规则。
- 现在分析一下Employee类，其中public方法包括构造函数以及一个abstract方法——earnings。为什么earnings方法应是abstract呢？因为在Employee类中为这个方法提供实现是没有意义的，谁也不能为一个抽象的员工发工资，而必须先知道是哪种员工。因此该方法声明为abstract，在每个子类中提供它的实现，而不是在父类。
- Boss类是从Employee中继承出来的，其中public方法包括一个以名、姓和每周工资作为参数的构造函数
- CommissionWorker类从Employee中继承出来，有私有属性 salary（每周底薪）、Commission（每周奖金）、quantity（销售额）。
- PieceWorker类也是从Employee继承，有私有属性 wagePerPiece（生产量）、quantity（工作周数）。
- HourlyWorker类亦从Employee继承，有私有属性wage（每小时工资）、hours（每周工作时间）。
- Test应用程序的main()方法首先声明了ref为Employee引用。

系统类的结构参考如下：

（1）Employee.Java

```
public abstract class Employee {
private String firstName;
private String lastName;
//构造函数
public Employee2( String first, String last )
{  }
//返回姓
public String getFirstName() { }
//返回名
public String getLastName() { }
public String toString()  { }
//Employee抽象方法earnings()，将被其每个子类以实例继承
public abstract double earnings();
}
```

（2）Boss.java

```
//Boss 类是Employee继承
```

```
public final class Boss extends Employee{
    private double weeklySalary;
    //经理Boss类的构造函数
    public Boss( String first, String last, double s) {    }
    //经理Boss类的工资
    public void setWeeklySalary( double s )  { }
    //确定Boss的薪水
    public double earnings() {  }
    //打印姓名
    public String toString(){ }
}
```

（3）CommissionWorker.java

```
//CommissionWorker类是Employee类的继承
public final class CommissionWorker extends Employee {

    private double salary;              //每周的底薪
    private double commission;          //每周奖金
    private int quantity;               //销售额
    //普通员工类的构造函数
    public CommissionWorker( String first, String last,
                             double s, double c, int q){ }
    //确定普通员工的每周底薪
    public void setSalary( double s ) { }
    //确定普通员工的每周奖金
    public void setCommission( double c )  { }
    //确定普通员工销售额
    public void setQuantity( int q ) { }
    //确定普通员工的收入
    public double earnings() { }
    //打印普通员工的姓名
    public String toString() { }
```

（4）PieceWorker.java

```
//PieceWorker类是Employee的继承
public final class PieceWorker extends Employee2 {
    private double wagePerPiece;        //生产量
    private int quantity;               //工作周数
    //Constructor for class PieceWorker
    public PieceWorker( String first, String last,
                        double w, int q )   {  }
        //确定工资
    public void setWage( double w )  { }
```

```
    //确定工作数量
    public void setQuantity( int q )   { }
    //确定计件工人的工资
    public double earnings() { }
    public String toString()   { }
}
```

（5）HourlyWorker.java

```
//Definition of class HourlyWorker
public final class HourlyWorker extends Employee2 {
    private double wage;            //每小时工资
    private double hours;           //每周工作时间
    //Constructor for class HourlyWorker
    public HourlyWorker( String first, String last,
        double w, double h ) {  }
    //确定工资
    public void setWage( double w ){ }
    //确定工作时间
    public void setHours( double h ) { }
    //确定计时工人的工资
    public double earnings() { }
    public String toString() { }
}
```

（6）主控程序

```
public class TestEmployee {
    public static void main( String args[] )
    {
        Employee2 ref;  //ref为Employee引用
        Boss b = new Boss( "史", "季华", 800.00 );
        CommissionWorker c =new CommissionWorker( "张", "雪",400.0, 3.0,
150);（格式）
        PieceWorker p = new PieceWorker( "包", "利", 2.5, 200 );
        HourlyWorker h = new HourlyWorker( "科", "鹏", 13.75, 40 );
        ref = b;    //把父类的引用ref赋值为子类Boss对b的引用
        ref = c;    //把父类的引用ref赋值为子类普通员工对c的引用
        ref = p;    //把父类的引用ref赋值为子类计件工人对p的引用
        ref = h;    //把父类的引用ref赋值为子类计时工人对h的引用
......           //读者自行补充代码
    //输出不同员工的信息
......           //读者自行补充代码
    JOptionPane.showMessageDialog( null, output,
        "Demonstrating Polymorphism",
```

```
            JOptionPane.INFORMATION_MESSAGE );
        System.exit( 0 );
    }
}
```

项目练习2

已知某企业欲开发一家用电器遥控系统，即用户使用一个遥控器即可控制某些家用电器的开与关。该遥控器共有4个按钮，编号分别是0～3，按钮0和2能够遥控打开电器1（卧室电灯）和电器2（电视），并选择相应的频道，按钮1和3则能遥控关闭电器 1（卧室电灯）和电器2（电视）。由于遥控系统需要支持形式多样的电器，因此，该系统的设计要求具有较高的扩展性。 现假设需要控制客厅电视和卧室电灯，要求对该遥控系统进行设计，所得类图如下所示。

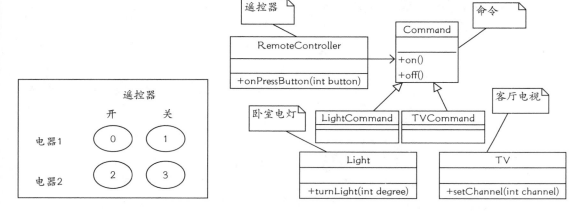

类 RemoteController 的方法onPressButton(int button)表示当遥控器按键按下时调用的方法，参数为按键的编号(0,1,2,3)；类Command 接口中on 和 off 方法分别用于控电器的开与关；类 Light 中turnLight(int degree)方法用于调整电灯灯光的强弱，参数degree值为0时表示关灯，值为 100 时表示开灯并且将灯光亮度调整到最大；类TV 中setChannel(int channel)方法表示设置电视播放的频道，参数channel 值为0 时表示关闭电视，为 1 时表示开机并将频道切换为第1频道。

类的参考结构如下：

```
class   Light { //电灯类
public void turnLight(int degree) { //调整灯光亮度,0表示关灯,100表示亮度最大
}
class   TV{ //电视机类
    public void setChannel(int channel) {//0表示关机，1表示开机并切换到1频道
}
interface Command{   //接口类Command，为电灯和电视提供开、关的命令集
    void on();      //电器打开
    void off();     //电器关闭
}
class RemoteController { //遥控器类，选择使用的电器以及实现电器的开关选择
```

```java
    //遥控器有4个按钮，按照编号分别对应4个Command对象
        protected Command []commands = new Command[5];
        public void onPressButton(int button){
        //按钮被按下时执行命令对象中的命令
            if(button % 2 == 0)commands[button].on();
            else commands[button].off();
        }
        public void setCommand(int button, Command command){
            commands[button]= command;              //设置每个按钮对应的命令对象
        }
    }
class LightCommand implements Command {        //电灯命令类 ，实现接口Command
    protected Light light;                      //指向要控制的电灯对象
        public void on(){                        //打开电灯，设置电灯的最亮值
            light.turnLight(100);
        }
        public void off(){
            light.turnLight(0);
        }
        public LightCommand(Light light) {  //电灯命令器的构造方法，接受电灯的对象
            this.light = light;
        }
}
class TVCommand implements Command {  //电视机命令类，实现接口Command
    protected TV tv;                            //指向要控制的电视机对象
    protected int channel;
    public void on(){
        tv.setChannel(channel);                 //设置电视的频道，假设为1频道
    }
    public void off(){                          //关闭电视，频道数为0
        tv.setChannel(0);
    }
    public TVCommand(TV  tv ,int channel) { //构造方法，接受电视对象
        this.tv = tv;
        this.channel = channel;
    }
}
```

Chapter

13

内部类与包

本章概述

在一个类内部定义的类，就是嵌套类（Nested Classes）。内部类提供了更好的封装，可以把内部类隐藏在外部类之内，不允许同一个包中的其他类访问该类。内部类成员可以直接访问外部类的私有数据，但外部类不能访问内部类的实现细节。

Sun公司的JDK，系统软件商提供成千上万个具有各种用途的类，另外也要管理大型软件系统中数目众多的类。如果不对这些类进行分门别类的使用和存放，在使用时将极度困难和不方便，也极易出现类的命名冲突问题。Java通过引入包（Package）机制，提供类的多层类命名空间，来解决上述问题。

重点知识

● 内部类 ● 包

13.1　内部类

> 在Java中，可以将一个类定义在另一个类里面或者一个方法里面，这样的类
> 称为内部类。广泛意义上的内部类一般包括这4种：成员内部类、局部内部类、匿
> 名内部类和静态内部类。下面先来了解一下这4种内部类的用法。

1. 成员内部类

成员内部类是最普通的内部类，它的定义为位于另一个类的内部，如下面的代码：

```java
class Circle {
    //private Draw draw = null;
    private double radius = 0;
    public static int count =1;
    public Circle(double radius) {
        this.radius = radius;
    }
/*public Draw getDrawInstance() {
        if(draw == null)
            draw = new Draw();
            return draw;
}*/
class Draw {                              //内部类
    public void drawShape() {
        System.out.println(radius);       //外部类的private成员
        System.out.println(count);        //外部类的静态成员
        }
    }
}
```

类Draw是类Circle的一个成员，Circle称为外部类。成员内部类可以无条件访问外部类的所有成员属性和成员方法（包括private成员和静态成员）。

要注意的是，当成员内部类拥有和外部类同名的成员变量或者方法时，会发生覆盖现象，即默认情况下访问的是成员内部类的成员。如果要访问外部类的同名成员，需要以下面的形式进行访问：

```
外部类.this.成员变量
外部类.this.成员方法
```

成员内部类是依附外部类而存在的，也就是说，如果要创建成员内部类的对象，必须存在一个外部类的对象。创建成员内部类对象的一般方式如下：

```java
public class test_inclass {
    public static void main(String args[]){
```

```
            //第一种使用方法
            Circle c = new Circle(12.0d);           //外部类对象
            Circle.Draw draw = c.new Draw();        //通过外部类对象创建内部类对象
            draw.drawShape();                       //调用内部类方法
            //第二种使用方法
            draw = c.getDrawInstance();             //调用外部类方法，返回内部类的对象
            draw.drawShape();
        }
    }
```

🔑 **【TIPS】**

第二种访问方法的说明，参见程序中添加注释的部分内容。

2. 局部内部类

局部内部类是定义在一个方法或者一个作用域里面的类，它和成员内部类的区别在于局部内部类的访问仅限于方法内或者该作用域内。局部内部类不能加任何访问修饰符。

在方法内部定义类时，应注意如下几点：

- 方法定义局部内部类同方法定义局部变量一样，不能使用private、protected、public等访问修饰说明符修饰，也不能使用static修饰，但可以使用final和abstract修饰。
- 方法中的内部类可以访问外部类成员。对于方法的参数和局部变量，必须有final修饰才可以访问。
- static方法中定义的内部类可以访问外部类定义的static成员。

⚠️ **【例13.1】 局部内部类的使用**

```
/*************************test_innerClass.java*************************/
class LocalClass {
    private int size=13,y=7;
    public Object makeInner(int localVar){
        final int finalLocalVar=localVar;
        //创建内部类，该类只在makeInner()方法有效，就像局部变量一样。在方法体外部不能创建
MyInner类的对象
        class MyInner{
            int y=4;
            public String toString(){
                return "OuterSize:"+size+ "\nfinalLocalVar"+" "+"this.y="+this.y;
            }
        }
        return new MyInner();
    }
}
class test_innerClass{
    public static void main(String[] args) {
    //创建Jubu对象obj，并调用它的makeInner()方法
    Object obj=new LocalClass().makeInner(47);
    //该方法返回一个MyInner类型的对象obj，然后调用其toString()方法。
```

```
    System.out.println(obj.toString());
    }
}
/******************************************************************************/
```

程序输出结果如图13.1所示。

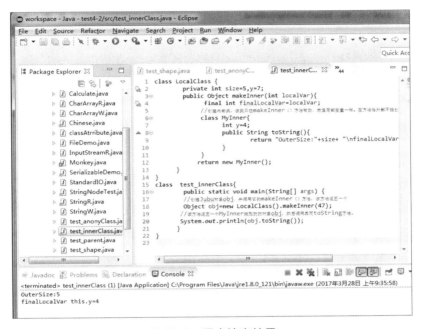

图13.1　程序输出结果

读者可自行分析程序的执行过程。

3. 静态内部类

与类的其他成员相似，可以用static修饰内部类，这样的类称为静态内部类。静态内部类与静态内部方法相似，只能访问外部类的static成员，不能直接访问外部类的实例变量与实例方法，只有通过对象引用才能访问。

由于static内部类不具有任何对外部类实例的引用，因此static内部类中不能使用this关键字来访问外部类中的实例成员，但是可以访问外部类中的static成员。这与一般类的static方法相通。

【例13.2】 静态内部类的使用

```
/***************************MyOuter.java***************************/
public class MyOuter {
    public static int x=100;
    public static class MyInner{                    //静态内部类
        private String y="Hello!";
        public void innerMethod(){
            System.out.println("x="+x);
            System.out.println("y="+y);
        }
```

```
    }
    public static void main(String[] args) {
        //静态内部类不通过外部实例就可以创建对象，与类变量可以通过类名访问相似
        MyOuter.MyInner si=new MyOuter.MyInner();
        si.innerMethod();
    }
}
/*************************************************************************/
```

程序输出结果如图13.2所示。

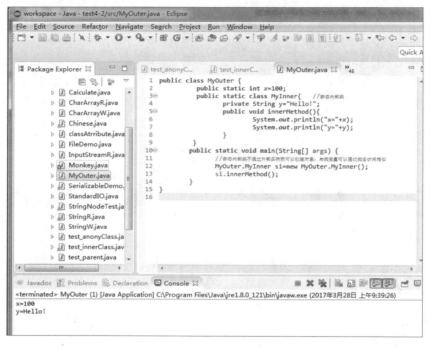

图13.2　程序输出结果

4. 匿名内部类

如果某个类的实例只用一次，则可以将类的定义与类对象的创建放到一起完成，或者说在定义类的同时就创建一个类对象，以这种方法定义的没有名字的类称为匿名内部类。

声明和构造匿名内部类的一般格式如下：

```
new 〈类或接口〉 〈类的主体〉
```

这种形式的new语句声明一个新的匿名类，它对一个给定的类进行扩展，或者实现一个给定的接口。它还创建那个类的一个新实例，并把它作为语句的结果返回。要扩展的类和要实现的接口是new语句的操作数，后跟匿名类的主体。

⚠️ 【例13.3】 匿名内部类的使用

```
/************************test_anonyClass.java************************/
```

```java
abstract class Bird {
    private String name;
    public String getName() {
        return name;
    }
    public void setName(String name) {
        this.name = name;
    }
    public abstract int fly();
}

public class test_anonyClass {
    public void test(Bird bird){
        System.out.println(bird.getName() + " 能够飞   " + bird.fly() + " 米 ");
    }
    public static void main(String[] args) {
        test_anonyClass test = new test_anonyClass();
            test.test(new Bird() {   //匿名内部类
                public int fly() {
                    return 10000;
                }
            public String getName() {
                return "大雁";
            }
        });
    }
}
/*******************************************************************************/
```

程序输出结果如图13.3所示。

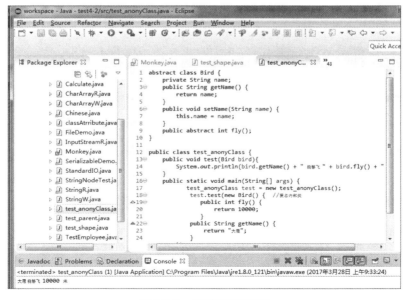

图13.3　程序输出结果

在test_anonyClass类中，test()方法接受一个Bird类型的参数，我们知道抽象类是不能直接用new生成的，我们必须先有实现类，才能用new生成它的实现类实例。所以在main()方法中直接使用匿名内部类来创建一个Bird实例。

在使用匿名内部类的过程中，应注意以下几项：

- 使用匿名内部类时，必须是继承一个类或者实现一个接口，但是两者不可兼得，同时也只能继承一个类或者实现一个接口。
- 匿名内部类中是不能定义构造函数的。
- 匿名内部类中不能存在任何的静态成员变量和静态方法。
- 匿名内部类为局部内部类，所以局部内部类的所有限制同样对匿名内部类生效。
- 匿名内部类不能是抽象的，它必须要实现继承的类或者实现的接口的所有抽象方法。

13.2 包

包（package）是类的容器，用来保存划分的类名空间。本节主要介绍Java中包的概念及包的引用。

13.2.1 package语句的定义及使用

包就是提供访问保护和命名空间管理的相关类与接口的集合。使用包的目的就是使类容易查找使用，防止命名冲突，以及便于控制访问。

标准Java库被分类成许多的包，其中包括java.io、javax.swing和java.net等。标准Java包是分层次的。就像在硬盘上嵌套各级子目录一样，可以通过层次嵌套组织包。所有的Java包都在Java和Javax包层次内。

1. 定义包

包声明的一般形式如下：

```
package  pkg[.pkg1[.pkg2]];
```

参数说明如下：

- package：说明包的关键字。
- pkg：包名。

定义包的语句必须放在所有程序的最前面。若没有包，则当前编译单元属于无名包，生成的class文件一般放在与.java文件同名的目录下。package名字一般用小写字母。

创建包的语句如下：

```
package employee;
package employee.commission;
```

创建包就是在当前文件夹下创建一个子文件夹，以便存放这个包中包含的所有类的 .class文件。上面的第二个创建包的语句中"."符号代表了目录分隔符，即这个语句创建了两个文件夹。第一个是当前文件夹下的子文件夹employee，第二个是employee下的子文件夹commission，当前包中的所有类就存放在这个文件夹里。

2. 向包添加类

要把类放入一个包中，必须把此包的名字放在源文件头部，并且放在对包中的类进行定义的代码之前。例如，在文件Employee.java的开始部分添加类，代码如下：

```
package myPackage;
public class Employee{
......
}
```

则创建的Employee类编译后生成的Employee.class存放在子目录myPackage下。

13.2.2 包引用

通常一个类只能引用与它在同一个包中的类。如果需要使用其他包中的public类，则可以使用如下的几种方法。

1. 直接使用包名、类名前缀

一个类要引用其他的类，无非是继承这个类或创建这个类的对象并使用它的域、调用它的方法。对于同一包中的其他类，只需在要使用的属性或方法名前加上类名作为前缀即可；对于其他包中的类，则需要在类名前缀的前面再加上包名前缀。例如：

```
employee.Employee ref = new  employee.Employee(); //employee为包名
```

2. 加载包中单个的类

用import语句加载整个类到当前程序中，在Java程序的最前方加上下面的语句：

```
import  employee.Employee;
Employee ref = new  Employee(); //创建对象
```

3. 加载包中多个类

用import语句引入整个包，此时这个包中的所有类都会被加载到当前程序中。加载整个包的import语句如下：

```
import  employee . *;    //加载用户自定义的employee包中的所有类
```

为了简化面向对象的编程过程，Java系统事先设计并实现了一些体现了常用功能的标准类，如用于输入／输出的类，用于数学运算的类等。这些系统标准类根据实现的功能不同，可以划分成不同的集合，每个集合是一个包，合称为类库。可以引用这些包，也可以创建自己的包。

Java的类库是系统提供的已实现的标准类的集合,是Java编程的API,它可以帮助开发者方便、快捷地开发Java程序。Java的api包可参见后面章节。

13.2.3 编译和运行包

1. CLASSPATH

CLASSPATH环境变量的设置,目的是告诉Java在哪里能找到第三方提供的类库。实际上有如下三种方法来设置CLASSPATH查询路径:

- 缺省值(即当前路径),用“.”表示。
- 用户指定的环境变量,一旦设置,将缺省值覆盖。
- 在运行的时候传参数给虚拟机。命令行参数-cp或者-classpath,一旦指定,将覆盖上述两者。

2. 编译

编译的过程和运行的过程大同小异,只是前者是找出来编译,后者是找出来装载。实际上Java虚拟机是由java luncher来初始化的,也就是由java(即java.exe)这个程序来完成的。虚拟机按以下顺序搜索并装载所有需要的类:

- 引导类: 组成Java平台的类,包含在rt.jar中的类。
- 扩展类: 使用Java扩展机制的类,该类位于目录(%JAVA_HOME%/jre/lib/ext)中的.jar文件中。
- 用户类: 对于用户定义的类或者没有使用Java扩展机制的第三方产品,必须在命令行中使用-classpath选项或者使用classpath环境变量来确定这些类的位置。

3. 运行

假设我们的当前目录是d:\user\chap013, packTest.java声明在包test中。

对该文件进行编译: javac -d d:\user\chap013 packTest.java。

即得到字节码文件packTest.class,并存放在当前目录,即d:\user\chap013下建立的test子目录下。

对文件解析时如果进行如下的操作:

```
d:\user\chap013\test>java packTest
```

这时解释器返回“can't find class packTest”。

正确的解析操作为d:\user\chap013\java test.packTest。

13.2.4 Jar包

把开发好的程序交给用户即为发布。一个较大的软件肯定包含很多的字节码文件,把一大堆字节码文件交给用户很不方便。

用户希望能实现以下几点:

- 把许多字节码文件打包成一个文件。
- 用户双击这个文件就可以运行程序,就像运行Windows中的应用程序一样。

JDK中有一个实用工具jar.exe可以完成打包工作。打包好的文件扩展名一般为jar,所以叫JAR文件。由于JAR文件中有很多类，如果想让该JAR文件可以直接运行，就必须告诉Java虚拟机哪一个类是包含main()方法的主类。这是通过编辑一个manifest.mf的文件来实现的。

manifest.mf文件应该包含以下一行内容：

```
Main-Class: 主类的完整名称
```

例如，Main-Class: com.misxp.PackageExercise，这一行后面必须回车换行，否则可能出错。另外，冒号后面必须空一格。

这个文件必须和字节码文件放在同一目录中。

使用工具jar.exe可以创建可执行的JAR文件。

进入命令行状态，并让字节码所在文件夹成为当前文件夹。

执行以下命令：jar-cvmf manifest.mf jarfilename.jar com，就可以得到jarfilename.jar打包文件。Jarfilename名字可以自己设定。双击jarfilename.jar即可运行程序。

13.2.5 JDK中的常用包

Sun公司在JDK中提供了大量的各种实用类，通常称之为API（Application Programming Interface），这些类按照不同的功能分别被放入了不同的包中，供我们编程使用，下面简要介绍其中最常用的6个包：

- java.lang：包含一些Java语言的核心类，如String、Math、Integer、System和Thread，提供常用功能。
- java.awt：包含了构成抽象窗口工具集（Abstract Window Toolkits）的多个类，这些类被用来构建和管理应用程序的图形用户界面（GUI）。
- java.applet：包含applet运行所需的一些类。
- java.net：包含执行与网络相关的操作的类。
- java.io：包含能提供多种输入/输出功能的类。
- java.util：包含一些实用工具类，如定义系统特性、使用与日期日历相关的函数。

【TIPS】

Java 1.2以后的版本中，java.lang这个包会自动被导入，对于其中的类，不需要使用import语句来做导入了，如我们前面经常使用的System类。

本章小结

　　在一个类内部定义类，这就是嵌套类（Nested Classes），也叫内部类、内置类。内部类提供了更好的封装，可以把内部类隐藏在外部类之内，不允许同一个包中的其他类访问该类。本章着重介绍了java的4种内部类：成员内部类、局部内部类、匿名内部类和静态内部类。

　　包（Package）是类的容器，用来保存划分的类名空间。使用包的目的就是使类容易查找使用，防止命名冲突，以及便于控制访问。

　　本章也着重介绍了Java中包的定义和使用，以及JDK中常用的包。

项目练习

项目练习1

```
/*下面的程序说明了如何定义和使用一个内部类。名为Outer的类定义了一个实例变量outer_
i、一个test()方法和一个名为Inner的内部类。*/
class Outer{
    int outer_i = 100;
    void test(){
        Inner in = new Inner();
        in.display();
    }
    class Inner{ //内部类 Inner
        void display(){
            System.out.println("display: outer_i = " + outer_i);
        }
    }
}
class InnerClassDemo{
    public static void main(String[] args){
        Outer outer = new Outer();
        outer.test();
    }
}
```

项目练习2

分析下面程序的运行结果，体会Java中package的使用。

程序如下：

```
package mypackage.mypackage;
class test1{
    public test1(){
        k =23;
        System.out.println(k);
    }
    private int k;
}
class testPackage{
    public static void main(String[] args){
        System.out.println("Hello World!");
        test1 tr= new test1();
    }
}
```

（1）在命令行状态下发布编译命令javac和java，程序的运行结果为什么出现"找不到或无法加载主类testPackage"的错误？

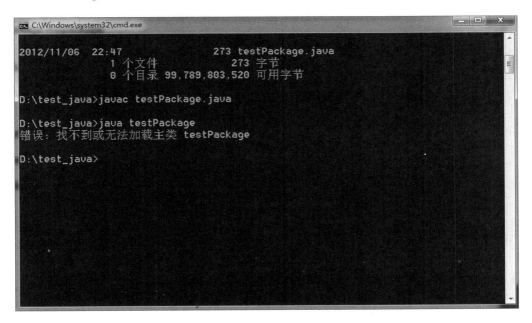

（2）重新执行下图的编译过程，为什么javac能通过编译，而执行java命令时，仍旧出现"找不到或无法加载主类testPackage"的错误？

（3）继续执行下图的编译过程，为什么能正确地编译和执行程序？

（4）认真体会上述（1）、（2）、（3）步骤的执行结果，掌握Java中package语句的使用。

Chapter

14

常用集合

本章概述

开发程序时经常会对数据集合进行操作，初学开发时，我们往往采用对象数组保存一组数据，但是如果程序中都使用对象数组开发的话，会存在大小的限制问题。Java专门提供了一套动态对象数组的操作类——集合框架，在Java中类集框架实际上也就是对数据结构的Java实现。所有的Java集合类都位于java.util包中，学习Java语言，就必须学习如何使用Java集合框架中的相关类。本章主要介绍常用集合类的使用方法，这些方法有助于读者快速构建功能相对复杂的程序。

重点知识

- 集合简介
- 无序列表
- 有序列表
- 映射
- 集合的遍历
- 泛型

14.1 集合简介

> 集合可理解为一个容器，该容器主要指映射（Map）、集合（Set）、列表（List）、散列表（Hashtable）等抽象数据结构。容器可以包含多个元素，这些元素通常是一些Java对象。针对上述抽象数据结构所定义的一些标准编程接口称为集合框架。集合框架主要是由一组精心设计的接口、类和隐含在其中的算法所组成，通过它们可以采用集合的方式完成Java对象的存储、获取、操作以及转换等功能。集合框架的设计是严格按照面向对象的思想进行设计的，它对上述所提及的抽象数据结构和算法进行了封装。封装的好处是提供一个易用的、标准的编程接口，使得在实际编程中不需要再定义类似的数据结构，直接引用集合框架中的接口即可，提高了编程的效率和质量。此外还可以在集合框架的基础上完成如堆栈、队列和多线程安全访问等操作。

在集合框架中有几个基本的集合接口，分别是Collection接口、List接口、Set接口和Map接口，它们所构成的层次关系如图14.1所示。

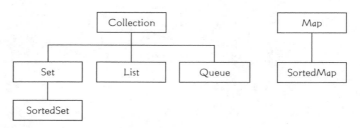

图14.1　集合框架图

其中，Collection接口存储一组不唯一、无序的对象；Set接口继承Collection，存储唯一但无序的对象；List接口继承Collection，允许集合中有重复，并引入位置索引，存储不唯一但有序（插入顺序）的对象；Map接口与Collection接口无任何关系，存储一组键值对象，提供key到value的映射。

Collection接口是所有集合类型的根接口，它定义了一些通用的方法，这些方法主要分为3类：基本操作、批量操作和数组操作。

1. 基本操作

实现基本操作的方法包括：size()方法，返回集合中元素的个数；isEmpty()方法，返回集合是否为空；contains()方法，返回集合中是否包含指定的对象；add()方法和remove()方法，实现向集合中添加元素和删除元素的功能；iterator()方法，返回Iterator对象。

通过基本操作可以检索集合中的元素。检索集合中的元素有2种方法：使用增强的for循环和使用Iterator迭代对象。

（1）使用增强的for循环

使用增强的for循环不但可以遍历数组的每个元素，还可以遍历集合的每个元素。下面的代码可输出集合的每个元素：

```
for(Object o : collection)
    System.out.println(o);
```

（2）使用迭代器

迭代器是一个可以遍历集合中每个元素的对象。通过调用集合对象的iterator()方法，可以得到Iterator对象，再调用Iterator对象的方法，可以遍历集合中的每个元素。

Iterator接口的定义如下：

```
public interface Iterator<E> {
    boolean hasNext();
    E next();
    void remove();
}
```

该接口的hasNext()方法返回迭代器中是否还有对象；next()方法返回迭代器中下一个对象；remove()方法删除迭代器中的对象，该方法同时从集合中删除对象。

假设c为一个Collection对象，要访问c中的每个元素，可以按下列方法实现：

```
Iterator it = c.iterator();
while(it.hasNext()){
    System.out.println(it.next());
}
```

2. 批量操作

实现批量操作的方法包括：containsAll()，返回集合中是否包含指定集合中的所有元素；addAll()方法和removeAll()方法，将指定集合中的元素添加到集合中以及从集合中删除指定的集合元素；retainAll()方法，删除集合中不属于指定集合中的元素；clear()方法，删除集合中所有元素。

3. 数组操作

toArray()方法可以实现集合与数组的转换，该方法可以将集合元素转换成数组元素。无参数的toArray()方法可将集合转换成Object类型的数组。有参数的toArray()方法可将集合转换成指定类型的对象数组。

例如，假设c是一个Collection对象，下面的代码将c中的对象转换成一个新的Object数组，数组的长度与集合c中的元素个数相同。

```
Object[] a = c.toArray();
```

假设我们知道c中只包含String对象，可以使用下面代码将其转换成String数组，它的长度与c中元素个数相同：

```
String[] a = c.toArray(new String[0]);
```

14.2 无序列表

> Set接口是Collection的子接口，Set接口对象类似于数学上的集合概念，其中不允许有重复的元素，并且元素在表中没有顺序要求，所以Set集合也称为无序列表。

Set接口没有定义新的方法，只包含从Collection接口继承的方法。Set接口有几个常用的实现类，它们的层次关系如图14.2所示。

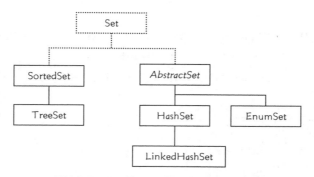

图14.2　Set接口及实现类的层次结构

Set接口常用的实现类包括：HashSet类、TreeSet类和LinkedHashSet类。

1. HashSet类与LinkedHashSet类

HashSet类是抽象类AbstractSet的子类，它实现了Set接口，HashSet使用哈希方法存储元素，具有最好的性能，但元素没有顺序。

HashSet类的构造方法如下：

- HashSet() 创建一个空的哈希集合，装填因子（load factor）是0.75。
- HashSet(Collection c) 用指定的集合c的元素创建一个哈希集合。
- HashSet(int initialCapacity) 创建一个哈希集合，并指定的集合初始容量。
- HashSet(int initialCapacity, float loadFactor) 创建一个哈希集合，并指定的集合初始容量和装填因子。

LinkedHashSet类是HashSet类的子类。该实现与HashSet的不同之处在于，它对所有元素维护一个双向链表，该链表定义了元素的迭代顺序，这个顺序是元素插入集合的顺序。

⚠ 【例14.1】创建HashSetDemo类，测试HashSet类的用法

```
import java.util.HashSet;
public class HashSetDemo {
    public static void main(String[] args) {
        boolean r;
        HashSet<String> s=new HashSet<String>();
```

```
        r=s.add("Hello");
        System.out.println("添加单词Hello,返回为"+r);
        r=s.add("Kitty");
        System.out.println("添加单词Kitty,返回为"+r);
        r=s.add("Hello");
        System.out.println("添加单词Hello,返回为"+r);
        r=s.add("java");
        System.out.println("添加单词java,返回为"+r);
        System.out.println("遍历集合中的元素: ");
        for(String element:s)
            System.out.println(element);
    }
}
```

运行该程序，结果如图14.3所示。

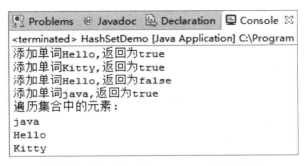

图14.3　HashSetDemo.java类运行结果

在上述程序中，首先创建了一个存放String类型的HashSet集合对象s。然后分别向其中添加了"Hello""Kitty""Hello""java"共4个字符串。由于Set类型的集合不能存放重复的数据，故向集合当中第二次存放"Hello"字符串时，返回结果为false。最后使用了增强的for循环来输出集合当中的元素。该循环类似于迭代器（Iterator）的作用，但使用时要比迭代器更简洁，更方便。由于HashSet集合当中的元素是无序的，故使用for循环输出集合当中的元素时，输出结果也是随机的。该程序每次运行时，结果可能都不一样。另外，因为使用了HashSet类，它并不保证集合中元素的顺序。

2. SortedSet接口与TreeSet类

SortedSet接口是有序对象的集合，其中的元素排序规则按照元素的自然顺序排列。为了能够使元素排序，要求插入到SortedSet对象中的元素必须是相互可以比较的。

SortedSet接口中定义了下面几个方法：

- E first() 返回有序集合中的第一个元素。
- E last() 返回有序集合中最后一个元素。
- SortedSet <E> subSet(E fromElement, E toElement) 返回有序集合中的一个子有序集合，它的元素从fromElement开始到toElement结束（不包括最后元素）。
- SortedSet <E> headSet(E toElement) 返回有序集合中小于指定元素toElement的一个子有序集合。
- SortedSet <E> tailSet(E fromElement) 返回有序集合中大于等于fromElement元素的子有序集合。

- Comparator<? Super E> comparator() 返回与该有序集合相关的比较器,如果集合使用自然顺序则返回null。

TreeSet是SortedSet接口的实现类,它使用红黑树存储元素排序,基于元素的值对元素排序,操作要比HashSet慢。

TreeSet类的构造方法如下:

- TreeSet() 创建一个空的树集合。
- TreeSet(Collection c) 用指定集合c中的元素创建一个新的树集合,集合中的元素是按照元素的自然顺序排序。
- TreeSet(Comparator c) 创建一个空的树集合,元素的排序规则按给定的c的规则排序。
- TreeSet(SortedSet s) 用SortedSet对象s中的元素创建一个树集合,排序规则与s的排序规则相同。

⚠️ 【例14.2】 创建TreeSetDemo类,测试TreeSet的用法

```java
import java.util.TreeSet;
public class TreeSetDemo {
    public static void main(String[] args) {
        boolean r;
        TreeSet<String> s=new TreeSet<String>();
        r=s.add("Hello");
        System.out.println("添加单词Hello,返回为"+r);
        r=s.add("Kitty");
        System.out.println("添加单词Kitty,返回为"+r);
        r=s.add("Hello");
        System.out.println("添加单词Hello,返回为"+r);
        r=s.add("java");
        System.out.println("添加单词java,返回为"+r);
        System.out.println("遍历集合中的元素: ");
        for(String element:s)
            System.out.println(element);
    }
}
```

运行此程序,结果如图14.4所示。

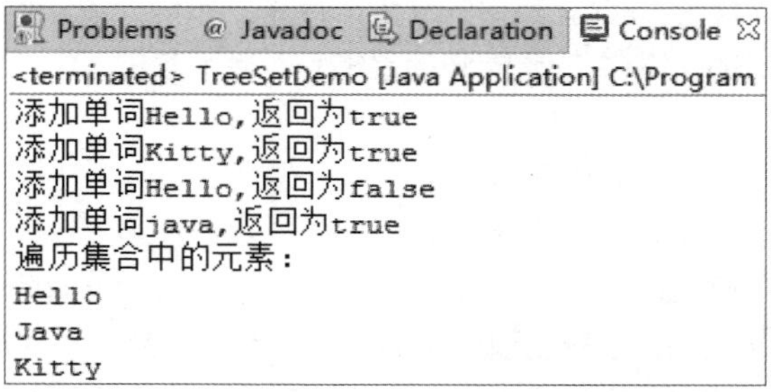

图14.4 TreeSetDemo.java的运行结果

与例14.1不同的是,本例采用TreeSet集合,实现了集合元素的有序输出,但这种实现是有要求的,即集合中的元素需要具有可比性。

14.3 有序列表

> List接口也是Collection接口的子接口，它实现一种顺序表的数据结构，有时也称为有序列表。存放在List中的所有元素都有一个下标（从0开始），可以通过下标访问List中的元素，List中可以包含重复元素。

List接口及其实现类的层次结构如图14.5所示。

List接口除了继承Collection的方法外，还定义了一些自己的方法，使用这些方法可以实现定位访问、查找、链式迭代和范围查看。

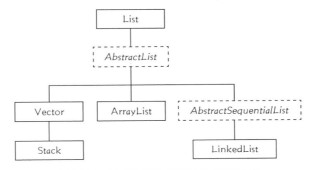

图14.5 List接口及实现类的层次结构

List接口的定义如下：

```
public interface List<E> extends Collection<E> {
    //定位访问
    E get(int index);
    E set(int index, E element);
    boolean add(E element);
    void add(int index, E element);
    E remove(int index);
    abstract boolean addAll(int index, Collection<? extends E> c);
    //查找
    int indexOf(Object o);
    int lastIndexOf(Object o);
    //迭代
    ListIterator<E> listIterator();
    ListIterator<E> listIterator(int index);
    //范围查看
    List<E> subList(int from, int to);
}
```

在集合框架中，实现列表接口（List<E>）的是ArrayList类和LinkedList类，这两个类定义在java.util包中。ArrayList类是通过数组方式来实现的，相当于可变长度的数组。LinkedList类则是通过链表结构来实现。由于这两个类的实现方式不同，相关操作方法的要求也不同。一般说来，若对一个列表结构的开始和结束处有频繁的添加和删除操作，选用LinkedList类所实例化的对象表示该列表。

1. ArrayList类

ArrayList是最常用的实现类，它是通过数组实现的集合对象。ArrayList类实际上实现了一个变长的对象数组，其元素可以动态地增加和删除。它的定位访问时间是常量时间。

ArrayList的构造方法如下：

- ArrayList() 创建一个空的数组列表对象。
- ArrayList(Collection c) 用集合c中的元素创建一个数组列表对象。
- ArrayList(int initialCapacity) 创建一个空的数组列表对象，并指定初始容量。

⚠ 【例14.3】 创建ArrayListDemo类

在其中创建一个ArrayList集合，向其中添加元素，然后输出所有元素。

```
import java.util.*;
public class ArrayListDem {
    public static void main(String[] args) {
        ArrayList<String> list=new ArrayList<String>();
        list.add("collection");
        list.add("list");
        list.add("ArrayList");
        list.add("LinkedList");
        for(String s:list)
        System.out.println(s);
        list.set(3,"ArrayList");
        System.out.println("修改下标为3的元素后，列表中元素为: ");
        Iterator<String> it=list.iterator();
        while(it.hasNext()){
            System.out.println(it.next());
        }
    }
}
```

运行此程序，结果如图14.6所示。

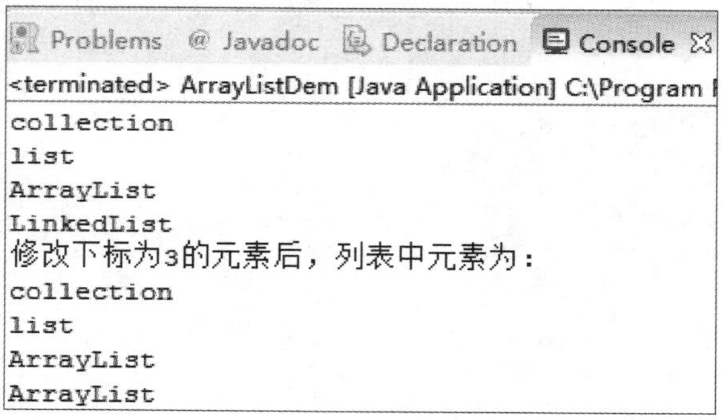

图14.6 ArrayListDemo.java类的运行结果

2. LinkedList类

如果需要经常在List的头部添加元素，在List的内部删除元素，则应该考虑使用LinkedList。这些操作在LinkedList中是常量时间，在ArrayList中是线性时间。但定位访问在LinkedList中是线性时间，而在ArrayList中是常量时间。

LinkedList的构造方法如下：

● LinkedList() 创建一个空的链表。

● LinkedList(Collection c) 用集合c中的元素创建一个链表。

通常利用LinkedList对象表示一个堆栈（Stack）或队列（Queue）。LinkedList类中特别定义了一些方法，而这是ArrayList类所不具备的。这些方法用于在列表的开始和结束处添加和删除元素，其定义方法如下：

● public void addFirst(E element)：将指定元素插入此列表的开头。

● public void addLast(E element)：将指定元素添加到此列表的结尾。

● public E removeFirst()：移除并返回此列表的第一个元素。

● public E removeLast()：移除并返回此列表的最后一个元素。

⚠ 【例14.4】 创建类LinkedListDemo

在其中创建一个LinkedList集合，对其进行各种操作。

```java
import java.util.LinkedList;
public class LinkedListDemo {
    public static void main(String[] args) {
        LinkedList<String> queue=new LinkedList<String>();
        queue.addFirst("set");
        queue.addLast("HashSet");
        queue.addLast("TreeSet");
        queue.addFirst("List");
        queue.addLast("ArrayList");
        queue.addLast("LinkedList");
        queue.addLast("map");
        queue.addFirst("collection");
        System.out.println(queue);
        queue.removeLast();
        queue.removeFirst();
        System.out.println(queue);
    }
}
```

运行此程序，结果如图14.7所示。

```
🔲 Problems  @ Javadoc  🔍 Declaration  🔲 Console  ☒
<terminated> LinkedListDemo [Java Application] C:\Program Files\Java\jre1.8.0_111\bin\javaw.e
[collection, List, set, HashSet, TreeSet, ArrayList, LinkedList, map]
[List, set, HashSet, TreeSet, ArrayList, LinkedList]
```

图14.7 LinkedListDemo类的执行结果

14.4 映射

> Collection接口操作的时候，每次都会向集合中增加一个元素，但是如果现在增加的元素是一对的话，则可以使用Map接口完成功能。Map是一个专门用来存储键－值对的对象。在Map中存储的关键字和值都必须是对象，并要求关键字是唯一的，而值可以重复。

Map接口常用的实现类有HashMap类、LinkedHashMap类、TreeMap类和Hashtable类，前3个类的行为和性能与前面讨论的Set实现类HashSet、LinkedHashSet及TreeSet类似。Hashtable类是Java早期版本提供的类，经过修改实现了Map接口。Map接口及实现类的层次关系如图14.8所示。

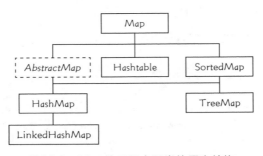

图14.8　Map接口及实现类的层次结构

14.4.1 Map接口

Map<K, V>定义在java.util包中，主要定义三类操作方法：修改、查询和集合视图。

（1）修改操作向映射中添加和删除键－值对，包括如下描述：

- public V put(K key,V value)：将指定的值与此映射中的指定键关联。
- public V remove(K key)：如果存在一个键的映射关系，则将其从此映射中移除。
- public void putAll(Map<? extends K,? extends V> m)：从指定映射中将所有映射关系复制到此映射中。

（2）查询操作时获得映射的内容，包括如下描述：

- public V get(k key)：返回指定键所映射的值；如果此映射不包含该键的映射关系，则返回null。
- public boolean containsKey(Object key)：如果此映射包含指定键的映射关系，则返回true。
- public boolean containsValue(Object value)：如果此映射将一个或多个键映射到指定值，则返回true。

（3）集合视图允许将键、值或条目（"键－值"对）作为集合来处理，包括如下描述：

- public Collection<V> values()：返回此映射中包含的值的Collection视图。
- public Set<K> keySet()：返回此映射中包含的键的Set视图。

- public Set entrySet(): 返回此映射中包含的映射关系的 Set 视图。

在Map接口中还包含一个Map.Entry<K,V>接口，它是一个使用static定义的内部接口，其方法描述如下：

- public V setValue(V value): 用指定的值替换与此项对应的值。
- public K getKey(): 返回与此项对应的键。
- public V getValue(): 返回与此项对应的值。
- public boolean equals(Object o): 比较指定对象与此项的相等性。如果给定对象也是一个映射项，并且两个项表示相同的映射关系，则返回 true。

14.4.2 Map接口的实现类

Map接口的常用的实现类有HashMap、TreeMap和Hashtable类。

（1）HashMap类与LinkedHashMap类

HashMap类的构造方法包括：

- HashMap() 创建一个空的映射对象，使用缺省的装填因子（0.75）。
- HashMap(int initialCapacity) 用指定的初始容量和缺省的装填因子（0.75）创建一个映射对象。
- HashMap(int initialCapacity, float loadFactor) 用指定的初始容量和指定的装填因子创建一个映射对象。
- HashMap(Map t) 用指定的映射对象创建一个新的映射对象。

⚠ 【例14.5】 创建HashMap集合，向其中加入键－值对

根据键对象获取值，并输出集合中所有键－值对。

```
import java.util.HashMap;
import java.util.Map;
public class HashMapDemo {
    public static void main(String[] args) {
        Map<String, String> all = new HashMap<String, String>();
        all.put("BJ", "BeiJing");
        all.put("NJ", "NanJing");
        all.put("AY", "AnYang");
        String value = all.get("BJ"); //根据key查询出value
        System.out.println(value);
        System.out.println(all.get("TJ"));
        System.out.println(all);
    }
}
```

运行此程序，结果如图14.9所示。

```
<terminated> HashMapDemo [Java Application]
BeiJing
null
{BJ=BeiJing, AY=AnYang, NJ=NanJing}
```

图14.9　HashMapDemo.java类的运行结果

在Map的操作中，可以发现，根据key找到其对应的value，如果找不到，则内容为null。而且由于使用的是HashMap子类，所以输出的键－值对顺序和放入的顺序并不一定保持一致。另外，在HashMap里面的key允许为null。我们可以把HashMapDemo.java修改为如下代码：

```java
import java.util.HashMap;
import java.util.Map;
public class HashMapDemo1 {
    public static void main(String[] args) {
        Map<String, String> all = new HashMap<String, String>();
        all.put("BJ", "BeiJing");
        all.put("NJ", "NanJing");
        all.put("AY", "AnYang");
        all.put(null, "NULL");
        System.out.println(all.get(null));
    }
}
```

运行结果输出为Null

LinkedHashMap是HashMap类的子类，它保持键的顺序与插入的顺序一致。它的构造方法与HashMap的构造方法类似，在此不再赘述。

（2）TreeMap类

HashMap子类中的key都属于无序存放的，如果现在希望有序存放（按key排序），则可以使用TreeMap类完成，但是需要注意的是，由于此类需要按照key进行排序，而且key本身也是对象，因此对象所在的类必须实现Comparable接口。TreeMap类实现了SortedMap接口，SortedMap接口能保证各项按关键字升序排序。TreeMap类的构造方法如下：

- TreeMap() 创建根据键的自然顺序排序的空的映射。
- TreeMap(Comparator c) 根据给定的比较器创建一个空的映射。
- TreeMap(Map m) 用指定的映射创建一个新的映射，根据键的自然顺序排序。
- TreeMap(SortedMap m) 在指定的SortedMap对象创建新的TreeMap对象。

对于程序HashMapDemo.java来说，如果希望键－值按照字母顺序输出，将HashMap改为TreeMap即可。

⚠ **【例14.6】创建TreeMap集合，向其中添加键－值对**

```java
import java.util.Map;
import java.util.TreeMap;
public class TreeMapDemo {
    public static void main(String[] args) {
        Map<String, String> all = new TreeMap<String, String>();
        all.put("BJ", "BeiJing");
        all.put("NJ", "NanJing");
        String value = all.get("BJ"); //根据key查询出value
        System.out.println(value);
        System.out.println(all.get("TJ"));
        System.out.println(all);
    }
}
```

运行此程序，结果如图14.10所示。

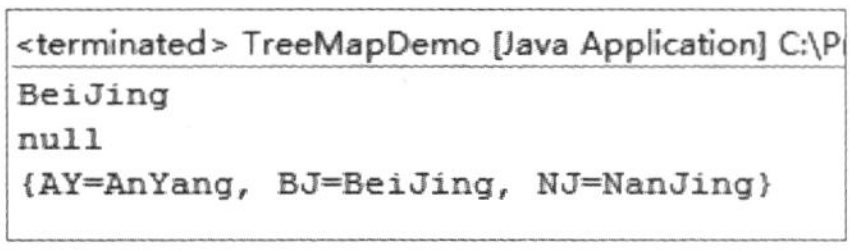

```
<terminated> TreeMapDemo [Java Application] C:\P
BeiJing
null
{AY=AnYang, BJ=BeiJing, NJ=NanJing}
```

图14.10 TreeMapDemo.java的运行结果

这里，键的顺序是按字母顺序输出的。

（3）Hashtable类

Hashtable实现了一种哈希表，它是Java早期版本提供的一个存放键－值对的实现类，现在也属于集合框架。但哈希表对象是同步的，即是线程安全的。

任何非null对象都可以作为哈希表的关键字和值。但是要求作为关键字的对象必须实现hashCode()方法和equals()方法，以使对象的比较成为可能。

一个Hashtable实例有两个参数影响它的性能：一个是初始容量（initial capacity），另一个是装填因子（load factor）。

Hashtable的构造方法包括：

- Hashtable() 使用默认的初始容量（11）和默认的装填因子（0.75）创建一个空的哈希表。
- Hashtable(int initialCapacity) 使用指定的初始容量和默认的装填因子（0.75）创建一个空的哈希表。
- Hashtable(int initialCapacity, float loadFactor) 使用指定的初始容量和指定的装填因子创建一个空的哈希表。
- Hashtable(Map<? extends K, ? extends V> t) 使用给定的Map对象创建一个哈希表。

下面的代码创建了一个包含数字的哈希表对象，使用数字名作为关键字：

```
Hashtable numbers = new Hashtable();
numbers.put("one", new Integer(1));
numbers.put("two", new Integer(2));
numbers.put("three", new Integer(3));
```

要检索其中的数字，可以使用下面代码：

```
Integer n = (Integer)numbers.get("two");
   if(n != null) {
      System.out.println("two = " + n);
   }
```

Map对象与Hashtable对象的区别如下：

- Map提供了集合查看方法而不直接支持通过枚举对象（Enumeration）的迭代。集合查看大大地增强了接口的表达能力。
- Map允许通过键、值或键－值对迭代，而Hashtable不支持第三种方法。
- Map提供了安全的方法在迭代中删除元素，而Hashtable不支持该功能。
- Map修复了Hashtable的一个小缺陷。在Hashtable中有一个contains()方法，当Hashtable包含给定的值，该方法返回true。该方法可能引起混淆，因此Map接口将该方法改为containsValue()，这与另一个方法containsKey()实现了一致。

14.5 集合的遍历

在正常情况下，集合的遍历（输出）基本上不会采用将其变为对象数组的方式，而是采用以下四种方式：Iterator、ListIterator、Enumeration和foreach。

其中，Enumerate是JDK1.2版本之前使用的，现在几乎被Iterator替代，foreach是在JDK1.5之后增加的，但是从开发的角度看，使用此种方式的人员并不多，所以在此我们重点讲解前两种方式。

（1）迭代输出（Iterator）

Iterator本身是一个专门用于输出的操作接口，其接口定义了三种方法：

- public boolean hasNext()：如果仍有元素可以迭代，则返回 true。
- public Object next()：返回迭代的下一个元素。
- public void remove()：从迭代器指向的collection中移除迭代器返回的最后一个元素。

一般情况下，只要是遇到集合的输出问题，直接使用Iterator是最好的选择。在Collection接口中已经定义了iterator()方法，可以为Iterator接口进行实例化操作。下面通过实例演示使用Iterator进行集合输出的方法。

⚠ 【例14.7】 使用Iterator输出ArrayList中的全部元素

```java
import java.util.ArrayList;
import java.util.Iterator;
import java.util.List;
public class IteratorDemo {
    public static void main(String[] args) {
        List<String> all = new ArrayList<String>();
        all.add("hello");
        all.add("world");
        Iterator<String> iter = all.iterator();
        while(iter.hasNext()) { //指针向下移动，判断是否有内容
            String str = iter.next();
            System.out.print(str + " ");
        }
    }
}
```

运行此程序，结果如图14.11所示。

图14.11 IteratorDemo.java的运行结果

（2）双向迭代输出（ListIterator）

Iterator接口的主要功能是完成从前向后的输出，而如果想完成双向（由前向后、由后向前）输

出，则可以通过ListIterator接口实现，ListIterator是Iterator的子接口，除了本身继承的方法外，此接口还有如下两个重要方法：

- public boolean hasPrevious()：判断是否有前一个元素。
- public E previous()：返回列表中的前一个元素。

需要注意的是，如果想进行由后向前的输出，必须先由前向后。但是在Collection接口中并没有为ListIterator接口实例化的操作，而在List接口中存在此方法：

```
public ListIterator<E> listIterator()
```

⚠ 【例14.8】 使用ListIterator双向输出List类型集合中的元素

```
import java.util.List;
import java.util.ListIterator;
public class ListIteratorDemo {
    public static void main(String[] args) {
        List<String> all = new ArrayList<String>();
        all.add("hello");
        all.add("world");
        ListIterator<String> iter = all.listIterator();
        System.out.println("=========== 由前向后输出 ===========");
        while(iter.hasNext()) {
            System.out.print(iter.next() + " ");
        }
        System.out.println("\n=========== 由后向前输出 ===========");
        while(iter.hasPrevious()) {
            System.out.print(iter.previous() + " ");
        }
    }
}
```

运行此程序，结果如图14.12所示。

图14.12　ListIteratorDemo.java的运行结果

（3）Map集合的遍历

Map的遍历有多种方法，最常用的有如下两种：

- 根据map的keyset()方法来获取key的set集合，然后遍历map取得value的值。

⚠ 【例14.9】 使用keyset遍历Map集合中元素

```java
import java.util.HashMap;
import java.util.Iterator;
import java.util.Map;
import java.util.Set;
public class MapOutput1 {
    public static void main(String[] args) {
        Map<String, String> all = new HashMap<String, String>();
        all.put("BJ", "BeiJing");
        all.put("NJ", "NanJing");
        all.put(null, "NULL");
        Set<String> set = all.keySet();
        Iterator< String> iter = set.iterator();
        while(iter.hasNext()) {
            String key=iter.next();
            System.out.println(key+ " --> " + all.get(key));
        }
    }
}
```

● 使用Map.Entry来获取Map中所有的元素。

将Map集合通过entrySet()方法变成Set集合，里面的每一个元素都是Map.Entry的实例；利用Set接口中提供的iterator()方法，为Iterator接口实例化；通过迭代，并且利用Map.Entry接口完成key与value的分离。

⚠ 【例14.10】 使用Map.Entry遍历Map集合中元素

```java
import java.util.HashMap;
import java.util.Iterator;
import java.util.Map;
import java.util.Set;
public class MapOutput {
    public static void main(String[] args) {
        Map<String, String> all = new HashMap<String, String>();
        all.put("BJ", "BeiJing");
        all.put("NJ", "NanJing");
        all.put(null, "NULL");
        Set<Map.Entry<String, String>> set = all.entrySet();
        Iterator<Map.Entry<String, String>> iter = set.iterator();
        while(iter.hasNext()) {
            Map.Entry<String, String> me = iter.next();
            System.out.println(me.getKey() + " --> " + me.getValue());
        }
    }
}
```

运行以上两个程序，输出结果相同，如图14.13所示。

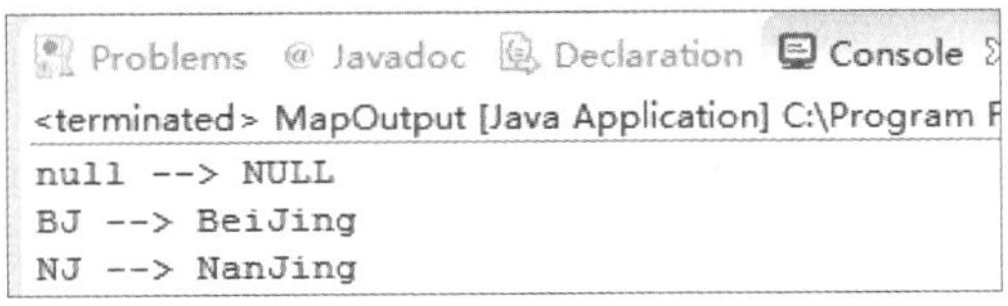

```
Problems  @ Javadoc  Declaration  Console
<terminated> MapOutput [Java Application] C:\Program F
null --> NULL
BJ --> BeiJing
NJ --> NanJing
```

图14.13　两种方式遍历Map的结果图

14.6　泛型

> 在Java SE 1.5之前，没有泛型功能的情况的下，通过对类型Object的引用来实现参数的"任意化"，"任意化"带来的缺点是要做显式的强制类型转换，而这种转换要在开发者对实际参数类型可以预知的情况下进行。对于强制类型转换错误的情况，编译器可能不提示错误，在运行的时候才出现异常，这是一个安全隐患。

泛型是Java SE 1.5的新特性，泛型的本质是参数化类型，也就是说所操作的数据类型被指定为一个参数。这种参数类型可以用在类、接口和方法的创建中，分别称为泛型类、泛型接口、泛型方法。

Java语言引入泛型的好处是简单安全，在编译的时候检查类型安全，并且所有的强制转换都是自动和隐式的，能提高代码的重用率。

14.6.1　泛型简介

泛型允许对类型抽象，最常见的例子就是容器类型，前面几节中定义的所有集合类都使用了泛型。首先请看下面没有使用泛型的例子。

```
List myIntList = new LinkedList();                        //1
myIntList.add(new Integer(0));                            //2
Integer x = (Integer) myIntList.iterator().next();        //3
```

第3行的造型是令人讨厌的。通常，程序员知道存放在特定列表中的数据类型，但还是必须要造型，因为编译器只能保证迭代器返回Object类型，为了保证对Integer类型的变量赋值是安全的，需要造型。造型不仅使代码混乱，还可能因程序员的错误导致运行错误。

如果程序员能够标识集合中应该存放的数据类型，就没有必要再造型了，这就是泛型的核心。下面的代码使用了泛型：

```
List<Integer> myIntList = new LinkedList<Integer>();      //1
myIntList.add(new Integer(0));                            //2
Integer x = myIntList.iterator().next();                  //3
```

注意这里的变量myIntList的类型声明。在List的后面加上了<Integer>，表示该List对象的元素必须是Integer类型，所以说List是带有一个类型参数的泛型接口（Generic Interface）。在创建List对象时需要指定类型参数，如：

```
new LinkedList<Integer>()
```

像上面这样声明和创建List对象后，从List返回对象时，就不需要再造型了，如上面的第3行代码。这样，编译器就可以在编译时检查程序的类型的正确性了。因为编译器保证myIntList中存放的是Integer类型的数据，因此从myIntList中检索出的数据就没有必要造型了。

14.6.2 泛型类

可以使用class名称<泛型列表>声明一个类，如：

```
Class 类名<E>
```

E是其中的泛型，并没有指定E是何种类型的数据，它可以是任何对象或接口，但不能是基本类型数据。下面通过一个例子演示泛型类的使用。

```
public class Pair<T>{
    private T first;
    private T second;
    public Pair(){first=null; second=null;}
    public Pair(T first,T second){this.first=first; this.second=second;}
    public T getFirst(){return first;}
    public T getSecond(){return second;}
    public void setFirst(T newValue){first=newValue;}
    public void setSecond(T newValue){second=newValue;}
}
```

Pair类引入了一个类型变量T，用尖括号< >括起来，并放在类名的后面。泛型类可以有多个类型变量。例如，可以定义Pair类，其中第一个成员变量和第二个成员变量使用不同的类型：

```
public class Pair<T,U>{…..}
```

类定义中的类型变量用于指定方法的返回类型以及成员变量和局部变量的类型，例如：

```
private T first;
```

用具体的类型替换类型变量就可以实例化泛型类型，例如：Pair<String>可以将结果想像成带有构造器的普通类。

⚠ 【例14.11】 定义PairTest类，测试泛型类Pair的用法

```
public class PairTest {
```

```
public static void main(String[] args) {
    Pair<String> pair=new Pair<String>("Hello","Java");
    System.out.println("first="+pair.getFirst());
    System.out.println("second="+pair.getSecond());
}
}
```

运行该程序，输出结果如图14.14所示。

图14.14　PairTest.java的运行结果

上述程序的第3行创建了一个泛型类对象pair，并指定该对象的成员变量的类型为String类型。调用其带String类型参数的构造方法，对其进行初始化。将pair对象的第一个成员变量first的值设置为"Hello"，第二个成员变量second的值设置为"Java"。第4、5行分别调用pair对象的getFirst()、getSecond()方法，获得成员变量first、second的值并输出到控制台。

14.6.3 泛型方法

前面已经介绍如何定义一个泛型类。实际上，还可以定义一个带有参数类型的方法，即泛型方法。泛型方法能够独立于类而产生变化，泛型方法所在的类可以是泛型类，也可以不是泛型类。创建一个泛型方法常用的形式如下：

[访问修饰符] [static] [final] <参数类型列表> 返回值 方法名（ [形式参数列表] ）

⚠ 【例14.12】 创建GenericMethod类

在其中声明一个f( )泛型方法，用于返回调用该方法时，所传入的参数类型的类名。

```
class GenericMethod{
    public<T> void f(T x){
        System.out.println(x.getClass().getName());
    }
}
public class GenericMethodTest {
    public static void main(String[] args) {
        GenericMethod gm=new GenericMethod();
        gm.f("");
        gm.f(1);
        gm.f(1.0f);
        gm.f('c');
        gm.f(gm);
    }
}
```

运行该程序，输出结果如图14.15所示。

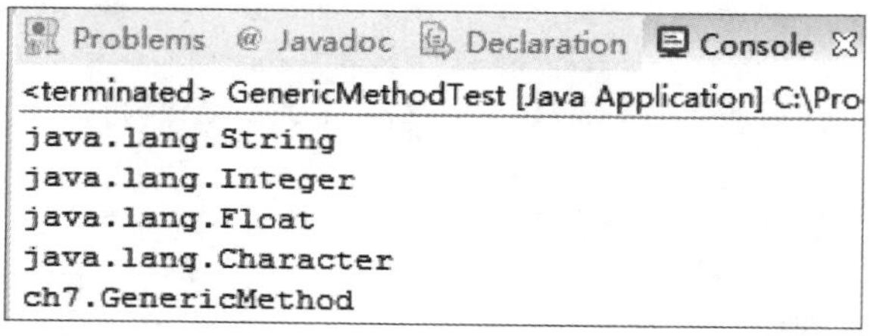

图14.15　GenericMethodTest.java类运行结果

上述程序的第8行创建了一个GenericMethod类型的对象gm。第9行调用该对象的f()方法，并传递参数为""。f()方法通过getClass()方法获取传入参数""的类别，并通过getName()方法获取该类别的名字，然后输出到控制台。同理，第10~13行分别将1、1.0f、'c'、gm所属类别的名字输出到标准控制台。

注意，当使用泛型类时，必须在创建对象的时候指定类型参数的值，而使用泛型方法的时候，通常不必指明参数类型，因为编译器会为我们找出具体的类型，这称为类型参数推断。因此我们可以像调用普通方法一样调用f()，编译器会根据调用f()时传入的参数类型与泛型类型进行匹配。

14.6.4 通配类型参数

前面介绍的泛型已经可以解决大多数的实际问题，但在某些特殊情况下，仍然会有一些问题无法轻松地解决。例如，一个名为Stats的类，假设在其中存在一个名为doSomething()的方法，这个方法有一个形式参数，也是Stats类型，如下所示：

```java
class Stats<T extends Number>{
    T [ ] nums;
    Stats(T [ ] obj){
        nums=obj;
    }
    double average(){
        double sum = 0.0;
        for(int i=0; i<nums.length; ++i)
            sum += nums[i].doubleValue();
        return sum / nums.length;
    }
void doSomething(Stats <T> ob){
    System.out.println(ob.getClass().getName());
    }
}
```

下面我们通过StatsTest类来测试Stats运行情况。

【例14.13】 创建StatsTest.java类，测试带通配类型参数的类Stats

```java
public class StasTest {
    public static void main(String[] args) {
```

```
        Integer  inums[] = {1,2,3,4,5};
        Stats <Integer>  iobj = new Stats<Integer>(inums);
        Double  dnums[] = {1.1,2.2,3.3,4.4,5.5};
        Stats <Double>  dobj = new Stats<Double>(dnums);
        dobj.doSomething(iobj);      //iobj和dobj的类型不相同
    }
}
```

该程序编译时出错，因为在StatsTest类中，dobj.doSomething(iobj);这条语句有问题。dobj是Stats<Double>类型，iobj是Stats<Integer>类型，由于实际类型不同，而声明时采用的是如下形式：

```
    void doSomething(Stats <T> ob)
```

它的类型参数也是T，与声明对象时的类型参数T相同。因此，在实际使用中，就要求iobj和dobj的类型必须相同。解决这个问题的办法是使用Java提供的通配符"?"，它的使用形式如下：

```
    genericClassName <?>
```

上面Stats类当中的doSomething()可以声明成如下形式：

```
    void doSomething(Stats <?> ob)
```

它表示这个参数ob可以是任意的Stats类型，调用该方法的对象就不必和实际参数对象类型一致了。注意，由于泛型类Stats的声明中，T是有上界的：class Stats<T extends Number>。

```
    void doSomething(Stats <?> ob)    //这里使用了类型通配符
```

其中，通配符"?"有一个默认的上界，就是Number。可以改变这个上界，但改变后的上界必须是Number类的子类，例如：

```
    Stats <? extends Integer> ob
```

但是不能是如下形式：

```
    Stats <? extends String> ob
```

因为Integer是Number的子类，而String不是Number的子类。通配符无法改变上界为超出泛型类声明时的上界范围，最后还需要注意一点，通配符是用来声明一个泛型类的变量的，而不能创建一个泛型类。比如下面这种写法是错误的：

```
    class Stats<? extends Number>{……}
```

本章小结

　　本章介绍了集合框架的概念、常见集合类的具体使用方法以及泛型的用法。Java集合框架主要由Collection、List、Set和Map等几个接口组成，其中List和Set是Collection的子接口，在Collection中定义了集合操作的常用方法。List一般用来存储一系列有序的对象，常见的实现类是ArrayList；Set用来表示无序列表，常见的实现类有HashSet类、TreeSet类和LinkedHashSet类；Map是专门用来存储键－值对的，常见的实现类有HashMap类、LinkedHashMap类、TreeMap类和Hashtable类。遍历是集合最常见的操作，主要通过迭代的方式实现集合的遍历。泛型是JDK1.5之后引入的概念，集合的定义采用泛型，大大方便了对元素的操作，免去了装箱和拆箱的麻烦。

项目练习

项目练习1

分析程序A、B、C各自的输出结果。

程序A：

```java
import java.util.HashSet;
import java.util.Set;
public class SetOfNumbers {
    public static void main(String [] args){
        Set set=new HashSet();
        set.add(new Byte((byte)1));
        set.add(new Integer(4));
        set.add(new Float(70.00));
        set.add(new Double(60));
        set.add("test");
        System.out.println(set);
    }
}
```

程序B：

```java
import java.util.TreeSet;
public class TreeSetDemo {
```

```java
    public static void main(String[] args) {
        TreeSet<String>  tree=new TreeSet<String>();
        tree.add("jason");
        tree.add("lincon");
        tree.add("alex");
        tree.add("mendes");
        System.out.println(tree);
    }
}
```

程序C：

```java
import java.util.ArrayList;
import java.util.HashSet;
import java.util.Iterator;
public class TestDemo {
    public static void main(String[] args) {
        HashSet<String>  nameSet=new HashSet<String>();
        nameSet.add("jack");
        nameSet.add("john");
        nameSet.add("locke");
        nameSet.add("jacob");
        nameSet.add("jack");
        nameSet.add("Syid");
        ArrayList nameList=new ArrayList();
        nameList.add("jack");
        nameList.add("john");
        nameList.add("locke");
        nameList.add("jacob");
        nameList.add("jack");
        nameList.add("Syid");
        System.out.println(nameSet);
        System.out.println(nameList);
    }
}
```

项目练习2

　　创建一个只能容纳String对象名为names的ArrayList集合，按顺序向集合中添加5个字符串对象："张三""李四""王五""赵六""马七"。对集合进行遍历，打印出集合中每个元素的位置与内容。首先输出集合的大小，然后删除集合中的第三个元素，并显示删除的内容。删除之后，再次显示现在集合中第三个元素的内容，之后再输出集合的大小。

Chapter

15

Java异常处理

本章概述

　　程序在运行的过程中，难免会出现错误，在出现错误时，如何保证程序继续运行，不出现死机情况，更不能出现灾难性的后果？由于环境条件有限和用户操作疏漏，在设计程序时要充分考虑到各种意外的情况，并给予恰当的处理。本章主要介绍Java中异常的基本概念、异常处理以及自定义异常等内容。

重点知识

- 异常概述
- 捕捉异常
- 声明异常和抛出异常
- 自定义异常

15.1　异常概述

> 所谓异常，是指程序运行中遇到的非致命的错误，而不是编译时的语法错误，比如除0溢出、数组越界、文件找不到等，这些事件的发生将阻止程序的正常运行。为了加强程序的健壮性（强壮性，Robust），设计程序时，必须考虑到可能发生的异常事件，并做出相应的处理。

以下面程序代码为例：

```java
public class ExceptionNoCatch {
    public static void main(String[] args) {
        int i = 0;
        String greetings [] = {
            "Hello world!",
            "No, I mean it!",
            "HELLO WORLD!!"
        };
        while(i < 4) {
            System. out. println(greetings[ i]);
            i++;
        }
    }
}
```

编译运行上面的程序，将出现如下错误：

```
Exception in thread "main" java.lang.ArrayIndexOutOfBoundsException: 3
  at ExceptionNoCatch.main(ExceptionNoCatch.java:10)
```

上面程序运行的结果指出，发生了数组超出边界的异常（ArrayIndexOutOfBoundsException），系统不再执行下去，提前结束，这种情况就是我们所说的异常。

15.1.1　Java的异常处理机制

Java采用面向对象的方式来处理异常，异常也被看成是对象，而且和一般的对象没什么区别，只不过异常必须是Throwable类及其子类所产生的对象实例。既然异常是一个类，那么它也像其他对象一样封装了数据和方法。Throwable对象在定义中包含一个字符串信息，而这个属性可以被所有的异常类继承，它用于存放可读的描述异常条件的信息。该属性在异常对象创建的时候，通过参数传给构造方法，可以用throwable.getMessage()方法从异常对象中读取该信息或printStackTrace()跟踪异常信息。

在Java应用程序中，异常处理机制为抛出异常、捕捉异常。

1. 抛出异常

当一个方法出现错误引发异常时，方法创建异常对象并交付运行时系统，异常对象中包含了异常类型和异常出现时的程序状态等异常信息。运行时系统负责寻找处置异常的代码并执行。从方法中抛出的任何异常，都必须使用throws子句。

2. 捕获异常

在方法抛出异常之后，运行时系统将转为寻找合适的异常处理器（Exception Handler）。潜在的异常处理器是异常发生时依次存留在调用栈中的方法的集合。当异常处理器所能处理的异常类型与方法抛出的异常类型相符时，即为合适的异常处理器。运行时系统从发生异常的方法开始，依次回查调用栈中的方法，直至找到含有合适异常处理器的方法并执行。当运行时系统遍历调用栈而未找到合适的异常处理器时，运行时系统终止。同时，意味着Java程序的终止。

捕捉异常通过try-catch语句或者try-catch-finally语句实现。

对于运行时异常、错误或可查异常，Java技术所要求的异常处理方式有所不同。由于运行时异常的不可查性，为了更合理、更容易地实现应用程序，Java规定，运行时异常将由Java运行时系统自动抛出，允许应用程序忽略运行时异常。

对于方法运行中可能出现的Error，当运行方法不欲捕捉时，Java允许该方法不做任何抛出声明。因为，大多数Error异常属于永远不能被允许发生的状况，也属于合理的应用程序不该捕捉的异常。

Java规定，对于可查异常必须捕捉，或者声明抛出。允许忽略不可查的RuntimeException和Error。

与其他语言处理错误的方法相比，Java的异常处理机制有以下优点：

● 将错误处理代码从常规代码中分离出来。
● 从调用栈向上传递错误。
● 对错误类型和错误差异进行分组。
● 允许对错误进行修正。
● 防止程序的自动终止。

Java异常处理主要是通过5个关键字控制：try、catch、throw、throws和finally。后面会详细讲解每一个关键字的用法。下面首先来了解Java中异常类的层次结构。

15.1.2 Java中异常的类型

前面提到Java采用面向对象的方法进行异常处理，在所有异常类的最上层，有一个独立的Throwable类，它表示所有异常的情况。每个异常类型都是Throwable类的子类。Throwable类有两个直接的子类，一类是Exception，是用户程序能够捕捉到的异常情况，用户也可以创建自己的异常。一类是Error，它定义那些通常无法捕捉到的"异常"。它们的层次结构图如图15.1所示。

Exception类是应该被程序捕获的异常，如果要创建自定义异常类型，则这个自定义异常类型应该是Exception的子类。Exception下面又有两个分支，分别是运行时异常和其他异常。运行时异常代表运行时由Java虚拟机生成的异常，是指Java程序在运行时发现的由Java解释器引发的各种异常，例如算术运算异常ArithmeticException、数组越界异常ArrayIndexOutOfBoundsException等；其他则为非运行时异常，是指能由编译器在编译时检测是否会发生在方法的执行过程的异常，例如I/O异常IOException等。Java.lang、java.util、java.io和java.net中定义的异常类都是非运行时异常。

Error及其子类通常用来描述Java运行时系统的内部错误以及资源耗尽的错误，例如系统崩溃、动态链接失败、虚拟机错误等，这类错误一般认为是无法恢复和不可捕获的，程序不需要处理这种异常，出现这种异常的时候应用程序中断。

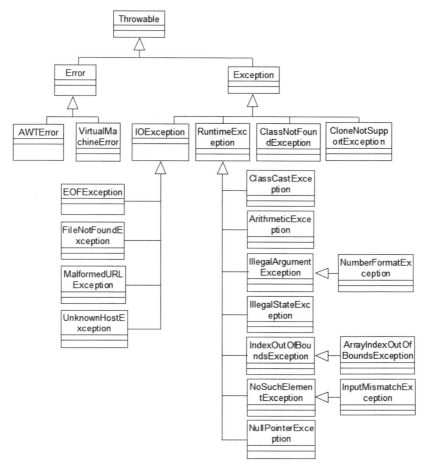

图15.1　异常和错误的层次结构图

　　Java编译器要求Java程序必须捕获或声明所有的非运行时异常，如FileNotFoundException、IOException等，因为如果不对这类异常进行处理，可能会带来意想不到的后果。但对于运行时异常可以不做处理，因为这类异常事件的生成是很普遍的，要求程序全部对这类异常做出处理可能对程序的可读性和高效性带来不良影响，常见的异常如表15.1所示。

表15.1　常见异常类列表

异常类名称	异常原因
ArithmeticException	数学错误，被零除
ArrayIndexOutOfBoundsException	数组下标越界
ArrayStoreException	程序试图在数组中存储错误类型的数据
ClassCastException	类型强制转换异常
IndexOutOfBoundsException	当某对象的索引超出范围时抛出的异常
NegativeArraySizeException	建立元素个数为负数的数组异常类

（续表）

异常类名称	异常原因
NullPointerException	空指针异常类
NumberFormatException	字符串转换为数字异常类
SecurityException	Applet试图执行浏览器的安全设置不允许的动作
StringIndexOutBoundsException	程序试图访问字符串中不存在的字符位置
OutOfMemoryException	分配给新对象的内存太少
SocketException	不能正常完成Socket操作
ProtocolException	网络协议有错误
ClassNotFoundException	未找到相应异常类
EOFException	文件结束异常
FileNotFoundException	文件未找到异常类
IllegalAccessException	访问某类被拒绝时抛出的异常
InstantiationException	试图通过newInstance()方法创建一个抽象类或抽象接口的实例时抛出该异常
IOException	输入输出异常
NoSuchFileException	字段未找到异常
NoSuchMethodException	方法未找到异常
SQLException	操作数据库异常

下面简要介绍上述表中几个常见的运行时异常。

（1）ArithmeticException类

该类用来描述算术异常，例如在除法或求余运算中规定，除数不能为0，所以当除数为0时，Java虚拟机抛出该异常，例如：

```
int div=5/0;   //除数为0，抛出ArithmeticException异常
```

（2）NullPointerException类

该类用来描述空指针异常，当引用变量值为null时，试图通过"."操作符对其进行访问，将抛出该异常，例如：

```
Date now=null;                  //声明一个Date型变量，但没有引用任何对象
String today=now.toString();    //抛出NullPointerException异常
```

（3）NumberFormatException类

该类用来描述字符串转换为数字时的异常。当字符串不是数字格式时，若将其转换为数字，则抛出该异常，例如：

```
String strage="24L";
int age=Integer.parseInt(strage); //抛出NumberFormatException异常
```

（4）IndexOutOfBoundsException类

该类用来描述某对象的索引超出范围时的异常，其中ArrayIndexOfBoundsException类与StringIndexOutOfBoundsException类都继承自该类，它们分别用来描述数组下标越界异常和字符串索引超出范围异常。

● 抛出ArrayIndexOutOfBoundsException异常的情况如下：

```
int[] d=new int[3];   //定义数组，有三个元素d[0]、d[1]、d[2]
d[3]=10;        //试图对d[3]元素赋值，会抛出ArrayIndexOutOfBoundsException异常
```

● 抛出StringIndexOutOfBoundsExceptio的情况如下：

```
String name="kexuechubanshe";
char ch=name.charAt(name.length()); //抛出StringIndexOutOfBoundsException异常
```

（5）ArrayStoreException类

该类用来描述数组试图存储类型不兼容的值。

例如，对于一个Boolean型数组，试图存储一个字符串，则抛出该异常。

```
Object[] b=new Boolean[5];        //引用变量b引用Boolean型数组对象
b[0]= "nihao";                    //试图存储字符串，则抛出ArrayStoreException异常
```

（6）ClassCastException类

该类用来描述强制类型转换时异常。

例如，强制转换String型为Integer型，将抛出该异常。

```
Object obj=new String("15157");        //引用型变量obj引用String型对象
Integer s=(Integer)obj;                //抛出ClassCastException异常
```

15.2 捕捉异常

　　上面我们已经提到过，Java通过5个关键字来控制异常处理。通常在出现错误时用**try**来执行代码，系统引发（**Throws**）一个异常后，可以根据异常的类型由**catch**来捕获，或者用**finally**调用缺省异常处理。

　　为了防止和处理运行时的错误，只需要把所要监控的代码放进try块中即可。在try块后，可以包括一个或多个说明程序员希望捕获的错误类型的catch子句，基本格式为：

```
try{
    …//执行代码块
} catch(ExceptionType1 e1){
    …//对异常类型1的处理
} catch(ExceptionType2 e2){
    …//对异常类型2的处理
}
…
finally{
    …
}
```

1. try和catch语句

将上面15.1节中的程序修改如下：

```java
public class ExceptionNoCatch {
    public static void main(String[] args) {
        int i = 0;
        String greetings [] = {
            "Hello world!",
            "No, I mean it!",
            "HELLO WORLD!!"
        };
        try{
            while(i < 4) {
                System. out. println(greetings[ i]);
                i++;
            }
        }
        catch(Exception ex){
            System.out.println("捕捉异常信息。");
            ex.printStackTrace();   //获取异常信息
        }
    }
}
```

程序运行结果如下：

```
Hello world!
No, I mean it!
HELLO WORLD!!
捕捉异常信息。
java.lang.ArrayIndexOutOfBoundsException: 3
    at ExceptionNoCatch.main(ExceptionNoCatch.java:11)
```

可见程序在出现异常后，系统能够正常地继续运行，而没有异常终止。在上面的程序代码中，对可能会出现错误的代码用try…catch语句进行了处理，当try代码块中的语句发生了异常，程序就会跳转到catch代码块中执行，执行完catch代码块中的程序代码后，系统会继续执行catch代码块后的其他代码，但不会执行try代码块中发生异常语句后的代码。可见Java的异常处理是结构化的，不会因为一个异常影响整个程序的执行。

当try代码块中的程序发生了异常，系统将这个异常发生的代码行号、类别等信息封装到一个对象中，并将这个对象传递给catch代码块，所以我们看到catch代码块是以下面的格式出现的：

```
catch(Exception ex){
    ex.printStackTrace();
}
```

catch关键字后跟着一个用括号括起来的Exception类型的参数ex，这跟经常用到的定义函数接收的参数格式是一样的。括号中的Exception就是try代码块传递给catch代码块的变量类型，ex就是变量名。

catch语句可以有多个，分别处理不同类型的异常。Java运行时，系统从上到下分别对每个catch语句处理的异常类型进行检测，直到找到类型相匹配的catch语句为止。这里，类型匹配指catch所处理的异常类型与生成的异常对象的类型完全一致或者是它的父类，因此，catch语句的排列顺序应该是从特殊到一般。

用一个catch语句也可以处理多个异常类型，这时它的异常类型参数应该是这多个异常类型的父类，在程序设计过程中，要根据具体的情况来选择catch语句的异常处理类型。下面通过例子来进行说明。

⚠ 【例15.1】 使用多个catch捕获可能产生的多个异常

```
/************************MutiCatchFirstDemo.Java************************/
public class MutiCatchFirstDemo {
   public static void main(String[] args) {
      String friends[]={"Kelly","Sandy","Jeck","Chery"};
      try{//此语句段内可能会产生两类异常
         for(int i=0;i<=4;i++)              //首先访问数组中的元素，可能产生数组越界异常
            System.out.println(friends[i]);
         int num=friends.length/0;             //接着进行除法运算，产生除数为0异常
      }catch(ArrayIndexOutOfBoundsException e){     //先捕获数组越界异常
         e.printStackTrace();
      }catch(ArithmeticException e){                //接着捕获算术异常
         e.printStackTrace();
      }
   }
}
/*--------------------------------------------------------------------*/
```

运行此程序，结果如图15.2所示。

从运行结果看出，ArrayIndexOutOfBoundsException异常被捕获，而ArithmeticException没有被捕获，这是因为首先执行for循环，当执行到i变为4的时候，访问friend[4]时发生了数组下标越界异常，和第一个catch后面的异常匹配，就直接跳出try语句，所以后面除0那条语句不会被执行，也就不会发生ArithmeticException异常了。如果调换一下语句的顺序，如例15.2所示，则执行结果会发生变化。

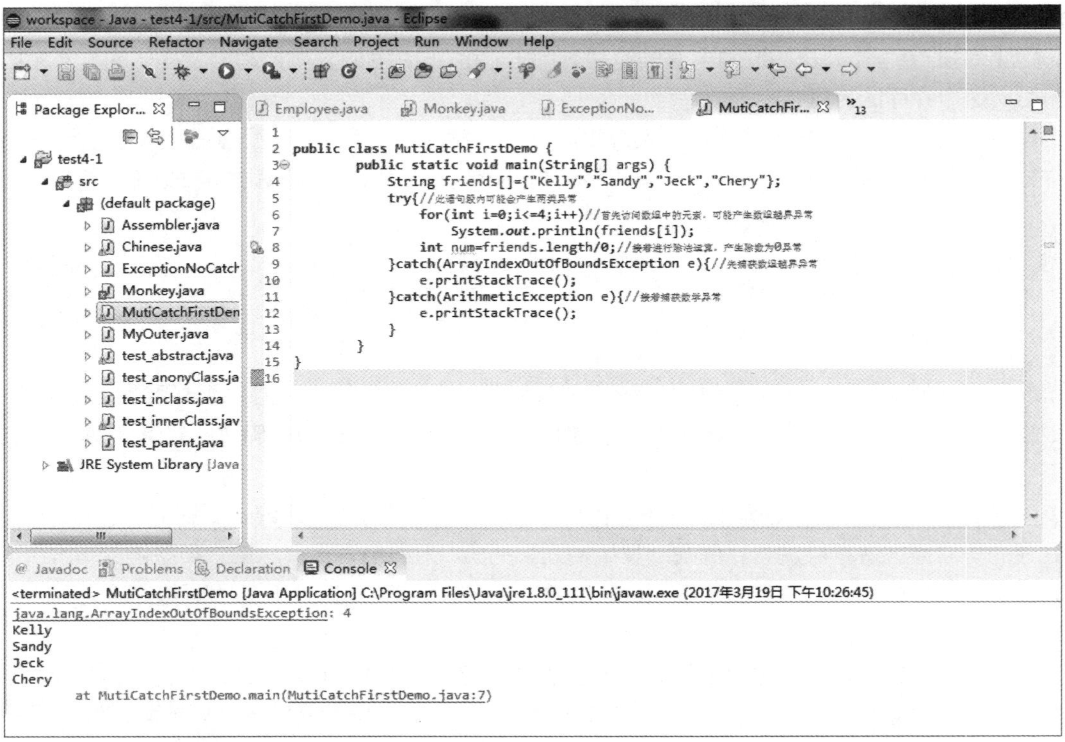

图15.2 MutiCatchFirstDemo .Java的运行结果

⚠ 【例15.2】 多catch语句的应用

调换例15.1中语句的顺序，捕获不同的异常。

```
/***************************MutiCatchDemo.Java****************************/
public class MutiCatchDemo {
    public static void main(String[] args) {
        String friends[]={"Kelly","Sandy","Jeck","Chery"};
        try{
            int num=friends.length/0;     //首先进行除法运算，产生除数为0异常
            for(int i=0;i<=4;i++)         //接着访问数组中的元素，可能产生数组越界异常
                System.out.println(friends[i]);
        }catch(ArrayIndexOutOfBoundsException e){
            e.printStackTrace();
        }catch(ArithmeticException e){
            e.printStackTrace();
        }
    }
}
/*-----------------------------------------------------------------------*/
```

运行此程序，结果如图15.3所示。ArithmeticException被捕获了，而ArrayIndexOutOf-BoundsException没有被捕获。

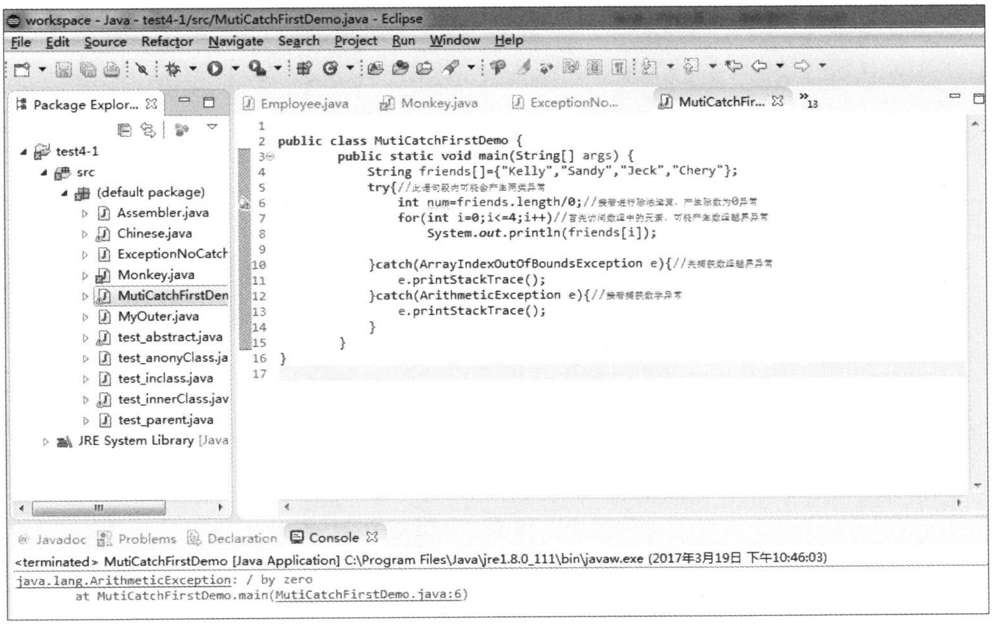

图15.3　MutiCatchDemo.Java的运行结果

如果不能确定程序中到底会发生何种异常，那么在程序中可以不用明确地抛出某种异常，而直接使用Exception类，因为它是所有异常类的超类，所以不管发生任何类型的异常，都会和Exception匹配，也会被捕获。如果想知道究竟发生了何种异常，可以通过向控制台输出信息来判断，使用toString()方法，可以输出具体异常信息的描述。

⚠ 【例15.3】Exception异常类的应用

在catch中使用Exception来匹配所有类型的异常。

```
/*************************TestException.Java*************************/
public class TestException {
  public static void main(String[] args) {
    int[] myInt=new int[10];
    for(int i=1;i<=10;i++){                    //如果i<=10则进入循环体
      System.out.println("i= "+i);
      try{
        myInt[i]=i;                            //可能发生异常的位置
      }catch(Exception e){                     //使用Exception捕获所有类型的异常
        System.out.println(e.toString());      //输出具体的异常信息
      }
    }
  }
}
/*------------------------------------------------------------------*/
```

运行此程序，输出结果如图15.4所示，控制台上显示了具体发生的异常信息。

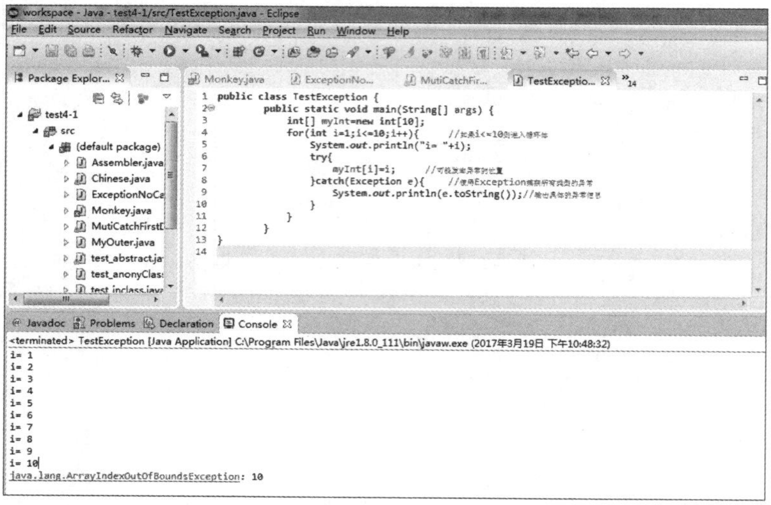

图15.4　TestException.Java的运行结果

　　但是在使用Exception类时需要注意，当使用多个catch语句时，必须把其他需要明确捕获的异常放在Exception之前，否则编译时会报错，例如下面程序：

```
public class ExceptionErrorDemo {
    public static void main(String[] args) {
        int numbers[]=new int[3];
        try{
            numbers[0]=1;
            numbers[1]=3;
            numbers[2]=7;
            numbers[3]=numbers[2]/0;
        }catch(Exception e){
            System.out.println(e.toString());
        }catch(ArithmeticException e){
            e.toString();
        }
    }
}
```

编译此程序，会出现下面所示的错误：

```
Exception in thread "main" java.lang.Error: Unresolved compilation problem:
  Unreachable catch block for ArithmeticException. It is already handled by
the catch block for Exception
at TestException.main(TestException.java:11)
```

　　因为Exception是ArithmeticException的父类，而运用父类的catch语句将捕获该类型及其所有子类类型异常。这样如果子类在父类后面，子类将永远不会到达，而在Java中，不能到达的代码是一个错误。因此，第一个catch语句将处理所有面向Exception的错误，包括ArithmeticException。这意味着第二个catch语句永远不会执行。调换两个catch语句的次序，就可以顺利通过编译，大家可以自己验证一下，在此不再赘述。

2. finally语句

当执行try块中的代码到某一条语句抛出了一个异常后，其后的代码不会被执行。但是有时候，在异常发生后，需要做一些善后处理，那么这时候可以使用finally语句。

finally创建了一个代码块，无论try所指定的程序块中是否抛出异常，也无论catch语句的异常类型是否与所抛出的异常类型一致，finally所指定的代码块都要被执行，它提供了统一的出口。可以把一些善后的工作放在finally代码块中，比如关闭打开的文件、数据库和网络连接等。

⚠ 【例15.4】 使用finally语句进行善后处理

```
/*************************TestException.java*****************************/
public class TestException {
    public static void main(String args[]) {
        int i = 0;
        String greetings[] = { " Hello world !", " Hello World !! ",
            " HELLO WORLD !!!" };
        while(i < 4) {
            try {
                //特别注意循环控制变量i的设计，避免造成无限循环
                System.out.println(greetings[i++]);
            }
            catch(ArrayIndexOutOfBoundsException e) {
                System.out.println("数组下标越界异常");
            }
            finally {
                System.out.println("-------------------------");
            }
        }
    }
}
/*--------------------------------------------------------------------*/
```

程序的运行结果如图15.5所示。从此例可以看出，finally块中的代码都会被执行。

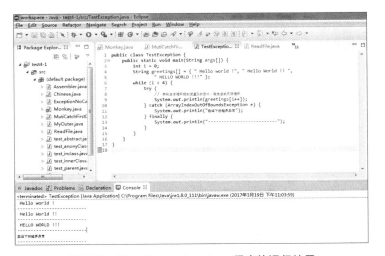

图15.5　TestException.java程序的运行结果

3. try语句的嵌套

try语句可以被嵌套。在嵌套的时候，一个try语句块可以在另一个try语句块的内部。每次进入try语句块，异常的前后关系都会被推入某一个堆栈。如果内部的try语句不含特殊异常catch处理程序，堆栈将弹出，而由下一个try语句的catch处理程序来检查是否与之匹配。这个过程将继续下去，直到catch语句匹配成功，或者是直到所有的嵌套try语句被检查完成。如果没有catch语句匹配，Java运行时系统将自动处理这个异常。例如在例15.2和15.3中，如果在一个try块中有可能产生多个异常，那么当第一个异常被捕获后，后续的代码不会被执行，则其他异常也不能产生。为了执行try块所有的代码，捕获所有可能产生的异常，可以使用嵌套的try语句。

⚠️ **【例15.5】 使用嵌套的try语句捕获程序中产生的所有异常**

```
/*************************NestedTryDemo.java***************************/
public class NestedTryDemo {
    public static void main(String[] args) {
        String friends[]={"Kelly","Sandy","Jeck","Chery"};
        try{
            try{                                    //先捕获除数为0的异常
                int num=friends.length/0;
            }catch(ArithmeticException e){
                e.printStackTrace();
            }
            for(int i=0;i<=4;i++)//即使发生了ArithmeticException异常，也会被执行
                System.out.println(friends[i]);
        }catch(ArrayIndexOutOfBoundsException e){    //捕获数组越界异常
            e.printStackTrace();
        }
    }
}
/*------------------------------------------------------------------*/
```

程序的运行结果如图15.6所示。

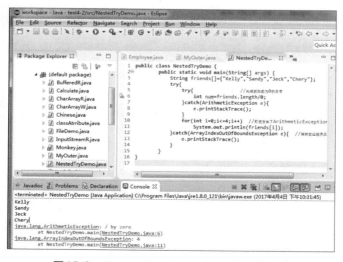

图15.6　NestedTryDemo.java的运行结果

15.3 声明异常和抛出异常

15.3.1 使用throws子句声明异常

在一个方法中如果产生了异常，可以选择使用try-catch-finally处理，但是有些情况下，一个方法并不需要处理它所产生的异常，或者不知道该如何处理，这时可以选择向上传递异常，由调用它的方法来处理这些异常，这种传递可以逐层向上传递，直到main()方法。这就要使用到throws子句来声明异常，throws子句包含在方法的声明中，其格式如下：

```
returnType methodName([paramlist]) throws ExceptionList
```

其中，在ExceptionList中可以声明多个异常，用逗号分割。Java要求方法或者捕获所有可能出现的非运行时异常，或者在方法定义中通过throws语句抛给上层调用者处理。Java不要求声明除了非运行时异常以外的异常。

⚠ 【例15.6】 使用throws子句声明异常

```
/*************************ThrowsDemo.java*****************************/
import java.io.*;
public class ThrowsDemo {
    //声明ArithmeticException异常，如果本方法内产生了此异常，则向上抛出
    public static int compute(int x) throws ArithmeticException{
        int z=100/x;
        return z;
    }
    public static void main(String[] args) {
        int x;
        try{//调用compute()方法，有可能产生异常，在此捕获并处理
        x = System.in.read();
        compute(x-415);
        }catch(IOException ioe){
        System.out.println("read error");
            ioe.printStackTrace();
        }catch(ArithmeticException e){
        System.out.println("devided by 0");
            e.printStackTrace();
        }
    }
}
/*------------------------------------------------------------------*/
```

运行此程序，输出结果如图15.7所示。通过printStackTrace()方法输出此异常的传递轨迹。

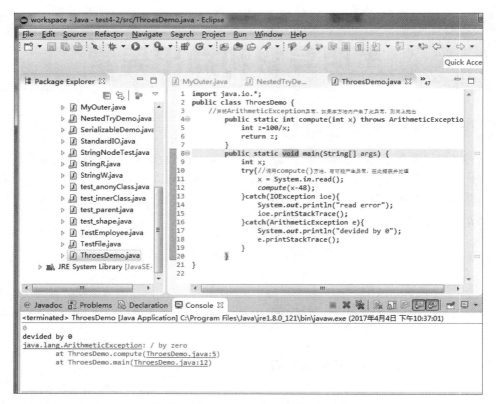

图15.7　ThrowsDemo.java的运行结果

15.3.2 throw语句

前面讨论的异常都是运行时系统引发的，而在实际编程过程中，可以显式地抛出自己的异常。使用throw语句可以明确抛出某个异常。throw语句的标准形式如下：

```
throw ExceptionInstance;
```

其中，ExceptionInstance必须是Throwable类类型或Throwable子类类型的一个对象。简单类型以及非Throwable类都不能作为throw语句的对象。

与throws语句不同的是，throw语句用于方法体内，并且抛出一个异常类对象，而throws语句用在方法声明中，指明方法可能抛出的多个异常。

通过throw抛出异常后，如果想由上一级代码来捕获并处理异常，则同样需要在抛出异常的方法中使用throws语句在方法声明中指明要抛出的异常；如果想在当前方法中捕获并处理throw抛出的异常，则必须使用try…catch语句。执行流程在throw语句后立即停止，后面的任何语句都不执行。程序会检查最里层的try语句块看是否有catch语句符合所发生的异常类型。如果找到符合的catch语句，程序控制就会转到那个语句；如果没有，那么将检查下一个最里层的try语句，依次类推。如果找不到符合的catch语句，默认的异常处理系统将终止程序并输出堆栈轨迹。当然，如果throw抛出的异常是Error、RuntimeException或它们的子类，则无需使用throws语句或try…catch语句。

例如，当输入一个学生的年龄为负数时，Java运行时系统不会认为这是错误的，而实际上这是不符合逻辑的，这时就可以显式地抛出一个异常对象来处理。

⚠ 【例15.7】throw语句的使用

创建一个Student类，该类的成员方法validate()首先将传过来的字符串转换为int类型，然后判断该整数是否为负，如果为负则抛出异常，然后此异常交给方法的调用者main()捕获并处理。

```
/*****************************Student.java****************************/
public class Student {
    public static int validate(String initAge) throws Exception{
        int age=Integer.parseInt(initAge);            //把字符串转换为整型
        if(age<0)                                      //如果年龄小于0
            throw new Exception("年龄不能为负数！");    //抛出一个Exception类型的对象
        return age;
    }
    public static void main(String[] args) {
        try{
            int yourAge=validate("-30");               //调用静态的validate方法
            System.out.println(yourAge);
        }catch(Exception e){                           //捕获Exception异常
            System.out.println("发生了逻辑错误！");
            System.out.println("原因： "+e.getMessage());
        }
    }
}
/*-----------------------------------------------------------------*/
```

运行此程序，输出结果如图15.8所示。

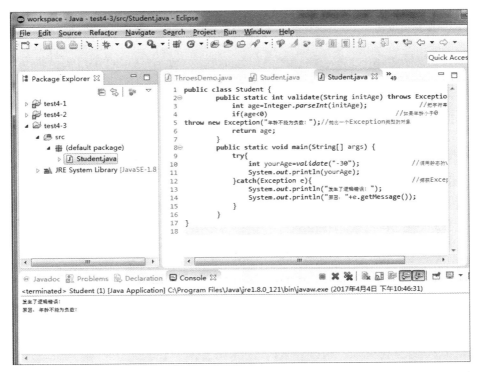

图15.8　Student.java的运行结果

15.3.3 使用异常处理语句的注意事项

进行异常处理时主要使用了try、catch、finally、throws和throw这五个关键字，在使用它们的时候，要注意以下事项：

（1）try、catch和finally这三个关键字不能单独使用，否则编译会出错。例如下面一段代码：

```
int i;
FileInputStream fin=null;
try{
   fin=new FileInputStream(args[0]);
      do{
      i=fin.read();
      if(i!=1)
         System.out.println((char)i);
   }while(i!=-1);
}
```

（2）try语句块后既可以只使用catch语句块，也可以只使用finally语句块。当与catch语句块一起使用时，可以存在多个catch语句块，而finally语句块只能有一个。当catch与finally同时存在时，finally必须放在catch后面。

（3）try只与finally语句块使用时，可以使程序在发生异常后抛出异常，并继续执行方法中的后续代码，例如：

```
public void writeFile()throws IOException{          //向上抛出异常
   File file=new File("d:\\text.txt");
   try{
      FileOutputStream fos=new FileOutputStream(file);
      fos.write("begin".getBytes());                //向指定文件写入数据
      fos.close();                                   //关闭输出流
      fos.write("over".getBytes());                  //抛出IOException异常
   }finally{
      System.out.println("输出流已被关闭");          //执行该代码
   }
}
```

（4）try只与catch语句块使用时，可以使用多个catch语句来捕获try语句块中可能发生的多种异常。异常发生后，Java虚拟机会由上而下检测当前catch语句块所捕获的异常是否与try语句块中发生的异常匹配，若匹配，则不执行其他的catch语句块。如果多个catch语句块捕获的是同种类型的异常，则捕获子类异常的catch语句块要放在捕获父类异常的catch语句块前面。

（5）在try语句块中声明的变量是局部变量，只在当前try语句块中有效，在其后的catch、finally语句块或其他位置都不能访问该变量。但在try、catch或finally语句块之外声明的变量，可以在try、catch或finally语句块中访问，例如下面这段代码：

```
int a=0;
try{
   a=Integer.valueOf("32L");              //抛出NumberFormatException异常
```

```
        int b= Integer.valueOf("20L");        //抛出NumberFormatException异常
    }catch(ArithmeticException e){
        a=-5;                                  //编译成功
        b=20;                                  //编译出错，无法解析b
    }finally{
        System.out.println(a);                 //编译成功
        System.out.println(b);                 //编译出错，无法解析b
    }
```

（6）对于发生的异常，必须使用try…catch语句捕获，或者使用throws向上抛出，否则编译出错。

（7）在使用throw语句抛出一个异常对象时，该语句后面的代码将不会被执行，如下面这段代码：

```
int i;
FileInputStream fin=null;
try{
    fin=new FileInputStream(args[0]);
        do{
        i=fin.read();
        if(i!=1)
            System.out.println((char)i);
    }while(i!=-1);
}catch(IOException e){
    throw e;
    System.out.println("throw e");        //编译出错，永远执行不到的代码
}
```

15.4　自定义异常

> 尽管利用Java提供的异常对象已经可以描述程序中出现的大多数异常，但是有时候程序员还是需要自己定义一些异常类，来详细描述某些特殊情况。自定义的异常类必须继承Exception或者其子类，然后通过扩充自己的成员变量或者方法，以反映更加丰富的异常信息以及对异常对象的处理功能。

在程序中自定义异常类并使用，可以按照以下步骤来进行：

Step 01 创建自定义异常类。

Step 02 在方法中通过throw抛出异常对象。

Step 03 若在当前抛出异常的方法中处理异常，可以使用try…catch语句捕获并处理；否则在方法的声明处通过throws指明要抛给方法调用者的异常，继续进行下一步操作。

Step 04 在出现异常的方法调用代码中捕获并处理异常。

如果自定义的异常类继承自RuntimeException异常类，在步骤（3）中，可以不通过throws指明要抛出的异常。

下面通过例子来讲解自定义异常类的创建及使用。

⚠ 【例15.8】 自定义异常的应用

在程序中要获得一个学生的成绩，此成绩必须在0~100之间，如果代表成绩的数据小于0则抛出表示数据太小的异常，如果大于100则抛出表示数据太大的异常。很明显，Java提供的异常类中不存在描述这些情况的异常，因此只能在程序中自己定义这两个异常。

```java
/*************************MyExceptionDemo.Java*************************/
public class MyExceptionDemo {
    public static void main(String[] args) {
        MyExceptionDemo med=new MyExceptionDemo();
        try{                                    //有可能发生TooHigh或TooLow异常
            med.getScore(105);
        }catch(TooHigh e){                      //捕获TooHigh异常
            e.printStackTrace();                //输出异常发生轨迹
            System.out.println(e.getMessage()+" score is:"+e.score);
                                                //输出详细异常信息
        }catch(TooLow e){
            e.printStackTrace();
            System.out.println(e.getMessage()+" core is:"+e.score);
        }
    }
    public void getScore(int x) throws TooHigh,TooLow{
        if(x>100){                              //如果x>100则抛出TooHigh异常
            TooHigh e=new TooHigh("score>100",x);//创建一个TooHigh类型的对象
            throw e;                            //抛出该异常对象
        }
        else if(x<0){                           //如果x<0则抛出TooLow异常
            TooLow e=new TooLow("score<0",x);   //创建一个TooLow类型的对象
            throw e;                            //抛出该对象
        }
        else System.out.println("score is:"+x);

    }
}
class TooHigh extends Exception{
    int score;
    public TooHigh(String mess,int score){
        super(mess);                            //调用父类的构造方法
        this.score=score;                       //设置成员变量的值，保存分数值
    }
}
class TooLow extends Exception {
    int score;
    public TooLow(String mess,int score){
        super(mess);
```

```
        this.score=score;
    }
}
/*----------------------------------------------------------------*/
```

运行此程序，输出结果如图15.9所示。

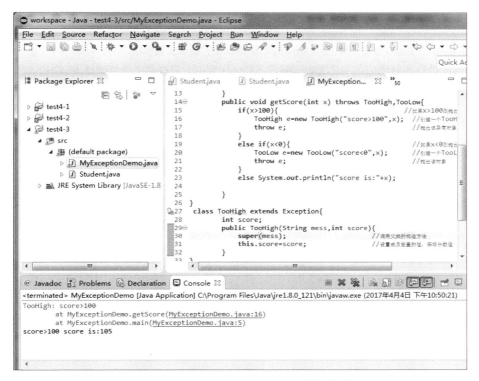

图15.9 MyExceptionDemo.java的运行结果

本章小结

  本章主要介绍了Java中异常的概念以及处理异常的机制。Java的异常处理机制能够对Java运行时的错误进行有效的封装和屏蔽。异常主要是处理程序执行时产生的错误和不正常状态。

  Java为异常处理提供了明确的方法，有许多不同的异常处理类，但它们都是Exception类的子类。Java中用try、catch、throw、finally和throws这五个关键字来控制异常，利用它们可以实现对所有异常的处理。但是在使用它们的时候要注意一些事项，否则会产生编译错误。

  Java不仅自身定义了许多系统级的异常供程序员使用，也支持程序员自己定义异常，使用自定义异常可以更详细、更准确地描述一些特殊情况的异常信息。

项目练习

项目练习1

  编写程序，接收命令行的两个参数，计算两数相除。用异常处理语句处理缺少命令行参数以及除数为0的异常，包含的异常如下：
- 因为采用命令行方式接收参数，因参数缺少而引起数组越界的异常（ArrayIndexOutOfBoundsException）。
- 如果0为除数引起的算术异常（ArithmeticException）。

项目练习2

  修改上述练习案例，程序预设被除数为100，除数来自命令行参数，输出结果，要求如下：
- 除法运算用一个方法实现。
- 该方法中如果发生除数为0，或命令行参数缺失的异常时，不使用异常处理语句，而使用语句throws抛出算术运算的异常（ArithmeticException）。

项目练习3

  编写程序，接受命令行的两个参数，要求不能输入负数，计算两数相除。对缺少命令行参数、0为除数以及输入负数进行异常处理，要求如下：
- 编写自定义类处理，主要处理输入负数的异常处理。
- 主类中定义异常方法，主要完成数组越界和除数为0的异常处理（采用抛出异常的方式）。
- main()方法中使用异常语句处理异常。

Chapter

16

Swing图形用户界面设计

本章概述

　　图形界面作为用户与程序交互的窗口，是软件开发中一项非常重要的设计工作。图形界面是用户界面元素的有机合成。这些元素不仅在外观上相互关联，在内在上也具有逻辑关系，通过相互作用、消息传递，完成用户操作的响应。Java中的图形用户界面是通过Java的图形用户接口GUI实现的。无论采用JavaSE、JavaEE还是JavaME，GUI都是其中关键的一部分。本章主要介绍Java图形界面设计的相关基础知识，包括常见容器类和布局管理器、GUI事件处理模型、事件适配器以及Swing常用组件。通过本章的学习，读者将能够设计简单的图形用户界面。

重点知识

- Swing概述
- 常用容器类
- 布局管理器
- Java的GUI事件处理
- 事件适配器
- Swing基本组件

16.1 Swing概述

> Java为了方便图形界面的实现，专门设计了类库来满足各种各样的图形界面元素和用户交互事件，该类库即为抽象窗口工具箱（Abstract Window Toolkit，AWT）。AWT是1995年随Java的发布而提出的。但随着Java发展，AWT已经不能满足用户的需求，Sun公司于1997年JavaOne大会上提出，并在1998年5月发布了JFC（Java Foundation Class），其中包含了一个新的Java窗口开发包Swing。

　　AWT是随早期Java一起发布的，其目的是为程序员创建图形界面提供支持，其中不仅提供了基本的组件，并且还提供了丰富的事件处理接口。Swing是继AWT之后Sun公司推出的一款GUI工具包，它是建立在AWT 1.1基础上的，AWT是Swing的大厦基石。AWT中提供的控件数量很有限，远没有Swing丰富。但是Swing的出现并不是为了替代AWT，而是为了提供更丰富的开发选择。Swing中使用的事件处理机制就是AWT 1.1提供的。所以AWT和Swing是合作关系，而不是用Swing取代了AWT。

　　AWT组件定义在Java.awt包中，而Swing组件定义在Javax.swing包中，AWT和Swing包含了部分对应的组件，如标签和按钮，在java.awt包中分别用Label和Button表示，在javax.swing包中则用JLabel和JButton表示，多数Swing组件以字母"J"开头。

　　而Swing组件与AWT组件最大的不同是，Swing组件在实现时不包含任何本地代码，因此Swing组件可以不受硬件平台的限制，而具有更多的功能。不包含本地代码的Swing组件被称为"轻量级（lightweight）"组件，而包含本地代码的AWT组件被称为"重量级（heavyweight）"组件，当"重量级"组件和"轻量级"组件一同使用时，如果组件区域有重叠，则"重量级"组件总是显示在上面，因此这两种组件通常不在一起使用。在Java 2平台上推荐使用Swing组件。

　　Swing组件与AWT相比，Swing组件显示出强大的优势，具体表现如下：

- 丰富的组件类型。Swing提供了非常丰富的标准组件，基于它良好的可扩展性，除了标准组件，Swing还提供了大量的第三方组件。
- 更好的组件API模型支持。Swing遵循MVC模式，这是一种非常成功的设计模式，它的API成熟并设计良好。经过多年的演化，Swing组件API变得越来越强大，灵活并且可扩展。
- 标准的GUI库。Swing和AWT一样是JRE中的标准库，不要单独地将它们随应用程序一起分发。它们是与平台无关的，所以用户不用担心平台兼容性。
- 性能更稳定。在Java 5.0之后Swing变得越来越成熟稳定，由于它是纯Java实现的，不会有兼容性问题。Swing在每个平台上都有同样的性能，不会有明显的性能差异。

16.2 常用容器类

> Java的图形界面由组件构成，如命令按钮、文本框等，这些组件都必须放到一定的容器中才能使用，容器是组件的容器，各种组件包括容器都可通过add()方法添加到容器中。

16.2.1 顶层容器

显示在屏幕上的所有组件都必须包含在某个容器中，而有些容器是可以嵌套的，在这个嵌套层次的最外层必须是一个顶层容器。Swing中提供了4种顶层容器，分别为JFrame、JApplet、JDialog和JWindow。JFrame是一个带有标题行和控制按钮（最小化、恢复/最大化、关闭）的独立窗口，创建程序时需要使用JFrame。创建小程序时使用JApplet，它被包含在浏览器窗口中。创建对话框时使用JDialog。JWindow是一个不带有标题行和控制按钮的窗口，因此通常很少使用。

JFrame是Java程序的图形界面容器，是一个有边框的容器。JFrame类包含支持任何通用窗口特性的基本功能，如最小化窗口、移动窗口、重新设定窗口大小等。JFrame容器作为最底层容器，不能被其他容器所包含，但可以被其他容器创建并弹出成为独立的容器。JFrame类的继承关系如图16.1所示。

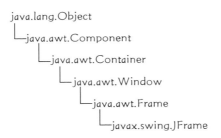

图16.1 JFrame类的继承关系图

JFrame类常用的两种构造方法如下：
● JFrame()构造一个初始时不可见的新窗体。
● JFrame(String title)方法创建一个标签为title的JFrame对象。这里还可以使用专门的方法getTitle()和setTitle(String)来获取或指定JFrame的标题。

创建窗体时有如下两种方式：
● 直接编写代码调用JFrame类的构造器，这种方法适合简单窗体。
● 继承JFrame类，在继承的类中编写代码对窗体进行详细地刻画，这种方式比较适合复杂窗体。利用继承编写自己的窗体是多数开发者采用的一种方式。

⚠ **【例16.1】 创建空白的窗体框架，其标题为"欢迎使用图书管理系统"**

```
import javax.swing.JFrame; //导入包，JFrame类在swing包中
public class MainFrame extends JFrame{
```

```
    //成员变量的声明，后续添加
    public  MainFrame() {
        this.setTitle("欢迎使用图书管理系统 ");    //设置标题
        //其他的处理
        this.setVisible(true);              //或者this.show()，使窗口显示出来
        this.setSize(300, 150);             //设置窗口大小
    }
    public static void main(String[] args) {
        new MainFrame();
    }
}
```

运行结果如图16.2所示。

图16.2   运行结果

本例中要注意以下几点：

（1）JFrame类构造器创建的窗体是不可见的，需要在代码中使用show()方法或给出实际参数为true的setVisible(boolean)方法使其可见。

（2）JFrame类构造器创建的窗体默认的尺寸为0×0像素，默认的位置坐标为[0,0]，因此开发中不仅要将窗体设置为可见的，而且要使用setSize(int x,int y)方法设置JFrame容器大小。

定义完窗口框架后，在加入控制组件之前，首先要得到窗口的内容窗格。对于每一个顶层容器（JFrame、JApplet、JDialog及JWindow），都有一个内容窗格（ContentPanel），实际上顶层容器中除菜单之外的组件，都放在这个内容窗格中。要想将组件放入内容窗格，可以使用如下两种方法：

● 通过顶层容器的getContentPane()方法获得其默认的内容窗格，该方法的返回类型为java.awt.Container，仍然为一个容器，然后将组件添加到内容窗格中，例如：

```
Container contentPane=frame.getContentPane();
contentPane.add(button, BorderLayout.CENTER);//button为一命令按钮
```

上面两条语句可以合并为一条：

```
frame.getContentPane().add(button, BorderLayout.CENTER);
```

● 通过创建一个新的内容窗格取代顶层容器默认的内容窗格。通常的做法是创建一个JPanel的实例（它是java.awt.Container的子类），然后将组件添加到JPanel实例中，再通过顶层容器的setContentPane()方法将JPanel实例设置为新的内容窗格。

```
JPanel contentPane=new JPanel( );
```

```
//设置布局格式，JPanel默认布局为FlowLayout
contentPane.setLayout(new BorderLayout())
contentPane. add(button, BorderLayout.CENTER);
frame. setContentPane(contentPane);
```

例如，采用第一种方法获取例16.1的内容窗格，代码如下：

```
import java.awt.BorderLayout;
import java.awt.Container;
import javax.swing.JFrame;
public class MainFrame extends JFrame{
    //成员变量的声明，后续添加
    public MainFrame() {
        this.setTitle("欢迎使用图书管理系统 ");      //设置标题
        Container container = this.getContentPane();   //获取内容窗格
        container.setLayout(new BorderLayout());       //设置内容窗格的布局
        //container.add() 方法添加其他组件对象
        //其他的处理
        this.setVisible(true);                         //或者this.show();
        this.setSize(300, 150);                        //设置窗口大小
    }
    public static void main(String[] args) {
        new MainFrame();
    }
}
```

16.2.2 中间容器——面板类

面板（JPanel）是一种用途广泛的容器，但是与顶层容器不同的是，面板不能独立存在，必须被添加到其他容器内部。可以将其他控件放在面板中来组织一个子界面，面板可以嵌套，由此可以设计出复杂的图形界面。

JPanel是无边框的、不能被移动、放大、缩小或关闭的容器。它支持双缓冲功能，在处理动画上较少发生画面闪烁的情况。JPanel类继承自javax.swing.JComponent类，使用时首先应创建该类的对象，再设置组件在面板上的排列方式，最后将所需组件加入面板中。

JPanel类的常用构造方法如下：

● public JPanel( )使用默认的FlowLayout方式，创建具有双缓冲的JPanel对象。

● public JPanel(FlowLayoutManager layout) 在构建对象时指定布局格式。

⚠ 【例16.2】在【例16.1】的基础上创建面板对象

通过add()方法在面板中添加一个命令按钮，然后将面板添加到窗口中。

```
import java.awt.*;
import javax.swing.*;
public class MainFrame extends JFrame {
    //成员变量的声明，后续添加
```

```
    public MainFrame() {
        this.setTitle("欢迎使用图书管理系统 ");
        Container container = this.getContentPane(); //获取内容窗格
        container.setLayout(new BorderLayout());        //设置内容窗格的布局
        JPanel panel = new JPanel();                    //创建一个面板对象
        panel.setBackground(Color.RED);                 //设置背景颜色
        JButton bt = new JButton("Press me"); //创建命令按钮对象，文本为提示信息
        panel.add(bt);                                  //把按钮添加到面板容器对象里
        container.add(panel, BorderLayout.SOUTH);       //添加面板到内容窗格的南部
        this.setVisible(true);                          //或者this.show();
        this.setSize(300, 150);                         //设置窗口大小
    }
    public static void main(String[] args) {
        new MainFrame();
    }
}
```

运行结果如图16.3所示。

图16.3 运行结果

16.2.3 中间容器——滚动面板类

javax.swing包中的JScrollPane类也是Container类的子类，因此该类创建的对象也是一个容器，称为滚动窗口。我们可以把一个组件放到一个滚动窗口中，然后通过滚动条来观察这个组件。与JPanel创建的容器不同，JScrollPane带有滚动条，而且只能向滚动窗口添加一个组件。所以，经常将一些组件添加到一个面板容器中，然后再把这个面板添加到滚动窗口中。JScrollPane类常用的构造方法如下：

● JScrollPane( )创建一个空的（无视口的视图）JScrollPane，需要时水平和垂直滚动条都可显示。
● JScrollPane(Component view)创建一个显示指定组件内容的JScrollPane，只要组件的内容超过视图大小就会显示水平和垂直滚动条。
● JScrollPane(int vsbPolicy,int hsbPolicy)创建具有指定滚动条策略的空（无视口的视图）JScrollPane。可用的策略设定在 setVerticalScrollBarPolicy(int) 和 setHorizontalScrollBarPolicy(int) 中列出。

JscrollPane常用的成员方法包括如下几种：

（1）public void setHorizontalScrollBarPolicy(int policy) 确定水平滚动条何时显示在滚动窗格上，其选项包括：

● ScrollPaneConstants.HORIZONTAL_SCROLLBAR_AS_NEEDED：水平滚动条只在需

要时显示，默认策略。

- ScrollPaneConstants.HORIZONTAL_SCROLLBAR_NEVER：水平滚动条永远不显示。
- ScrollPaneConstants.HORIZONTAL_SCROLLBAR_ALWAYS：水平滚动条一直显示。

（2）public void setVerticalScrollBarPolicy(int policy)确定垂直滚动条何时显示在滚动窗格上，其选项包括：

- ScrollPaneConstants.VERTICAL_SCROLLBAR_AS_NEEDED垂直滚动条只在需要时显示，默认策略。
- ScrollPaneConstants.VERTICAL_SCROLLBAR_NEVER：垂直滚动条永远不显示。
- ScrollPaneConstants.VERTICAL_SCROLLBAR_ALWAYS：垂直滚动条一直显示。

（3）public void setViewportView(Component view)创建一个视口并设置其视图。不直接为JScrollPane构造方法提供视图的应用程序应使用此方法指定将显示在滚动窗格中的滚动组件子集。下面通过实例简要说明JScrollPane的使用。

⚠ 【例16.3】 在窗口上放置5个命令按钮

其中前4个放置到JScrollPane容器中，放到窗格的中间区域，当窗口的大小变化时，可以通过单击滚动条浏览被隐藏的组件。

```java
import java.awt.*;
import javax.swing.*;
public class scrollPaneDemo extends JFrame {
    JPanel p;
    JScrollPane scrollpane;
    private Container container;
    public scrollPaneDemo() {
        this.setTitle("欢迎使用图书管理系统");          //设置标题
        container = this.getContentPane();           //获得内容窗格
        container.setLayout(new BorderLayout());     //设置内容窗格的布局
        scrollpane = new JScrollPane();              //创建JscrollPane类的对象
        //设置水平滚动条的显示策略为 一直显示
        scrollpane.setHorizontalScrollBarPolicy(JScrollPane.HORIZONTAL_SCROLLBAR_ALWAYS);
        //设置垂直滚动条的显示策略为 一直显示
        scrollpane.setVerticalScrollBarPolicy(JScrollPane.VERTICAL_SCROLLBAR_ALWAYS);
        p = new JPanel();
        scrollpane.setViewportView(p);               //设置视图
        p.add(new JButton("one"));                   //创建并添加命令按钮到面板容器中
        p.add(new JButton("two"));
        p.add(new JButton("three"));
        p.add(new JButton("four"));
        container.add(scrollpane);                   //把面板容器添加到内容窗格中部
        //创建标签为five的按钮，添加到窗口的南部区域
        container.add(new JButton("five"), BorderLayout.SOUTH);
        this.setVisible(true);
        this.setSize(300, 200);
    }
```

```
        public static void main(String[] args) {
            new scrollPaneDemo();
        }
}
```

其运行结果如图16.4所示。

图16.4　运行结果

16.3　布局管理器

> 除了顶层容器控件外，其他的控件都需要添加到容器当中，容器相当于一个仓库，而布局管理器就相当于仓库管理员，采用一定的策略来管理容器中各个控件的大小、位置等属性。通过使用不同的布局管理器，可以方便地设计出各种界面。每个容器（JPanel和顶层容器的内容窗格）都有一个默认的布局管理器，开发者也可以通过容器的setLayout()方法改变容器的布局管理器。

Java平台提供了多种布局管理器，Java.awt包中共定义了5种布局编辑类，分别是FlowLayout、BorderLayout、CardLayout、GridLayout和GridBagLayOut，每个布局管理器对应一种布局策略。这5个类都是java.lang.Object类的直接子类。Javax.swing包中定义了4种布局编辑类，分别是BoxLayout、ScrollPaneLayout、ViewportLayout和SpringLayout。本节将对几种常用的布局管理器进行介绍。

16.3.1 FlowLayout布局管理器

java.FlowLayout类是java.lang.Object类的直接子类。FlowLayout的布局策略是将采用这种布局策略的容器中的组件按照加入的先后顺序从左向右排列，当一行排满之后即转到下一行继续从左至右排列，每一行中的组件都居中排列。FlowLayout是Applet缺省使用的布局策略。

FlowLayout定义在java.awt包中，它有3种构造方法：

- FlowLayout()创建一个使用居中对齐的FlowLayout实例。
- FlowLayout(int align) 创建一个指定对齐方式的FlowLayout实例。
- FlowLayout(int align, int hgap, int vgap) 创建一个既指定对齐方式，又指定组件间间隔

的FlowLayout类的对象。其中对齐方式align的可取值有FlowLayout.LEFT（左对齐）、FlowLayout.RIGHT（右对齐）、FlowLayout.CENTER（居中对齐）三种形式，比如new FlowLayout(FlowLayout. LEFT)，创建一个使用左对齐的FlowLayout实例。还可以通过setLayout()方法直接创建FlowLayout对象，设置其布局，比如setLayout(new FlowLayout(FlowLayout.RIGHT,30,50))。

⚠️ **【例16.4】 创建窗体框架，并以FlowLayout布局放置4个命令按钮**

```java
import javax.swing.*;
import java.awt.*;
public class FlowLayoutDemo extends JFrame {
    private JButton button1, button2, button3, button4;      //声明4个命令按钮对象
    public FlowLayoutDemo() {
        this.setTitle("欢迎使用图书管理系统");                    //设置标题
        Container container = this.getContentPane();          //获得内容窗格
        //设置为FlowLayout的布局，JFrame默认的布局为BorderLayout
        container.setLayout(new FlowLayout(FlowLayout.LEFT));
        //创建一个标准命令按钮，按钮上的标签提示信息由构造方法中的参数指定
        button1 = new JButton("ButtonA") ;
        button2 = new JButton("ButtonB");
        button3 = new JButton("ButtonC");
        button4 = new JButton("ButtonD");
        //将组件添加到内容窗格中，组件的大小和位置由FlowLayout布局管理器来控制
        container.add(button1);
        container.add(button2);
        container.add(button3);
        container.add(button4);
        this.setVisible(true);            //使窗口显示出来
        this.setSize(300,200);            //设置窗体大小
    }

    public static void main(String[] args) {
        new FlowLayoutDemo();
    }
}
```

程序的运行结果如图16.5所示。

图16.5　运行结果

需要注意的是，如果改变窗口的大小，窗口中组件的布局也会随之改变。

16.3.2 BorderLayout布局管理器

BorderLayout是顶层容器中内容窗格的默认布局管理器，它提供了一种较为复杂的组件布局管理，每个BorderLayout管理的容器被分为东、西、南、北、中5个区域，这5个区域分别用字符串常量BorderLayout.EAST、BorderLayout.WEST、BorderLayout.SOUTH、BorderLayout.NORTH、BorderLayout.CENTER表示，在容器的每个区域，可以加入一个组件，往容器内加入组件时，应该指明把它放在容器的哪个区域中。

BorderLayout定义在java.awt包中，它有2种构造方法：BorderLayout()和BorderLayout(int hgap, int vgap)。

前者创建一个各组件间的水平、垂直间隔为0的BorderLayout实例；后者创建一个各组件间的水平间隔为hgap、垂直间隔为vgap的BorderLayout实例。

在BorderLayout布局管理器的管理下，组件通过add()方法加入到容器中指定的区域，如果在add()方法中没有指定将组件放到哪个区域，那么它将会默认地被放置在Center区域。

```
JFrame f=new JFrame("欢迎使用图书管理系统");
JButton bt1=new JButton("button1");
JButton bt2=new JButton("button1");
f.getContentPane().add(bt1, BorderLayout.NORTH) //或者add(bt1, "North")
f.getContentPane().add(bt2)
```

以上语句将按钮bt1放置到窗口的北部，将按钮bt2放置到窗口的中间区域。

在BorderLayout布局管理器的管理下，容器的每个区域只能加入一个组件，如果试图向某个区域加入多个组件，只有最后一个组件有效添加。如果希望一个区域放置多个组件，可以在这个区域中放置一个内部容器JPanel或者JScrollPane组件，然后将所需的多个组件放到中间容器中，通过内部容器的嵌套构造复杂的布局。

```
JFrame f=new JFrame("欢迎使用图书管理系统");
JButton bt1=new JButton("button1");
JButton bt2=new JButton("button1");
JPanel p=new JPanel();
p.add(bt1);
p.add(bt2);
f.getContentPane().add(p, BorderLayout.SOUTH) //或者add(bt1, "South")
```

以上语句将按钮bt1和bt2放置到窗口的南部区域。

对于东、西、南、北4个边界区域，若某个区域未使用，这时Center区域将会扩展并占据这个区域的位置。如果4个边界区域都未使用，那么Center区域将会占据整个窗口。下面通过实例说明BorderLayout的使用方法和特点。

⚠ 【例16.5】BorderLayout布局管理器的使用

```
import javax.swing.*;
import java.awt.*;
public class BorderLayoutDemo extends JFrame {
    //声明7个命令按钮对象
```

```
        private JButton button1, button2, button3, button4, button5, button6,
button7;
    public BorderLayoutDemo() {
        this.setTitle("欢迎使用图书管理系统");              //设置标题
        //获取内容窗格，并采用默认的布局管理器BorderLayout
        Container container = this.getContentPane();
        //创建标7个标准命令按钮，按钮上的标签由构造方法中的参数指定
        button1 = new JButton("ButtonA");
        button2 = new JButton("ButtonB");
        button3 = new JButton("ButtonC");
        button4 = new JButton("ButtonD");
        button5 = new JButton("ButtonE");
        button6 = new JButton("ButtonF");
        button7 = new JButton("ButtonG");
        JPanel p = new JPanel();                     //创建一个中间容器
        container.add(button1, BorderLayout.SOUTH); //button1被放置到南部区域
        container.add(button2, BorderLayout.NORTH); //button2被放置到北部区域
        container.add(button3, "East");              //button3被放置到东部区域
        container.add("West", button4);              //button4被放置到西部区域
        p.add(button5);
        p.add(button6);
        p.add(button7);               //把button5、button6、button7放到中间容器中
        container.add(p);            //把中间容器放到中间区域中
        this.setVisible(true);
        this.setSize(300, 200);
    }
    public static void main(String[] args) {
        new BorderLayoutDemo();
    }
}
```

其运行结果如图16.6所示。

图16.6　运行结果

这里需要注意的是，按钮被放置到不同的区域，如果改变窗口的大小，由于中间区域JPanel采用FlowLayout的布局管理，组件的布局会随之改变，其他区域不变。

16.3.3 GridLayout布局管理器

如果界面上需要放置的组件比较多，且这些组件的大小又基本一致，如计算器、遥控器的面板，那么使用GridLayout布局管理器是最佳的选择。GridLayout是一种网格式的布局管理器，它将容器空间划分成若干行乘若干列的网格，而每个组件按添加的顺序从左到右、从上到下占据这些网格，每个组件占据一格。

GridLayout定义在java.awt包中，有3种构造方法：

- GridLayout( )：按默认（1行1列）方式创建一个GridLayout布局。
- GridLayout(int rows,int cols)：创建一个具有rows行、cols列的GridLayout布局。
- GridLayout(int rows,int cols,int hgap,int vgap)：按指定的行数rows、列数cols、水平间隔hgap和垂直间隔vgap创建一个GridLayout布局。

比如，new GridLayout(2,3)表示创建一个2行3列的布局管理器，可容纳6个组件。rows和cols中一个值可以为0，但是不能同时为0。如果rows或者cols为0，那么网格的行数或者列数将根据实际需要而定。下面通过实例说明这种布局管理器的使用方法和特点。

⚠ 【例16.6】 GridLayout布局管理器的使用

```java
import javax.swing.*;
import java.awt.*;
public class GridLayoutDemo extends JFrame {
//声明6个按钮对象
   private JButton button1, button2, button3, button4, button5, button6;
   public GridLayoutDemo() {
       this.setTitle("欢迎使用图书管理系统");                    //设置标题
       Container container = this.getContentPane();       //获得内容窗格
       container.setLayout(new GridLayout(2, 3));     //设置为2行3列的布局管理器
       //创建一个标准命令按钮，按钮上的标签由构造方法中的参数指定
       button1 = new JButton("ButtonA");
       button2 = new JButton("ButtonB");
       button3 = new JButton("ButtonC");
       button4 = new JButton("ButtonD");
       button5 = new JButton("ButtonE");
       button6 = new JButton("ButtonF");
       //按放置的先后顺序把命令按钮放置到内容窗格上的不同区域
       container.add(button1);
       container.add(button2);
       container.add(button3);
       container.add(button4);
       container.add(button5);
       container.add(button6);
       this.setVisible(true);
       this.setSize(300, 200);
   }
   public static void main(String[] args) {
       new GridLayoutDemo();
   }
}
```

其运行结果如图16.7所示。

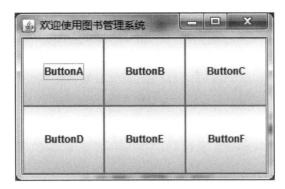

图16.7 运行结果

需要注意的是，组件放入容器中的次序决定了它占据的位置。当容器的大小发生改变时，Grid Layout所管理的组件的相对位置不会发生变化，但组件的大小会随之变化。

16.3.4 CardLayout布局管理器

CardLayout也是定义在java.awt包中的布局管理器，它将每个组件看成一张卡片，如同扑克牌一样将组件堆叠起来，而显示在屏幕上的是最上面的一个组件，这个被显示的组件将占据所有的容器空间。用户可通过CardLayout类的常用成员方法选择使用其中的卡片。比如，使用first(Container container)方法显示container中的第一个对象，last(Container container)显示container中的最后一个对象，next(Container container) 显示下一个对象，previous(Container container) 显示上一个对象。

CardLayout类有2个构造方法，分别是CardLayout()和CardLayout(int hgap,int vgap)。前者使用默认（间隔为0）方式创建一个CardLayout()类对象；后者创建指定的水平间隔和垂直间隔的CardLayout()对象。下面通过实例说明这种布局管理器的使用方法和特点。

⚠ 【例16.7】 CardLayout布局管理器的使用

向其中加入3张卡片，每张都含有一个命令按钮对象，当在按钮上单击时，可实现不同卡片之间的切换。同样的，如果一张卡片上要放多个组件，可先放置到中间容器JPanel中，然后再把该容器放置到卡片上。

```java
import javax.swing.*;
import java.awt.*;
import java.awt.event.*;
public class CardLayoutDemo extends JFrame {
    private JButton button1, button2, button3;
    Container container;
    CardLayout myCard;
    public CardLayoutDemo() {
        this.setTitle("欢迎使用图书管理系统");
        container = this.getContentPane();
        //创建一个标准命令按钮，按钮上的标签由构造方法中的参数指定
        button1 = new JButton("ButtonA");
```

```
        button2 = new JButton("ButtonB");
        button3 = new JButton("ButtonC");
        myCard = new CardLayout();          //创建CardLayout布局管理器对象
        container.setLayout(myCard);        //设置布局管理器
        //设定鼠标事件的监听程序,使用户单击时在不同命令按钮间切换
        button1.addMouseListener(new MouseListenerDemo());
        button2.addMouseListener(new MouseListenerDemo());
        button3.addMouseListener(new MouseListenerDemo());
        //将每个JButton作为一张卡片加入窗口的内容窗格中
        container.add("first", button1);
        container.add(button2, "second");
        container.add("third", button3);
        this.setVisible(true);
        this.setSize(600, 450);
    }
    /* 内部类,鼠标事件的监听者,处理鼠标事件,每当单击时,即显示下一张卡片。如果已经显示到最
后一张,则重新显示第一张。*/
    class MouseListenerDemo extends MouseAdapter {
        public void mouseClicked(MouseEvent e) {
            myCard.next(container);          //CardLayout类的成员方法,选择下一张卡片
        }
    }
    public static void main(String[] args) {
        new CardLayoutDemo();
    }
}
```

16.3.5 BoxLayout布局管理器

BoxLayout是Swing所提供的布局管理器,它将容器中的组件按水平方向排成一行或者垂直方向排成一列。当组件排成一行时,每个组件可以有不同的宽度,当排成一列时,每个组件可以有不同的高度。

创建BoxLayout类的对象的构造方法是BoxLayout(Container target,int axis)。其中,target是容器对象,表示要为哪个容器设置此布局管理器;axis指明target中组件的排列方式,其值可为表示水平排列的BoxLayout.X_AXIS,或为表示垂直排列的BoxLayout.Y_AXIS。下面通过实例说明这种布局管理器的使用方法和特点。

⚠ 【例16.8】 BoxLayout布局管理器的使用

创建两个JPanel容器,一个是水平的BoxLayout,一个是垂直的BoxLayout,再向这两个JPanel容器中分别加入3个命令按钮组件,并把这两个JPanel容器添加到内容窗格的北部和中部。

```
import javax.swing.*;
import java.awt.*;
public class BoxLayoutDemo extends JFrame {
    private JButton button1, button2, button3, button4, button5, button6;//声
明6个按钮对象
```

```
    Container container;
    public BoxLayoutDemo() {
        this.setTitle("欢迎使用图书管理系统");          //设置标题
        container = this.getContentPane();          //获取内容窗格
        container.setLayout(new BorderLayout());    //设置布局
        JPanel px = new JPanel(); //声明中间容器并设置布局为水平的BoxLayout
        px.setLayout(new BoxLayout(px, BoxLayout.X_AXIS));
        //创建一个标准命令按钮，按钮上的标签由构造方法中的参数指定
        button1 = new JButton("ButtonA");
        button2 = new JButton("ButtonB");
        button3 = new JButton("ButtonC");
        px.add(button1);                            //把按钮放到中间容器中
        px.add(button2);
        px.add(button3);
        container.add(px, BorderLayout.NORTH);      //把中间容器放置到北部区域
        JPanel py = new JPanel();//声明中间容器并设置布局为垂直的BoxLayout
        py.setLayout(new BoxLayout(py, BoxLayout.Y_AXIS));
        button4 = new JButton("ButtonD");
        button5 = new JButton("ButtonE");
        button6 = new JButton("ButtonF");
        py.add(button4);                            //把按钮放到中间容器中
        py.add(button5);
        py.add(button6);
        container.add(py, BorderLayout.CENTER);     //把中间容器放置到中间区域
        this.setVisible(true);                      //显示窗口
        this.setSize(300, 250);                     //设置窗口大小
        }
    public static void main(String[] args) {
        new BoxLayoutDemo();
    }
}
```

其运行结果如图16.8所示。

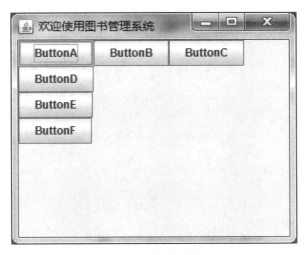

图16.8 运行结果

在javax.swing包中定义了一个专门使用BoxLayout布局管理器的特殊容器Box类。由于BoxLayout是以水平或垂直方式排列的，因此，当我们要创建一个Box容器时，就必须指定Box容器中组件的排列方式是水平还是垂直的。Box的构造函数为Box(int axis)，参数axis的取值可以为表示水平排列的BoxLayout.X_AXIS或垂直排列的BoxLayout.Y_AXIS。也可以使用Box类提供的创建Box实例的如下静态方法：

```
public static Box creatHorizontalBox( )
public static Box creatVerticalBox( )
```

前者使用水平方向的BoxLayout，后者使用垂直方向的BoxLayout。

⚠ 【例16.9】 使用Box类改写【例16.8】，其功能与运行结果保持不变

```
import javax.swing.*;
import java.awt.*;
public class BoxLayoutDemoBox extends JFrame {
    private JButton button1, button2, button3, button4, button5, button6;//声
明6个按钮
    private Box boxH, boxV;                          //声明2个Box类对象
    public BoxLayoutDemoBox() {
        this.setTitle("欢迎使用图书管理系统");          //设置标题
        Container container = this.getContentPane();//获得内容窗格
        container.setLayout(new BorderLayout());     //设置布局
        boxH = Box.createHorizontalBox();           //通过Box类的静态方法创建水平方向布局
        //创建一个标准命令按钮，按钮上的标签由构造方法中的参数指定
        button1 = new JButton("ButtonA");
        button2 = new JButton("ButtonB");
        button3 = new JButton("ButtonC");
        //把命令按钮组件添加到水平布局的Box容器中
        boxH.add(button1);
        boxH.add(button2);
        boxH.add(button3);
        container.add(boxH, BorderLayout.NORTH);      //把Box容器放到容器北部区域
        boxV = new Box(BoxLayout.Y_AXIS);             //构造一个垂直的Box容器
        button4 = new JButton("ButtonD");
        button5 = new JButton("ButtonE");
        button6 = new JButton("ButtonF");
        boxV.add(button4);                           //把命令按钮组件加入到垂直的Box容器中
        boxV.add(button5);
        boxV.add(button6);
        container.add(boxV, BorderLayout.CENTER);     //把Box容器放入中间区域
        this.setVisible(true);                        //把窗口显示出来
        this.setSize(600, 450);                       //设置大小
    }
    public static void main(String[] args) {
        new BoxLayoutDemoBox();
    }
}
```

除了创建Box实例的静态方法之外，为方便布局管理，Box类还提供了4种透明组件Glue、Strut、Rigid和Filler，可以将这些透明组件插入其他组件的中间，使这些组件产生分开的效果。从而设计出更符合用户需求的界面。这4种透明组件的作用如下：

- Glue：将Glue两边的组件挤到容器的两端。
- Strut：将Strut两端的组件按水平或垂直方向指定的大小分开。
- Rigid：可以设置二维的限制，将组件按水平或垂直方向指定的大小分开。
- Filler：不仅可以设置二维的限制，将组件按水平或垂直方向指定的大小分开，还可以设置最大、较佳、最小的长宽大小。它们的具体用法请参见如下实例。

⚠ 【例16.10】 使用不可见组件增加【例16.8】中组件之间的距离，程序功能不变

```java
import javax.swing.*;
import java.awt.*;
public class BoxLayoutDemoOther extends JFrame {
    private JButton button1, button2, button3, button4, button5, button6;//声明按钮对象
    private Container container;
    private Box boxH, boxV;
    public BoxLayoutDemoOther() {
        this.setTitle("欢迎使用图书管理系统");          //设置标题
        container = this.getContentPane();             //获取内容窗格
        boxH = Box.createHorizontalBox();              //通过静态方法创建水平方向布局
        //创建标准命令按钮，按钮上的标签由构造方法中的参数指定
        button1 = new JButton("ButtonA");
        button2 = new JButton("ButtonB");
        button3 = new JButton("ButtonC");
        boxH.add(button1); //把命令按钮组件添加到水平布局的Box容器中
        //加入水平透明的Strut组件，button 1和button2及button3之间间隔50像素
        boxH.add(Box.createHorizontalStrut(50));
        boxH.add(button2);
        boxH.add(Box.createHorizontalStrut(50));
        boxH.add(button3);
        container.add(boxH, BorderLayout.NORTH);       //将Box容器放到容器北部区域
        boxV = new Box(BoxLayout.Y_AXIS);              //构建一个垂直的Box容器
        button4 = new JButton("ButtonD");
        button5 = new JButton("ButtonE");
        button6 = new JButton("ButtonF");
        //把命令按钮组件加入Box容器
        boxV.add(button4);
        /*加入垂直透明组件Glue组件挤到两边，即button4放置到内容窗格中间区域的最上方，后放置
的组件放到中间区域的最下方*/
        boxV.add(boxV.createVerticalGlue());
        boxV.add(button5);
        boxV.add(Box.createRigidArea(new Dimension(50, 100)));
        //加入50×100的Rigid组件
        boxV.add(button6);
        container.add(boxV);                           //把Box容器放入内容窗格中间区域
        this.setVisible(true);
```

```
        this.setSize(400, 300);
    }
    public static void main(String[] args) {
        new BoxLayoutDemoOther();
    }
}
```

运行结果如图16.9所示。

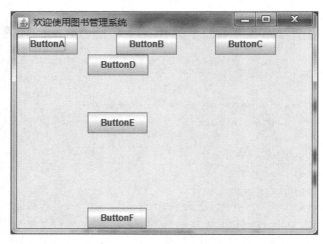

图16.9 运行结果

除了前面介绍的常用的5种布局管理器外，还有其他的布局管理器，例如GridBagLayout等，如果需要使用，请参阅Java API文档。

16.4 Java的GUI事件处理

> 设计和实现图形界面的工作主要有两项：一是创建组成界面的各种成分和元素，指定它们的属性和位置关系，构成完整的图形界面的物理外观；二是定义图形用户界面的事件和各界面元素对不同事件的响应，从而实现图形界面与用户的交互功能。图形界面的事件驱动机制，可根据产生的事件来决定执行相应的程序段。

16.4.1 事件处理模型

Java采用委托事件模型来处理事件。委托事件模型的特点是将事件的处理委托给独立的对象，而不是组件本身，从而将使用者界面与程序逻辑分开。整个"委托事件模型"由产生事件的对象（事件源）、事件对象及监听者对象之间的关系所组成。

每当用户在组件上进行某种操作时，事件处理系统便会将与该事件相关的信息封装在一个"事件对象"中。例如，用户用鼠标单击命令按钮时，便会生成一个代表此事件的ActionEvent事件类对象。

用户的操作不同，事件类对象也会不同。然后将该事件对象传递给监听者对象，监听者对象根据该事件对象内的信息决定适当的处理方式。每类事件对应一个监听程序接口，它规定了接收并处理该类事件的方法的规范。例如ActionEvent事件，对应着ActionListener接口，该接口中只有一个方法，即actionPerformed()，当出现ActionEvent事件时，该方法将会被调用。

为了接收并处理某类用户事件，必须在程序代码中向产生事件的对象注册相应的事件处理程序，即事件的监听程序（Listener），它是实现对应监听程序接口的一个类。当事件产生时，产生事件的对象就会主动通知监听者对象，监听者对象就可以根据产生该事件的对象来决定处理事件的方法。例如，为了处理命令按钮上的ActionEvent事件，需要定义一个实现ActionListener接口的监听程序类。每个组件都由若干个形如add×××Listener(×××Listener)的方法，通过这类方法，可以为组件注册事件监听程序。例如在JButton类中，public void addAcitonListener(AcitonListener I)方法可以为JButton组件注册ActionEvent事件监听程序，方法的参数应该是一个实现了ActionListener接口的类的实例。图16.10显示了事件的处理过程。

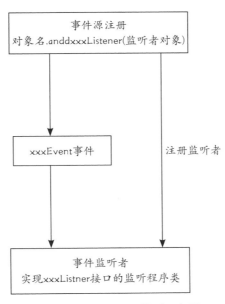

图16.10　事件处理模型示意图

⚠ 【例16.11】 事件处理程序演示

在窗口界面放置一个命令按钮，为该命令按钮注册ButtonEventHandle对象，作为ActionEvent事件的监听程序，该监听者类实现ActionEvent事件对应的ActionListener接口，在该类的actionPer-formed方法中，给出如何处理ActionEvent事件，当用户单击命令按钮时，ActionEvent事件被触发，该方法被调用。

```java
import java.awt.*;
import javax.swing.*;
import java.awt.event.*; //ActionListener接口和事件类位于event包中，需导入该包
public class TestEvent extends JFrame {
    private JButton button1;
    private Container container;
    public TestEvent() {
        this.setTitle("欢迎使用图书管理系统");
```

```
            container = this.getContentPane();
            container.setLayout(new FlowLayout());
            //创建标准命令按钮，按钮上的标签由构造方法中的参数指定
            button1 = new JButton("测试事件");
            //button1为事件源，为事件注册监听者，监听者必须实现该事件对应的接口
            button1.addActionListener(new ButtonEventHandle());
            container.add(button1);                    //把命令按钮添加到内容窗格上
            this.setVisible(true);
            this.setSize(300, 400);
        }
        //该类为内部类，作为事件监听程序类，该类必须实现事件对应的接口
        class ButtonEventHandle implements ActionListener {
            //ActionListener接口中方法实现，当触发ActionEvent事件时，执行该方法中的代码
            public void actionPerformed(ActionEvent e) {
                System.out.println("命令按钮被点击");
            }
        }
        public static void main(String[] args) {
            new TestEvent();
        }
    }
```

该程序可在用户单击命令按钮时在屏幕上显示字符串"命令按钮被点击"的提示信息。本例的事件监听程序定义为内部类，也可以定义在一个匿名内部类中或者定义在组件所在类中。

⚠ 【例16.12】 单击命令按钮时关闭窗口结束执行程序

```
import java.awt.*;
import javax.swing.*;
import java.awt.event.*;
public class TestEvent2 extends JFrame implements ActionListener{
//组件所在类作为事件监听程序类，该类必须实现事件对应的ActionListener接口
    private JButton button1;
    private Container container;
    public TestEvent2() {
        this.setTitle("欢迎使用图书管理系统");
        container = this.getContentPane();
        container.setLayout(new FlowLayout());
        button1 = new JButton("退出");            //创建命令按钮组件对象
        //button1为事件源，为事件注册监听者为该组件所在的类
        button1.addActionListener(this);
        container.add(button1);
        this.show(true);
        this.setSize(300, 400);
    }
    //ActionListener接口中的方法的实现，当触发ActionEvent事件时，执行该方法中的代码
    public void actionPerformed(ActionEvent e) {
        System.exit(0);
```

```
    }
    public static void main(String[] args) {
        new TestEvent2();
    }
}
```

本例注册事件源的监听者对象为this，要求该类必须实现ActionListener接口。当用户单击命令按钮时，触发ActionEvent事件，事件监听者对该事件进行处理，执行actionPerformed方法中的代码，该例实现单击命令按钮时关闭窗口，结束程序的运行。

事件监听者与事件源之间是多对多的关系，一个事件监听者可以为多个事件源服务，同样，一个事件源可以有多个不同类型的监听者。

16.4.2 事件及监听者

前面介绍了图形界面中事件处理的一般机制，只涉及到ActionEvent事件类。由于不同事件源上发生的事件种类不同，不同的事件由不同的监听者处理，所以在java.awt.event包和javax.swing.event包中还定义了很多其他事件类。每个事件类都有一个对应的接口，接口中声明了若干个抽象的事件处理方法，事件的监听程序类需要实现相应的接口。

1. AWT中的常用事件类及其监听者

java.util.EventObject类是所有事件对象的基础父类，所有事件都是由它派生出来的。AWT的相关事件继承于java.awt.AWTEvent类，这些AWT事件分为两大类：低级事件和高级事件。低级事件是指基于组件和容器的事件，如鼠标的进入、单击、拖放等或组件的窗口开关，触发了组件事件。低级事件主要包括ComponentEvent、ContainerEvent、WindowEvent、FocusEvent、KeyEvent、MouseEvent等。

高级事件是基于语义的事件，它可以不和特定的动作相关联，而依赖于触发此事件的类，如在TextField中按下Enter键会触发ActionEvent事件，滑动滚动条会触发AdjustmentEvent事件，或是选中项目列表的某一条会触发ItemEvent事件。高级事件主要包括ActionEvent、AdjustmentEvent、ItemEvent、TextEvent等。

表16.1列出了常用的AWT事件及其相应的监听器接口，一共10类事件，11个接口。

表16.1　常用的AWT事件及其相应的监听器接口

事件类别	描述信息	接口名	方法
ActionEvent	激活组件	ActionListener	actionPerformed(ActionEvent e)
ItemEvent	选择了某些项目	ItemListener	itemStateChanged(ItemEvent e)
MouseEvent	鼠标移动	MouseMotionListener	mouseDragged(MouseEvent e) mouseMoved(MouseEvent e)
	鼠标单击等	MouseListener	mousePressed(MouseEvent e) mouseReleased(MouseEvent e) mouseEntered(MouseEvent e) mouseExited(MouseEvent e) mouseClicked(MouseEvent e)

（续表）

事件类别	描述信息	接口名	方法
KeyEvent	键盘输入	KeyListener	keyPressed(KeyEvent e) keyReleased(KeyEvent e) keyTyped(KeyEvent e)
FocusEvent	组件收到或失去焦点	FocusListener	focusGained(FocusEvent e) focusLost(FocusEvent e)
AdjustmentEvent	移动了滚动条等组件	AdjustmentListener	adjustmentValueChanged(AdjustmentEvent e)
ComponentEvent	对象移动缩放显示隐藏等	ComponentListener	componentMoved(ComponentEvent e) componentHidden(ComponentEvent e) componentResized(ComponentEvent e) componentShown(ComponentEvent e)
WindowEvent	窗口收到窗口级事件	WindowListener	windowClosing(WindowEvent e) windowOpened(WindowEvent e) windowIconified(WindowEvent e) windowDeiconified(WindowEvent e) windowClosed(WindowEvent e) windowActivated(WindowEvent e) windowDeactivated(WindowEvent e)
ContainerEvent	容器中增加删除了组件	ContainerListener	componentAdded(ContainerEvent e) componentRemoved(ContainerEvent e)
TextEvent	文本字段或文本区发生改变	TextListener	textValueChanged(TextEvent e)

2. Swing中的常用事件类及其监听者

Swing并不是用来取代原有的AWT的，使用Swing组件时，对于比较低层的事件需要使用AWT包提供的处理方法对事件进行处理。在javax.swing.event包中定义了一些事件类，包括AncestorEvent、CaretEvent、CaretEvent 、DocumentEvent等。表16.2列出了常用的Swing事件及其相应的监听器接口。

表16.2 常用的Swing事件及其相应的监听器接口

事件类别	描述信息	接口名	方法
AncestorEvent	报告给子组件	AncestorListener	ancestorAdded(AncestorEvent event) ancestorRemoved(AncestorEvent event) ancestorMoved(AncestorEvent event)
CaretEvent	文本插入符已发生更改	CaretListener	caretUpdate(CaretEvent e)
ChangeEvent	事件源的状态发生更改	ChangeListener	stateChanged(ChangeEvent e)

（续表）

事件类别	描述信息	接口名	方法
DocumentEvent	文档更改	DocumentListener	insertUpdate(DocumentEvent e) removeUpdate(DocumentEvent e) changedUpdate(DocumentEvent e)
UndoableEditEvent	撤消操作	UndoableEditListener	undoableEditHappened(UndoableEditEvent e)
ListSelectionEvent	选择值发生更改	ListSelectionListener	valueChanged(ListSelectionEvent e)
ListDataEvent	列表内容更改	ListDataListener	intervalAdded(ListDataEvent e) contentsChanged(ListDataEvent e) intervalRemoved(ListDataEvent e)
TableModelEvent	表模型发生更改	TableModelListener	tableChanged(TableModelEvent e)
MenuEvent	菜单事件	MenuListener	menuSelected(MenuEvent e) menuDeselected(MenuEvent e) menuCanceled(MenuEvent e)
TreeExpansionEvent	树扩展或折叠某一节点	TreeExpansionListener	treeExpanded(TreeExpansionEvent event) tree Collapsed(TreeExpansionEvent event)
TreeModelEvent	树模型更改	TreeModelListener	treeNodesChanged(TreeModelEvent e) treeNodesInserted(TreeModelEvent e) treeNodesRemoved(TreeModelEvent e) treeStructureChanged(TreeModelEvent e)
TreeSelectionEvent	树模型选择发生更改	TreeSelectionListener	valueChanged(TreeSelectionEvent e)

　　所有的事件类都继承自EventObject类，在该类中定义了一个重要的方法getSource()，该方法的功能是从事件对象获取触发该事件的事件源，为编写事件处理的代码提供方便，该方法的接口为public Object getSource( )，无论事件源是何种具体类型，返回的都是Object类型的引用，开发人员需要自己编写代码进行引用的强制类型转换。

　　AWT的组件类和Swing组件类的监听器可以注册和注销，注册监听器的方法为public void add×××Listener(<ListenerType>listener)，如果不需要对该事件监听处理，可以把事件源的监听器注销，方法为public void remove×××Listener(<ListenerType>listener)。

16.4.3 窗口事件

　　大部分GUI应用程序都需要使用窗体来作为最外层的容器，可以说窗体是组建GUI应用程序的基础，应用中需要使用的其他控件都是直接或间接放在窗体中的。

　　如果窗体关闭时需要执行自定义的代码，我们可以利用窗口事件WindowEvent来对窗体进行操作，包括关闭窗体、窗体失去焦点、获得焦点、最小化等。WindowsEvent类包含的窗口事件见表16.1所示。

　　WindowEvent类的主要方法有getWindow()和getSource()。这两个方法的区别是：getWindow()方法返回引发当前WindowEvent事件的具体窗口，返回值是具体的Window对象；getSource()方法返回的是相同的事件引用，其返回值的类型为Object。下面通过一个实例说明窗口事件的使用。

⚠ 【例16.13】 创建两个窗口，对窗口事件进行测试

根据对窗口的操作不同，在屏幕上显示对应的提示信息。

```java
import java.awt.*;
import javax.swing.*;
import javax.swing.JFrame;
import java.awt.event.*; //WindowEvent在该包中
public class windowEventDemo {
    JFrame f1, f2;
    public static void main(String[] arg) {
        new windowEventDemo();
    }
    public windowEventDemo() {
        f1 = new JFrame("这是第一个窗口事件测试窗口");        //创建JFrame对象
        f2 = new JFrame("这是第二个窗口事件测试窗口");
        Container cp = f1.getContentPane();//创建JFrame的容器对象，获得ContentPane
        f1.setSize(200, 250);                              //设置窗口大小
        f2.setSize(200, 250);
        f1.setVisible(true);                               //设置窗口为可见
        f2. setVisible(true);
        //注册窗口事件监听程序，两个事件源使用同一个监听者，WinLis为内部类
        f1.addWindowListener(new WinLis());
        f2.addWindowListener(new WinLis());
    }
    class WinLis implements WindowListener{
        public void windowOpened(WindowEvent e) {       //窗口打开时调用
            System.out.println("窗口被打开");
        }
        public void windowActivated(WindowEvent e) {    //将窗口设置成活动窗口
        }
        public void windowDeactivated(WindowEvent e) { //将窗口设置成非活动窗口
            if(e.getSource() == f1)
                System.out.println("第一个窗口失去焦点");
            else
                System.out.println("第二个窗口失去焦点");
        }
        public void windowClosing(WindowEvent e) {       //窗口关闭
            //把退出窗口的语句写在本方法中
            System.exit(0);
        }
        public void windowIconified(WindowEvent e) {     //窗口图标化时调用
            if(e.getSource() == f1)
                System.out.println("第一个窗口被最小化");
            else
                System.out.println("第二个窗口被最小化");
        }
```

```
        public void windowDeiconified(WindowEvent e) {
        }//窗口非图标化时调用
        public void windowClosed(WindowEvent e) {
        }//窗口关闭时调用
    }
}
```

接口中有多个抽象方法时，如果某个方法不需要处理，也要以空方法体的形式给出方法的实现。

16.5 事件适配器

> 从例16.13的窗口事件可以看出，为了进行事件处理，需要创建实现对应接口
> 的类，而在这些接口中往往声明很多抽象方法，为了实现这些接口，需要给出这些
> 方法的所有实现，如**WindowListener**接口中定义**7**个抽象方法，在实现接口的类
> 中必须同时实现这**7**个方法。然而，在某些情况下，用户往往只关心其中的某一个
> 或者某几个方法，为了简化编程，引入了适配器（**Adapter**）类。

具有两个以上方法的监听者接口均对应一个XXXAdapter类，提供接口中每个方法的缺省实现。在实际开发中，在编写监听器代码时不再直接实现监听接口，而是继承适配器类，并重写需要的事件处理方法，这样就能避免编写大量不必要代码。表16.3显示了一些常用的适配器。

表16.3 Java中常用的适配器类

适配器类	实现的接口
ComponentAdapter	ComponentListener，EventListener
ContainerAdapter	ContainerListener，EventListener
FocusAdapter	FocusListener，EventListener
KeyAdapter	KeyListener，EventListener
MouseAdapter	MouseListener，EventListener
MouseMotionAdapter	MouseMotionListener，EventListener
WindowAdapter	WindowFocusListener，WindowListener，WindowStateListener，EventListener

表中所列的适配器都在java.awt.event包中，而Java是单继承，一个类继承了适配器就不能再继承其他类了。因此在使用适配器开发监听程序时，经常使用匿名类或内部类来实现。适配类的具体使用，要结合下面的键盘事件、鼠标事件及窗口事件。

16.5.1 键盘事件

键盘操作是最常用的用户交互方式之一，Java提供了KeyEvent类来捕获键盘事件，处理 KeyEvent事件的监听者对象可以是实现KeyListener接口的类，也可以是继承KeyAdapter类的子类。在KeyListener这个接口中有如下3个事件：

- public void keyPressed(KeyEvent e)：代表键盘按键被按下的事件。
- public void keyReleased(KeyEvent e)：代表键盘按键被释放的事件。
- public void keyTyped(KeyEvent e)：代表按键被敲击的事件。

KeyEvent类中的常用方法有如下几种：

（1）char getKeyChar()方法返回引发键盘事件的按键对应的Unicode字符。如果这个按键没有 Unicode字符与之对应，则返回KeyEvent类的一个静态常量KeyEvent.CHAR-UNDEFINED。

（2）String getKeyText()方法返回引发键盘事件的按键的文本内容。

（3）int getKeyCode()方法返回与此事件中的键相关联的整数keyCode。

⚠ 【例16.14】 把所敲击的键符显示在窗口上，按下Esc键时退出

```java
import java.awt.*;
import javax.swing.*;
import java.awt.event.*;
public class KeyEventDemo extends JFrame {
    private JLabel showInf;                              //声明标签对象用于显示提示信息
    private Container container;
    public KeyEventDemo() {
        container = this.getContentPane();              //获取内容窗格
        container.setLayout(new BorderLayout());        //设置布局管理器
        showInf = new JLabel();//创建标签对象，初始没有任何提示信息
        container.add(showInf, BorderLayout.NORTH);     //把标签放到内容窗格的北部
        this.addKeyListener(new keyLis()); //注册键盘事件监听程序，keyLis()为内部类
        //注册窗口事件监听程序，监听器以匿名内部类的形式进行
        this.addWindowListener(new WindowAdapter() {    //匿名内部类开始
            public void windowClosing(WindowEvent e) {
            //把退出窗口的语句写在本方法中
                System.exit(0);
            } //窗口关闭
        });//匿名类结束
        this.setSize(300, 200);                         //设置窗口大小
        this.setVisible(true);                          //设置窗口为可见
    }
    class keyLis extends KeyAdapter {                    //内部类开始
        public void keyTyped(KeyEvent e) {
            char c = e.getKeyChar();                    //获取键盘键入的字符
            showInf.setText("你按下的键盘键是" + c + "");  //设置标签上的显示信息
        }
        public void keyPressed(KeyEvent e) {
            if(e.getKeyCode() == 27)                    //如果按下Esc键退出程序的执行
                System.exit(0);
        }
```

```
    } //内部类结束
    public static void main(String[] arg) {
        new KeyEventDemo();
    }
}
```

其运行结果如图16.11所示。

图16.11　运行结果

　　本窗口对键盘事件处理，采用内部类keyLis作为键盘事件的监听程序，该类是KeyAdapter类的子类，只对键盘按下和键盘敲击事件作出处理。同时也对窗口事件进行处理，由于windowListener接口中有7类事件，而这里只需要对窗口关闭事件进行处理，所以采用匿名内部作为窗口事件的监听器。该实例对主窗口注册多个不同类型的监听者，可以实现对不同类型的事件进行处理。

16.5.2　鼠标事件

　　在图形界面中，鼠标主要用来进行选择、切换或绘画。当用户用鼠标进行交互操作时，会产生鼠标事件MouseEvent。所有的组件都可以产生鼠标事件，可以通过实现MouseListener接口和MouseMotionListener接口的类，也可通过继承MouseAdapter的子类来处理相应的鼠标事件。

　　与Mouse有关的事件可分为两类，一类是MouseListener接口，主要针对鼠标的按键与位置作检测，共提供如下5个事件的处理方法：

- public void mouseClicked(MouseEvent e)：代表鼠标单击事件。
- public void mouseEntered(MouseEvent e)：代表鼠标进入事件。
- public void mousePressed(MouseEvent)：代表鼠标按下事件。
- public void mouseReleased(MouseEvent)：代表鼠标释放事件。
- public void mouseExited(MouseEvent)：代表鼠标离开事件。

　　另一类是MouseMotionListener接口，主要针对鼠标的坐标与拖动操作作出处理，处理方法有如下两个：

- public void mouseDragged(MouseEvent)：代表鼠标拖动事件。
- public void mouseMoved(MouseEvent)：代表鼠标移动事件。

　　MouseEvent类还提供了获取发生鼠标事件坐标及单击次数的成员方法，MouseEvent类中的常用方法有如下几种：

```
Point getPoint()              //返回Point对象，包含鼠标事件发生的坐标点
int getClickCount()           //返回与此事件关联的鼠标单击次数
int getX()                    //返回鼠标事件x坐标
int getY()                    //返回鼠标事件y坐标
int getButton()               //返回哪个鼠标按键更改了状态
```

⚠ **【例16.15】 检测鼠标的坐标并在窗口的文本框中显示出来**

```java
import java.awt.*;
import javax.swing.*;
import java.awt.event.*;
//当前类作为MouseEvent事件的监听者，该类需要实现对应的接口
public class MouseEventDemo extends JFrame implements MouseListener {
    private JLabel showX, showY, showStatus;   //显示提示信息的标签
    private JTextField t1, t2;                  //用于显示鼠标x、y坐标的文本框
    private Container container;
    public MouseEventDemo() {
        container = this.getContentPane();          //获取内容窗格
        container.setLayout(new FlowLayout());      //设置布局格式
        showX = new JLabel("X坐标");                //创建标签对象，字符串为提示信息
        showY = new JLabel("Y坐标");                //创建标签对象，字符串为提示信息
        showStatus = new JLabel();         //创建标签，初始为空，用于显示鼠标的状态信息
        //创建显示信息的文本，用于显示鼠标坐标的值，最多显示10个字符
        t1 = new JTextField(10);
        t2 = new JTextField(10);
        //把组件顺次放入到窗口的内容窗格中
        container.add(showX);
        container.add(t1);
        container.add(showY);
        container.add(t2);
        container.add(showStatus);
        /*为本窗口注册鼠标事件监听程序，为当前类，
        * mouseEventDemo必须实现MouseListener接口或者继承MouseAdapter类*/
        this.addMouseListener(this);
        //为窗口注册MouseMotionEvent监听程序，为MouseMotionAdapter类的子类
        this.addMouseMotionListener(new mouseMotionLis());
        //注册窗口事件监听程序，监听器以匿名类的形式进行
        this.addWindowListener(new WindowAdapter() {          //匿名内部类开始
            public void windowClosing(WindowEvent e) {
            //把退出窗口的语句写在本方法中
                System.exit(0);
            } //窗口关闭
        });//匿名内部类结束
        this.setSize(400, 200);                              //设置窗口大小
        this.setVisible(true);                               //设置窗口可见
    }
    //内部类开始作为MouseMotionEvent的事件监听者
    class mouseMotionLis extends MouseMotionAdapter {
```

```
        public void mouseMoved(MouseEvent e) {
            int x = e.getX();                    //获取鼠标的x坐标
            int y = e.getY();                    //获取鼠标的y坐标
            t1.setText(String.valueOf(x));       //设置文本框的提示信息
            t2.setText(String.valueOf(y));
        }
        public void mouseDragged(MouseEvent e) {
            showSatus.setText("拖动鼠标");          //设置标签的提示信息
        }
    } //内部类结束
    //以下方法是mouseListener接口中事件的实现对鼠标的按键与位置作检测
    public void mouseClicked(MouseEvent e) {
        showSatus.setText("点击鼠标" + e.getClickCount() + "次");
    } //获取鼠标单击次数
    public void mousePressed(MouseEvent e) {
        showSatus.setText("鼠标按钮按下");
    }
    public void mouseEntered(MouseEvent e) {
        showSatus.setText("鼠标进入窗口");
    }
    public void mouseExited(MouseEvent e) {
        showSatus.setText("鼠标不在窗口");
    }
    public void mouseReleased(MouseEvent e) {
        showSatus.setText("鼠标按钮释放");
    }
    public static void main(String[] arg) {
        new MouseEventDemo();                    //创建窗口对象
    }
}
```

图16.12为其运行界面图。

图16.12　运行结果

　　本程序检测鼠标的拖动以及进入和离开窗口的情况，并在窗口中显示出来。对于MoseEvent事件，采用组件所在的类以实现接口的方式作为事件的监听者，对于鼠标的移动和拖动的处理，采用内部类继承适配器的方式来实现。对于关闭窗口的事件，采用匿名类来处理。

16.6 Swing基本组件

> Swing是AWT的扩展，它提供了许多新的图形界面组件。

Swing组件以"J"开头，除了含有与AWT类似的按钮（JButton）、标签（JLabel）、复选框（JCheckBox）、菜单（JMenu）等基本组件外，还增加了一个丰富的高层组件集合，如表格（JTable）、树（JTree）等。这些组件从功能上可分为如下几类：

- 顶层容器：JFrame、JApplet、JDialog、JWindow共4个。
- 中间容器：JPanel、JScrollPane、JSplitPane、JToolBar。
- 特殊容器：在GUI上起特殊作用的中间层，如JInternalFrame、JLayeredPane、JRootPane。
- 基本控件：实现人际交互的组件，如JButton、JComboBox、JList、JMenu、JtextField。
- 不可编辑信息的显示：向用户显示不可编辑信息的组件，例如JLabel、JProgressBar、ToolTip。
- 可编辑信息的显示：向用户显示能被编辑的格式化信息的组件，如JColorChooser、JFileChooser等。

它们之间的继承关系如图16.13所示。前面实例中已经出现过常用的Swing组件，如按钮、标签，文本框等，本节将详细介绍这些基本Swing组件的使用方法，让读者对它们有更加深刻的认识。

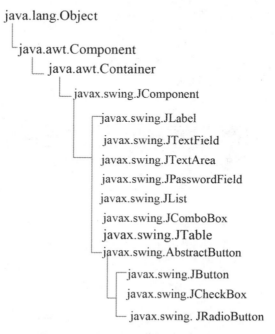

图16.13　常用Swing组件的继承关系

16.6.1 标签（JLabel）

JLable组件被称为标签，它是一个静态组件，也是标准组件中最简单的一个组件。每个标签用一个标签类的对象表示，可以显示一行静态文本和图标。标签只起到信息说明的作用，而不接受用户的输入，也无事件响应。其常用构造方法如下：

- JLabel()：构造一个既不显示文本信息也不显示图标的空标签。
- JLabel(String text)：构造一个显示文本信息的标签。
- JLabel(String text, int horizontalAlignment)：构造一个显示文本信息的标签。
- JLabel(String text, Icon icon, int horizontalAlignment)：构造一个同时显示文本信息和图标的标签。

参数text代表标签的文本提示信息、Icon image代表标签的显示图标、int horizontalAlignment代表水平对齐方式，它的取值可以是JLabel .LEFT、JLabel .CENTER等常量之一，默认情况下，标签上的内容居中显示。创建完标签对象后，可以通过成员方法setHorizontalAlignment(int alignment)更改对齐方式，通过getIcon()和setIcon(Icon icon)方法获取标签的图标和修改标签上的图标，通过getText()和setText(String text)方法获取标签的文本提示信息和修改标签的文本内容。

16.6.2 文本组件

文本组件是用于显示信息和输入文本信息的主要工具，Swing提供了文本框（JTextField）、文本域（JTextArea）、口令输入域（JPasswordField）等多个文本组件，它们有一个共同的基类JTextComponent。在JTextComponent类中定义的主要方法如表16.4所示，主要实现对文本进行选择、编辑等操作，需要更多的成员方法时，请参阅Java手册或系统的帮助。

表16.4　JTextComponent类常用成员方法

成员方法	功能说明
getText()	从文本组件中提取所有文本内容
getText(int offs, int len)	从文本组件中提取指定范围的文本内容
getSelectedText()	从文本组件中提取被选中的文本内容
selectAll()	在文本组件中选中所有文本内容
setEditable(boolean b)	设置为可编辑或不可编辑状态
setText(String t)	设置文本组件中的文本内容
replaceSelection(String content)	用给定字符串所表示的新内容替换当前选定的内容

1. JTextField

JTextField称为文本框，它是一个单行文本输入框，可以输出任何基于文本的信息，也可以接受用户输入。

（1）JTextField常用的构造方法

- JTextField()用于创建一个空的文本框，一般作为输入框。
- JTextField(int columns) 构造一个具有指定列数的空文本框，一般用于显示长度或者输入字符的长度受到限制的情况。

- JTextField(String text)构造一个显示指定字符的文本框，一般作为输出框。
- JTextField(String text, int columns)构造一个具有指定列数，并显示指定初始字符串的文本域。

（2）JTextField组件常用的成员方法

- setFont(Font f)用于设置字体。
- setActionCommand(String com)用于设置动作事件使用的命令字符串。
- setHorizontalAlignment(int alig)用于设置文本的水平对齐方式。

（3）事件响应

JTextField类只引发ActionEvent事件，当用户在文本框中按回车键时引发。当监听者对象的类声明实现了ActionListener接口，并且通过addActionListener()语句注册文本框的监听者对象后，监听程序内部动作事件的actionPerformed(ActionEvent e)方法就可以响应动作事件了。

⚠ 【例16.16】 文本框JtextField的应用

在第一个文本框中输入一个不大于10的正整数，按回车键把该数的阶乘在第二个文本框中显示出来。

```
import java.awt.*;
import javax.swing.*;
import java.awt.event.*;
//该类作为事件监听者，需要实现对应的接口
public class JTextFieldDemo extends JFrame implements ActionListener {
    private JLabel lb1, lb2;
    private JTextField t1, t2;
    private Container container;
    public JTextFieldDemo() {
        container = this.getContentPane();              //获取内容窗格
        container.setLayout(new FlowLayout());          //设置布局管理
        lb1 = new JLabel("请输入一个正整数: ");    //创建标签对象，字符串为提示信息
        lb2 = new JLabel("该数的阶乘值为: ");      //创建标签对象，字符串为提示信息
        t1 = new JTextField(10);              //创建输入文本框，最多显示10个字符
        t2 = new JTextField(10);
        container.add(lb1);                             //将组件添加到窗口上
        container.add(t1);
        container.add(lb2);
        container.add(t2);
        t1.addActionListener(this);                //为文本框注册ActionEvent事件监听器
        //为窗口注册窗口事件监听程序，监听器以匿名类的形式进行
        this.addWindowListener(new WindowAdapter() {            //匿名类开始
            public void windowClosing(WindowEvent e){
                System.exit(0);
            } //窗口关闭
        });//匿名类结束
        this.setTitle("JTextField示例");                        //设置窗体标题
        this.setSize(600, 450);                                 //设置窗口大小
        this.setVisible(true);                                  //设置窗体的可见性
```

```
    }
    public void actionPerformed(ActionEvent e) {//ActionListener接口中方法的实现
        //getText()获取文本框输入的内容，转换为整型数值
        int n = Integer.parseInt(t1.getText());
        long f = 1;
        for(int i = 1; i <= n; i++)
            f *= i;
        t2.setText(String.valueOf(f));                          //修改文本框输出内容
    }
    public static void main(String[] arg) {
        new JTextFieldDemo();
    }
}
```

其运行结果如图16.14所示。

图16.14　运行结果

本程序对文本框的ActionEvent事件进行注册处理，当用户输入内容按回车键时该事件被触发，执行actionPerformed方法里的代码。

2. JTextArea

JTextArea被称为文本域。它与文本框的主要区别是：文本框只能输入/输出一行文本，而文本域可以输入/输出多行文本。JTextArea本身不带滚动条，构造对象时可以设定区域的行、列数，由于文本域通常显示的内容比较多，超出指定的范围不方便浏览，因此一般将其放入滚动窗格JScorllPane中。

（1）常用的构造方法

● JTextArea()构造一个空的文本域。

● JTextArea(String text)构造显示初始字符串信息的文本域。

● JTextArea(int rows,int columns)构造具有指定行和列的空的文本域，这两个属性用来确定首选大小。

● JTextArea(String text,int rows,int columns)构造具有指定文本行和列的新的文本域。

（2）JTextArea组件常用的成员方法

● insert(String str, int pos)将指定文本插入指定位置。

● append(String str)将指定文本追加到文档结尾。

● replaceRange(String str,int start,int end)用给定的新文本替换从指示的起始位置到结尾位置的文本。

● setLineWrap(boolean wrap)设置文本域是否自动换行，默认为false。

（3）事件响应

JTextArea的事件响应由JTextComponent类决定。 JTextComponent类可以引发两种事件：DocumentEvent事件与UndoableEditEvent事件。当用户修改了文本区域中的文本，如做文本的

增、删、改等操作时，TextComponent类将引发DocumentEvent事件；当用户在文本区域上撤销所做的增、删、改时，TextComponent类将引发UndoableEditEvent事件。文本域组件构造方法和成员方法的具体使用，将结合后面的命令按钮组件举例说明。

3. JPasswordField

JPasswordField组件实现一个密码框，用来接受用户输入的单行文本信息，在密码框中不显示用户输入的真实信息，而是显示一个指定的回显字符作为占位符。新创建密码框的默认回显字符为"*"，可以通过成员方法进行修改。

（1）JPasswordField的常用构造方法
- JPasswordField()构造一个空的密码框。
- JPasswordField(String text)构造一个显示初始字符串信息的密码框。
- JPasswordField(int columns)构造一个具有指定长度的空密码框。

（2）JPasswordField的常用成员方法
- setEchoChar(char c)设置密码框的回显字符。
- char[] getPassword()返回此密码框中所包含的文本。
- char getEchoChar()获得密码框的回显字符。

例如下面代码片段，判断输入到密码框中的密码是否与给定密码相等。

```
JLabel lbl=new JLabel("密码");
JPasswordField pwf=new JPasswordField(6);        //可以接收6个字符的密码框
pwf.setEchoChar('*');                            //设置回显字符
getContentPane().add(lbl);
getContentPane().add(pwf);                       //添加到内容窗格中
    ……
    char[] psword=pwf.getPassword();             //得到密码框中输入的文本
    String s=new String(psword);                 //把字符数组转换为字符串
    if(s.equals("123456"))                       //比较字符串的值是否相等
        System.out.println("密码正确! ");
```

16.6.3 按钮组件

按钮是图形界面中最常用、也是最基本的组件，经常用到的按钮有JButton、JCheckBox、JRadioButton等，这些按钮类均是AbstractButton类的子类或者间接子类。这些按钮上都可以设置和获得文本提示信息、图标等成员方法，可以注册事件监听程序，AbstractButton中定义了各种按钮所共有的一些方法。AbstractButton类常用的成员方法有以下几个：

- Icon getIcon()和setIcon(Icon icon)获得和修改按钮图标。
- String getText()和setText(String text)获取和修改按钮。
- setEnabled(boolean b)启用或禁用按钮。
- setHorizontalAlignment(int alignment)设置图标和文本的水平对齐方式。
- String getActionCommand()和setActionCommand(String actionCommand)获取和设置按钮的动作命令。
- setRolloverIcon(Icon rolloverIcon)设置鼠标经过时按钮的图标。
- setPressedIcon(Icon pricon)设置按钮按下时的图标。

按钮类之间的继承关系如图16.15所示，从图中可以看出，菜单项也是AbstractButton类的子类。下面分别对这三类命令按钮进行简要介绍。

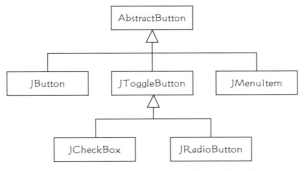

图16.15　按钮组件类之间的继承关系图

1. JButton组件

JButton组件是最常用、最简单的按钮，可分为有无标签和图标等几种情况。

（1）JButton类常用的构造方法

● JButton() 创建一个无文本也无标签的按钮。

● JButton(String text) 创建一个具有文本提示信息但没有图标的按钮。

● JButton(Icon icon) 创建一个具有图标、但没有文本提示信息的按钮。

● JButton(String text，Icon icon) 创建一个既有文本提示信息又有图标的按钮。

```
JButton bt=new JButton("exit",new ImageIcon("aa.gif"));
```

（2）事件响应

JButton类能引发ActionEvent事件，当用户单击命令按钮的时候就会触发事件。如果程序需要对此动作作出反应，就需要使用addActionListener()为命令按钮注册事件监听程序，该程序实现ActionListener接口。可使用ActionEvent类的方法getSource()方法获取引发事件的对象名，使用getActionCommand()方法来获取对象文本提示信息。

⚠ 【例16.17】 命令按钮和文本框域的使用

实现两个文本域内容的复制，当单击"复制"命令按钮时，如果已选择第一个文本域内容，则把选择内容追加到第二个文本域后面；若没有选择，则把第一个文本域所有内容追加到第二个文本域后面。当单击"清除"按钮时，清空第二个文本域内容，单击"Reset"按钮时，清空两个文本域里的所有内容。

```
import java.awt.*;
import javax.swing.*;
import java.awt.event.*;
public class JButtonJTextAreaDemo extends JFrame {
    private JTextArea ta1, ta2;              //声明两个文本域
    private JButton bt1, bt2, bt3;           //3个命令按钮
    private Container container;
    public JButtonJTextAreaDemo() {
        container = this.getContentPane();   //获取内容窗格
        //创建文本框域，最多显示3行，每行15个字符，超过范围用滚动条浏览
```

```
        ta1 = new JTextArea(3, 15);
        ta1.setSelectedTextColor(Color.red);   //设置选中文本的颜色
        ta2 = new JTextArea(7, 15);
        ta2.setEditable(false);  //设置第二个文本域是不可编辑的，只显示信息
        //创建显示指定组件内容的 JScrollPane，显示水平和垂直滚动条
        JScrollPane scrollpane1= new
JScrollPane(ta1,JScrollPane.VERTICAL_SCROLLBAR_ALWAYS,
JScrollPane.HORIZONTAL_SCROLLBAR_ALWAYS);
        JScrollPane scrollpane2 = new JScrollPane(ta2,
JScrollPane.VERTICAL_SCROLLBAR_ALWAYS,
JScrollPane.HORIZONTAL_SCROLLBAR_ALWAYS);
        bt1 = new JButton("复制");                  //创建命令按钮，字符串为提示信息
        bt2 = new JButton("清除");
        bt3 = new JButton("Reset");
        //注册事件监听器，对ActionEvent事件进行处理，ActionLis为内部类
        bt1.addActionListener(new ActionLis());
        bt2.addActionListener(new ActionLis());
        bt3.addActionListener(new ActionLis());
        JPanel p1 = new JPanel();
        p1.add(scrollpane1);                    //把组件添加到面板上
        p1.add(bt1);
        p1.add(bt3);
        JPanel p2 = new JPanel();
        p2.add(scrollpane2);
        p2.add(bt2);
//把组件添加到窗口内容窗格的不同区域
        container.add(p1, BorderLayout.CENTER);
        container.add(p2, BorderLayout.SOUTH);
        //为窗口注册窗口事件监听程序，监听器以匿名内部类的形式进行
        this.addWindowListener(new WindowAdapter() {//匿名内部类开始
            public void windowClosing(WindowEvent e) {
                System.exit(0);
            } //结束程序
            });//匿名内部类结束
        this.setTitle("JButton-JTextField示例");          //设置窗口标题
        this.setSize(400, 300);
        this.setVisible(true);
    }
    class ActionLis implements ActionListener{              //事件监听程序
        public void actionPerformed(ActionEvent e) { //ActionListener接口中方法
的实现
        if(e.getSource() == bt1) { //判断事件源
            if(ta1.getSelectedText() != null)
            //把第一个文本域中选择的内容添加到第二个文本域中
            ta2.append(ta1.getSelectedText() + "\n");
            else
            //把第一个文本域中内容全部添加到第二个文本域中
                ta2.append(ta1.getText() + "\n");
            } else if(e.getSource() == bt2)
```

```
            ta2.setText(""); //如果单击"清除"按钮，清空第二个文本域内容
        else {
            ta1.setText(""); //如果单击Reset按钮，清空两个文本域中所有内容
            ta2.setText("");
        }
    }
}
public static void main(String[] arg) {
    new JButtonJTextAreaDemo();
}
}
```

其运行结果如图16.16所示。

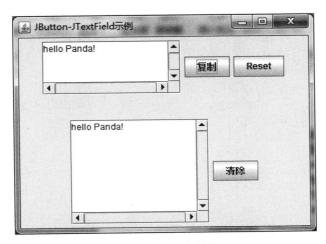

图16.16　运行结果

该程序对按钮的ActionEvent事件进行处理，用addActionListener进行事件注册，本例三个按钮触发相同的事件，采用一个事件监听者为多个事件源服务的策略，在事件监听程序中对事件源进行判断，根据不同的事件源进行不同的处理。

2. JCheckBox组件

JCheckBox组件被称为复选框，它提供选中/未选中两种状态。

（1）JCheckBox组件类的常用构造方法

- JCheckBox() 构造一个无标签的复选框。
- JCheckBox(String text) 构造一个具有提示信息的复选框。
- JCheckBox(String text,boolean selected) 创建具有文本的复选框，并指定其最初是否处于选定状态。

创建复选框组件对象，可以通过JCheckBox类提供的成员方法设定复选框的属性。例如通过setText(String text)设定文本提示信息，使用setSelected(boolean b)方法设定复选框的状态，通过isSelected()方法获取按钮当前的状态。

（2）事件响应

JCheckBox不仅可以触发ActionEvent事件，还可以触发ItemEvent事件。ItemEvent事件在复选框、单选按钮以及下拉列表框中的选择状态发生变化时会触发，要对该类事件进行处理需要用

addItemListener()注册事件监听者。事件监听者需要实现ItemListener接口，该接口中方法为public void itemStateChanged(ItemEvent e)，当按钮的状态发生改变时该方法将会被调用。

ItemEvent事件的主要方法：Object getItem()，以及返回引发选中状态变化事件的具体选择项，int getStateChange()，确认此组件到底有没有被选中，返回值是一个整型值，通常可以用ItemEvent类的静态常量SELECTED（代表选项被选中）和DESELECTED（代表选项被放弃或不选）来表达。

⚠ 【例16.18】 JCheckBox的使用

利用三个复选框表示红、绿、蓝三种颜色分量，根据所选按钮不同，控制标签的背景颜色。

```java
import java.awt.*;
import javax.swing.*;
import java.awt.event.*;
//该类作为事件监听者，需要实现对应的ItemListener接口
public class JCheckBoxDemo extends JFrame implements ItemListener {
    private JLabel lb1;  //作为调色板，根据所选颜色不同，它的颜色随之变化
    private JCheckBox ckb1, ckb2, ckb3;         //代表红、绿、蓝三色是否选中的复选框
    private Container container;
    int red = 0, green = 0, blue = 0;           //三种颜色分量的值
    public JCheckBoxDemo() {
        container = this.getContentPane();
        ckb1 = new JCheckBox("红色");              //创建复选框对象，字符串为提示信息
        ckb2 = new JCheckBox("绿色");
        ckb3 = new JCheckBox("蓝色");
        lb1 = new JLabel();                       //创建空标签作为调色板
        lb1.setMaximumSize(new Dimension(150, 200)); //设置尺寸
        container.add(lb1, BorderLayout.CENTER);    //把组件添加到窗口上
        JPanel p1 = new JPanel();
        p1.add(ckb1);
        p1.add(ckb2);
        p1.add(ckb3);
        //为组件注册事件监听程序，对ItemEvent事件进行处理
        ckb1.addItemListener(this);
        ckb2.addItemListener(this);
        ckb3.addItemListener(this);
        container.add(p1, BorderLayout.SOUTH);
        //为窗口注册窗口事件监听程序，监听器以匿名类的形式进行
        this.addWindowListener(new WindowAdapter() {//匿名内部类开始
            public void windowClosing(WindowEvent e) {
                System.exit(0);
            } //窗口关闭
        });//匿名类结束
        this.setTitle("JCheckBox示例");
        this.setSize(300, 250);
        this.setVisible(true);
    }
    //ItemListener接口中方法的实现按钮的状态发生改变时，该方法将会被调用
    public void itemStateChanged(ItemEvent e) {
```

```
        if((JCheckBox) e.getItem() == ckb1)                //判断事件源
            if(e.getStateChange() == e.SELECTED)            //判断组件到底有没有被选中
                red = 255;
            else
                red = 0;
        if((JCheckBox) e.getItem() == ckb2)
            if(e.getStateChange() == e.SELECTED)
                green = 255;
            else
                green = 0;
        if((JCheckBox) e.getItem() == ckb3)
            if(e.getStateChange() == e.SELECTED)
                blue = 255;
            else
                blue = 0;
        lbl.setOpaque(true);//设置标签为不透明，使标签的颜色显示出来
        lbl.setBackground(new Color(red, green, blue));      //设置标签的背景颜色
    }
    public static void main(String[] arg) {
        new JCheckBoxDemo();
    }
}
```

其运行结果如图16.17所示。

图16.17　运行结果

用户的选择发生变化时，会触发ItemEvent事件，通过判断当前的复选框是否处于选中状态，根据所选颜色改变标签的背景颜色。

3. JRadioButton组件

JRadioButton组件被称为选项按钮，在Java中JRadioButton组件与JCheckBox组件功能完全一样，只是图形不同，复选框为方形图标，选项按钮为圆形图标。如果要实现多选一的功能，需要利用javax.swing.ButtonGroup类实现。这个类是一个不可见的组件，不需要将其添加到容器中显示在界面上，表示一组单选按钮之间互斥的逻辑关系，实现诸如JRadioButton、JRadioButtonMenuItem等组件的多选一功能。ButtonGroup类可被AbstractButton类的子类所使用。该组件的使用和触发事件和JCheckBox相同。

⚠️ 【例16.19】 JRadioButton的使用

创建6个选项按钮，前3个是独立的，后3个放在一个ButtonGroup中。当按钮被选中时，对应信息显示在窗口下方的带滚动条的文本域中。

```java
import java.awt.*;
import java.awt.event.*;
import javax.swing.*;
import javax.swing.border.*;
public class JRadioButtonDemo {
    JFrame frame = new JFrame("JRadioButtonDemo");
    JRadioButton rb1 = new JRadioButton("JRadioButton 1");
    JRadioButton rb2 = new JRadioButton("JRadioButton 2");
    JRadioButton rb3 = new JRadioButton("JRadioButton 3");
    JRadioButton rb4 = new JRadioButton("JRadioButton 4");
    JRadioButton rb5 = new JRadioButton("JRadioButton 5");
    JRadioButton rb6 = new JRadioButton("JRadioButton 6");
    JTextArea ta = new JTextArea();  //用于显示结果的文本区
    public static void main(String args[]) {
        JRadioButtonDemo ts = new JRadioButtonDemo();
        ts.go();
    }
    public void go() {
        JPanel p1 = new JPanel();
        JPanel p2 = new JPanel();
        JPanel p3 = new JPanel();
        JPanel pa = new JPanel();
        p1.add(rb1);
        p1.add(rb2);
        p1.add(rb3);
        p2.add(rb4);
        p2.add(rb5);
        p2.add(rb6);
        //创建ButtonGroup按钮组，并在组中添加按钮
        ButtonGroup group2 = new ButtonGroup();
        group2.add(rb4);
        group2.add(rb5);
        group2.add(rb6);
        JScrollPane jp = new JScrollPane(ta);
        p3.setLayout(new BorderLayout());
        p3.add(jp);
        ActionListener al = new ActionListener() {
            public void actionPerformed(ActionEvent e) {
                JRadioButton rb = (JRadioButton) e.getSource();     //取得事件源
                if(rb == rb1) {
                    ta.append("\n You selected Radio Button 1 "+ rb1.isSelected());
                } else if(rb == rb2) {
                    ta.append("\n You selected Radio Button 2 "+ rb2.isSelected());
                } else if(rb == rb3) {
```

```
                ta.append("\n You selected Radio Button 3 "+ rb3.isSelected());
            } else if(rb == rb4) {
                ta.append("\n You selected Radio Button 4 "+ rb4.isSelected());
            } else if(rb == rb5) {
                ta.append("\n You selected Radio Button 5 "+ rb5.isSelected());
            } else {
                ta.append("\n You selected Radio Button 6 "+ rb6.isSelected());
            }
        }
    };
    rb1.addActionListener(al);
    rb2.addActionListener(al);
    rb3.addActionListener(al);
    rb4.addActionListener(al);
    rb5.addActionListener(al);
    rb6.addActionListener(al);
    pa.setLayout(new GridLayout(0,1));
    pa.add(p1);
    pa.add(p2);
    Container cp = frame.getContentPane();
    cp.setLayout(new GridLayout(0,1));
    cp.add(pa);
    cp.add(p3);
    frame.setDefaultCloseOperation(JFrame.EXIT_ON_CLOSE);
    frame.pack();
    frame.setVisible(true);
    }
}
```

程序运行结果如图16.18所示。

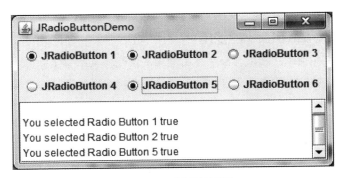

图 16.18　运行结果图

对于第一组按钮，用户可以选择一个或者多个；对于第二组按钮，用户只能选择一个。用户选择按钮，会触发ActionEvent事件，把选择信息显示在下方的文本域中。

16.6.4 组合框

JComboBox组件称为组合框或者下拉列表框，其特点是将所有选项折叠收藏在一起，只显示最前面的或用户选中的一个。它有两种形式：不可编辑的和可编辑的。对于不可编辑的JComboBox，用户只能在现有的选项列表中进行选择；对于可编辑的JComboBox，用户既可以在现有选项中选择，也可以输入新的内容，一次只能选择一项。

（1）JComboBox常用的构造方法

- JComboBox()创建一个没有任何可选项的组合框。
- JCombBox(Object[ ] items) 根据Object数组创建组合框，Object数组的元素即为组合框中的可选项。

例如，创建一个具有以下3个可选项的组合：String contentList={"学士","硕士","博士"}; JComboBox jcb=new JComboBox(contentList)。创建组合框对象后，可以通过该类的成员方法对其属性进行修改。

（2）JComboBox类常用成员方法

- void addItem(Object anObject) 为项列表添加选项。
- Object getItemAt(int index) 返回指定索引处的列表项。
- int getItemCount() 返回列表中的项数。
- int getSelectedIndex() 返回列表中与给定项匹配的第一个选项。
- Object getSelectedItem() 返回当前所选项。
- void removeAllItems() 从项列表中移除所有项。
- removeItem(Object anObject) 从项列表中移除指定的项。
- removeItemAt(int anIndex) 移除指定位置 anIndex 处的项。
- setEditable(boolean aFlag) 确定JComboBox 字段是否可编辑。

（3）事件响应

JComboBox组件能够响应的事件分为选择事件与动作事件。若用户选取下拉列表中的选择项，则激发ItemEvent事件，使用ItemListener事件监听者进行处理；若用户在JComboBox上直接输入选择项并按回车键，则激发ActionEvent事件，使用ActionListener事件监听者进行处理。

⚠ 【例16.20】 JComboBox的使用

创建两个组合框，第一个不可编辑，第二个可编辑，再创建一个带滚动条的文本区。每当用户在第一个组合框中进行选择，被选中的选项就会被插入到第二个组合框中的第一个位置，同时操作信息显示在文本区中。

```
import java.awt.*;
import java.awt.event.*;
import javax.swing.*;
import javax.swing.border.*;
public class JComboBoxDemo {
    JFrame frame = new JFrame("JComboBox Demo");
    JComboBox jcb1,jcb2;
    JTextArea ta = new JTextArea(0, 30);        //用于显示结果的文本区
    public static void main(String args[]){
        JComboBoxDemo cbd = new JComboBoxDemo();
        cbd.go();
```

```
    }
    public void go() {
        //创建内部JPanel容器
        JPanel p1 = new JPanel();
        JPanel p2 = new JPanel();
        JPanel p3 = new JPanel();
        JPanel p4 = new JPanel();
        String[] itemList = { "One", "Two", "Three", "Four", "Five" };
        jcb1 = new JComboBox(itemList);
        jcb1.setSelectedIndex(3); //设置第4个可选项为当前的显示项
        p1.add(jcb1);
        //采用工厂模式创建边框
        Border etched = BorderFactory.createEtchedBorder();
        Border border = BorderFactory.createTitledBorder(etched, "Uneditable
JComboBox");
        //为面板设置边框
        p1.setBorder(border);
        jcb2 = new JComboBox();
        //添加4个可选项
        jcb2.addItem("Six");
        jcb2.addItem("Seven");
        jcb2.addItem("Eight");
        jcb2.addItem("nine");
        //将jcb2设置为可编辑的
        jcb2.setEditable(true);
        p2.add(jcb2);
        border = BorderFactory.createTitledBorder(etched, "Editable JComboBox");
        p2.setBorder(border);
        JScrollPane jp = new JScrollPane(ta);
        p3.setLayout(new BorderLayout());
        p3.add(jp);
        border = BorderFactory.createTitledBorder(etched, "Results");
        p3.setBorder(border);
        ActionListener al = new ActionListener() {
            public void actionPerformed(ActionEvent e) {
                JComboBox jcb = (JComboBox)e.getSource();
                if(jcb == jcb1) {
                //将选项插入jcb2的第一个位置
                    jcb2.insertItemAt(jcb1.getSelectedItem(),0);
                    ta.append("\nItem "+ jcb1.getSelectedItem() +"  inserted");
                } else {
                    ta.append("\n You selected item : "+ jcb2.getSelectedItem());
                    jcb2.addItem(jcb2.getSelectedItem());
                }
            }
        };
        jcb1.addActionListener(al);
        jcb2.addActionListener(al);
        p4.setLayout(new GridLayout(0,1));
```

```
        p4.add(p1);
        p4.add(p2);
        Container cp = frame.getContentPane();
        cp.setLayout(new GridLayout(0,1));
        cp.add(p4);
        cp.add(p3);
        frame.setDefaultCloseOperation(JFrame.EXIT_ON_CLOSE);
        frame.pack();
        frame.setVisible(true);
    }
}
```

程序运行结果如图16.19所示。

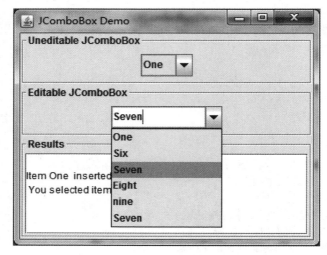

图 16.19　运行效果图

16.6.5 列表框（JList）

JList称为列表组件，是可供选择的一系列可选项。如果将JList放入滚动面板（JScrollPane）中，则会出现滚动菜单效果。利用JList提供的成员方法，用户可以指定显示在列表框中的选项个数，而多余的选项则可通过列表的上下滚动条来显现。

JList组件与JComboBox组件的最大区别是：JComboBox组件一次只能选择一项，而JList组件一次可以选择一项或多项。选择多项时，可以是连续区间选择（按住Shift键进行选择），也可以是不连续的选择（按住Ctrl键进行选择）。

（1）JList常用的构造方法

● JList() 构造一个空列表。

● JList(Object[] listData)构造一个列表，列表的可选项由对象数组listData指定。

● JList(Vector listData) 构造一个列表，列表的可选项由Vector型参数dataModel指定。

（2）JList类常用的成员方法

● int getSelectedIndex( ) 返回所选的第一个索引；如果没有选择项，则返回-1。

● void setSelectionBackground(Color c) 设置所选单元的背景色。

- void setSelection Foreground(Color c)设置所选单元的前景色。
- void setVisibleRowCount(int num)设置不使用滚动条可以在列表中显示的首选行数。
- void setSelectionMode(int selectionMode)确定允许单项选择还是多项选择。
- void setListData(Object[] listData)根据一个 object 数组构造列表。

（3）事件响应

JList组件的事件处理一般可分为两种，一种是当用户单击列表框中的某一个选项并选中它时，将产生ListSelectionEvent类的选择事件，此事件是Swing的事件，另一种是当用户双击列表框中的某个选项时，则产生MouseEvent类的动作事件。

若希望实现JList的ListSelectionEvent事件，那么首先必须要声明实现监听者对象的类接口ListSelectionListener，并通过JList类的addListSelectionListener()方法注册文本框的监听者对象，再在ListSelectionListener接口的valueChanged(ListSelectionEvent e)方法体中写入有关代码，就可以响应ListSelectionEvent事件了。

⚠ 【例16.21】 JList的使用

创建一个含有7个选项的列表，用户通过不同的选项按钮，可以对列表进行多种选择，被选中的信息显示在文本域中。

```
import java.awt.*;
import java.awt.event.*;
import javax.swing.*;
import javax.swing.event.*;
public class JListDemo2 {
    JFrame frame = new JFrame("JList Demo 2");
    JList dataList;
    JPanel panel = new JPanel();
    JRadioButton rb1,rb2,rb3;
    JTextArea ta = new JTextArea(3,40);
    public static void main(String args[]) {
        JListDemo2 ld2 = new JListDemo2();
        ld2.go();
    }
    public void go() {
        String[] data =
        {"Monday", "Tuesday", "Wednesday", "Thusday", "Friday", "Saturday",
"Sunday"};
        dataList = new JList(data);
        dataList.addListSelectionListener(new ListSelectionListener() {
            public void valueChanged(ListSelectionEvent e) {
                if(!e.getValueIsAdjusting()){
                    Object[] selections = dataList.getSelectedValues();
                    String values = "\n";
                    for(int i=0;i<selections.length;i++) {
                        values = values+selections[i]+"  ";
                    }
                    ta.append(values);
                }
```

```
            }
        });
        dataList.addMouseListener(new MouseAdapter() {
            public void mouseClicked(MouseEvent e) {
                if(e.getClickCount() == 1) {        //单击
                //根据坐标位置得到列表可选项序号
                    int index = dataList.locationToIndex(e.getPoint());
                    ta.append("\nClicked on Item " + index);
                }

                if(e.getClickCount() == 2) {        //双击
                    int index = dataList.locationToIndex(e.getPoint());
                    ta.append("\nDouble clicked on Item " + index);
                }
            }
        });
        //将列表放入滚动窗格JScrollPane中
        JScrollPane jsp = new JScrollPane(dataList,
            JScrollPane.VERTICAL_SCROLLBAR_AS_NEEDED,
            JScrollPane.HORIZONTAL_SCROLLBAR_AS_NEEDED);
        Container cp = frame.getContentPane();
        cp.add(jsp,BorderLayout.CENTER);
        rb1 = new JRadioButton("SINGLE SELECTION");
        rb2 = new JRadioButton("SINGLE_INTERVAL_SELECTION");
        rb3 = new JRadioButton("MULTIPLE_INTERVAL_SELECTION",true);
        ButtonGroup group = new ButtonGroup();
        group.add(rb1);
        group.add(rb2);
        group.add(rb3);
        ActionListener a1 = new ActionListener() {
            public void actionPerformed(ActionEvent e) {
                JRadioButton rb = (JRadioButton) e.getSource();        //取得事件源
                if(rb == rb1) {
                    dataList.setSelectionMode(ListSelectionModel.
                        SINGLE_SELECTION);
                }else if(rb == rb2) {
                    dataList.setSelectionMode(ListSelectionModel.
                        SINGLE_INTERVAL_SELECTION);
                }else {
                    dataList.setSelectionMode(ListSelectionModel.
                        MULTIPLE_INTERVAL_SELECTION);
                }
            }
        };
        rb1.addActionListener(a1);
        rb2.addActionListener(a1);
        rb3.addActionListener(a1);
        panel.setLayout(new GridLayout(3,1));
        panel.add(rb1);
```

```
        panel.add(rb2);
        panel.add(rb3);
        cp.add(panel,BorderLayout.EAST);
        JScrollPane jsp2 = new JScrollPane(ta,
            JScrollPane.VERTICAL_SCROLLBAR_ALWAYS,
            JScrollPane.HORIZONTAL_SCROLLBAR_AS_NEEDED);
        cp.add(jsp2,BorderLayout.SOUTH);
        frame.setDefaultCloseOperation(JFrame.EXIT_ON_CLOSE);
        frame.pack();
        frame.setVisible(true);
    }
}
```

程序运行效果如图16.20所示。

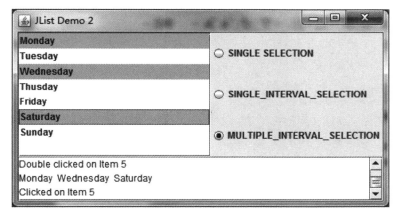

图 16.20 运行效果图

本章小结

　　本章首先简单介绍了Swing的基本概念以及如何构建一个Java图形界面程序，然后详细讲解了在进行用户界面设计时用到的常用容器、布局管理器以及java事件响应机制、常用事件的监听和处理方法，最后详细介绍了常见Swing组件的具体用法。

项目练习

项目练习1

　　创建一个标题为"欢迎使用图书管理系统"窗口，窗口的背景颜色为蓝色，并在其中添加一个"退出"命令按钮，当单击命令按钮时关闭窗口。

项目练习2

　　编写程序，创建包含一个标签和一个命令按钮的窗体，单击命令按钮时，标签的文本提示信息在"你好"和"再见"之间切换。

项目练习3

　　创建包含一个文本框和一个文本区域的窗体，当文本框内容改变时，将文本框中的内容显示在文本区域中，当在文本框中按回车键时，清空文本区域的内容。

项目练习4

　　创建包含一个列表框和两个标签的窗体，双击列表时，则把双击的列表选项内容在第一个标签中显示出来，对列表内容进行选择时，在第二个标签中显示被选中的所有选项的内容。

项目练习5

　　设置一个JLabel组件，开始内容为"你好！"，设置3个JCheckBox组件，标题分别为"红色""绿色""蓝色"，设置3个JRadioButton组件，标题分别为"10""16""20"，根据JCheckBox和JRadioButton的不同选择来改变标签字体大小和颜色。

Chapter

17

I/O处理

本章概述

在Java语言中，输入和输出是完全基于"流"的概念。通过流，程序可以从各种输入设备读入数据，向各种输出设备输出数据。本章将对"流"进行具体介绍，包括常用的流类，以及对象流和序列化等。通过本章的学习，读者将能够熟练运用流类完成各种I/O处理操作。

重点知识

- Java输入/输出基础
- Java流相关类
- 文件的读写
- 流的转换
- 对象流和序列化

17.1 Java输入/输出基础

> 本节主要介绍流的基本概念和运行机制，对Java中提供的访问流的类和接口的层次结构进行说明，然后，通过一个实例来了解流的基本用法。

17.1.1 流的概念

流（Stream）的概念源于Unix中管道（Pipe）的概念。在Unix中，管道是一条不间断的字节流，用来实现程序或进程间的通信，或读写外围设备、外部文件等。

"流"是用于在计算机中进行数据传输的机制，就像水管里的水流，在水管的一端供水，而在水管的另一端看到的是一股连续不断的水流。一个流，必须有源端和目的端，它们可以是计算机内存的某些区域，也可以是磁盘文件，还可以是键盘、显示器等物理设备，甚至可以是Internet上的某个URL地址。数据有两个传输方向，实现数据从外部源到程序的流称为输入流，如图17.1所示，通过输入流可以把外部的数据传送到程序中来处理。实现数据从程序到外部源的流称作输出流，如图17.2所示，通过输出流，我们可以把程序处理的结果数据传送到目标设备。

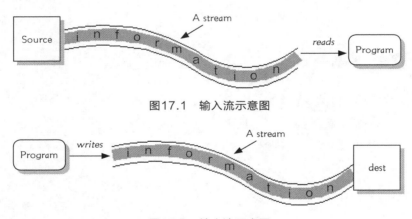

图17.1　输入流示意图

图17.2　输出流示意图

17.1.2 Java流类的层次结构

Java中的流类都处于Java.io包或Java.nio包中。

Java中流的分类如下：

● 按数据传送的方向分，可分为输入流和输出流。

● 按数据处理传输的单位分，可分为字节流和字符流。

分别由四个抽象类来表示：InputStream（字节输入流），OutputStream（字节输出流），Reader（字符输入流），Writer（字符输出流）。这4个类的基类都是object类，Java中其他多种多样变化的流类，均是由它们派生出来的，流类的派生结构如图17.3所示。

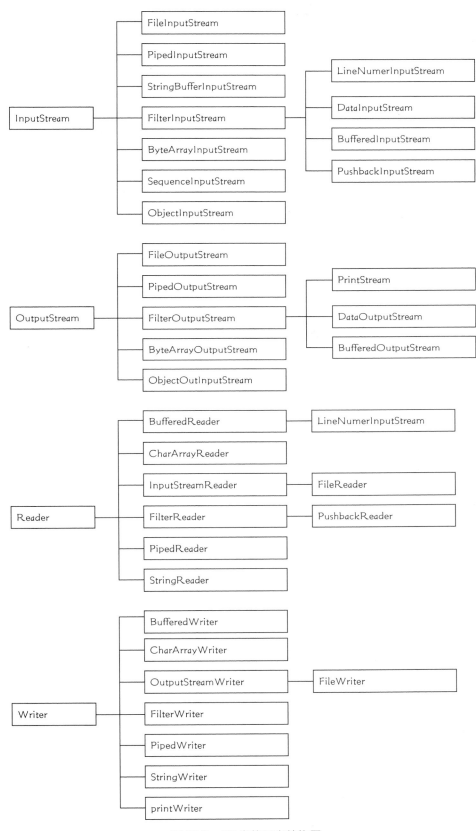

图17.3 I/O类的层次结构图

其中的InputStream和OutputStream，在早期的Java版本中就已经存在了，它们是基于字节流的，所以有时候也把InputStream和OutputStream直接称为输入流和输出流，而基于字符流的Reader和Writer是后来补充的，直接使用它们的英文类名。以上的层次图是Java类库中基本的层次体系。

17.1.3 预定义流

前面已经介绍，Java程序在运行时会自动导入一个Java.lang包，这个包定义了一个名为System的类，该类封装了运行环境的多个方面。例如，使用它的某些方法，能获得当前时间和与系统相关的不同属性。System同时包含3个预定义的流变量：in、out和err。这些成员在System中被定义为public和static类型，即意味着它们可以不引用特定的System对象而直接被用于程序的特定地方。

System.in对应键盘，表示"标准输入流"。它是InputStream类型的，使用System.in可以读取从键盘上输入的数据。

System.out对应显示器，表示"标准输出流"。它是PrintStream类型的，PrintStream是OutputStream的一个子类，使用System.out可以将数据输出到显示器上。键盘可以被当作一个特殊的输入文件，显示器可以被当作一个特殊的输出文件。

System.err表示"标准"错误输出流。此流已打开并准备接受输出数据。

通常，此流对应于显示器输出或者由主机环境或用户指定的另一个输出目标。按照惯例，此输出流用于显示错误消息，或者显示那些即使用户输出流（变量out的值）已经重定向到通常不被连续监视的某一文件或其他目标，也应该立刻引起用户注意的其他信息。

⚠ 【例17.1】 标准输入输出

通过采用标准输入Syetem.in，分别从键盘输入字符串类型、整型和双进度类型的数据，并通过标准输出System.out在控制台输出3种数据类型的结果。

```
/***************************StandardIO.java****************************/
import java.io.*;
public class StandardIO {
    public static void main(String args[]){
    //io操作必须捕获IO异常
    try{
        //先使用System.in构造InputStreamReader，再构造BufferedReader
        BufferedReader stdin = new BufferedReader(new InputStreamReader(System.in));
        //读取并输出字符串
        System.out.println("Enter input string");
        System.out.println(stdin.readLine());
        //读取并输出整型数据
        System.out.println("Enter input an integer:");

        //将字符串解析为带符号的十进制整数
        int num1 = Integer.parseInt(stdin.readLine());
        System.out.println(num1);
        //读取并输出double数据
        System.out.println("Enter input an double:");
        //将字符串解析为带符号的double数据
```

```
            double num2 = Double.parseDouble(stdin.readLine());
            System.out.println(num2);
        }
        catch(IOException e){
            System.err.println("IOException");
        }
    }
}
/*-------------------------------------------------------------------------*/
```

程序运行结果如图17.4所示。

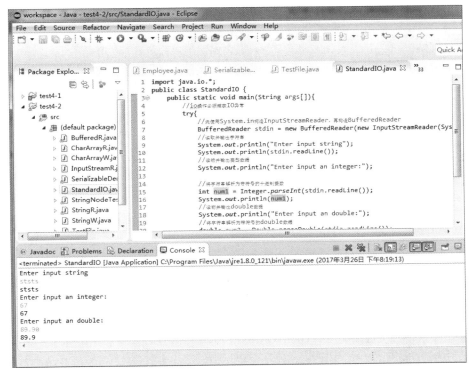

图17.4　标准输入输出的结果

17.2　Java流相关类

> 本节主要介绍Java中常用的I/O流操作相关的类。Java的流式输入/输出建立在4个抽象类的基础上：InputStream、OutputStream、Reader和Writer。InputStream、OutputStream设计为字节流类，而Reader和Writer设计为字符流类。一般情况下，处理字节或二进制对象时使用字节流类，而处理字符或字符串时应使用字符流类。下面详细介绍字节流和字符流的使用方法。

17.2.1 字节流

1. InputStream（输入流）

在Java中，用InputStream类来描述所有字节输入流的抽象概念。InputStream类是所有字节输入流的直接或间接父类，定义了所有Java字节输入流都具有的共通特性。它是一个抽象类，所以不能通过"new InputStream()"方式实例化对象。InputStream提供了一系列和读取数据有关的方法。

表17.1　InputStream类的方法

方法名	方法说明
int available()	返回此输入流下一个方法调用的可以不受阻塞地从此输入流读取（或跳过）的估计字节数
void close()	关闭此输入流并释放与该流关联的所有系统资源
void mark(int readlimit)	在此输入流中标记当前的位置。readlimit参数告知此输入流在标记位置失效之前允许读取的字节数
boolean markSupported()	测试此输入流是否支持mark和reset方法
abstract int read()	从输入流中读取数据的下一个字节
int read(byte[] b)	从输入流中读取一定数量的字节，并将其存储在缓冲区数组b中
int read(byte[] b, int off, int len)	将输入流中最多len个数据字节读入byte数组
void reset()	将此流重新定位到最后一次对此输入流调用mark方法时的位置
long skip(long n)	跳过和丢弃此输入流中数据的n个字节

2. OutputStream（输出流）

在Java中，用OutputStream类来描述所有字节输出流的抽象概念。OutputStream类是所有字节输出流的父类。定义了所有Java字节输出流都具有的基本操作。它是一个抽象类，所以不能被实例化。OutputStream提供了一系列和写入数据有关的方法。

表17.2　OutputStream类的常用方法

方法	方法说明
void close()	关闭此输出流并释放与此流有关的所有系统资源
void flush()	刷新此输出流并强制写出所有缓冲的输出字节
void write(byte[] b)	将b.length个字节从指定的byte数组写入此输出流
void write(byte[] b, int off, int len)	将指定byte数组中从偏移量off开始的len个字节写入此输出流
abstract void write(int b)	将指定的字节写入此输出流。将指定的字节写入此输出流。write的常规协定是：向输出流写入一个字节。要写入的字节是参数b的八个低位。b的24个高位将被忽略

3. ByteArrayInputStream（字节数组输入流）

ByteArrayInputStream类可以将字节数组转化为输入流。利用它可以从字节数组中以流的形式读取byte型数据，在创建ByteArrayInputStream型实例时，程序内要提供一个byte类型数组，作为输入流的数据源。它有如下两个构造函数：

- ByteArrayInputStream(byte[] buf)：使用 buf 作为参数指出输入流的源。
- ByteArrayInputStream(byte[] buf, int offset, int length)：使用 buf 作为输入流的源，参数 offset指定从数组中开始读数据的起始下标位置，length指定从数组中读取的字节个数。

⚠️【例17.2】ByteArrayInputStream类的应用

给定一个字节数组，先在控制台输出字节数组的内容，然后通过字节数组输入流，把这个字节数组作为数据源，再以流的形式读取其中的内容并显示出来，比较两次输出的内容。

```java
/************************ByteArrayIn.java************************/
import java.io.*;
public class ByteArrayIn {
    public static void main(String[] args) {
        int b;
        byte[] buff = new byte[] { 1, 2, 3 };//声明字节数组并初始化
        for(int i = 0; i < buff.length; i++)
            System.out.println(buff[i]);
        System.out.println("*********************");
        //声明字节数组输入流，并指出字节数组buff为输入流的源
        ByteArrayInputStream bin = new ByteArrayInputStream(buff);
        while((b = bin.read()) != -1) {//从流中每次读取一个字节，循环输出流中所有内容
            System.out.println(b);
        }
    }
}
/*-----------------------------------------------------------*/
```

程序运行结果如图17.5所示。

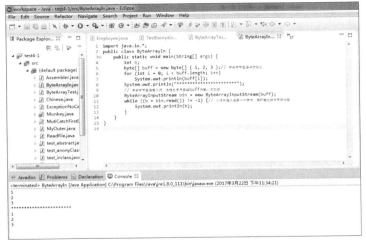

图17.5 字节数组输入流运行结果

4. ByteArrayOutStream（字节数组输出流）

ByteArrayOutputStream类实现向内存中的字节数组中写入数据，它把字节数组类型转换为输出流类型，使程序能够对字节数组进行写操作。在创建它的实例时，程序中应创建一个byte类型的数组，然后利用ByteArrayOutputStream的实例方法获取内存中字节数组的数据。

⚠️ 【例17.3】ByteArrayOutputStream类的应用

创建一个字节数组输出流的实例，把一个字符串转换成字节数组，作为字节数组输出流的数据源，然后把输出流中的内容转换成一个字节数组并输出显示。

```java
/**************************ByteArrayOut..java***************************/
import java.io.*;
public class ByteArrayOut{
    public static void main(String[] args)throws IOException{
        byte[] buff=null;
        String msg="请不要说英语，ok!";
        //声明一个字节数组输出流对象
        ByteArrayOutputStream out=new ByteArrayOutputStream();
        try{
            //把字符串转换成字节数组，并送入输出流
            out.write(msg.getBytes("UTF-8"));
            //把输出流中的数据输出到字节数组buff中
            buff=out.toByteArray();
            out.close();
        }catch(IOException e){ }
        System.out.println(new String(buff,"UTF-8"));
    }
}
/*--------------------------------------------------------------------*/
```

程序运行结果如图17.6所示。

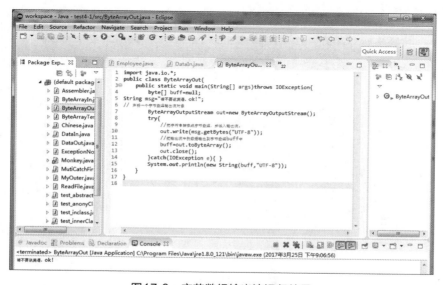

图17.6　字节数组输出流运行结果

5. FileInputStream（文件输入流）

FileInputStream是InputStream的子类，用来从指定的文件中读取数据，FileInputStream操作的单位也是字节，所以它不但可以读写文本文件，也可以读写图片、声音、影像文件，这一特点非常有用，我们可以把各种文件变成流，然后在网络上传输。

通过它的构造函数来指定文件路径和文件名，通过使用从InputStream的继承的read方法，可以读取文件的一个字节、几个字节或整个文件。创建FileInputStream实例对象时，指定的文件应当是存在和可读的，否则，在进行读取操作时会抛出异常。

FileInputStream类的构造有如下两种：

- FileInputStream(String filename)：用文件名作为参数创建文件输入流对象，这里的filename包含文件路径信息。
- FileInputStream(File f)：用一个File对象作为参数来指出流的源端。

⚠ 【例17.4】 FileInputStream类的应用

读取指定位置的文件内容，并统计从文件中读取的字节数。

```java
/***********************TestFileInputStream.java************************/
import java.io.*;
public class TestFileInputStream {
    public static void main(String[] args) {
        FileInputStream files=null;
        int b = 0;
        try{
            files=new FileInputStream("d:/test.txt");
        }
        catch(FileNotFoundException e){
            System.out.println("系统文件不存在");
            System.exit(-1);
        }
        try{
            long num=0;
            while((b= files.read())!=-1){
                System.out.print((char)b);
                num++;
            }
            files.close();
            System.out.println();
            System.out.println("读取成功");
            System.out.println("共读取了"+num+"个字节");
        }
        catch(IOException e){
            System.out.println("此文件读取出错");
            System.exit(-1);
        }
    }
}
/************************************************************************/
```

程序运行结果如图17.7所示。

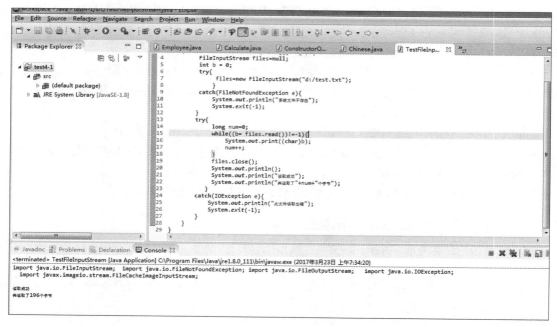

图17.7　文件读取结果

6. FileOutputStream（文件输出流）

FileOutputStream是OutputStream的直接子类，可以用来实现向文件中写入数据，写入数据的基本单位是字节。在实例化FileOutputStream对象时，如果指定的文件不存在，则会自动创建一个空的文件；如果指定的文件名称已经存在，则原文件会被覆盖；如果文件是不可写的，则会抛出FileNotFoundException异常。FileOutputStream类的构造方法有如下三种：

- FileOutputStream(File f)：用一个File对象作为参数来指出流的目的地。
- FileOutputStream(String filename)：用文件名作为参数创建文件输出流对象，这里的filename包含文件路径信息。
- FileOutputStream(String filename,boolean append)：其中append参数指定写入的方式，如果设置为true，则文件不存在就会新建一个文件；如果文件存在，写入数据附加至文件末端。

⚠ 【例17.5】FileOutputStream类的应用

通过输入输出流操作，把"face.gif"文件复制一份，同时将其保存在同一文件夹下，新文件名为"newFace.gif"。

```
/*****************************FileOut.java*****************************/
import java.io.*;
public class FileOut {
    public static void main(String[] args) throws IOException {
        //创建流文件读入与写出类
        FileInputStream inStream = new FileInputStream("face.gif");
        FileOutputStream outStream = new FileOutputStream("newFace.gif");
        //通过available方法取得流的最大字节数
        byte[] inOutb = new byte[inStream.available()];
```

```
        inStream.read(inOutb);           //读入流数据,保存在byte数组
        outStream.write(inOutb);         //写出流数据,保存在文件newFace.gif中
        inStream.close();
        outStream.close();
    }
}
/*----------------------------------------------------------------------------*/
```

7. DataInputStream（数据输入流）

过滤流在读/写数据的同时，可以对数据进行处理，它提供了同步机制，使得某一时刻只有一个线程可以访问一个I/O流，以防止多个线程同时对一个I/O流进行操作所带来的意想不到的结果。类 FilterInputStream和FilterOutputStream是所有过滤输入流和输出流的父类。因为 InputStream 类声明的数据读取方法在很多情况下使用起来比较复杂，所以FilterInputStream还扩展输入流的读取功能。

DataInputStream类是过滤输入流（FilterInputStream）的子类，DataInputStream不仅可以读取数据流，还可以通过与机器无关的方式从基本输入流中读取Java语言中各种各样的基本数据类型，例如int、float、String等。因为这些类型的数据在文件中与在内存中的表示方式一样，因此无需进行编码转换。

表17.3　DataInputStream类的常用方法

方法	方法说明
int readInt()	从输入流读取int类型数据
byte readByte()	从输入流读取byte类型数据
char readChar()	从输入流读取char类型数据
long readLong()	从输入流读取long类型数据
double readDouble()	从输入流读取double类型数据
float readFloat()	从输入流读取float类型数据
boolean readBoolean()	从输入流读取boolean类型数据
String readUTF()	从输入流读取若干字节，然后转换成UTF-8编码的字符串

为了使用过滤流，需要在创建过滤流时将过滤流连接到另一个输入（输出）流上。例如，可以将DataInputStream连接到一个FileInputStream流上，用户就可以方便地使用DataInputStream类的readXXX()方法类实现从标准输入中读取数据。

⚠ 【例17.6】 DataInputStream流的应用

使用DataInputStream流，从文件"b.txt"中读取一条记录，然后在控制台中输出记录的内容。

```
/**************************DataIn.java***************************/
import java.io.*;
```

```
public class DataIn {
    public static void main(String[] args) {
        int n;
        String s;
        try {//声明DataInputStream流对象，并指定文件"d:/test.txt"为输入流的源
            DataInputStream dis = new DataInputStream(new FileInputStream("d:/
test.txt"));
            n = dis.readInt();
            s = dis.readUTF();//读取UTF编码格式的字符串
            System.out.println(s + "   " + n);
        } catch(Exception e) {   }
    }
}
/*----------------------------------------------------------------------------*/
```

程序运行结果如图17.8所示。

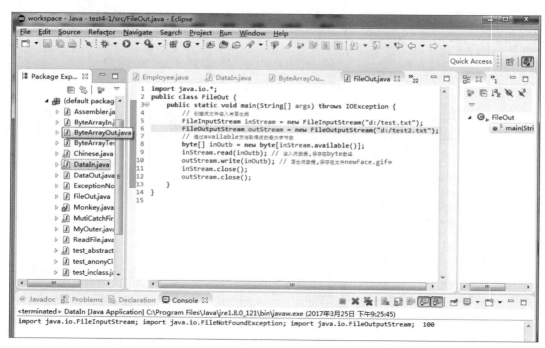

图17.8　使用DataInputStram读取文件运行结果

8. DataOutputStream（数据输出流）

DataOutputStream是FilterOutputStream类的子类。它实现了DataOutput接口中定义的独立于具体机器的带格式的写入操作，从而可以实现对Java中的不同类型的基本类型数据的写入操作，例如writeByte()、writeInt()等，用DataOutputStream的WriteXXX()方法写入的数据，在读取时应使用DataInputStream对象相应的readXXX()方法。

为了使用DataOutputStream过滤输出流，用户需要在创建过滤流的时候，将过滤流连接到另一个输出流上。DataOutputStream常用方法如表17.4所示。

表17.4　DataOutputStream常用方法

方法	方法说明
void writeInt()	向输出流写入一个int类型的数据
void writeByte()	向输出流写入一个byte类型数据
void writeChar()	向输出流写入一个char类型数据
void writeLong()	向输出流写入一个long类型数据
void writeDouble()	向输出流写入一个double类型数据
void writeFloat()	向输出流写入一个float类型数据
boolean writeBoolean()	向输出流写入一个boolean类型数据
void writeUTF()	向输出流写入采用UTF-8字符编码的字符串

⚠ 【例17.7】DataOutputStream类的应用

通过DataOutputStream输出流的方法，把基本数据类型的数据输出到"d:\test.txt"文件中。

```
/****************************DataOut.java****************************/
import java.io.*;
public class DataOut {
    public static void main(String[] args) {
        int n;
        try {//声明DataOutputStream流对象，并指定文件" d:/test.txt "为输出流的源
            FileOutputStream fos=new FileOutputStream("d:/test.txt");
            DataOutputStream dos=new DataOutputStream(fos);
            dos.writeInt(100);
            dos.writeUTF("import Java.io.FileInputStream; import Java.io.File
NotFoundException; import Java.io.FileOutputStream;");
            dos.close();
        }
        catch(IOException e) {
            e.printStackTrace();
        }
    }
}
/*------------------------------------------------------------*/
```

程序运行后，在d:\根目录下建立了文件test.txt，test.txt的内容如图17.9所示（二进制表示）。

图17.9　程序运行后文件内容

writeInt写入文件中4个字节的内容，writeUTF将采用UTF-8字符编码方式写入字符串。尽管我们用记事本程序看不出其实际写入的内容，但对应的读取函数却能正确返回先前写入的字符串，因为读取函数内部知道如何解密。

9. BufferedInputStream（缓冲输入流）

BufferedInputStream也是FilterInputStream类的子类，它可以为InputStream类的对象增加缓冲区功能。来提高读取数据的效率。实例化BufferedInputStream类的对象时，需要给出一个InputStream类型的实例对象。BufferInputstream定义了两种构造函数：

- BufferInputstream(InputStream in)：缓冲区默认大小为2048个字节。
- BufferInputStream(InputStream in,int size)：第二个参数表示指定缓冲区的大小，以字节为单位。

当数据源为文件或键盘时，使用BufferdInputStream类可以提高I/O操作的效率。

10. BufferedOutputStream（缓冲输出流）

BufferedOutputStream是FilterOutputStream的子类，利用输出缓冲区可以提高写数据的效率。BufferedOutputStream类先把数据写到缓冲区，当缓冲区满的时候才真正把数据写入目的端，这样可以减少向目的端写数据的次数，从而提高输出的效率。实例化BufferedOutputStream类的对象时，需要给出一个OutputStream类型的实例对象。该类的构造方法有两种：

- BufferedOutputStream(OutputStream out)：参数out指定需要连接的输出流对象，也就是out将作为BufferedOutputStream流输出的目标端。
- BufferedOutputStream(OutputStream out,int size)：参数out指定需要连接的输出流对象，参数size指定缓冲区的大小，以字节为单位。

⚠ 【例17.8】BufferedOutputStream类的应用

使用缓冲流技术实现文件的复制功能，程序在命令行下执行时，需要传递两个参数，第一个参数是源文件名，第二个参数是复制到的目的文件名。

```
/****************************BufferedOut.java****************************/
import java.io.*;
public class BufferedOut {
    public static void main(String[] args) {
        try {
            byte[] data = new byte[1];
            File srcFile = new File(args[0]);
            File desFile = new File(args[1]);
            //创建一个文件输入流，并作为参数传递给缓冲输入流，实现对接
            BufferedInputStream bufIn = new BufferedInputStream(
                new FileInputStream(srcFile));
            //创建一个文件输出流，并作为参数传递给缓冲输出流，实现对接
            BufferedOutputStream bufOut = new BufferedOutputStream(
                new FileOutputStream(desFile));
            System.out.println("复制文件: " + srcFile.length() + "字节");
            while(bufIn.read(data) != -1) {
                bufOut.write(data);
            }
```

```
            //将缓冲区中的数据全部写出
            bufOut.flush();
            //关闭流
            bufIn.close();
            bufOut.close();
            System.out.println("复制完成");
        } catch(Exception e) {
        }
    }
}
/*--------------------------------------------------------------------------*/
```

程序运行的结果如图17.10所示。

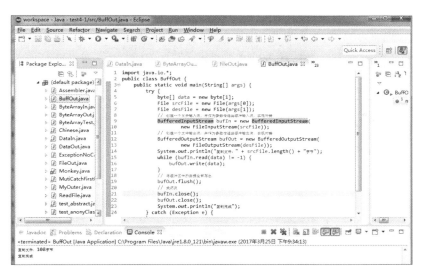

图17.10　文件复制程序运行结果

11. RandomAccessFile（随机访问文件类）

RandomAccessFile包装了一个随机访问的文件，但是，它是直接继承于Object类的，而非InputStream/OutputStream类，对于InputStream和OutputStream来说，它们的实例都是顺序访问流，而且读取数据和写入数据必须使用不同的类，随机访问文件类突破了这种限制，在Java中，类RandomAccessFile 提供了随机访问文件的方法。它可以实现读写文件中任何位置中的数据，允许使用同一个实例对象对同一个文件交替进行读写操作。

RandomAccessFile的 构造方法有两种：

- RandomAccessFile(File file, String mode)：创建从中读取和向其中写入（可选）的随机存取文件流，该文件由File参数指定。
- RandomAccessFile(String name, String mode)：创建从中读取和向其中写入（可选）的随机存取文件流，该文件具有指定名称。

Mode参数可以是r（以只读方式打开）或rw（可读可写，不存在则创建）。

采用RandomAccessFile类对象读写文件内容的原理是：将文件看作字节数组，并用文件指针指示当前位置。初始状态下，文件指针指向文件的开始位置。读取数据时，文件指针会自动移过读取过的数据，我们可以改变文件指针的位置。RandomAccessFile类常用操作方法如表17.5所示。

表17.5　RandomAccessFile类的常用操作方法

方法	方法说明
long getFilePointer()	返回文件指针的当前位置
long length()	返回文件的长度
void close()	关闭操作
int read(byte[] b)	将内容读取到一个byte数组中
byte readByte()	读取一个字节
int readInt()	从文件中读取整型数据
void seek(long pos)	设置读指针的位置
void writeBytes(String s)	将一个字符串写入到文件中，按字节的方式处理
void writeInt(int v)	将一个int型数据写入文件，长度为4位
int skipBytes(int n)	指针跳过多少个字节

⚠ 【例17.9】 随机访问文件的应用

利用随机数据流RandomAccessFile类，记录用户的键盘输入，每执行一次，将用户的键盘输入存储在指定的"UserInput.txt"文件中。

```
/***************************RandomFile.java***************************/
import java.io.*;
public class RandomFile {
    public static void main(String args[]) {
        StringBuffer buf = new StringBuffer();
        char ch;
        try {
            //从标准输入流中读取一行字符，并把它添加到字符串缓冲对象中
            while((ch = (char) System.in.read()) != '\n') {
                buf.append(ch);
            }
            //创建一个随机文件对象
            RandomAccessFile myFileStream = new RandomAccessFile(
                "d:/UserInput.txt", "rw");
            //文件读写指针定位到文件末尾
            myFileStream.seek(myFileStream.length());
            //将字符串缓冲对象的内容添加到文件的尾部
            myFileStream.writeBytes(buf.toString());
            myFileStream.close();//关闭随机文件对象
        } catch(IOException e) { }
    }
}
/*------------------------------------------------------------------*/
```

在Java I/O编程时应该注意以下几点：

- 异常的捕获：由于包Java.io中几乎所有的类都声明有I/O异常，因此程序应该对在I/O操作时可能产生的异常加以处理，也就是要放在try-catch结构中加以检测和处理。
- 流结束的判断：方法read()的返回值为−1时，readLine()的返回值为null时，说明流已经结束，在执行读取操作时，应该加以判断。

12. PrintStream（打印流）

PrintStream和DataOutputStream类似，能够方便地输出各种数据类型的数据。与其他输出流不同，PrintStream大部分成员方法不会抛出异常。另外，可以选择是否采用自动刷新功能，如果采用自动刷新功能，则当输出回车换行时（如：调用其中一个println方法），会自动调用flush方法。该类的构造方法有三种：

- PrintStream(OutputStream out)：参数out指定需要连接的输出流对象。
- PrintStream(OutputStream out,boolean autoFlush)：第二个参数autoFlush指定是否自动刷新。
- PrintStream(String fileName)：fileName参数指定作为输出流目标端文件名。

PrintStream类提供了一系列的print和println方法，可以将基本数据类型的数据格式化成字符串输出，例如，177被格式化输出的实际字节数据为0×317和0×37。PrintStream类的常用方法如表17.6所示。

表17.6 PrintStream类的常用方法

方法	方法说明
void print(boolean b)	输出 boolean 值
void print(char c)	输出字符
void print(char[] s)	输出字符数组
void print(double d)	输出双精度浮点数
void print(float f)	输出浮点数
void print(int i)	输出整数
void print(long l)	输出long 整数
void print(Object obj)	输出对象
void print(String s)	输出字符串

17.2.2 字符流

下面将对字符流的相关知识内容进行详细介绍。

1. Reader（读取字符流）

InputStream读取的是字节流，但在很多应用环境中，Java程序中读取的是文本数据内容，文本文件中存放的都是字符，在Java中字符均采用Unicode编码方式，每一个字符占用两个字节的空间。为了方便读取以字符为单位的数据文件，Java提供了Reader类，它是所有字符输入流的基类，位于

Java.io包中，属于抽象类，所以不能直接进行实例化。Reader类提供的方法与InputStream类提供的方法类似，如表17.7所示。

表17.7　Reader类的常用方法

方法	说明
int available()	返回此输入流下一个方法调用的可以不受阻塞地从此输入流读取（或跳过）的估计字符数
void close()	关闭此输入流并释放与该流关联的所有系统资源
void mark(int readlimit)	在此输入流中标记当前的位置。readlimit参数告知并给当前流作标记，最多支持readLimit个字符的回溯
boolean markSupported()	测试此输入流是否支持mark和reset方法
int read()	读取一个字符，返回值为读取的字符
int read(char[] b)	从输入流中读取若干字符，并将其存储在字符数组中，返回值为实际读取的字符的数量
int read(char[] b, int off, int len)	读取len个字符，从数组cbuf[]的下标off处开始存放，返回值为实际读取的字符数量，该方法必须由子类实现
void reset()	将此流重新定位到最后一次对此输入流调用mark方法时的位置
long skip(long n)	跳过和丢弃此输入流中数据的n个字符

2. Writer（写入字符流）

Writer类是处理所有字符输出流类的基类。位于Java.io包中，它是抽象类，所以不能直接进行实例化，Writer提供多个成员方法，分别用来输出单个字符、字符数组和字符串，主要成员方法如表17.8所示。

表17.8　Writer类的常用方法

方法	方法说明
void write(int c)	将整型值c的低16位写入输出流
void write(char cbuf[])	将字符数组cbuf[]写入输出流
void write(char cbuf[],int off,int len)	将字符数组cbuf[]中的从索引为off位置处开始的len个字符写入输出流
void write(String str)	将字符串str中的字符写入输出流
void write(String str,int off,int len)	将字符串str中从索引off开始处len个字符写入输出流
void flush()	刷空输出流，并输出所有被缓存的字节

3. FileReader（读取文件字符流）

因为大多数程序会涉及文件读/写，所以FileReader类是一个常用的类，FileReader类可以在一指定文件上实例化一个文件输入流，利用流提供的方法，从文件中读取一个字符或者一组数据。由于汉字在文件中占用两个字节，如果使用字节流，读取不当会出现乱码现象，采用字符流就可以避免这种现象。FileReader类有两种构造方法：FileReader(String filename)和FileReader(File f)。

相对来说，第一种方法使用更方便一些，构造一个输入流，并以文件为输入源。第二种方法构造一个输入流，并使File的对象f和输入流相连接。

FileReader类的最重要的方法是read()，它返回下一个输入的字符的整型表示。

⚠ 【例17.10】 FileReader类的应用

建立一个FileReader对象，读取文件"d:\test.txt"的第一行数据，遇到回车换行结束，并把读取的结果在控制台中输出显示。

```
/*****************************FileR.java****************************/
import java.io.*;
public class FileR {
    public static void main(String args[]) throws IOException {
        //创建FileReader类对象，并把文件"c.txt"作为源端
        FileReader fr = new FileReader("c.txt");
        char ch = ' ';
        //循环从文件中读取字符，直到遇到换行符
        while(ch != '\n') {
            ch = (char) fr.read();
            System.out.print(ch);
        }
        fr.close();//关闭流
    }
}
/*--------------------------------------------------------------*/
```

程序运行结果如图17.11所示。

图17.11　FileReader类运行结果

4. FileWriter（写入文件字符流）

FileWriter是OutpuStreamWriter的直接子类，用于向文件中写入字符。此类的构造方法以默认字符编码和默认字节缓冲区大小来创建实例。FileWriter有两种构造方法：FileWriter(String filename)和FileWriter(File f)。

第一种构造方法用文件名的字符串作为参数，第二种方法以一个文件对象作为参数。

⚠ 【例17.11】 FileWriter类的应用

创建一个FileWriter对象，用文件名字符串"text.txt"作参数，实现向文件中写入字符串。

```java
/*****************************FileW.java*****************************/
import java.io.*;
public class FileW {
    public static void main(String args[]) {
        try { //创建FileWriter对象，参数"text.txt"为输出流的目标端文件
            FileWriter fw = new FileWriter("text.txt");
            //把字符串写入输出流中，进而写到文本文件中
            fw.write("布斯");
            fw.write(";");
            fw.write("100-北京路");
            fw.write(";");
            fw.write("上海");
            fw.write(";");
            fw.write("中国");
            fw.close(); //关闭流
        } catch(IOException e) {}
    }
}
/*------------------------------------------------------------------*/
```

5. CharArrayReader（字符数组流）

CharArrayReader与ByteArrayInputStream类似，它可以从字符数组中以流的形式读取char型数据，是一个把字符数组作为源的输入流。该类有两个构造函数，都需要一个字符数组提供数据源：

- CharArrayReader(char array[])：该函数表示以字符数组array作为输入的源端，创建一个CharArrayReader对象。
- CharArrayReader(char array[], int start, int numChars)：从字符数组的子集创建一个CharArrayReader对象，该子集从start指定的索引开始，长度为numChars。

⚠ 【例17.12】 CharArrayReader类的应用

把一个字符串放到一个字符数组中，然后通过CharArrayReader读出字符数组中的字符，并在控制台输出。

```java
/*****************************CharArrayR.java*****************************/
import java.io.*;
public class CharArrayR {
    public static void main(String[] args) throws IOException {
```

```
String strTmp = "人生就像打电话，不是你先挂，就是我先挂！Oh yeah!";
int intLen = strTmp.length();              //取得字符串strTmp的长度
char c[] = new char[intLen];
strTmp.getChars(0, intLen, c, 0);          //把字符串strTmp放入字符数组c中
//把字符数组c中的字符送入input字符输入流中
CharArrayReader input = new CharArrayReader(c);
int i;
System.out.println("input is : ");
//输出input流中的内容
while((i = input.read()) != -1) {
    System.out.print((char) i);
}
System.out.println();
input.close();
    }
}
/*-------------------------------------------------------------------------*/
```

程序运行结果如图17.12所示。

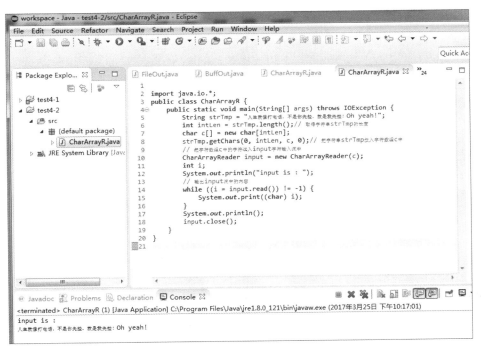

图17.12   字符数组输入流运行结果

6. CharArrayWriter（字符数组写入流）

CharArrayWriter 实现了把字符数组写到内存中的字符数组中的功能，可以通过字符流的形式对数组进行操作。CharArrayWriter有两个构造函数：CharArrayWriter()和CharArrayWriter(int numChars)。

第一种构造方法，创建了一个默认长度的缓冲区。第二种构造方法，缓冲区长度由numChars指定。缓冲区保存在CharArrayWriter的buf成员中。在需要的情况下可以自动增长缓冲区大小。缓冲区

保持的字符数包含在CharArrayWriter的count成员中。buf 和count都是受保护的域。

⚠ 【例17.13】CharArrayWriter类的应用

创建一个字符数组输出流对象，把一个字符串转换成字符数组，再把字符数组中的数据转换成Writer流的类型，最后，把流中的数据在控制台窗口中输出。

```
/***************************CharArrayW.java***************************/
import java.io.*;
public class CharArrayW {
    public static void main(String[] args) throws IOException {
        //创建一个字符数组输出流对象
        CharArrayWriter f = new CharArrayWriter();
        String s = "北京欢迎您";
        char buff[] = new char[s.length()];
        //把字符串s转换成字符数组,并放入buff中
        s.getChars(0, s.length(), buff, 0);
        //把字符数组的内容写到字符输出流中
        f.write(buff);
        System.out.println("Buffer as a string");
        //把字符输出流中的内容显示出来
        System.out.println(f.toString());
    }
}
/*---------------------------------------------------------------------*/
```

运行结果如图17.13所示。

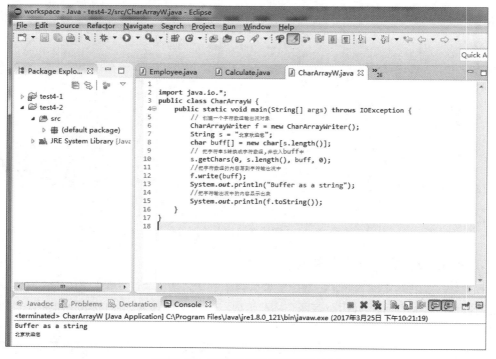

图17.13　字符数组输出流运行结果

7. BufferedWriter（缓冲写入字符流）

使用BufferedWriter时，写出的数据并不会直接输出至目的地，而是先储存至缓冲区中，如果缓冲区中的资料满了，才会一次性对目的地进行写出，可以减少对磁盘的I/O动作，以提高程序的效率。该类提供了newLine()方法，它使用平台自己的行分隔符，由系统属性line.separator定义。并非所有平台都使用字符('\n') 作为行结束符。因此调用此方法来终止每个输出行要优于直接写入新行符。

BufferedWriter有两个构造方法：BufferedWriter(Writer out)和BufferedWriter(Writer out, int size)。

参数out指定连接的输出流，第二个构造方法的size参数指定缓冲区的大小，以字符为单位。

8. BufferedReader（缓冲读取字符流）

Reader类的read()方法每次从数据源中读取一个字符，对于数据量比较大的输入操作，效率会受到很大影响，为了提高效率，可以使用BufferedReader类。使用BufferedReader读取文本文件时，会先尽量从文件中读入字符数据并置入缓冲区，而之后若使用read()方法获取数据，会先从缓冲区中读取内容，如果缓冲区数据不足，才会从文件中读取。BufferedReader类有两个构造方法：BufferedReader(Reader in)和BufferedReader(Reader in,int size)。

参数in指定连接的字符输入流，第二个构造方法的参数size，指定以字符为单位的缓冲区大小。BufferedReader中定义的构造方法只能接收字符输入流的实例，所以必须使用字符输入流。

⚠ 【例17.14】BufferedReader类的应用

通过BufferedReader，把文件"f.txt"中的内容送入输入流中，然后按行从流中获取数据，并在控制台中显示。

```
/****************************BufferedR.java****************************/
import java.io.*;
public class BufferedR {
    public static void main(String args[]) {
        try {
            //创建一个字符文件输入流，并作为参数传递给字符缓冲输入流
            BufferedReader br = new BufferedReader(new FileReader("d:/test.txt"));
            String s;
            //每次读一行数据，返回字符串类型
            while((s = br.readLine()) != null) {
                System.out.println(s);
            }
        } catch(Exception e) {   }
    }
}
/*-------------------------------------------------------------------*/
```

程序运行结果如图17.14所示。

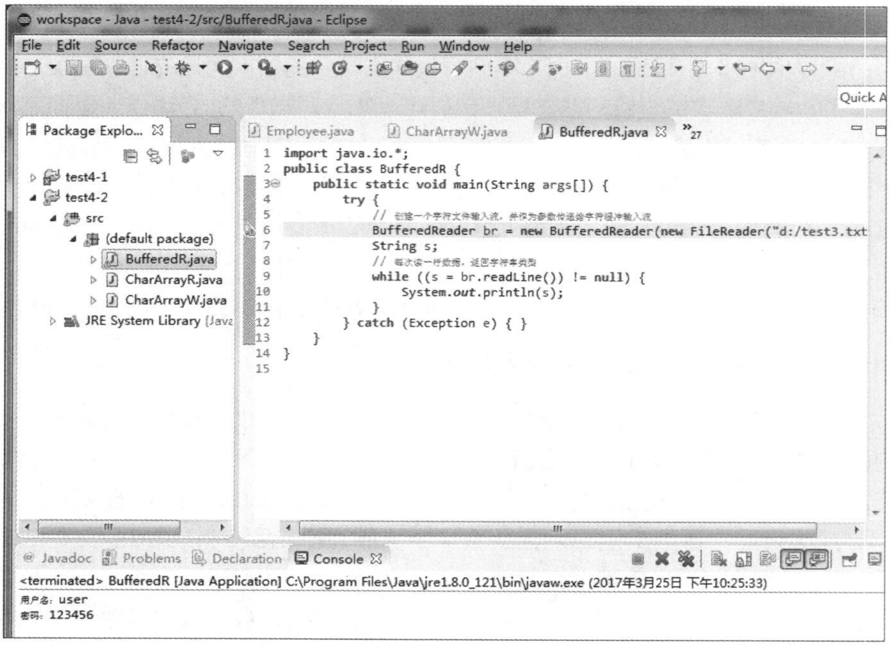

图17.14　BufferedReader类运行结果

9. StringReader（字符串读取字符流）

StringReader 类实现从一个字符串中读取数据。StringReader类是通过重写父类的成员方法来从一段字符串而不是从一个文件中读取信息，它把字符串作为字符输入流的数据源，这个类的构造方法为：

```
StringReader(String s)
```

参数s指定输入流对象的数据源。

StringReader类的最重要的方法是read()，它返回下一个字符的整型表示。

⚠【例17.15】StringReader类的应用

把一个字符串作为StringReader流的数据源，然后将每个字符转成大写，并在控制台中输出。

```
/********************************StringR.java********************************/
import Java.io.IOException;
import Java.io.StringReader;
public class StringR {
    public static void main(String[] args) {
        String str = "abcdefghijklmn";
        transform(str);
    }
    public static void transform(String str) {
        StringReader sr = new StringReader(str);
        char[] chars = new char[1024];
        try {
            int len = 0;
```

```
        while((len = sr.read(chars)) != -1) {
            String strRead = new String(chars, 0, len).toUpperCase();
            System.out.println(strRead);
        }
        sr.close();
        }
    catch(IOException e) {
        e.printStackTrace();
    } finally {
        sr.close();
        }
    }
}
/*--------------------------------------------------------------*/
```

程序运行结果如图17.15所示。

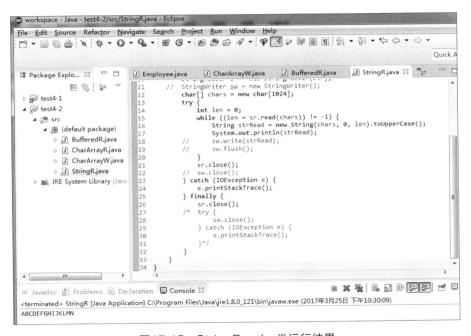

图17.15　StringReader类运行结果

10. StringWriter（字符串写入字符流）

StringWriter类是一个字符流，可以用其回收在字符串缓冲区中的输出来构造字符串。该类的构造方法为：

```
StringWriter( );
StringWrite(int  s)
```

参数s指定初始字符串缓冲区大小。

StringWrite类的最重要的方法是write()和toString()，用于写入字符串和以字符串的形式返回该缓冲区的当前值。

⚠️ 【例17.16】 StringWriter类的应用

用默认初始字符串缓冲区大小创建一个新字符串，并将其结果输出到控制台。

```
/*************************StringNodeTest.java***************************/
import Java.io.IOException;
import Java.io.StringWriter;

public class StringNodeTest {
    public static void main(String[] args) throws Exception {
        StringWriter sw = new StringWriter();
        //调用方法执行输出
        sw.write("有一个美丽的新世界\n");
        sw.write("有一个美丽的新世界\n");
        sw.write("有一个美丽的新世界\n");
        sw.write("有一个美丽的新世界\n");
        sw.write("有一个美丽的新世界\n");
        System.out.println(sw.toString());
    }
}
/*--------------------------------------------------------------------*/
```

程序运行结果如图17.16所示。

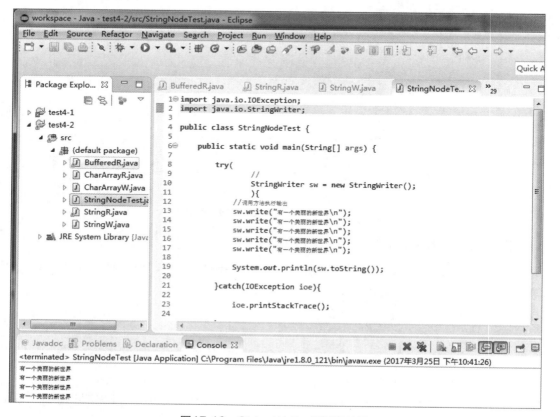

图17.16　StringWriter类运行结果

11. PrintWriter（输出字符流）

PrintWriter在功能上与PrintStream类似，它向字符输出流输出对象的格式化表示形式，除了接受文件名字符串和OutputStream实例作为变量之外，PrintWriter还可以接受Writer对象作为输出的对象。

这个类实现 PrintStream 中的所有输出方法。PrintWriter的所有print()和println()都不会抛出I/O异常，客户通过PrintWriter的checkError()方法，可以查看写数据是否成功，如果该方法返回true，表示成功，否则，表示出现了错误。

PrintWriter和PrintStream的println(String s)方法都能输出字符串，两者的区别是Print-Stream只能使用本地平台的字符编码，而PrintWriter使用的字符编码取决于所连接的Writer类所使用的字符编码。

PrintWriter的构造方法有如下几种：

● PrintWriter(File file)：使用指定文件创建不能自动行刷新的新PrintWriter。
● PrintWriter(File file,String csn)：创建具有指定文件和字符集，且不能自动行刷新的新PrintWriter。
● PrintWriter(OutputStream out)：根据现有的OutputStream，创建不能自动行刷新的新PrintWriter。
● PrintWriter(OutputStream out,boolean autoFlush)：通过现有的OutputStream，创建新的PrintWriter。
● PrintWriter(String fileName)：创建具有指定文件名称，且不能自动行刷新的新PrintWriter。
● PrintWriter(String fileName,String csn)：创建具有指定文件名称和字符集，且不能自动行刷新的新PrintWriter。

17.3 文件的读写

> 本节将主要讲述文件读写的相关内容。

17.3.1 文件的读写方法

Java为编程人员提供了一系列的读写文件的类和方法。在Java中，所有的文件都是字节形式的。Java提供了从文件读写字节的方法，而且允许在字符形式的对象中使用字节文件流。这些在前面已作描述。两个最常用的流类是FileInputStream和FileOutputStream，它们生成与文件链接的字节流。若要打开文件，只需创建这些类中某一个类的一个对象，在构造函数中以参数形式指定文件的名称。这两个类都支持其他形式的重载构造函数。下面是将要用到的形式：

```
FileInputStream(String fileName) throws FileNotFoundException
FileOutputStream(String fileName) throws FileNotFoundException
```

这里的fileName指定需要打开的文件名。当用户创建了一个输入流而文件不存在时，将会引发

FileNotFoundException异常。对于输出流，如果文件不能生成，则引发FileNotFound Exception异常。如果一个输出文件被打开，所有原先存在的同名的文件将被破坏。

对文件操作结束，需要调用close()来关闭文件。该方法在FileInputStream和FileOutput-Stream中都有定义，具体形式如下：

```
void close() throws IOException
```

若要读取文件，可以使用在FileInputStream中定义的read()方法，形式如下：

```
int read() throws IOException
```

该方法被调用时，仅从文件中读取一个字节并将该字节以整数形式返回。当读到文件末尾时，read()返回−1。该方法可以引发IOException异常。

若要向文件写入数据，则需要FileOutputStream定义的write()方法，其最简单的形式如下：

```
void write(int byteval) throws IOException
```

该方法按照byteval指定的数向文件写入字节。尽管byteval为整型，但仅仅低8位字节可写入文件。如果在写入过程出现问题，则会引发IOException异常。

17.3.2 File类

在进行文件操作时，需要知道关于文件的一些信息，通过File 类可以获取文件本身的一些属性信息，例如文件名称、所在路径、可读性、可写性、文件的长度等，通过这些属性信息，可以对文件进行更精确的描述。File实例除了用作一个文件或目录的抽象表示之外，还提供了不少相关操作方法。通过类File所提供的方法，可以生成新的目录、改变文件名、删除文件、列出一个目录中所有的文件等文件与目录的管理功能。

File下的方法是对磁盘上的文件进行磁盘操作，但是无法读写文件的内容。

File类的构造方法有如下三种：

```
File(String pathname)    //以文件的路径作参数
File(String directoryPath,String filename);
File(File f, String filename)
```

创建了文件对象后，可以使用下面的方法获得文件的相关信息，对文件进行操作。

1. 文件名的操作

文件名的操作包括如下几种：
- public String getName()：返回文件对象名字符串，串空时返回null。
- public String toString()：返回文件名字符串。
- public String getParent()：返回文件对象父路径字符串，不存在时返回null。
- public File getPath()：转换相对路径名字符串。
- public String getAbsolutePath()：返回绝对路径名字符串，如果为空，返回当前使用目录，也可以使用系统指定目录。

- public String getCanonicalPath()throws IOException：返回规范的路径名串。
- public File getCanonicalFile()throws IOException：返回文件（含相对路径名）规范形式。
- public File getAbsoluteFile()：返回相对路径的绝对路径名字符串。
- public boolean renameTo(File dest)：重命名指定的文件。
- public static Fiel createTempFile(String prifix,String suffix,File directory)throws IOException：在指定目录建立指定前后缀空文件。
- public static Fiel createTempFile(String prifix,String suffix)throws IOException：在指定目录建立指定前后缀文件。
- public boolean createNewFile()throws IOException：当指定文件不存在时，建立一个空文件。

2. 文件属性测试

文件属性测试包括如下几种：
- public boolean canRead()：测试应用程序是否能读指定的文件。
- public boolean canWrite()：测试应用程序是否能修改指定的文件。
- public boolean exists()：测试指定的文件是否存在。
- public boolean isDirectory()：测试指定文件是否是目录。
- public boolean isAbsolute()：测试路径名是否为绝对路径。
- public boolean isFile()：测试指定的是否是一般文件。
- public boolean isHidden()：测试指定的是否是隐藏文件。

3. 一般文件信息和工具

一般文件信息操作包括如下几种：
- public long lastModified()：返回指定文件最后被修改的时间。
- public long length()：返回指定文件的字节长度。
- public boolean delete()：删除指定的文件。
- public void deleteOnExit()：当虚拟机执行结束时，请求删除指定的文件或目录。

4. 目录操作

目录操作包括如下几种：
- public boolean mkdir()：创建指定的目录，正常建立时，返回true，否则返回false。
- public boolean mkdirs()：常见指定的目录，包含任何不存在的父目录。
- public String[]list()：返回指定目录下的文件（存入数组）。
- public String[]list(FilenameFilter filter)：返回指定目录下满足指定文件过滤器的文件。
- public File[]listFiels()：返回指定目录下的文件。
- public File[]listFiles(FilenameFilter filter)：返回指定目录下满足指定文件过滤器的文件。
- public File[]listFiles(FileFilter filter)：返回指定目录下满足指定文件过滤器的文件（返回路径名应满足文件过滤器）。
- public static File[]listRoots()：列出可用文件系统的根目录结构。

5.文件属性设置

文件属性设置包括如下几种：

- public boolean setLastModified(long time)：设置指定文件或目录的最后修改时间，操作成功返回true，否则返回false。
- public boolean setReadOnly()：标记指定的文件或目录为只读属性，操作成功返回true，否则返回false。

6. 其他

其他操作如下：

- public URL toURL()throws MalformedURLException：把相对路径名存入URL文件。
- public int compareTo(OBject o)：与另一个对象比较名称。
- public boolean equals(Object obj)：与另一个对象比较对象名。
- public int hashCode()：返回文件名的哈希码。

File类的对象实施是指通过文件代理来操作文件。创建一个文件对象和创建一个文件，在Java中是两个不同的概念。前者是在虚拟机中创建了一个文件，但并没有将它真正地创建到OS的文件系统中，随着虚拟机的关闭，这个创建的对象就消失了。而创建一个文件是指在系统中真正地建立一个文件。

```
File f=new File("17.txt");          //创建一个名为"17.txt"的文件对象
f.CreateNewFile();                  //真正地创建文件
```

⚠ 【例17.17】 File类的应用

查看文件目录和文件属性，根据命令行输入的参数决定显示内容，如果是目录，则显示出目录下的所有文件与目录名称，如果是文件，则显示出文件的属性。

```
/******************************FileDemo.java******************************/
import Java.util.*;
public class FileDemo {
    public static void main(String[] args) {
        try {
            File file = new File(args[0]);
            if(file.isFile()) { //是否为文件
                System.out.println(args[0] + " 文件");
                System.out.print(file.canRead() ? "可读 " : "不可读 ");
                System.out.print(file.canWrite() ? "可写 " : "不可写 ");
                System.out.println(file.length() + "字节");
            } else {
                File[] files = file.listFiles();                //列出所有的文件及目录
                ArrayList<File> fileList = new ArrayList<File>();
                for(int i = 0; i < files.length; i++) {
                    if(files[i].isDirectory()) {                //是否为目录
                        System.out.println("[" + files[i].getPath() + "]"); //取得路径名
                    } else {
                        fileList.add(files[i]);      //文件先存入fileList，待会再列出
                    }
                }
                for(File f : fileList) {
                    System.out.println(f.toString());           //列出文件
                }
```

```
                System.out.println();
            }
        } catch(ArrayIndexOutOfBoundsException e) {
            System.out.println("using: Java FileDemo pathname");
        }
    }
}
/* ------------------------------------------------------------------------- */
```

程序运行结果如图17.17所示。

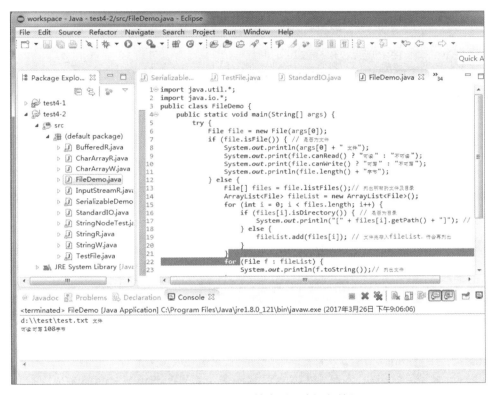

图17.17　文件目录属性查看程序运行结果

17.4 流的转换

> 整个IO包分为字节流和字符流，除了这两类流之外，还有两种转换流，这两种
> 转换流实现将字节流变为字符流的转换。

OutputStreamWriter是Writer的子类，它将字节输出流变为字符输出流，即将OutputStream
类型转换为Writer类型。

InputStreamReader是Reader的子类，它将字节输入流转变为字符输入流，即将InputStream类型转换为Reader类型。

1. InputStreamReader

InputStreamReader 是字节流通向字符流的桥梁，它使用指定的 charset 读取字节并将其解码为字符。它使用的字符集可以由名称指定或显式给定，或者接受平台默认的字符集。每次调用InputStreamReader中的read()方法，都会从底层输入流读取一个或多个字节。要启用从字节到字符的有效转换，可以提前从底层流读取更多的字节，使其超过满足当前读取操作所需的字节。

为了提高效率，可要考虑在 BufferedReader 内包装 InputStreamReader。例如：

```
BufferedReader in = new BufferedReader(new InputStreamReader(System.in));
```

InputStreamReader的构造方法有如下几种：

- InputStreamReader(InputStream in)：该项表示的是创建一个使用默认字符集的InputStreamReader。
- InputStreamReader(InputStream in,Charset cs)：该项表示创建使用给定字符集的InputStreamReader。
- InputStreamReader(InputStream in,CharsetDecoder dec)：创建使用给定字符集解码器的 InputStreamReader。
- InputStreamReader(InputStream in,String charsetName)：创建使用指定字符集的InputStreamReader。

⚠ 【例17.18】InputStreamReader类的应用

把文件"test.txt"的内容以字节输入流形式输入，通过输入转换流，把字节流转换成字符流，然后把字符流中的字符送入字符数组中，并在控制台中显示出来。

```
/***************************InputStreamR.java****************************/
import java.io.*;
public class InputStreamR {
    public static void main(String[] args) throws Exception {
        File f = new File("d:" + File.separator + "test.txt");
        //创建一个字节输入流对象，通过输入转换流，把它的内容转换到字符输入流中
        Reader reader = new InputStreamReader(new FileInputStream(f));
        char c[] = new char[1024];
        //读取输入流中的字符到字符数组中，返回读取的字符长度
        int len = reader.read(c);
        reader.close();
        System.out.println(new String(c, 0, len));
    }
}
/*-----------------------------------------------------------------*/
```

程序运行结果如图17.18所示。

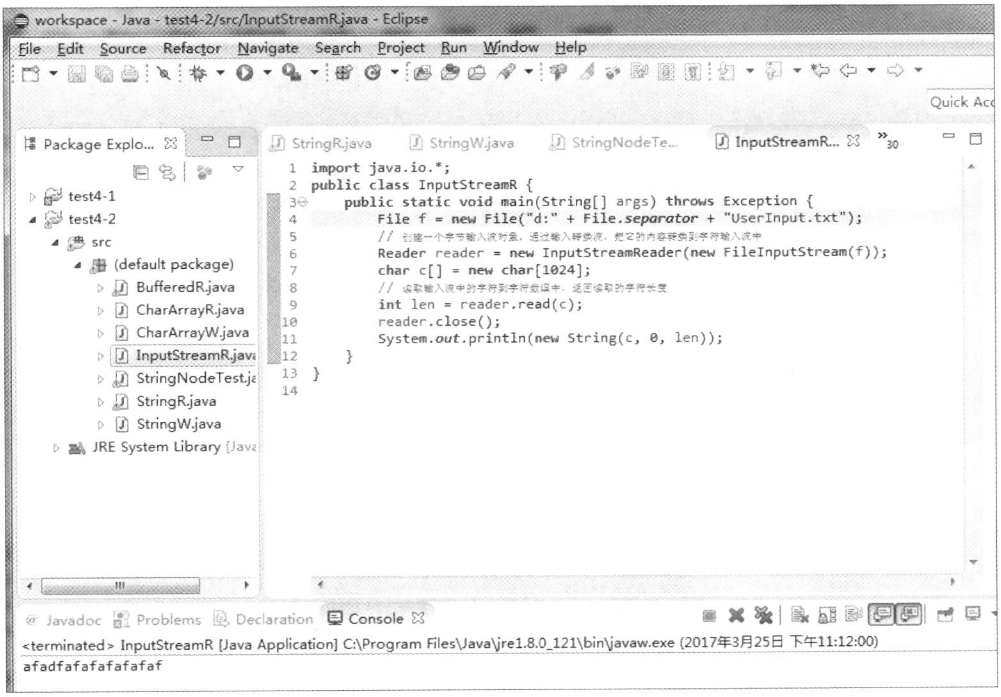

图17.18　字节输入流变为字符输入流结果

2. OutputStreamWriter

OutputStreamWriter 是字符流通向字节流的桥梁，可使用指定的 charset 将要写入流中的字符编码成字节。它使用的字符集可以由名称指定或显式给定，否则将接受平台默认的字符集。每次调用 write()方法，都会在给定字符（或字符集）上调用编码转换器。在写入底层输出流之前，得到的这些字节将在缓冲区中累积。可以指定此缓冲区的大小，不过，默认的缓冲区对多数用途来说已足够大。注意，传递给write()方法的字符没有缓冲。

为了提高效率，可考虑将 OutputStreamWriter 包装到 BufferedWriter 中。例如：

```
BufferedWriter out = new BufferedWriter(new OutputStreamWriter(System.out));
```

OutputStreamWriter类的构造方法有如下几种：
- OutputStreamWriter(OutputStream out)：该项表示的是创建使用默认字符编码的 OutputStreamWriter。
- OutputStreamWriter(OutputStream out,Charset cs)：该项表示创建使用给定字符集的 OutputStreamWriter。
- OutputStreamWriter(OutputStream out,CharsetEncoder enc)：创建使用给定字符集编码器的 OutputStreamWriter。
- OutputStreamWriter(OutputStream out,String charsetName)：创建使用指定字符集的 OutputStreamWriter。

⚠【例17.19】 OutputStreamWriter类的应用

创建一个新的文件对象，把它作为字节输出流的目标端，然后通过转换输出流，把字符流转换成字节流，并把一串字符串输出到文件中。

```
/*************************OutputStreamW.java*************************/
import java.io.*;
public class OutputStreamW {
    public static void main(String[] args) throws Exception {
        File f = new File("t.txt"); //创建文件对象
        //创建一个字节输出流对象，通过输出转换流，把它的内容转换到字符输出流中
        Writer out = new OutputStreamWriter(new FileOutputStream(f));
        out.write("hello world");
        out.close(); //关闭流
    }
}
/*----------------------------------------------------------------*/
```

程序运行后，在"test.txt"文本文件中写入"hello world"字符串，如图17.19所示。

图17.19　字节输出流变为字符输出流结果

17.5　对象流和序列化

17.5.1　序列化的概念

对象的寿命通常随着生成该对象的程序的终止而终止。有时候，可能需要将对象的状态保存下来，在需要时再恢复对象。我们把对象的这种记录自己的状态以便将来再生的能力，叫作对象的持久性（Persistence）。对象通过写出描述自己状态的数值来记录自己，这个过程叫对象的序列化（Serialization）。

对象序列化的目的是将对象保存到磁盘上，或者允许在网络上传输对象，对象序列化机制就是把内存中的Java对象转换为平台无关的字节流，从而允许把这种字节流持久保存在磁盘上，通过网络将这种字节流传送到另一台主机上。其他程序一旦获得这种字节流，就可以恢复原来的Java对象。

如果一个对象可以被存放到磁盘上，或者可以发送到另外一台主机并存放到存储器或磁盘上，那么这个对象就是可序列化的。Java对象序列化不仅保留一个对象的数据，而且递归保存对象引用的每个对象的数据。

Java序列化比较简单，不需要编写保存和恢复对象状态的定制代码。实现Java.io.Serializable接口的类对象可以转换成字节流或从字节流恢复，不需要在类中增加任何代码。不过Serializable接口中并没有规范任何必须实现的方法，所以这里所谓的实现，其实类似于为对象贴上一个标志，代表该对象是可序列化的。序列化分为两项内容：序列化和反序列化。序列化是这个过程的第一部分，将数据分解成字节流，以便存储在文件中或在网络上传输；反序列化就是打开字节流并重构对象。

要序列化一个对象，必须与一定的对象输入/输出流联系起来，通过对象输出流将对象状态保存下来，再通过对象输入流将对象状态恢复。

Java.io包中，提供了ObjectInputStream和ObjectOutputStream将数据流功能扩展至可读写对象。在ObjectInputStream中，使用readObject()方法，用户可以直接读取一个对象，在ObjectOutputStream中，用writeObject()方法，可以直接将对象保存到输出流中。

17.5.2 ObjectOutputStream

ObjectOutputStream是一个处理流，所以必须建立在其他节点流的基础之上，例如，先创建一个FileOutputStream输出流对象，再基于这个对象创建一个对象输出流：

```
FileOutputStream fileOut=new FileOutputStream("book.txt");
ObjectOutputStream objectOut-new ObjectOutputStream(fileOut);
```

writeObject()方法用于将对象写入到流中。所有的对象（包括String和数组）都可以通过writeObject 写入。可以同时将多个对象或基元写入流中，代码如下：

```
objectOut.writeObject("Hello");
objectOut.writeObject(new Date());
```

对象的默认序列化机制写入的内容是对象的类、类签名以及非瞬态和非静态字段的值。其他对象的引用也会导致写入对象。

ObjectInputStream 的构造方法有两种：

- ObjectOutputStream()：为完全重新实现ObjectOutputStream的子类提供一种方法，让它不必分配仅由ObjectOutputStream的实现使用的私有数据。
- ObjectOutputStream(OutputStream out)：创建写入指定OutputStream的ObjectOutputStream。

ObjectOutputStream类的常用方法如表17.9所示。

表17.9　ObjectOutputStream类的常用成员方法

方法	方法说明
void　defaultWriteObject()	将当前类的非静态和非瞬态字段写入此流
void　flush()	刷新该流的缓冲
void　reset()	重置将丢弃已写入流中的所有对象的状态
void　write(byte[] buf)	写入一个 byte 数组
void　write(int val)	写入一个字节
void　writeByte(int val)	写入一个8位字节
void　writeBytes(String str)	以字节序列形式写入一个String
void　writeChar(int val)	写入一个16位的char值
void　writeInt(int val)	写入一个32位的int值
void　writeObject(Object obj)	将指定的对象写入ObjectOutputStream

17.5.3 ObjectInputStream

ObjectInputStream是一个处理流，必须建立在其他节点流的基础之上，可以对以前使用ObjectOutputStream写入的基本数据和对象进行反序列化。示例代码如下：

```
FileInputStream fileIn=new FileInputStream("book.txt");
ObjectInputStream objectIn=new ObjectInputStream(fileIn);
```

readObject方法用于从流读取对象。应该使用Java的安全强制转换，来获取所需的类型。在Java中，字符串和数组都是对象，所以在序列化期间将其视为对象。读取时，需要将其强制转换为期望的类型。示例代码如下：

```
String s=(String)objectIn.readObject();
Date d=(Date)objectIn.readObject();
```

默认情况下，对象的反序列化机制会将每个字段的内容恢复为写入时它所具有的值和类型。反序列化时始终分配新对象，这样可以避免现有对象被重写。

ObjectInputStream的构造方法有两种：

- ObjectInputStream()：为完全重新实现ObjectInputStream的子类所提供的一种方式，不必分配仅由 ObjectInputStream 的实现使用的私有数据。
- ObjectInputStream(InputStream in)：该方法表示创建从指定InputStream读取的ObjectInputStream。

ObjectInputStream类的常用方法如表17.10所示。

表17.10 ObjectInputStream类的常用方法

方法	方法说明
void defaultReadObject()	从此流读取当前类的非静态和非瞬态字段
int read()	读取数据字节
byte readByte()	读取一个8位的字节
char readChar()	读取一个16位的char值
int readInt()	读取一个32位的int值
ObjectStreamClass readClassDescriptor()	从序列化流读取类描述符
Object readObject()	从ObjectInputStream读取对象

⚠ 【例17.20】 序列化的应用

创建一个可序列化的学生对象，并用ObjectOutputStream类把它存储到文件（student.txt）中，然后用ObjectInputStream类从存储的数据中读取一个学生对象，即恢复保存的学生对象。

```
/***********************SerializableDemo.java***********************/
import java.io.*;
```

```java
import Java.util.*;
class Student implements Serializable {
    int id; //学号
    String name; //姓名
    int age; //年龄
    String department; //系别
    public Student(int id, String name, int age, String department) {
        this.id = id;
        this.name = name;
        this.age = age;
        this.department = department;
    }
}
public class SerializableDemo {
    public static void main(String[] args) {
        Student stu1 = new Student(101036, "刘明明", 18, "CSD");
        Student stu2 = new Student(101236, "李四", 20, "EID ");
        File f = new File("student.txt");
        try {
            FileOutputStream fos = new FileOutputStream(f);
            //创建一个对象输出流
            ObjectOutputStream oos = new ObjectOutputStream(fos);
            //把学生对象写入对象输出流中
            oos.writeObject(stu1);
            oos.writeObject(stu2);
            oos.writeObject(new Date());
            oos.close();
            FileInputStream fis = new FileInputStream(f);
            //创建一个对象输入流，并把文件输入流对象fis作为源端
            ObjectInputStream ois = new ObjectInputStream(fis);
            //把文件中保存的对象还原成对象实例
            stu1 = (Student) ois.readObject();
            stu2 = (Student) ois.readObject();
            System.out.println("学号=" + stu1.id);
            System.out.println("姓名=" + stu1.name);
            System.out.println("年龄=" + stu1.age);
            System.out.println("系别=" + stu1.department);
            System.out.println("学号=" + stu2.id);
            System.out.println("姓名=" + stu2.name);
            System.out.println("年龄=" + stu2.age);
            System.out.println("系别=" + stu2.department);
            System.out.println((Date) ois.readObject());
            ois.close();
        } catch(Exception e) {
            e.printStackTrace();
        }
    }
}
/*-------------------------------------------------------------------*/
```

程序运行结果如图17.20所示。

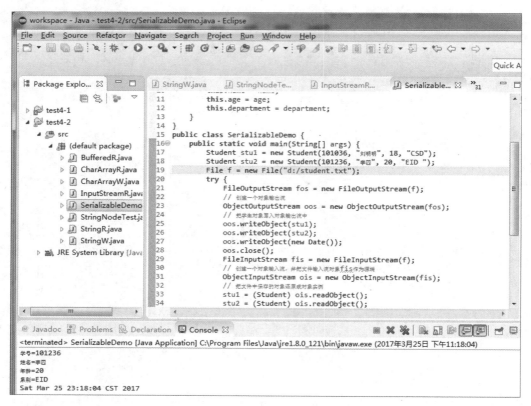

图17.20　序列化运行结果

在这个例子中，先定义一个类Student，实现了Serializable接口，然后通过对象输出流的writeObject()方法，将Student对象保存到文件student.txt中。之后，通过对象输入流的readObject()方法，从文件"student.txt"中读出保存下来的Student对象。

🔑【TIPS】

　　串行化只能保存对象的非静态成员变量，不能保存任何的成员方法和静态的成员变量，而且序列化保存的只是变量的值，对于变量的任何修饰符，都不能保存。某些类型的对象，其状态是瞬时的，这样的对象是无法保存状态的，例如Thread对象、FileInputStream对象，对于这些字段，必须用transient关键字标明。

17.5.4 定制序列化

　　默认的序列化机制是：首先写入类数据和类字段的信息，然后按照名称的上升排列顺序写入其数值。如果想自己控制这些数值的写入顺序和写入种类，必须定义自己的读取数据流的方式，在类的定义中重写writeObject()和readObject()方法。

　　例如，可在例17.20中，加入重写的writeObject()和readObject()方法，对Student 类定制其串行化。

```
private void writeObject(ObjectOutputStream out)throws IOException
{
    out.writeInt(id);
    out.writeInt(age);
    out.writeUTF(name);
    out.writeUTF(department);
}
private void readObject(ObjectInputStream in)throws IOException
{
    id=in.readInt();
    age=in.readInt();
    name=in.readUTF();
    department=in.readUTF();
}
```

本章小结

    在Java程序设计语言中，IO操作以数据流为处理对象。JDK提供了丰富的与数据库处理相关的类和方法，通过这些流类，我们可以方便地对文件和数据进行各种处理操作。本章首先对流的基本概念进行说明，然后详细讲解了常用的流类，并提供了丰富的实例，接着对随机文件的访问类RandomAccessFile和File进行阐述，最后讲解了对象流和序列化。通过本章学习，读者将能够熟练运用流类完成各种IO处理操作。

    Java数据以数据流方式进行传输，I/O数据流是数据传输的基础，文件可以用来长期存储数据。读写文件的基本过程是创建数据流对象、用数据流对象读写文件和关闭数据流。

    最常见的文件是字符文件和字节文件，Java程序文件就是字符文件，class文件就是字节文件。FileInputStream类和FileOutputStream类分别用于读字节流文件和写字节流文件。

    FileReader类和FileWriter类分别用于读字符流文件和写字符流文件。

    创建数据流对象、用（数）据流对象读写文件和关闭数据流可能发生I/O异常，要进行异常处理。

项目练习

项目练习1

编写程序"FileIO.java"，创建一个目录，并在该目录下创建一个文件对象。创建文件输出流对象，从标准输入端输入字符串，以"#"结束，将字符串内容写入到文件，关闭输出流对象。创建输入流对象，读出文件内容，在标准输出端输出文件中的字符串，关闭输入流对象。

要求如下：

● 用File类构建目录和文件。
● 用FileInputStream、FileOutputStream为输入和输出对象进行读写操作。

项目练习2

有5个学生，每个学生有三门课的成绩，利用键盘输入以上数据（包括学生号、姓名、三门课成绩），计算出平均成绩，把原有的数据和计算出的平均分数存放在磁盘文件"student.dat"中。

要求如下：

● 使用键盘输入成绩，利用Scanner类。
● 使用File类建立文件，使用BufferedWriter完成文件的写操作。

项目练习3

在编写图形界面的程序的时候，需要包括分别用于输入字符串和浮点数的两个TextField，以及两个按钮和一个TextArea。用户在两个TextField中输入数据并单击"输入"按钮后，程序利用DataOutputStream将这两个数保存到文件"file.dat"中，单击"输出"按钮，则将这个文件的内容利用DataInputStream读出来，并显示在TestArea中。

Chapter

18

多线程编程

本章概述

    Java的多线程机制可以让一个程序中的多个程序段同时运行，同时运行的每一个程序段就是一个线程，这样多个同时运行的程序段既相互独立运行，又紧密相关。编程过程中采用多线程机制，可以使系统资源利用率更高，在一些情况下可以使程序设计更简单，程序中有耗时的程序段时，使用多线程可以使程序运行更加顺畅。

    本章主要帮助读者理解多线程的基本概念，掌握线程的创建、控制和同步，理解线程的生命周期、优先级和调度，掌握线程编程的应用与实现。通过本章的学习，读者将能够在程序设计中熟练运用多线程编程技术。

重点知识

- 线程概述
- 创建线程
- 线程的生命周期
- 线程调度
- 线程同步

18.1 线程概述

> 本节主要介绍与线程相关的概念，包括程序、进程和线程的关系，并对线程的
> 运行机制进行剖析，讲解线程执行的过程。

18.1.1 线程基本概念

目前主流的操作系统一般都支持多个程序同时运行，每个运行的程序就是操作系统所做的一件事情，比如你在用酷狗音乐听歌的同时，还可以使用QQ聊天。听歌软件和聊天软件是两个程序，这两个程序是"同时"运行的。一个程序的运行一般对应一个进程，也可能包含好几个进程。酷狗音乐的运行对应一个进程，QQ的运行也对应一个进程，在Windows任务管理器中可以看到操作系统正在运行的进程信息。在酷狗音乐播放歌曲的时候，你还可以通过酷狗音乐程序同时从网上下载歌曲。这样，播放歌曲的程序段是一个线程，下载歌曲的程序段又是一个线程。他们都属于运行酷狗音乐所对应的进程。

下面是程序、进程和线程这几个概念的区别和联系。

- 程序：是一段静态的代码，是人们解决问题的思维方式在计算机中的描述，是应用软件执行的蓝本，它是一个静态的概念，存放在外存上，还没有运行的软件叫程序。
- 进程：是程序的一个运行例程，是用来描述程序的动态执行过程。程序运行时，操作系统会为进程分配资源，其中最主要的资源是内存空间，因为程序是在内存中运行的。一个程序运行结束，它所对应的进程就不存在了，但程序软件依然存在，一个进程可以对应多个程序文件，同样，一个程序软件也可以对应多个进程。譬如，浏览器可以运行多次，可打开多个窗口，每一次运行都对应着一个进程，但浏览器程序软件只有一个。
- 线程：是进程中相对独立的一个程序段的执行单元。一个进程可以包含若干个线程。线程不能独立地存在，它必须是进程的一部分。一个进程中的多个线程可以共享进程中的资料。

多线程编程的含义是一个程序在运行时，可以分成几个并发执行的子任务同时处理，每个子任务都称为一个线程，彼此间互相独立。使用多线程技术可以使系统同时运行多个执行体，例如，可以编写一个包含两个线程的Java程序，其中一个线程接收用户的输入，另一个线程处理用户输入的数据。这样可以加快程序的响应时间，提高计算机资源的利用率。使用多线程技术可以提高整个应用系统的性能。

18.1.2 Java线程的运行机制

JVM（Java虚拟机）的很多任务都依赖线程调度，执行程序代码的任务是由线程来完成的。在Java中，每一个线程都有一个独立的程序计数器和方法调用栈。

程序计数器，是记录线程当前执行程序代码的位置的寄存器，线程在执行的过程中，程序计数器指向的是一下条要执行的指令。

方法调用栈，是用来描述线程在执行时一系列的方法调用过程。栈中的每一个元素称为一个栈帧。每一个栈帧对应一个方法调用，帧中保存了方法调用的参数、局部变量和程序执行过程中的临时数据。

JVM进程启动后，在同一个JVM进程中，有且只有一个进程，就是它自己。然后在这个JVM环境中，所有程序的运行都是以线程来运行。JVM最先会产生一个主线程，由它来运行指定程序的入口点。在这个程序中，主线程从main()方法开始运行。当main()方法结束后，主线程运行完成，JVM进程也随之退出。

一个主线程在运行main()方法，像这样的只有一个线程执行程序逻辑的流程，我们称之为单线程。这是JVM提供给我们的单线程环境，事实上，我们还可以在线程中创建新的线程并执行，这样，在一个进程中就存在多个程序执行的流程，即是多线程的环境。

主线程是JVM自己启动的，在这里它不是从线程对象产生的。在这个线程中，它运行了main()方法这个指令序列，所以main()方法应声明成静态的。

⚠ 【例18.1】 创建多线程

在下面的程序中，主线程在执行的时候创建一个子线程，然后，主线程和子线程一起并发执行。

```java
public class MyThread extends Thread {        //定义类从Thread类继承
    int number;                                //自定义线程编号
    public MyThread(int num) {
        number = num;
        System.out.println("创建线程 " + number);   //输出创建线程的编号
    }
    public void run() {                          //run方法是线程运行的主体
        System.out.println("子线程 " + number + "中的输出"); //输出执行的线程编号
    }
    public static void main(String args[]) {
        Thread th1 = new MyThread(1);            //实例化一个线程对象，并传递编号1
        Thread th2 = new MyThread(2);            //实例化一个线程对象，并传递编号2
        th1.start();        //启动子线程1
        th2.start();        //启动子线程2
        System.out.println("主线程中的输出");
    }
}
```

程序运行结果如图18.1所示。

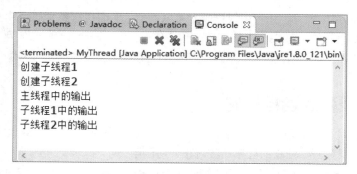

图18.1 多线程运行输出结果

程序运行后，main()方法是在主线程中运行。在main()方法中创建两个子线程对象，通过调用start()方法启动两个子线程，这样主线程和子线程并驾齐驱运行。最后三个线程的输出顺序是不确定的，关键看哪一个线程先运行输出语句，如同三个人进行100米跑步比赛，最后的名次事先是不确定的，而且多次比赛的结果也可能不同。

18.2 创建线程

> 线程只有创建之后才会存在，在Java中创建线程有两种方法：通过继承Thread类或实现Runnable接口。在使用Runnable接口时，需要建立一个Thread实例。因此，无论是通过Thread类还是Runnable接口建立线程，都必须建立Thread类或它的子类的实例。

18.2.1 继承Thread类创建线程

Thread类位于java.lang包中，Thread的每个实例对象就是一个线程，它的子类的实例也是一个线程。我们通过Thread类或它的派生类，才能创建线程的实例，并启动一个新的线程。其构造方法如下：

```
public Thread(ThreadGroup group,Runnable target,String name,long stackSize);
```

group指明该线程所属的线程组，target为实际执行线程体的目标对象，name为线程名，stackSize为线程指定的堆栈大小，这些参数都可以没有。Thread类有8个重载的构造方法，JDK的帮助文档中有详细的说明，这里不再一一赘述。

Thread类中常用的方法如表18.1所示。

表18.1 Thread类的常用方法

方法	方法说明
void run()	线程运行时所执行的代码都在这个方法中，是Runnable接口声明的唯一方法
void start()	使该线程开始执行，Java虚拟机调用该线程的run()方法
static int activeCount()	返回当前线程的线程组中活动线程的数目
static Thread currentThread()	返回对当前正在执行的线程对象的引用
static int enumerate(Thread[] t)	将当前线程组中的每一个活动线程复制到指定的数组中
String getName()	返回该线程的名称
int getPriority()	返回线程的优先级
Thread.State getState()	返回该线程的状态
Thread Group getThreadGroup()	返回该线程所属的线程组
final boolean isAlive()	测试线程是否处于活动状态
void setDaemon(boolean on)	将该线程标记为守护线程或用户线程

（续表）

方法	方法说明
void setName(String name)	改变线程名称，使之与参数 name 相同
void interrupt()	中断线程
void join()	等待该线程终止，它有多个重载方法
static void yield()	暂停当前正在执行的线程对象，并执行其他线程

我们编写Thread类的派生类，主要是覆盖方法run()，在这个方法中加入线程所要执行的代码即可，因此，我们经常把run()方法称为线程的执行体。方法run()可以调用其他方法，使用其他类，并声明变量，就像主线程main()方法一样。一但线程的run()方法运行结束，线程也将终止。通过继承Thread类创建线程的步骤如下：

Step 01 定义Thread类的子类，并重写该类的run()方法，实现线程的功能。

Step 02 创建Thread子类的实例，即创建线程对象。

Step 03 调用线程对象的start()方法来启动该线程。

创建一个线程对象后，仅仅在内存中出现了一个线程类的实例对象，线程并不会自动开始运行，必须调用线程对象的start()方法来启动线程，它完成两方面的功能：一方面是为线程分配必要的资源，使线程处于可运行状态，另一方面是调用线程的run()方法来运行线程。

⚠ 【例18.2】 通过继承Thread类创建线程

通过继承Thread类来实现一个线程类。在主线程执行时创建两个子线程，它们一起并发运行。

```
class ThreadDemo extends Thread {
   private Thread t;
   private String threadName;                          //用来记录线程名
   ThreadDemo( String name) {
      threadName = name;
      System.out.println("创建线程 " + threadName );     //输出创建的线程名
   }
   public void run() {
      System.out.println("运行线程 " + threadName );     //输出运行的线程名
      try {
         System.out.println("线程 " + threadName + "休息一会");
         Thread.sleep(10);                              //让线程睡眠一会
      }catch(InterruptedException e) {
         System.out.println("线程 " + threadName + "中断."); //线程睡眠出现中断
      }
      System.out.println("线程 " + threadName + " 结束.");  //输出将结束的线程
   }
   public void ready() {
      System.out.println("启动线程 " + threadName );      //输出将启动的线程名
      this.start();                                      //启动线程
   }
}
public class ThreadApp {
```

```
public static void main(String args[]) {
    ThreadDemo t1 = new ThreadDemo("Thread-1");        //实例化线程对象
    t1.ready();
    ThreadDemo t2 = new ThreadDemo("Thread-2");        //实例化线程对象
    t2.ready();
    }
}
```

程序运行结果如图18.2所示。

图18.2　通过继承Thread类创建线程

运行上面的程序，每次运行输出的结果可能不一样，因为两个子线程执行的进度是不确定的，它们是并发运行的。

18.2.2 通过Runnable接口创建线程

继承Thread类创建线程的方法有一个缺点，那就是如果类已经从一个类继承，则无法再继承Thread类。可以通过声明实现Runnable接口来创建线程。Runnable接口只有一个方法run()，我们声明的类需要实现这一方法。方法run()同样可以调用其他方法。

通过实现Runnable接口来创建线程的步骤如下：
Step 01 定义Runnable接口的实现类，并实现该接口的run()方法。
Step 02 创建Runnable实现类的实例，并以此实例作为Thread类的target参数，来创建Thread线程对象，该Thread对象才是真正的线程对象。

⚠ 【例18.3】Runable接口创建线程

通过实现Runnable接口来实现一个线程类，在主线程中实例化这个子线程对象并启动，子线程执行时，会在给定的时间间隔不断显示系统当前时间。

```
import java.util.*;
classTimePrinter implements Runnable {
    public boolean stop = false;        //线程是否停止
    int pauseTime;                      //时钟跳变时间间隔
```

```
        String name;                            //显示时间的标签
        public TimePrinter(int x, String n) {   //构造方法，初始化成员变量
            pauseTime = x;
            name = n;
        }
        public void run() {
            while(!stop) {
                try {
                    //在控制台中显示系统的当前日期和时间
                    System.out.println(name + ":" + new Date(
                                        System.currentTimeMillis()));

                    Thread.sleep(pauseTime);    //线程睡眠pauseTime毫秒
                } catch(Exception e) {
                    e.printStackTrace();        //输出异常信息
                }
            }
        }
    }
    public class NewThread {
        static public void main(String args[]) {
            //实例化一个Runnable对象
            TimePrinter tp = new TimePrinter(1000, "当前日期时间");
            Thread t = new Thread(tp);          //实例化一个线程对象
            t.start();                          //启动线程
            System.out.println("按回车键终止！");
            try {
                System.in.read();               //从输入缓冲区中读取数据，按回车键返回
            } catch(Exception e) {
                e.printStackTrace();            //输出异常信息
            }
            tp.stop = true;                     //置子线程的终止标志为true
        }
    }
```

在本例中，每间隔1秒在屏幕上显示当前时间，这是通过主线程创建的一个新线程来完成的。程序
运行结果如图18.3所示。

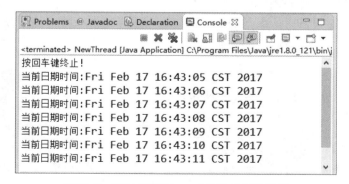

图18.3　通过实现Runnable接口创建线程

当使用Runnable接口时，不能直接创建所需类的对象并运行它，必须从Thread类的一个实例内部运行它。

18.2.3 通过Callable接口和Future接口创建线程

Callable接口是Java 5之后新增的接口，Callable接口类似于Runnable，但Callable功能更强大一些，Callable接口提供了一个call()方法，该方法类似于Runnable接口的run()方法，用来作为线程的执行体，call()方法被线程执行后，可以有返回值，这个返回值可以被Future接口实现类实例获取，也就是说，Future接口实现类可以获取线程执行的返回值。call()方法可以声明抛出异常。

Callable接口是一个泛型接口，其声明格式如下：

```
public interface Callable<V> {
  /**
   * Computes a result, or throws an exception if unable to do so.
   *
   * @return computed result
   * @throws Exception if unable to compute a result
   */
  V call() throws Exception;
}
```

Future接口也是Java 5之后新增的，它提供方法来检测任务是否被执行完，等待任务执行完获得结果，也可以设置任务执行的超时时间，设置超时的方法是实现Java程序执行超时的关键。

Future接口中有如下方法：

- boolean cancel(boolean mayInterruptIfRunning)：取消任务的执行，其中参数指定是否立即中断任务执行或者等待任务结束。
- boolean isCancelled()：确认任务是否已经取消。任务正常完成前将其取消，则返回true。
- boolean isDone()：确认任务是否已经完成。任务正常终止、异常或取消，都将返回true。
- V get()：该方法表示等待任务执行结束，然后获得V类型的结果。其中InterruptedException表示线程被中断异常，ExecutionException表示任务执行异常，如果任务被取消，还会抛出CancellationException异常。
- V get(long timeout,TimeUnit unit)：参数timeout指定超时时间，uint指定时间的单位，在枚举类TimeUnit中有相关的定义。如果计算超时，将抛出TimeoutException异常。

FutureTask类实现Future接口和Runnable接口，实现Runnable接口使它可以作为Thread类的target参数创建线程；实现Future接口可以得到call()方法的返回值。

创建并启动有返回值的线程步骤如下：

Step 01 创建Callable接口的实现类，并实现call()方法，该call()方法将作为线程执行体，并且有返回值。

Step 02 创建Callable实现类的实例，使用FutureTask类来包装Callable对象，该FutureTask对象封装了该Callable对象的call()方法的返回值。

Step 03 使用FutureTask对象作为Thread对象的target，创建并启动新线程。

Step 04 调用FutureTask对象的get()方法来获得子线程执行结束后的返回值。

⚠ 【例18.4】 Callable和Future接口创建线程

在主线程中输入一个整数n，由子线程计算斐波纳契数列前n项的和，然后在主线程中输出计算的结果。

```java
import java.util.concurrent.*;
import java.util.Scanner;
public class CallThread implements Callable<Integer> {
    int n;
    public CallThread(int num) {                    //构造方法
        this.n = num;
    }
    //计算斐波那契数列前n项的和，比较耗时的操作
    static int fibc(int n) {
        if(n == 0) {
            return 0;                               //第0项对应值为0
        }
        if(n == 1) {
            return 1;                               //第1项对应值为1
        }
        return fibc(n - 1) + fibc(n - 2);           //递归调用
    }
    public Integer call() throws Exception {        //call方法返回整数类型
        return fibc(n);
    }
    public static void main(String[] args) {
        int n;
        Scanner input = new Scanner(System.in);     //创建键盘输入对象
        System.out.println("计算斐波那契数列前n项的和，请输入n: ");
        n = input.nextInt();                        //通过键盘输入读取一个整数
        CallThread ct = new CallThread(n);          //创建Callable对象
        //使用FutureTask来包装Callable对象
        FutureTask<Integer> result = new FutureTask<Integer>(ct);
        Thread thread = new Thread(result);         //创建线程对象
        thread.start();                             //启动线程
        try {
            System.out.println("主线程这时可以做一些其他事情! ");
            //获取线程返回值，如果线程运算超时，将抛出异常
            int r = result.get(100, TimeUnit.MICROSECONDS);
            System.out.println("子线程的运行结果为: " + r);
        } catch(InterruptedException e) {
            e.printStackTrace();                    //输出异常信息
        } catch(ExecutionException e) {
            e.printStackTrace();                    //输出异常信息
        } catch(TimeoutException e) {
            e.printStackTrace();                    //输出异常信息
        }
    }
}
```

运行上面的程序，如果通过键盘输入整数20，子线程将把斐波那契数列前20项的和计算出来，在主线程中得到结果6765并显示出来。程序运行结果如图18.4所示。

运行上面的程序，如果输入的是30，可能会抛出超时异常，这是因为我们在程序中设置子线程运行的超时时间为100毫秒，超过这个时间，获取结果时就会抛出异常。

图18.4　通过Callable和Future接口创建线程

18.3　线程的生命周期

> 创建线程对象时，线程的生命周期就已经开始了，直到线程对象被撤销为止。在这整个生命周期中，线程并不是一创建就进入可运行状态，线程启动之后，也不是一直处于可运行状态。在这个生命周期中，线程含有多种状态，这些状态之间可以互相转化。

Java的线程的生命周期可以分为6种状态，具体为创建（New）状态、可运行（Runnable）状态、阻塞（Blocked）状态、等待（Waiting）状态、计时等待（Timed waiting）状态、终止（Terminated）状态。

创建一个线程之后，该线程总是处于其生命周期的6个状态之一，线程的状态表明此线程当前正在进行的活动，而线程的状态是可以通过程序来进行控制的，就是说，可以对线程进行操作来改变其状态。通过各种操作，线程的6个状态之间转换关系如图18.5所示。

（1）创建状态

如果创建了一个线程而没有启动它，此线程就处于创建状态。比如，下述语句执行以后，系统即产生了一个处于创建状态的线程myThread：

```
Thread myThread=new MyThreadClass();
```

其中，MyThreadClass()是Thread的子类。刚创建的线程不能执行，此时，它和其他的Java对象一样，仅仅由Java虚拟机为其分配了内存，并初始化了其成员变量的值，必须向系统注册并分配必要的资源后，才能进入可运行状态。

（2）可运行状态

如果对一个处于创建状态的线程调用start()方法，则此线程便进入可运行状态，比如：

```
myThread.start();
```

此代码使线程myThread进入可运行状态。Java虚拟机会为其创建方法调用栈和程序计数器。使用线程进入可运行状态的实质是调用了线程体的run()方法，此方法是由JVM执行start()完成分配必要的资源之后自动调用的。不要在用户程序中显示调用run()方法。显示调用run()方法和普通方法调用一样，并没有启动新的线程。

（3）阻塞状态

若一个线程试图获取一个内部的对象锁，而该锁被其他线程持有，则该线程进入阻塞状态。或者它已经进入了某个同步块或同步方法，在运行的过程中它调用了某个对象继承自java.lang.Object的wait()方法，正在等待重新返回这个同步块或同步方法，此时同样为阻塞状态。

（4）等待状态

当线程调用wait()方法来等待另一个线程的通知，或者调用join()方法等待另一个线程执行结束的时候，线程会进入等待状态。

（5）计时等待状态（睡眠状态）

如果线程调用sleep()、wait()、join()等方法的时候，传递一个超时参数，这些方法执行的时候会使线程进入计时等待状态。

（6）终止状态

线程一旦进入终止状态，它将不再具有运行的资格，所以也不可能再转到其他状态。线程会以以下三种方式进行终止状态：

- run()方法执行完成，线程正常结束。
- 线程抛出一个未捕获的Exception或Error。
- 直接调用该线程的stop()方法来结束线程，该方法已经过时，不推荐使用。

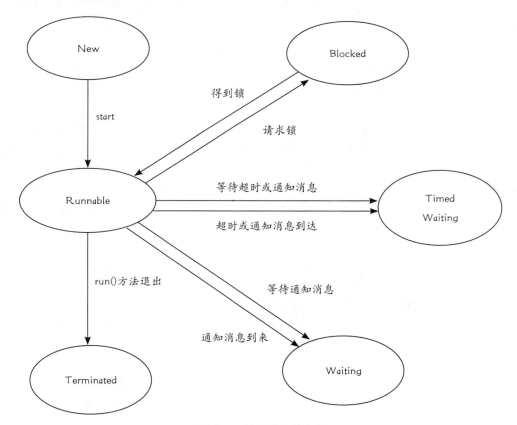

图18.5　线程状态转换图

⚠ 【例18.5】 查看线程状态

在主线程中创建一个子线程，在不同的时期查看子线程的状态并输出。

```
public class ThreadState implements Runnable{
    public synchronized void notifying() throws InterruptedException {
        notify();    //唤醒由调用wait()方法进入等待状态的线程
    }
    public synchronized void waiting() throws InterruptedException {
        wait();                                            //使当前线程进入等待状态
    }
    public void run() {
        try {
            Thread.sleep(500);                    //使当前线程睡眠500毫秒
            waiting();                            //调用waiting方法
        } catch(InterruptedException e) {
            e.printStackTrace();
        }
    }
    public static void main(String[] args) throws InterruptedException {
        ThreadState ts = new ThreadState();            //实例化Runnable对象
        Thread th = new Thread(ts);                    //创建线程对象
        System.out.println("创建后状态: " + th.getState());    //输出子线程状态
        th.start();                                    //启动线程
        System.out.println("启动后状态: " + th.getState());    //输出子线程状态
        Thread.sleep(100);    //主线程睡眠100毫秒，等待子线程执行sleep()方法
        System.out.println("sleep后状态: " + th.getState());//输出子线程状态
        Thread.sleep(500);    //主线程睡眠500毫秒，等待子线程执行wait()方法
        System.out.println("wait后状态: " + th.getState());    //输出子线程状态
        ts.notifying();                                //唤醒子线程
        System.out.println("返回同步方法前状态: " + th.getState());//输出子线程状态
        th.join();                                     //等待子线程结束
        System.out.println("结束后状态: " + th.getState());    //输出子线程状态
    }
}
```

程序运行结果如图18.6所示。

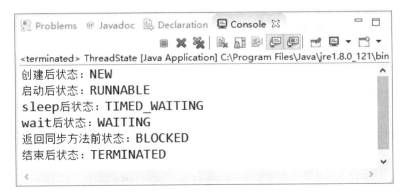

图18.6 查看线程状态

18.4 线程调度

> 线程在生命周期之内，其状态会经常发生变化，由于在多线程编程中同时存在多个处于活动状态的线程，哪一个线程获得CPU的使用权呢？我们往往通过控制线程的状态变化，来协调多个线程对CPU的使用。

18.4.1 线程睡眠——sleep

如果我们需要让当前正在执行的线程暂停一段时间，则通过使用Thread类的静态方法sleep()，使其进入计时等待状态，让其他线程有机会执行。

sleep()方法是Thread的静态方法，它有两个重载方法：

- public static void sleep(long millis) throws InterruptedException：在指定的毫秒数millis内让当前正在执行的线程休眠。
- public static void sleep(long millis,int nanos) throws InterruptedException：在指定的毫秒数millis加指定的纳秒数nanos内让当前正在执行的线程休眠。

线程在睡眠的过程中如果被中断，则该方法抛出InterruptedException异常，所以调用时要捕获异常。

⚠ 【例18.6】 线程睡眠的应用

设计一个数字时钟，在桌面窗口中显示当前时间，每间隔1秒，时间自动刷新。

```java
package windowapp;
import java.awt.Container;
import java.awt.FlowLayout;
import java.text.SimpleDateFormat;
import java.util.Date;
import javax.swing.JFrame;
import javax.swing.JLabel;
public class DigitalClock extends JFrame implements Runnable{
    JLabel jLabel1,jLabel2;
    public DigitalClock(String title){
        jLabel1=new JLabel("当前时间:");
        jLabel2=new JLabel();
        Container contentPane=this.getContentPane(); //获取窗口的内容空格
        contentPane.setLayout(new FlowLayout());      //设置窗口为流式布局
        this.add(jLabel1);                             //把标签添加到窗口中
        this.add(jLabel2);                             //把标签添加到窗口中
        //单击关闭窗口时退出应用程序
        this.setDefaultCloseOperation(JFrame.EXIT_ON_CLOSE);
        this.setSize(300,200);                         //设置窗口尺寸
        this.setVisible(true);                         //使窗口可见
    }
```

```
public void run() {
    while(true){
        String msg=getTime();                    //获取时间信息
        jLabel2.setText(msg);                     //在标签中显示时间信息
    }
}
String getTime(){
    Date date=new Date();                         //创建时间对象并得到当前时间
    SimpleDateFormat sdf = new SimpleDateFormat("yyyy年MM月dd日 HH时MM分ss秒");
                                                  //创建时间格式化对象，设定时间格式
    String dt = sdf.format(date);                 //格式化当前时间，得到当前时间字符串
    return dt;
}
public static void main(String[] args)
{
    DigitalClock dc=new DigitalClock("数字时钟"); //创建时钟窗口对象
    Thread thread=new Thread(dc);                 //创建线程对象
    thread.start();                               //启动线程
}
}
```

程序运行结果如图18.7所示。

图18.7 数字时钟

线程睡眠是使线程让出CPU资源的最简单的做法之一，线程睡眠的时候，会将CPU资源交给其他线程，以便轮换执行，当睡眠一定时间后，线程会苏醒，进入可运行状态等待执行。

18.4.2 线程让步——yield

调用yield()方法可以实现进程让步，它与sleep()类似，也会暂停当前正在执行的线程，让当前线程交出CPU权限，但yield()方法只能让拥有相同优先级或更高优先级的线程有获取CPU执行的机会。如果可运行线程队列中的线程的优先级都没有当前线程的优先级高，则当前线程会继续执行。

调用yield()方法并不是让线程进入阻塞状态，而是让线程重回可运行状态，只需要等待重新获取CPU执行时间，这一点和sleep()方法不一样。

yield()方法是Thread类声明的静态方法，它的声明格式如下：

```
public static void yield()
```

下面通过实例演示yield()方法的用法。

⚠ 【例18.7】 线程让步的应用

在主线程中创建两个子线程对象，然后启动它们，使其并发执行，在子线程的run()方法中每个线程循环9次，每循环3次输出一行，通过调用yield()方法，实现两个子线程交替输出信息。

```java
package consoleapp;
public class ThreadYield implements Runnable {
    String str = "";

    public void run() {
        for(int i = 1; i <= 9; i++) {
            //获取当前线程名和输出编号
            str += Thread.currentThread().getName() + "-----" + i + "      ";
            //当满3条信息时，输出信息内容，并让出CPU
            if(i % 3 == 0) {
                System.out.println(str);               //输出线程信息
                str = "";
                Thread.currentThread().yield();        //当前线程让出CPU
            }
        }
    }
    public static void main(String[] args) {
        ThreadYield ty1 = new ThreadYield();           //实例化ThreadYield对象
        ThreadYield ty2 = new ThreadYield();           //实例化ThreadYield对象
        Thread threada = new Thread(ty1, "线程A");      //通过ThreadYield对象创建线程
        Thread threadb = new Thread(ty2, "线程B");      //通过ThreadYield对象创建线程
        threada.start();                               //启动线程threada
        threadb.start();                               //启动线程threadb
    }
}
```

程序运行结果如图18.8所示。

图18.8　线程让步运行结果

重复运行上面的程序，输出的顺序可能会不一样，所以，通过yield()控制线程的执行顺序是不可靠的，后面我们会讲到通过线程的同步机制来控制线程之间的执行顺序的方法。

sleep()和yield()的区别如下：

- sleep()使当前线程进入停滞状态，所以执行sleep()的线程在指定的时间内肯定不会被执行；yield()只是使当前线程重新回到可执行状态，所以执行yield()的线程有可能在进入到可执行状态后马上又被执行。
- sleep()方法使当前运行中的线程睡眠一段时间，进入不可运行状态，这段时间的长短是由程序设定的，yield()方法使当前线程让出CPU占有权，但让出的时间是不可设定的。实际上，yield()方法对应了如下操作：先检测当前是否有相同优先级的线程处于可运行状态，如果有，则把CPU的占有权交给此线程，否则，继续运行原来的线程。所以yield()方法称为"退让"，它把运行机会让给了同等优先级的其他线程。
- sleep()方法允许较低优先级的线程获得运行机会，但yield()方法执行后，当前线程仍处在可运行状态，所以，不可能让较低优先级的线程获得CPU占有权。在系统中，如果较高优先级的线程没有调用 sleep()方法，又没有受到I/O阻塞，那么，较低优先级线程只能等待所有较高优先级的线程运行结束，才有机会运行。sleep()方法和yield()方法都是Thread类的静态方法，都会使当前运行的线程暂停执行。sleep()方法声明抛出InterruptedException异常，而yield()方法不会抛出任何异常。

18.4.3 线程协作——join

若需要一个线程运行到某一个点时，等待另一个线程运行结束后才能继续运行，这种情况可以通过调用另一个线程的join()方法来实现。在很多情况下，主线程创建并启动了线程，如果子线程中要进行大量的耗时运算，主线程往往将早于子线程结束之前结束。如果主线程想等待子线程执行完成之后，获取这个子线程运算的结果数据并进行输出，这时，主线程中可以调用子线程的对象的join()方法来实现。

Thread类中的join()方法的语法格式如下：

```
public final void join() throws InterruptedException
```

该方法将使得当前线程进入等待状态，直到被join()方法加入的线程运行结束后，再恢复执行。由于该方法被调用时可能抛出InterruptedException异常，因此在调用时需要将它放在try…catch语句中。

【例18.8】 线程协作的应用

在主线程的main()方法中创建一个子线程，一开始两个线程并发执行，每个线程输出10条线程信息，在主线程输出完前5条信息之后，等待子线程运行结束，然后，主线程再输出后5条信息。

```
package consoleapp;

public class ThreadJoin {
    public static void main(String[] args) {
        Thread t = new SubThread();              //实例化子线程对象
        t.start();                               //启动线程
        for(int i = 1; i < =10; i++) {
            System.out.println("我是主线程");      //主线程输出信息
            if(i == 5) {
```

```
            try {
                t.join();                        //等待子线程结束
            } catch(InterruptedException e1) {
                e1.printStackTrace();
            }
        }
        try {
            Thread.sleep(1000);                  //主线程睡眠1秒
        } catch(InterruptedException e) {
            e.printStackTrace();
        }
    }
  }
}
class SubThread extends Thread {
    public void run() {
        for(int i = 1; i < =10; i++) {
            System.out.println("我是子线程~@^_^@~");   //子线程中输出信息
            try {
                sleep(1000);                     //子线程睡眠1秒
            } catch(InterruptedException e) {
                e.printStackTrace();
            }
        }
    }
}
```

程序运行结果如图18.9所示。

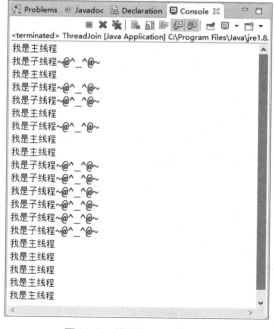

图18.9　线程协作运行结果

18.4.4 线程优先级

在Java程序中，每一个线程都对应一个优先级，优先级高的线程获得较多的运行机会，优先级低的并非没机会执行，只是获得运行机会少一些。

线程的优先级用1~10之间的整数表示，数值越大优先级越高，线程默认的优先级为5。为此，Thread类中定义了三个常量，分别表示最高优先级、最低优先级和默认优先级。

- static int MAX_PRIORITY：线程可以具有的最高优先级，值为10。
- static int MIN_PRIORITY： 线程可以具有的最低优先级，值为1。
- static int NORM_PRIORITY：分配给线程的默认优先级，值为5。

在一个线程中开启另外一个新线程，则新开线程称为该线程的子线程，子线程初始优先级与父线程相同。也可以通过调用线程对象的setPriority()方法设置线程的优先级。该方法是Thread类的成员方法，它的声明格式为：

```
public final void setPriority(int newPriority)
```

Thread类还有一个getPriority()方法用来得到线程当前的优先级，该方法也是Thread类的成员方法，调用它将返回一个整数数值。其声明格式如下：

```
public final int getPriority()
```

⚠ 【例18.9】 线程优先级的应用

```java
package consoleapp;

public class ThreadPriority implements Runnable {
    int count = 0;
    int num = 0;

    public void run() {
        for(int i = 0; i < 10000; i++) {
            count++;                              //统计循环执行的次数
            num = 0;
            for(int j = 0; j < 10000000; j++) {
                num++;                            //执行num加1操作，仅仅是为了消磨时间
            }
        }
    }

    public static void main(String[] args) {
        ThreadPriority tp1 = new ThreadPriority();    //实现一个ThreadPrority对象
        ThreadPriority tp2 = new ThreadPriority();    //实现一个ThreadPrority对象
        ThreadPriority tp3 = new ThreadPriority();    //实现一个ThreadPrority对象
        Thread ta = new Thread(tp1, "奔驰");           //通过tp1对象创建一个线程
        Thread tb = new Thread(tp2, "奥迪");           //通过tp2对象创建一个线程
        Thread tc = new Thread(tp3, "奥拓");           //通过tp3对象创建一个线程
        ta.setPriority(Thread.MAX_PRIORITY);          //设置线程为最大优先级
```

```
            tb.setPriority(Thread.NORM_PRIORITY);           //设置线程为正常优先级
            c.setPriority(Thread.MIN_PRIORITY);             //设置线程为最低优先级
            System.out.println(ta.getName() + "优先级:" + ta.getPriority());//显示优先级
            System.out.println(tb.getName() + "优先级:" + tb.getPriority());//显示优先级
            System.out.println(tc.getName() + "优先级:" + tc.getPriority());//显示优先级
            tc.start();         //启动线程
            tb.start();         //启动线程
            ta.start();         //启动线程
            try {
                Thread.currentThread().sleep(500);          //主线程睡眠500毫秒
            } catch(InterruptedException e) {
                e.printStackTrace();
            }
            System.out.println(ta.getName()+":" + tp1.count + ","+tb.getName()+":"
    + tp2.count +","+tc.getName()+ ":" + tp3.count);//输出3个子线程外循环分别跑了多少次
        }
    }
```

程序运行结果如图18.10所示。

图18.10　显示线程优先级

从上图可以看出，优先级高的线程只是意味着该线程获取的CPU几率相对高一些。并不是说高优先级的线程一直运行。

线程优先级对于不同的线程调度器可能有不同的含义，这跟操作系统和虚拟机版本有关。不同的系统有不同的线程优先级的取值范围，但是Java定义了10个级别（1～10），这样就有可能出现几个线程在一个操作系统里有不同的优先级，在另外一个操作系统里却有相同的优先级的情况。当设计多线程应用程序的时候，一定不要依赖于线程的优先级。因为线程调度优先级操作是没有保障的，只能把线程优先级作用作为一种提高程序效率的方法，但是要保证程序不依赖这种操作。

18.4.5 守护线程

Java程序中，可以把线程分为如下两类：用户线程（User Thread）和守护线程（Daemon Thread）。守护线程也叫后台线程，用户线程就是前面所说的一般线程，它负责处理具体的业务。守护线程往往为其他线程提供服务，这类线程可以监视其他线程的运行情况，也可以处理一些相对不太紧急的任务。在一些特定的场合，经常会通过设置守护线程的方式，来配合其他线程一起完成特定的功能，JVM的垃圾回收线程就是典型的守护线程。

守护线程依赖于创建它的线程，而用户线程则不依赖。举个简单的例子，如果在main线程中创建

了一个守护线程，当main()方法运行完毕之后，守护线程也会随之消亡，而用户线程则不会，用户线程会一直运行直到其运行完毕。

一个用户线程创建的子线程默认是用户线程，可通过线程对象的setDaemon()方法来设置一个线程是用户线程还是守护线程。但不能把正在运行的用户线程设置为守护线程，setDaemon(true)必须在start()方法之前调用，否则会抛出IllegalThreadStateException异常。通过线程对象的isDaemon()方法，还可查看一个线程是不是守护线程。如果是守护线程，那么它创建的线程也是守护线程。

⚠ 【例18.10】 守护线程的应用

在主线程中创建一个子线程，子线程负责输出10行信息。如果把子线程设置成用户线程，则当主线程终止时，子线程会继续运行到结束，如果把子线程设置为守护线程，则当主线程终止时，守护线程也会随主线程自动终止。

```java
package consoleapp;

import java.io.BufferedReader;
import java.io.IOException;
import java.io.InputStreamReader;

public class ThreadDaemon implements Runnable {
    public void run() {
        for(int i = 0; i < 10; i++) {
            //输出当前线程是否为守护线程
            System.out.println("NO. " + i + " Daemon is " + Thread.
currentThread().isDaemon());
            try {
                Thread.sleep(1);                        //线程睡眠1毫秒
            } catch(InterruptedException e) {
            }
        }
    }
    public static void main(String[] args) throws IOException {
        System.out.println("Thread's daemon status,yes(Y) or no(N): ");//输出提示信息

        BufferedReader stdin = new BufferedReader(new InputStreamReader(System.
in)); //建立缓冲字符流
        String str;
        str = stdin.readLine();                         //从键盘读取一个字符串
        ThreadDaemon td = new ThreadDaemon();           //创建ThreadDaemon对象
        Thread th = new Thread(td);                     //创建线程对象
        if(str.equals("yes") || str.equals("Y")) {
            th.setDaemon(true);                         //设置该线程为守护线程
        }
        th.start();                                     //启动线程
        System.out.println("主线程即将结束!");
    }
}
```

程序运行结果如图18.11所示。

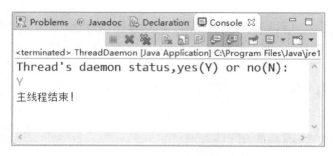

图18.11　守护线程运行结果

运行程序，从键盘输入字符串yes或者Y的时候，程序将创建一个守护线程。紧接着主线程执行结束，守护线程也随之终止，此时在线程的run()方法中循环语句刚开始执行就结束了，这就说明守护线程随用户线程结束而结束。如果从键盘输入字符串no或者N的时候，程序将创建一个用户线程。这样，不管主线程是否结束，该用户线程都要执行循环10次，而输出的线程状态是：Daemon is false，说明该线程不是守护线程，可在主线程结束之后继续运行，直到run()方法执行结束为止。

18.5　线程同步

> 在多线程的程序中，有多个线程并发运行，这多个并发执行的线程往往不是孤立的，它们之间可能会共享资源，也可能要相互合作完成某一项任务，如何使这多个并发执行的线程在执行的过程中不产生冲突，是多线程编程必须解决的问题。否则，可能导致程序运行的结果不正确，甚至造成死锁问题。

线程的同步是Java多线程编程的难点，开发者往往不清楚什么是竞争资源，什么时候需要考虑同步，怎样同步等问题，当然，这些问题没有很明确的答案，但有些原则问题是需要考虑的。

18.5.1　多线程引发的问题

在进行多线程的程序设计时，有时需要实现多个线程共享同一段代码，从而实现共享同一个私有成员或类的静态成员的目的。这时，由于线程和线程之间互相争抢CPU资源，线程无序地访问这些共享资源，最终可能导致无法得到正确的结果。这些问题通常称为线程安全问题。

⚠ 【例18.11】 多线程并发可能引发的问题

在主线程中通过同一个Runnable对象创建10个线程对象，这10个线程共享Runnable对象的成员变量num，在线程中通过循环实现对成员变量num加1000的操作，10个子线程运行过之后，显示相加的结果。运行程序，查看运行结果是否正确。

```
package consoleapp;
```

```
public class ThreadUnsafe {
    public static void main(String argv[]) {
        ShareData shareData = new ShareData();         //实例化shareData对象
        for(int i = 0; i < 10; i++) {
            new Thread(shareData).start();         //通过shareData对象创建线程并启动
        }
    }
}


class ShareData implements Runnable {
    public int num = 0;                            //记数变量
    private void add(){
        int temp;                                  //临时变量
        //循环体让变量num执行加1操作，使用temp是为了增加线程切换的几率
        for(int i = 0; i < 1000; i++) {
            temp = num;
            temp++;
            num = temp;
        }
        //输出线程信息和当前num的值
        System.out.println(Thread.currentThread().getName() + "-" + num);
    }
    public void run() {
        add();                                     //调用add()方法
    }
}
```

程序运行结果如图18.12示。

由于线程的并发执行，多个线程对共享变量num进行修改，导致每次运行输出的内容都不一样，几乎很少会出现线程输出10000的结果。为了解决这一类问题，必须要引入同步机制，那么什么是同步，如何实现在多线程访问同一资源的时候保持同步呢？Java为我们提供了"锁"的机制来实现线程的同步。锁的机制要求每个线程在进入共享代码之前都要取得锁，否则不能进入，而退出共享代码之前要释放该锁，这样就防止了几个或多个线程竞争共享代码的情况，从而解决了线程的不同步的问题。

Java的同步机制可以通过对关键代码段使用synchronized关键字修饰，来实现针对该代码段的同步操作。实现同步的方式有两种，一种是利用同步代码块来实现同步，另一种是利用同步方法来实现同步。下面将分别介绍这两种方法。

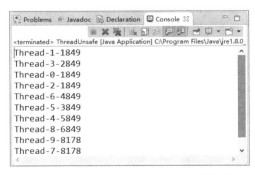

图18.12　线程共享数据对象引发的问题

18.5.2 同步代码块

Java虚拟机为每个对象配备一把锁和一个等候集，这个对象可以是实例对象，也可以是类对象。对实例对象进行加锁，可以保证与这个实例对象相关联的线程可以互斥地使用对象的锁；对类对象进行加锁，可以保证与这个类相关联的线程可以互斥地使用类对象的锁。通过new关键字创建实例对象，从而获得对象的引用，要获得类对象的引用，我们可以通过java.lang.Class类的forName成员方法，forName的声明格式如下：

```
public static Class forName(String className) throws ClassNotFoundException
```

一个类的静态成员方法变量和静态成员方法隶属于类对象，而一个类的非静态成员变量和非静态成员方法属于类的实例对象。

在一个方法中，用synchonized声明的语句块称为同步代码块，同步代码块的语法形式如下：

```
synchronized(synObject)
{
//关键代码
}
```

synchronized块中的代码必须获得对象synObject的锁才能执行。当一个线程欲进入该对象的关键代码时，JVM将检查该对象的锁是否被其他线程获得，如果没有，则JVM把该对象的锁交给当前请求锁的线程，该线程获得锁后即可进入关键代码区域。

⚠ 【例18.12】 同步代码块的应用

构建一个信用卡账户，起初信用额为10000，然后模拟透支、存款等多个操作。显然，银行账户User对象是个竞争资源，应该把修改账户余额的语句放在同步代码块中，并将账户的余额设为私有变量，禁止直接访问。

```
package consoleapp;

public class CreditCard {
    public static void main(String[] args) {
        //创建一个用户对象
        User u = new User("张三", 10000);
        //创建6线程对象
        UserThread t1 = new UserThread("线程A", u, 200);
        UserThread t2 = new UserThread("线程B", u, -600);
        UserThread t3 = new UserThread("线程C", u, -800);
        UserThread t4 = new UserThread("线程D", u, -300);
        UserThread t5 = new UserThread("线程E", u, 1000);
        UserThread t6 = new UserThread("线程F", u, 200);
        //依次启动线程
        t1.start();
        t2.start();
        t3.start();
        t4.start();
```

```
            t5.start();
            t6.start();
        }
    }


class UserThread extends Thread {
    private User u;                    //创建一个User对象
    private int y = 0;
    //构造方法，初始化成员变量
    UserThread(String name, User u, int y) {
        super(name);                   //调用父类的构造方法，设置线程名
        this.u = u;
        this.y = y;
    }


    public void run() {
        u.oper(y);                     //调用User对象的oper()方法操作共享数据
    }
}
class User {
    private String code;               //用户卡号
    private int cash;                  //用户卡上余额
    User(String code, int cash) {
        this.code = code;
        this.cash = cash;
    }
    public String getCode() {
        return code;
    }
    public void setCode(String code) {
        this.code = code;
    }
    //存取款操作方法
    public void oper(int x) {
        try {
            Thread.sleep(10);
            //把修改共享数据的语句放在同步代码块中
            synchronized(this) {
                this.cash += x;
                System.out.println(Thread.currentThread().getName()+ "运行结束, 增
加"" + x + "", 当前用户账户余额为: " + cash);
            }
            Thread.sleep(10);     //线程睡眠10毫秒
        } catch(InterruptedException e) {
            e.printStackTrace();
        }
    }


    public String toString() {
```

```
        return "User{" + "code='" + code + '\'' + ", cash=" + cash + '}';
    }
}
```

程序运行结果如图18.13所示。

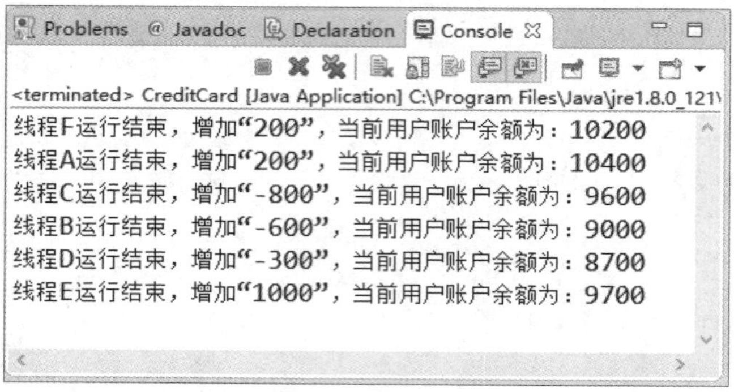

图18.13　使用同步代码块对互斥资源的访问

🔑【TIPS】

　　在使用synchronized关键字时候，应该尽可能避免在synchronized方法或synchronized块中使用sleep()或者yield()方法，因为synchronized程序块占有着对象锁，若程序块休眠，其他的线程只能等着程序块执行完成后再执行。不但严重影响效率，也不合逻辑。同样，在同步代码块内调用yeild()方法让出CPU资源也没有意义，因为程序块占用着锁，其他互斥线程还是无法访问同步代码块。

18.5.3 同步方法

　　同步方法和同步代码块的功能是一样的，都是利用互斥锁实现关键代码的同步访问。只不过通常关键代码就是一个方法的方法体，此时只需要调用synchronized关键字修饰该方法即可。一旦被synchronized关键字修饰的方法已被一个线程调用，那么所有其他试图调用同一实例中的该方法的线程都必须等待，直到该方法被调用结束后释放其锁给下一个等待的线程。

　　通过在方法声明中加入synchronized关键字来声明synchronized方法，例如：

```
public synchronized void accessVal(int newVal);
```

　　这种机制确保了同一时刻对于每一个对象，其所有声明为synchronized的成员方法中至多只有一个处于可执行状态，因为至多只有一个能够获得该类实例对应的锁，从而有效避免了类成员变量的访问冲突。

　　在Java中，不仅仅是类实例，每一个类也对应一把锁，这样我们也可将类的静态成员方法声明为synchronized，以控制其对类的静态成员变量的访问。

⚠️【例18.13】同步方法的应用

　　在主线程中通过同一个Runnable对象创建两个线程对象，这个Runnable对象中有一个同步方法实现输出线程信息，一个线程输出完之后，另一个线程才能开始输出信息。在主线程中启动这两个线程，实现对同步方法的调用，查看运行结果。

```
package consoleapp;

public class PrintThread{
    private String name;
    public static void main(String[] args) {
        MethodSync ms=new MethodSync();          //实例化MethodSync对象
        Thread t1 = new Thread(ms,"线程A");      //通过MethodSync对象创建线程
        Thread t2 = new Thread(ms,"线程B");      //通过MethodSync对象创建线程
        t1.start();                              //启动线程
        t2.start();                              //启动线程

    }
}


class MethodSync  implements Runnable {
    public synchronized void show() {
        System.out.println(Thread.currentThread().getName() + " 同步方法开始");
        System.out.println(Thread.currentThread().getName()+"优先级: " +
Thread.currentThread().getPriority());
        System.out.println(Thread.currentThread().getName()+"其他信息......");
        System.out.println(Thread.currentThread().getName() + " 同步方法结束");
    }
    public void run() {
        show();                                 //调用show()方法显示线程的相关信息
    }
}
```

程序运行结果如图18.14所示。

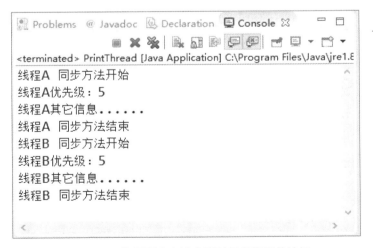

图18.14　使用同步方法实现对互斥资源的访问

同步是一种高消耗的操作，因此应该尽量减少同步的内容。应尽量少用synchronized设置大的同步方法，一般情况下，没有必要同步整个方法，使用synchronized代码块同步关键代码即可。

18.5.4 线程间通信

多个并发执行的线程，如果它们只是竞争资源，可以采取synchronized设置同步代码块，来实现对共享资源的互斥访问，如果多个线程之间在执行的过程中有次序上的关系，多个线程之间必须进行通信，相互协调，来共同完成一项任务。例如经典的生产者和消费者问题，生产者和消费者共享存放产品的仓库，如果仓库为空时，消费者无法消费产品，当仓库满的时候，生产者就会因产品没有空间存放而无法继续生产产品。

Java提供了3个方法来解决线程间的通信问题。这3个方法分别是wait()、notify()和notifyAll()。它们都是Object类的final方法。

这3个方法只能在synchronized关键字作用的范围内使用，并且在同一个同步问题中搭配使用这3个方法时才有实际的意义。调用wait()方法可以使调用该方法的线程释放共享资源的锁，从可运行状态进入等待状态，直到被再次唤醒。而调用notify()方法可以唤醒等待队列中第一个等待同一共享资源的线程，并使该线程退出等待队列，进入可运行状态。调用notifyAll()方法可以使所有正在等待队列中等待同一共享资源的线程从等待状态退出，进入可运行状态，此时，优先级最高的那个线程最先执行。

notify()和notifyAll()这两个方法都是把某个对象上等待队列内的线程唤醒，notify只能唤醒一个，但究竟是哪一个不能确定，而notifyAll()则唤醒这个对象上的等待队列中的所有线程。为了安全性，我们大多数时候应该使用notifiAll()，除非你明确知道只唤醒其中的一个线程。

⚠️ **【例18.14】 线程间通信的应用**

下面的程序中，模拟了生产者和消费者的关系，生产者在一个循环中不断生产了A-Z的共享数据，而消费者则不断地消费生产者生产的A－G的共享数据。在这一对关系中，必须先有生产者生产，才能有消费者消费。为了解决这一问题，引入了如下等待通知机制：

● 在生产者没有生产之前，通知消费者等待；在生产者生产之后，马上通知消费者消费。
● 在消费者消费了之后，通知生产者已经消费完，需要生产。

```java
package consoleapp;

class ShareStore {
    private char c;
    private boolean writeable = true;          //通知变量
    public synchronized void setShareChar(char c) {
        if(!writeable) {
            try {
                wait();                        //未消费等待
            } catch(InterruptedException e) {
            }
        }
        this.c = c;
        writeable = false;                     //标记已经生产
        notify();                              //通知消费者已经生产，可以消费
    }
    public synchronized char getShareChar() {
        if(writeable) {
            try {
                wait();                        //未生产等待
```

```
            } catch(InterruptedException e) {
            }
        }
        writeable = true;                                //标记已经消费
        notify();                                        //通知需要生产
        return this.c;
    }
}
//生产者线程
class Producer extends Thread {
    private ShareStore s;
    Producer(ShareStore s) {
        this.s = s;
    }
    public void run() {
        for(char ch = 'A'; ch <= 'G'; ch++) {
            try {
                Thread.sleep((int) Math.random() * 400);    //睡眠随机时间
            } catch(InterruptedException e) {
            }
            s.setShareChar(ch);                             //生产一个新产品
            System.out.println(ch + " producer by producer.");
        }
    }
}
//消费者线程
class Consumer extends Thread {
    private ShareStore s;

    Consumer(ShareStore s) {
        this.s = s;
    }

    public void run() {
        char ch;
        do {
            try {
                Thread.sleep((int) Math.random() * 400);    //睡眠随机时间
            } catch(InterruptedException e) {
            }
            ch = s.getShareChar();                          //消费一个新产品
            System.out.println(ch + " consumer by consumer.**");
        } while(ch != 'G');
    }
}

public class ProducerConsumer {
    public static void main(String argv[]) {
        ShareStore s = new ShareStore();                   //实例化一个ShareStore对象
```

```
        new Consumer(s).start();          //创建生产者线程并启动
        new Producer(s).start();          //创建消费者线程并启动
    }
}
```

程序运行结果如图18.15所示。

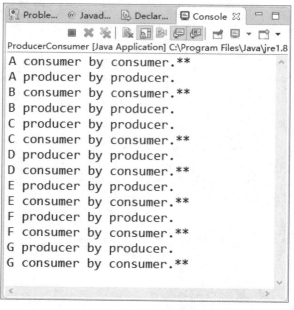

图18.15　线程间通信运行结果

在上面的实例中，设置了一个通知变量，每次在生产者生产和消费者消费之前，都测试通知变量，检查是否可以生产或消费。最开始设置通知变量为true，表示还未生产，在这时候，消费者需要消费，于是修改了通知变量，调用notify()发出通知。这时由于生产者得到通知，生产出第一个产品，修改通知变量，向消费者发出通知。这时如果生产者想要继续生产，但因为检测到通知变量为false，得知消费者还没有消费，所以调用wait()进入等待状态。因此，最后的结果是，生产者每生产一个，就通知消费者消费一个，消费者每消费一个，就通知生产者生产一个，所以不会出现未生产就消费或生产过剩的情况。

18.5.5 死锁

死锁是这样一种情形：多个线程同时被阻塞，它们中的一个或者全部都在等待某个资源被释放。由于线程被无限期地阻塞，因此程序不能正常运行。简单地说，第一个线程等待第二个线程释放资源，而同时第二个线程又在等待第一个线程释放资源。每一个线程都没办法继续执行，假设这种情况一直持续下去，就出现了死锁现象。

导致死锁的根源在于不恰当地运用"synchronized"关键字来管理线程对特定对象的访问。"synchronized"的作用是，确保在某个时刻只有一个线程被允许执行特定的代码块，因此，被允许执行的线程首先必须拥有对变量或对象的排他性访问权。当线程访问对象时，线程会给对象加锁，而这个锁导致其他也想访问同一对象的线程被阻塞，直至第一个线程释放它加在对象上的锁。

⚠ 【例18.15】 死锁的产生

在程序中有两个共享对象obj1和obj2，并且每一个线程都需要获得这两个对象的锁后才可以执行。这是一个同步问题，如果没有合理地安排获取这些资源的顺序，很可能造成死锁的发生。

```java
package consoleapp;

public class DeadlockThread {
    public static Object obj1 = new Object();    //实例化静态同步对象
    public static Object obj2 = new Object();    //实例化静态同步对象

    public static void main(String[] args) {
        Thread t1 = new Thread(new Thread1());   //创建线程
        Thread t2 = new Thread(new Thread2());   //创建线程
        t1.start();    //启动线程
        t2.start();    //启动线程
    }
}

class Thread1 implements Runnable {
    public void run() {
        synchronized(DeadlockThread.obj1) {
            System.out.println("线程1进入obj1同步代码块");
            //线程1进入obj1的同步块后，让线程1休眠10毫秒
            try {
                Thread.sleep(10);
            } catch(InterruptedException e) {
                e.printStackTrace();
            }
            System.out.println("线程1请求obj2对象锁");
            synchronized(DeadlockThread.obj2) {
                System.out.println("线程1进入obj2同步代码块");
            }
        }
    }
}

class Thread2 implements Runnable {
    public void run() {
        synchronized(DeadlockThread.obj2) {
            System.out.println("线程2进入obj2同步代码块");
            //线程2进入obj2的同步块后，让线程2休眠10毫秒
            try {
                Thread.sleep(10);
            } catch(InterruptedException e) {
                e.printStackTrace();
            }
            System.out.println("线程2请求obj1对象锁");
            synchronized(DeadlockThread.obj1) {
```

```
                System.out.println("线程2进入obj1同步代码块");
            }
        }
    }
}
```

程序在执行的过程中很有可能发生下面的情况：线程1已经获取对象obj1的锁后，线程1进入阻塞状态，此时线程2启动并获得对象obj2的锁，再去获取对象obj1的锁，但对象obj1的锁被线程1已经占有，因此等待线程1释放obj1的锁。线程1从阻塞中恢复以后继续执行，欲获取obj2的锁，却发现对象obj2的锁已被线程2获得，因此也没有办法继续运行。在这种情况下，程序已无法向前推进，因而造成了死锁问题。

程序运行结果如图18.16所示。

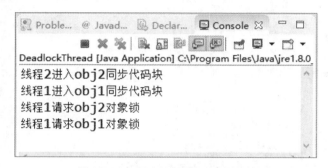

图18.16　程序运行进入死锁状态

如果在相互合作的多个线程之间，不合理使用wait()、notifyAll()方法，很容易造成死锁，由于JVM没有自动检测死锁和避免死锁的方法，这就对进行多线程程序设计的软件开发人员提出更高的要求，我们在开发多线程程序的时候，应多加考虑，尽量避免死锁的发生。

本章小结

　　本章首先介绍了线程及进程的相关概念和线程的运行机制。线程有3种创建方式，分别是继承Thread类，实现Runnable接口，通过Callable接口和Future接口创建线程。

　　接着介绍了线程的生命周期，线程的生命周期有6种状态，分别是创建状态、可运行状态、阻塞状态、等待状态、计时等待状态和终止状态。线程的状态转换可以通过线程调试实现，线程的调试方法主要包括sleep()、yield()和join()方法。之后介绍了线程的优先级和守护线程。

　　最后介绍了线程同步和线程间通信，线程同步主要是对线程的共享资源进行保护，可以通过同步代码块和同步方法实现；线程间通信是相互合作的线程在执行顺序上相互协调，可通过wait()、notify()和notifyAll()方法实现。

项目练习

项目练习1

　　编写一个多线程应用程序，模拟火车站售票，有多个售票窗口，用一个线程模拟一个售票窗口，每一次出售车票的用时随机，设定一个车票总数，售完为止，在售票的过程中，要实时输出售票信息。

项目练习2

　　通过多线程描述"货车司机""装卸工"和"仓库管理员"之间的关系。"货车司机"要待"装卸工"把货物都卸完才能开车，而装卸工在卸货时要求"仓库管理员"打开仓库门才能卸货，卸货完成后，"仓库管理员"要关闭仓库门，请通过线程同步和线程通信实现"货车司机""装卸工"和"仓库管理员"之间的关系。

Chapter

19

数据库编程

本章概述

　　数据库在Java应用程序中扮演着非常重要的角色。如何从中获取数据并管理其中的数据是每一个Java程序开发人员必须面对的问题。为了方便程序开发人员开发数据库应用程序，Java平台专门提供了一个标准的数据库访问组件JDBC。本章首先对数据库基本概念和SQL语言进行介绍，进而讲述在Java应用程序中如何通过JDBC组件连接数据库以及实现对数据库中的数据进行存取操作等内容。通过对本章内容的学习，读者可以掌握数据库基本概念、JDBC API常用接口和类、通过JDBC连接数据库以及对数据进行增、删、改、查的方法，并能够编写简单的数据库应用程序。

重点知识

- 数据库概述
- JDBC基础
- 使用JDBC访问数据库
- 数据库编程实例

19.1 数据库概述

> 数据库技术是计算机技术中发展最为迅速的领域之一，已经成为人们存储数据、管理信息和共享资源的最常用、最先进的技术。数据库技术在科学、技术、经济、文化和军事等各个领域发挥着重要的作用。

19.1.1 数据库的概念

数据库，顾名思义，就是存放数据的仓库。只不过这个仓库是在计算机的存储设备上，而且数据是按照一定的数据模型组织并存放在外存上的一组相关数据集合，通常这些数据是面向一个组织、企业或部门的。例如，在学生成绩管理系统中，学生的基本信息、课程信息、成绩信息等都来自学生成绩管理数据库。

严格来说，数据库是长期存储在计算机内，有组织的、大量的、可共享的数据集合。数据库中的数据按一定的数据模型组织、描述和存储，具有较小的冗余度、较高的数据独立性和易扩展性，并可为各种用户共享。数据库数据具有永久存储、有组织和可共享3个基本特点。

19.1.2 数据库的分类与特点

数据库的类型是根据其依据的数据模型进行划分的。目前成熟地应用在数据库系统中的数据模型主要有层次模型、网状模型和关系模型。因此，数据库通常分为层次式数据库、网络式数据库和关系式数据库三种类型。下面简单介绍一下不同数据库模型的特点。

1. 层次模型

层次模型是用树结构表示记录类型及其联系的，树结构的基本特点是：

● 有且仅有一个结点无父结点。

● 其他结点有且有一个父结点。

在层次模型中，树的结点是记录型。上一层记录型和下一层记录型的联系是1:n。层次模型就像一棵倒立的树。

【TIPS】

> 在层次式数据库中查找记录，必须指定存取路径。这种关系模型不支持m:n联系。

2. 网状模型

网状模型中结点间的联系不受层次限制，可以任意发生联系，所以它的结构是结点的连通图。网状模型结构的特点是：

● 有一个以上结点无父结点。

● 至少有一个结点有多于一个父结点。

【TIPS】

　　虽然网状模型能反映各种复杂的关系，但网状模型在具体实现上，只支持1:n联系，对于m:n联系，需要将其转化为多个1:n联系。

3. 关系模型

　　关系模型的本质就是用若干个二维表来表示实体及其联系。关系是通过关系名和属性名定义的。一个关系可形式化表示为：R(A1,A2,A3,…,Ai,…)。其中，R为关系名，Ai为关系的属性名。

　　目前，常用的数据库产品几乎都是基于关系模型的关系式数据库，简称关系数据库，其代表产品有Oracle、SQL Server、MySQL和Sybase等。

19.1.3 关系数据库

　　关系数据库是目前数据库应用中的主流技术。关系数据库之所以得到广泛应用，是因为它建立在严格的数学理论基础上，概念清晰、简单，能够用统一的结构来表示实体集合和它们之间的联系。关系数据库的出现标志着数据库技术走向了成熟。

　　关系数据库系统与非关系数据库系统的区别是：关系数据库系统只有"表"这一种数据结构，而非关系数据库系统还有其他数据结构，对这些数据结构还有其他的操作。

　　在关系型数据库中，数据以记录（Record）和字段（Field）的形式存储在数据表（Table）中，由若干个数据表构成一个数据库。数据表是关系数据库的一种基本数据结构，如图19.1所示。数据表中的一行称为一条记录，任意一列称为一个字段，字段有字段名与字段值之分。字段名是表的结构部分，由它确定该列的名称、数据类型和限制条件。字段值是该列中的一个具体值，它与变量名与变量值的概念类似。

		字段名	字段名
sno	**sname**	**sage**	**ssex**
201701001	张三	19	男
201701002	李四	20	女
201701003	王五	21	男
201701004	马六	19	女

记录

图19.1　学生信息表student

　　结构化查询语言SQL是用于操作关系数据库的标准语言，它使用方便、功能丰富、简单易学。根据SQL语言的不同功能，将SQL语言分成数据定义语言DDL（Data Definition Language）、数据操纵语言DML（Data Manipulation Language）、数据查询语言DQL（Data Query Language）和数据控制语言DCL（Data Control Language）四大类。本书将对前三类SQL语言进行简单介绍。

19.1.4 数据定义语言

　　数据定义语言提供对数据库及其数据表的创建、修改、删除等操作，属于数据定义语言的命令有Create、Alter和Drop。

1. 数据表的创建

在SQL语言中，使用CREATE TABLE语句创建数据表。其语法格式如下：

```
CREATE TABLE 表名
(
    字段名1    数据类型和长度1    [限制条件1],
    字段名2    数据类型和长度2    [限制条件2],
    ……         ……
    字段名n    数据类型和长度n    [限制条件n]
)
```

含义说明如下：

● 表名是指存放数据的表格名称。
● 字段名指表格中某字段的名称。
● 数据类型和长度用来设定某字段的数据类型和最大长度。
● 限制条件就是当输入此列数据时必须遵守的规则。例如，UNIQUE关键字用来限定本列的值不能重复；NOT NULL用来规定该列的值不能为空；PRIMARYKEY表明该列为表的主键。
● [ ]表示可选项，可根据需要决定是否选择该项，例如，语法格式中的[限制条件]。

⚠ 【例19.1】 使用SQL命令创建学生信息表student

```
CREATE TABLE student
(
    sno char(10) not null ,
    sname char(20) not null,
    sage integer ,
    ssex char(2)
)
```

2. 数据表的修改

数据表的修改主要包括添加字段和删除字段两种操作。这两个操作都使用ALTER命令，但其中的关键字有所不同。添加字段的语法格式为：

```
ALTER TABLE 表名 ADD 字段名 数据类型 [限制条件]
```

例如，在学生表student中添加一个字段联系电话sphone，其SQL语句为：

```
ALTER TABLE student add sphone char(11)
```

删除字段的语法格式为：

```
ALTER TABLE 表名 DROP 字段名
```

例如，在学生信息表student中删除一个字段联系电话sphone，其SQL语句为：

```
ALTER TABLE student DROP sphone
```

3. 数据表的删除

在SQL语言中，使用DROP TABLE语句删除数据表及表中的所有记录，其语法格式为：

```
DROP TABLE 表名
```

例如，删除学生表student，其SQL语句为：

```
DROP TABLE student
```

19.1.5 数据操纵语言

数据操纵命令包括Insert、Delete和Update命令。

1. 添加记录

INSERT语句用于向数据表中插入或增加新的记录，其语法格式如下：

```
INSERT INTO 表名(字段名1,字段名2,…,字段名n)   VALUES(值1,值2,…,值n)
```

 【TIPS】

字段名的个数与值的个数必须相同，二者的数据类型也应该一一对应，否则就会出现错误。

例如在学生表student中插入一条记录，其SQL语句为：

```
insert into student(sno,sname,sage,ssex) values('201400109','董华',19,'男')
```

2. 更新数据

UPDATE语句实现修改满足条件的记录，其语法格式如下：

```
UPDATE 表名
SET 字段名1=新值1 [,字段名2=新值2……]
[WHERE 条件]
```

WHERE从句给出指出被修改记录应满足的条件，即满足此条件的记录的字段值将被更新。如果省略WHERE从句，则修改所有记录对应字段的值。

例如，把学生表student中的sage字段值都加1，其SQL语句为：

```
Update student set sage=sage+1
```

3. 删除数据信息

DELETE语句用于删除数据表中的记录，其语法格式如下：

```
DELETE FROM 表名 [WHERE 条件]
```

通过WHERE从句给出指出被删除记录应满足的条件。如果省略WHERE子句，则删除数据表中所有记录。

例如，删除学生表student中sag> 24的记录，其SQL语句为：

```
DELETE FROM student where sage>24
```

19.1.6 数据查询语言

数据库查询是数据库的核心操作。SQL语言提供了SELECT语句进行数据库的查询，SELECT语句具有丰富的功能和灵活的使用方式，其一般的语法格式如下：

```
SELECT [DISTINCT] 字段名1 [，字段名2，……]
FROM 表名
[WHERE 条件]
```

DISTINCT表示不输出重复值，即当查询结果中有多条记录具有相同的值时，只返回满足条件的第一条记录值。语句中的字段名用来决定哪些字段将作为查询结果返回，也可以使用通配符"*"来表示查询结果中包含所有字段。

例如，查询学生表student中的所有sage>24的记录，其SQL语句为：

```
Select * form student where sage>24
```

19.2 JDBC基础

> Java程序与数据库的连接是通过JDBC来实现的，它是一个独立于特定数据库管理系统的程序接口，下面简单介绍一下JDBC的功能及驱动类型。

19.2.1 JDBC简介

JDBC（Java Database Connectivity）是由一组Java类、接口组成的用于执行SQL语句的Java API，可以为多种关系数据库提供统一访问。通过JDBC组件向各种关系数据发送SQL语句是一件很容易的事，不必再为每一种数据库专门写一个程序，只需用JDBC API写一个程序就可以了。

JDBC接口（API）也包括两个层次：一个是面向应用的API即Java API，它是由抽象类和接口组成，供应用程序开发人员使用，可以实现数据库的连接、执行SQL语句、获得执行结果等。另一个层次是面向数据库的API，即Java Driver API，供开发商开发数据库驱动程序用。JDBC功能结构如图19.2所示。

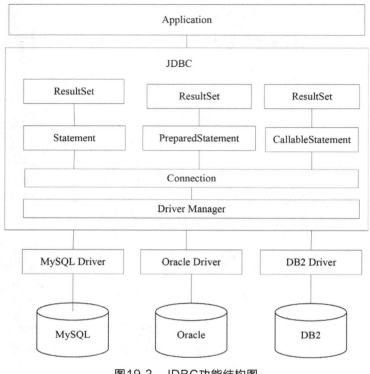

图19.2　JDBC功能结构图

1. Java应用程序

Java应用程序包括应用程序、Java Applet和Servlet，这些程序都可以利用JDBC完成对数据库的访问和操作。完成的主要任务有：请求与数据库建立连接、向数据库发送SQL请求、为结果集定义存储应用和数据类型、查询结果的处理及关闭数据库等操作。

2. JDBC驱动程序管理器

JDBC驱动程序管理器能够动态地管理和维护数据库查询所需要的驱动程序对象，实现Java任务与特定驱动程序的连接，从而体现JDBC与平台无关的特性。它的主要任务有：为特定的数据库选择驱动程序、处理JDBC初始化调用、为每个驱动程序提供JDBC功能的入口、为JDBC调用执行参数等。

3. 驱动程序

驱动程序一般由数据库厂商或者第三方提供，主要功能包括：由JDBC方法调用向特定数据库发送SQL请求，并为Java程序获取结果，在用户程序请求时执行翻译、将错误代码格式转换为标准的JDBC错误代码等。

JDBC是独立于DBMS的，而每个数据库系统都有自己的协议与客户端通信，所以JDBC利用数据库驱动程序来使用这些数据库引擎。因此使用不同的DBMS，需要的驱动程序也不相同。

4. 数据库

Java应用程序所需的数据库及其数据库管理系统。

19.2.2 JDBC驱动程序类型

由于数据库技术发展的原因，不同的数据库厂商开发的SQL语言存在着一定的差异。因此，当想要连接数据库并存取其中的数据时，选择适当类型的JDBC驱动程序是非常重要的。

JDBC驱动程序可细分为4种类型，分别是JDBC-ODBC Bridge、JDBC-Native API Bridge、JDBC-Middleware和Pure JDBC Driver。JDBC驱动程序的存取结构，如图19.3所示。

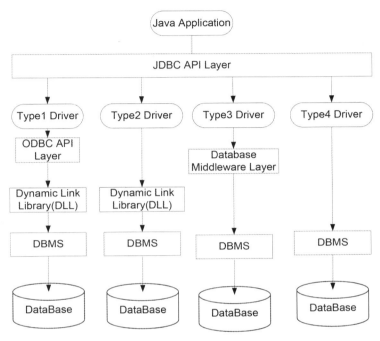

图19.3　JDBC驱动程序的存取结构

1. JDBC-ODBC Bridge

该类驱动必须在计算机上事先安装好ODBC驱动程序，然后通过JDBC-ODBC Bridge的转换，把Java程序中使用的JDBC API转换成 ODBC API，进而通过ODBC来存取数据库。应用程序可以通过选择适当的ODBC驱动程序，来实现对多个厂商的数据库访问。但是该方法执行效率比较低，对于那些大数据量存取的应用是不适合的。

该类型是一种过渡性解决方案，在数据库没有提供JDBC驱动，只有ODBC驱动的情况下采用。例如，早期操作Access数据库操作时，由于Access没有提供JDBC驱动程序，就只能用JDBC-ODBC桥来访问。

【TIPS】

> JDK 8已经移除了sun.jdbc.odbc.JdbcOdbcDriver驱动程序类，即不再支持通过JDBC-ODBC Bridge这种方式连接数据库。

2. JDBC-Native API Bridge

该类驱动程序也必须在计算机上先安装好特定的驱动程序，然后通过JDBC-Native API Bridge的转换，把Java程序中使用的JDBC API转换成Native API，进而存取数据库。

大多数据库供应商都为其产品提供了这种类型的驱动程序。在下列情况下可考虑采用该类型的驱动：（1）作为使用JDBC-ODBC Bridge的替代。由于直接与数据库连接，该类驱动能比JDBC-ODBC Bridge更好地完成工作。（2）作为低成本的数据库解决方案。

3. JDBC-Middleware

该类驱动程序不需要在计算机上安装任何附加软件，但是必须在安装数据库管理系统的服务器端加装中介软件（Middleware），这个中介软件会负责所有存取数据库时必要的转换。

在下列情况下可考虑采用该类型的驱动：（1）不需要任何预先配置。（2）数据库产品被保护在一个中间层之后的安全系统中。（3）使用了多种不同数据库产品，这时中间层通常就是通过JDBC访问数据库接口的。

4. Pure JDBC Driver

使用这类驱动程序时无需安装任何附加的软件，所有数据库操作都直接由JDBC驱动程序来完成，这种类型的驱动程序访问数据库的效率是最高的。

在下列情况下可考虑采用该类型的驱动：（1）应用程序只涉及到一种数据库，并且该数据库的生产商已经提供了Pure JDBC Driver。（2）应用程序对数据库访问效率要求比较高。

19.3 使用JDBC访问数据库

> JDBC是Java程序连接和存取数据库的应用程序接口。它是由多个类和接口组成的Java类库，使用这个类库可以以一种标准的方法，方便地访问数据库资源。进而使用标准的SQL语句命令，对数据库进行查询、插入、删除、更新等操作。下面对JDBC数据库访问流程和每步中用到的常用类和接口进行介绍。

19.3.1 JDBC使用基本流程

在Java中进行JDBC编程时，Java程序通常按照以下流程进行，如图19.4所示。

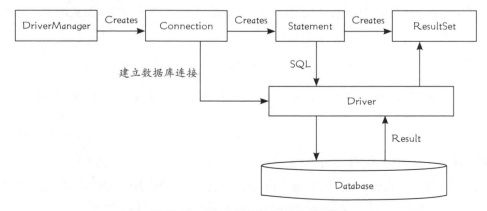

图19.4　JDBC访问数据库基本流程

从图19.4中可知，建立一个数据库连接并对数据库进行访问时需要以下几个步骤：

Step 01 建立ODBC数据源，这一步不是必须的，仅在使用JDBC-ODBC Bridge建立数据库连接时，才需要建立数据源。JDK 8已经不再支持通过这种方式建立数据库连接。

Step 02 加载数据库驱动程序。

Step 03 创建数据库的连接。

Step 04 使用SQL语句对数据库进行操作。

Step 05 对数据库操作的结果进行处理。

Step 06 关闭数据库连接，释放系统资源。

19.3.2 加载数据库驱动程序

每种数据库的驱动程序都应该提供一个实现了java.sql.Driver接口的类，简称Driver类。在加载某一驱动程序的Driver类时，它应该创建自己的实例，并向java.sql.DriverManager类注册该实例。下面将对Driver接口和DriverManager类进行更详细的介绍。

1. Driver接口

java.sql.Driver是所有JDBC驱动程序需要实现的接口，这个接口是提供给数据库厂商使用的，不同厂商实现该接口的类名是不同的。常用的数据库驱动程序，如表19.1所示。

表19.1 常用的数据库驱动程序类

驱动程序类	说　明
com.microsoft.sqlserver.jdbc.SQLServerDriver	SQL Server 数据库的JDBC驱动程序的类名，需要单独下载。读者可以从微软公司的官方网站上下载并进行安装
oracle.jdbc.driver.OracleDriver	Oracle数据库的JDBC驱动程序的类名，不需要单独下载，在Oracle数据库产品的安装目录下可以找到。读者只需要在Oracle安装目录下搜索jdbc目录，然后在其子目录lib中即可找到
com.mysql.jdbc.driver	MySQL数据库的JDBC驱动程序的类名，需要单独下载，下载地址为http://www.mysql.com
sun.jdbc.odbc.JdbcOdbcDriver	JDBC-ODBC Bridge驱动程序类名。JDK 8已经移除该驱动程序类，不再支持通过这种方式连接数据库

2. 加载驱动程序

通常情况下，通过java.lang.Class类的静态方法forName(String className)，加载欲连接数据库的Driver类，该方法的入口参数为欲加载的Driver类的完整路径。成功加载后，会将Driver类的实例注册到DriverManager类中。

注册加载MySQL的JDBC驱动程序的语句如下：

```
Class.forname("com.mysql.jdbc.driver");
```

注册加载SQL Server的JDBC驱动程序的语句如下：

```
Class.forName("com.microsoft.sqlserver.jdbc.SQLServerDriver");
```

注册加载Oracle的JDBC驱动程序的语句如下:

```
Class.forName("oracle.jdbc.driver.OracleDriver");
```

3. 驱动程序管理类DriverManager

java.sql.DriverManager负责管理JDBC驱动程序,跟踪可用的驱动程序,并在数据库和相应驱动程序之间建立连接。要使用JDBC驱动程序,必须加载JDBC驱动程序并向DriverManage注册成功后才能建立数据库连接,该类还处理如驱动程序登录时间限制及登录和跟踪消息的显示等事务。DriverManager类提供了很多成员方法,常用的成员方法如表19.2所示。

表19.2　DriverManager类提供的常用方法

驱动程序类	说　　明
getConnection(String url)	根据指定的数据库URL创建一个数据库连接
getConnection(String url, String user,String password)	根据指定的数据库URL、用户名和密码创建一个数据库连接
getConnection(String url, Properties info)	根据指定的数据库URL和相关连接属性(存放在info参数中)创建一个数据库连接
registerDriver(Driver driver)	向 DriverManager注册一个驱动程序
deregisterDriver(Driver driver)	从 DriverManager的列表中删除一个驱动程序
setLoginTimeout(int seconds)	设置驱动程序试图连接到数据库时等待的最长时间,以秒为单位

19.3.3 连接数据库

首先定义JDBC的URL对象,然后通过驱动程序管理器建立数据库的连接。

1. 连接数据库的URL表示形式

连接不同数据库时,对应的URL也是不一样的。下面给出几种常用数据库的URL表示形式。
连接MySQL的形式如下:

```
jdbc:mysql:        //host:port/dbname
```

连接SQL Server 2012的形式如下:

```
jdbc:sqlserver:    //host:port;DatabaseName=dbName
```

连接Oracle的形式如下:

```
jdbc:oracle:thin:@ host:port:dbName
```

其中，host为数据库服务器地址，port是端口号，dbname为数据库名称。MySQL、SQL Server和Oracle的默认端口号分别为3306、1433和1521。

⚠ 【例19.2】 连接本机的MySQL数据库

端口号为默认值，数据库名为db1。

```
String mysqlURL= "jdbc:mysql://localhost:3306/db1";
```

⚠ 【例19.3】 连接本机的SQL Server 2012数据库

端口号为默认值，数据库名为db2。

```
String sqlURL="jdbc:sqlserver://localhost:1433;DatabaseName=db2";
```

⚠ 【例19.4】 连接本机的Oracle数据库

端口号为默认值，数据库名为db3。

```
String oracleURL= "jdbc:oracle:thin:@localhost:1521:db3";
```

2. 建立数据库连接

通过DriverManager类的静态方法getConnection()建立数据库连接，为了存取数据还需要提供用户名和密码。

```
Connection con=DriverManager.getConnection(URL,"username","password");
```

其中，URL为数据库连接对象，username为用户名，password为用户密码。

3. 数据库连接接口Connection

java.sql.Connection对象代表与数据库的连接，主要负责在连接上下文中执行 SQL 语句并返回结果。一个应用程序可以与单个数据库有一个或多个连接，或者与多个数据库有连接。

获取Connection对象的方法是调用DriverManager类的getConnection()方法，该方法的返回值就是当前驱动程序与数据库连接的会话对象。Connection接口的常用方法如表19.3所示。

表19.3 Connection接口提供的常用方法

驱动程序类	说　明
Statement createStatement()	创建一个Statement对象，用于将 SQL 语句发送到数据库
PrepareStatement prepareStatement(String sql)	创建一个prepareStatement 对象，用于将参数化的 SQL 语句发送到数据库
CallableStatement prepareCall(String sql)	创建一个CallableStatement 对象，用于调用数据库中的存储过程
void commit( )	使自从上一次提交或回滚以来进行的所有数据库更改成为持久更改，并释放Connection 对象保存的所有数据库锁定

（续表）

驱动程序类	说　明
void rollback( )	取消对数据库的所有修改，将数据库恢复到以前的状态
void close( )	断开Connection对象与数据库的连接

19.3.4 执行数据库操作

对关系数据库的操作主要通过执行SQL语句来进行。而执行SQL语句并返回处理结果，需要使用Statement、PreparedStatement或CallableStatement实例对象。

1. Statement接口的使用

java.sql.Statement的主要功能是将SQL命令传送给数据库，并将SQL命令的执行结果返回。Statement接口提供了很多成员方法，常用的成员方法如表19.4所示。

表19.4　Statement接口提供的常用方法

驱动程序类	说　明
boolean execute(String sql)	执行指定的SQL语句，如果执行结果为一个ResultSet对象，则返回true，否则返回false
ResultSet executeQuery(String sql)	执行给定的 SQL 语句，返回ResultSet对象
int executeUpdate(String sql)	执行INSERT、UPDATE和DELETE语句，返回值是插入、修改或删除的记录行数或者是0
void close( )	关闭Statement对象，释放系统资源

采用Statement对象执行SQL语句编程实现的主要步骤如下：

Step 01 创建Statement对象。

```
Statement  stmt=con.createStatement( );   //con为数据库连接对象
```

Step 02 执行SQL语句。

如果执行的是查询语句，可以通过Statement的executeQuery()方法来实现，执行结果以ResultSet对象返回。

```
ResultSet  rs= stmt.executeQuery("select * form student where sage>24");
```

如果执行的是UPDATE、INSERT或DELETE语句，可以通过Statement的executeUpdate( )方法来实现，其返回值为受影响的记录个数。

```
int  count= stmt.executeUpdate("delete from student where sage>24 ");
```

Step 03 关闭Statement对象。

每一个Statement对象在使用完毕后，都应该使用close()方法关闭，释放系统资源。

```
stmt.close();
```

2. PreparedStatement接口的使用

Statement对象执行SQL语句时，每次都需要将该语句传给数据库，无论该语句是否重复。为了提高程序执行效率，针对多次执行同一条SQL语句这种情况，Java提供了一个功能更加强大的接口，即java.sql.PreparedStatement接口。

PreparedStatement对象可以代表一个预编译的SQL语句，它是Statement接口的子接口。由于PreparedStatement类会将传入的SQL命令编译并暂存在内存中，所以当某一SQL命令在程序中被多次执行时，使用PreparedStatement对象执行速度要快于Statement对象。如果数据库不支持预编译，将在语句执行时才传给数据库，其效果类似于Statement对象。

与Statement相比，PreparedStatement可在执行SQL语句调用之前将输入参数绑定到SQL语句调用中。当需要在同一个数据库表中完成一组记录的更新时，使用PreparedStatement是一个很好的选择。该接口继承了Statement的所有功能，另外还添加了一些特定的方法。

采用PreparedStatement对象执行SQL语句的主要步骤如下：

Step 01 创建PreparedStatement对象，在参数中给出将要被预编译的SQL语句。

```
PreparedStatement pstmt=con.prepareStatement(
                    "Update student set sage=? Where sno=?");
```

Step 02 根据参数的位置和数据类型，通过合适的set()方法为其赋值。

```
pstmt.setInt(1, 21);                    //为第1个参数指定值：整数21
pstmt.setString(2, "201701001");        //为第2个参数指定值：字符串"201701001"
```

Step 03 执行SQL语句。

可以调用executeUpdate()方法执行SQL语句，与Statement调用方式不同的是，这里不需要参数，因为在创建PreparedStatement对象时，已经给出了要执行的SQL语句，系统进行了预编译。

```
pstmt.executeUpdate( );                 //执行SQL命令
```

Step 04 关闭PreparedStatement对象。

```
pstmt.close( );
```

预编译的SQL语句放在缓存中，下次执行相同SQL语句时，可以直接从缓存中取出来，不用重新编译，从而提高程序执行效率。PreparedStatement采用预编译技术提高了程序执行效率，但也增加了开销。如果某些SQL语句只执行一次，以后不再重复使用，建议采用Statemen对象进行数据库操作，如果处理批量SQL语句或者SQL需要重复执行，建议采用PrepareStatement对象进行数据库操作。

3. CallableStatement接口的使用

无论是采用Statement对象，还是采用PreparedStatement对象进行数据库操作，都会出现SQL语句和Java程序代码混在一起的现象，无法达到"黑箱"效果。为实现这一目标，我们可以通过java.sql.CallableStatement对象来访问数据库。该对象用于调用数据库中的存储过程。与嵌入Java程序代码中的SQL语句相比，存储过程有以下优点：

（1）由于在大多数数据库系统中，存储过程都是在数据库中进行预编译，因此它的执行速度要比每次都进行编译的SQL语句执行效率高。

（2）存储过程中的任何语法错误在编译时就会被发现，而不是等到运行时才发现。

（3）Java开发人员只需要知道存储过程的名字以及它的输入和输出参数，而无需了解具体执行情况，比如执行过程中所涉及到临时表、视图、函数等信息。

为了标识存储过程和过程所需的参数类型和数量，可以用以下3种方式调用：

- 如果存储过程不需要参数，采用{call procedure-name}。
- 如果存储过程需要参数，采用{call procedure-name(?,?,...)}。
- 如果存储过程需要参数，并返回一个变量，采用{?= call procedure-name(?,?, ...)}。

当存储过程需要输入参数时，要使用setxxx()方法为其赋值；如果需要输出参数，在执行存储过程之前，需要使用registerOutParameter()方法进行注册。输出参数的值是在执行后通过此类提供的getxxx()方法检索得到的。CallableStatement可以返回一个或多个ResultSet对象。

采用CallableStatement对象执行SQL语句编程实现的主要步骤如下：

Step 01 创建CallableStatement对象。

使用Connection类中的prepareCall()方法，创建一个CallableStatement对象，其参数是一个String对象，一般格式为"{call 存储过程名()}"。

Step 02 如果有IN参数，通过setxxx( )方法设定参数的值。

Step 03 调用executeQuery()方法来执行存储过程。

Step 04 调用close()方法关闭CallableStatement。

假设在SQL Server数据库中有一个名为getStudentInfo的存储过程，该存储过程功能是根据指定的学号查找对应的学生姓名，具体代码如下：

```
begin
  select sname from student where sno=stuNo
end
```

在Java程序中调用该存储过程的核心代码如下：

```
CallableStatement storeProcStatement;                    //定义CallableStatement对象
//创建CallableStatement对象，并设置结果集属性
storeProcStatement=con.prepareCall("{call getStudentInfo(?)}",
    ResultSet.TYPE_ SCROLL_INSENSITIV E,ResultSet.CONCUR_READ_ONLY);
storeProcStatement.setString(1,"201701001");          //给存储过程的第一个输入参数赋值
ResultSet rs=storeProcStatement.executeQuery();   //执行该存储过程
...
storeProcStatement.close();
```

19.3.5 结果集的访问与处理

使用SQL语句对数据库进行的操作不同，其返回结果也不相同。我们研究的重点内容是返回值为一个结果集ResultSet的情况。

java.sql.ResultSet对象表示从数据库中返回的结果集。当我们调用Statement接口或Prepared-Statement接口提供的executeQuery()方法执行查询操作时，executeQuery()方法将会把查询结果存放在ResultSet对象中供我们使用。ResultSet对象具有指向当前数据行的指针，初始状态时，默认指向第一条记录之前。ResultSet接口提供了很多成员方法，常用的成员方法如表19.5所示。

表19.5　ResultSet接口的常用方法

驱动程序类	说　　明
boolean first( )	移动记录指针到第一个记录
boolean last( )	移动记录指针到最后一个记录
boolean next( )	将指针从当前位置下移一行
int getRow()	检索当前行编号
xxx getxxx(int index)	获取当前行中指定列的值，参数为列的索引号，xxx为数据类型
xxx getxxx(String columnName)	获取当前行中指定列的值，参数为列的名称，xxx为数据类型
void close( )	关闭ResultSet对象，释放系统资源

ResultSet接口提供的getxxx()方法，可以根据列的索引编号或列的名称检索对应列的值，其中以列的索引编号较为高效，编号从1开始。其中，xxx代表JDBC中的Java数据类型。常用的getxxx()方法有getInt()、getDouble()、getString()和getDate()等。

19.3.6 JDBC的关闭操作

JDBC访问数据库整个流程结束时，要关闭查询语句及与数据库的连接，以释放系统资源。要注意关闭的顺序，如果有结果集，则先关闭结果集ResultSet对象，然后关闭Statement对象，最后关闭数据库连接。关闭操作可以放在异常处理的finally语句中实现。

19.4 数据库编程实例

> 本节将以学生信息管理数据库为例，详细介绍如何使用JDBC中的类和接口建立数据库连接、执行SQL语句、实现数据操作等。

在本节实例中，使用的数据库是微软公司的数据库产品SQL Server 2012。该产品必须先安装然后才能使用。读者可以从微软公司的官方网站上下载，其中SQL Server 2012简体中文版的下载地址为：https://www.microsoft.com/zh-cn/download/details.aspx?id=29066。

19.4.1 创建数据库

在SQL Server 2012中，创建学生信息管理数据库"student_db"，具体步骤如下：

Step 01 启动Microsoft SQL Server Management Studio，并使用Windows或SQL Server身份验证连接到服务器，如图19.5所示。

图19.5　连接到服务器窗口

Step 02 展开"对象资源管理器"窗口（如果没有出现该窗口，可以选择"视图→对象资源管理器"命令，即可打开该窗口），打开指定的服务器实例，右击"数据库"节点，从弹出的快捷菜单中选择"新建数据库"命令，如图19.6所示。

图19.6　选择"新建数据库"命令

Step 03 在弹出的"新建数据库"窗口中输入数据库名称"student_db",然后单击"确定"按钮,如图19.7所示。

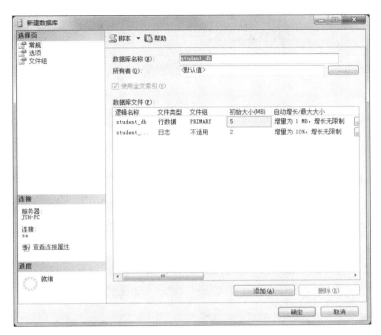

图19.7 "新建数据库"窗口

Step 04 新建的数据库会自动出现在"对象资源管理器"中,如图19.8所示。

图19.8 显示student_db数据库

19.4.2 建立数据库连接

建立数据库连接的具体步骤如下:

Step 01 下载数据库驱动程序。建立数据库连接,首先需要加载数据库驱动程序。而SQL Server 2012的驱动程序需要从网上下载,下载地址:https://www.microsoft.com/zh-cn/download/details.

aspx?id=11774。下载并解压，在解压后的目录中可以找到与本机安装的运行环境jre8匹配的驱动程序包，如图19.9所示。

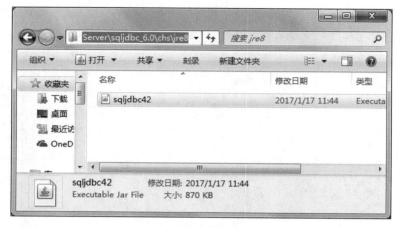

图19.9　数据库驱动程序

Step 02 把数据库驱动程序导入到Java应用程序。首先，右击项目"chapter13"，在弹出的快捷菜单中选择"Build Path→Add External Archives…"命令，如图19.10所示。

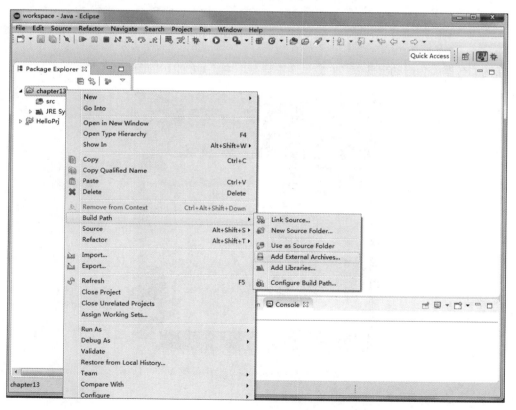

图19.10　加载驱动程序

Step 03 选择加载的驱动程序，单击"打开"按钮，如图19.11所示。

驱动程序导入后在该项目中会出现"Referenced Libraries"，且驱动程序的名称在其下方会显示出来，如图19.12所示。

图19.11 选择驱动程序

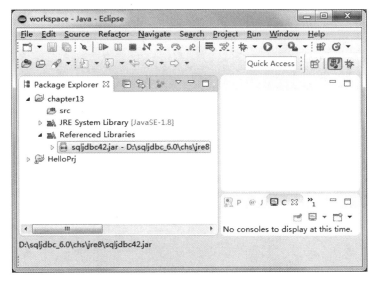

图19.12 驱动程序加载后的效果

Step 04 创建数据库连接类。为了提高程序的通用性和可移植性，可定义数据库连接类DBConnection，专门用于建立数据库连接和断开数据库连接。

⚠ 【例19.5】创建数据库连接类

定义数据库连接类DBConnection，实现数据库的连接与数据库连接的断开。数据库连接参数的设置和驱动程序的加载以及建立数据库连接等功能均通过该类的getConnection()方法实现，数据库连接保存在类的成员变量con中。closeConnection()方法实现对数据库连接的关闭功能。主方法用于测试数据库连接是否建立成功。

```
import java.sql.Connection;
import java.sql.DriverManager;
import java.sql.SQLException;
public class DBConnection {
    //保存数据库连接的成员变量
    Connection con = null;
```

```java
    public Connection getConnection() {
        try {
            //加载驱动
            Class.forName("com.microsoft.sqlserver.jdbc.SQLServerDriver");
            //驱动程序加载成功后的提示信息
            System.out.println("driver success!");
            //数据库连接参数
            String URL="jdbc:sqlserver://localhost:1433;DatabaseName=student_db";
            String username = "sa";
            String password = "123456";
            //创建数据库连接
            con = DriverManager.getConnection(URL, username, password);

            //连接数据库成功后的提示信息
            System.out.println("Connection success!");
        } catch(ClassNotFoundException e) {
            //驱动加载没有成功
            System.out.println("driver failure!");
        } catch(SQLException e) {
            e.printStackTrace();
            //连接失败
            System.out.println("connection failure!");
        }
        //返回数据库连接对象
        return con;
    }
    public void closeConnection() {
        if(con != null)
            try {
                //关闭数据库连接对象
                con.close();
            } catch(SQLException e) {
                System.out.println("close failure!");
            }
    }
    //通过主方法进行测试
    public static void main(String[] args){
        DBConnection dbc = new DBConnection();
        dbc.getConnection();
    }
}
```

程序执行结果如图19.13所示。

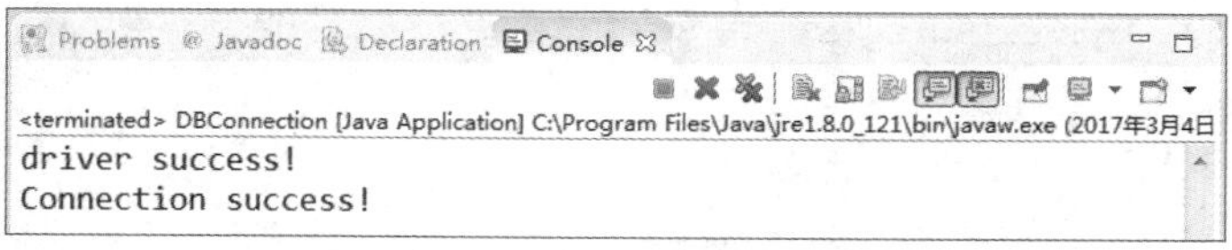

图19.13 程序执行结果

数据库连接参数也可以通过类的成员变量来设置，驱动程序的加载及数据库的连接都在该类的构造方法中进行，连接保存在类的成员变量oneConnection中。closeConnection()方法实现数据库的连接的关闭。程序的功能与DBConnection相同，以上程序可以改写为DBConnection2。

```java
import java.sql.Connection;
import java.sql.DriverManager;
import java.sql.SQLException;
public class DBConnection2 {
    //驱动程序
    String dbdriver = "com.microsoft.sqlserver.jdbc.SQLServerDriver";
    //数据库连接参数
    String URL="jdbc:sqlserver://localhost:1433;DatabaseName=student_db";
    String username = "sa";
    String password = "123456";
    //数据库连接成员变量
    Connection con = null;

    DBConnection2() {
        try {
            Class.forName(dbdriver);
            System.out.println("driver success!");
            con = DriverManager.getConnection(URL, username,password);
            System.out.println("Connection success!");
        } catch(ClassNotFoundException e) {
            System.out.println("driver failure!");
        } catch(SQLException e) {
            System.out.println("connection failure!");
        }
    }

    public void closeConnection() {
        if(con != null)
            try {
                //关闭数据库连接对象
                con.close();
                System.out.println("close success! ");
            } catch(SQLException e) {
                System.out.println("close failure!");
            }
    }

    public static void main(String[] args){
        DBConnection2 dbc = new DBConnection2();
        dbc.closeConnection();
    }
}
```

程序执行结果如图19.14所示。

图19.14　程序执行结果

19.4.3 创建数据库表

数据库连接类创建完成后，就可以对数据库进行操作了，本节以实例形式介绍数据库表的创建方法。

⚠ 【例19.6】 创建数据表

利用数据库连接类DBConnection实例对象创建数据库连接，然后创建数据表student用于保存学生信息。student数据表有4个字段，分别是：学号sno（字符型，宽度为10）、姓名sname（字符型，宽度为20）、年龄sage（整型）和性别ssex（字符型，宽度为2）。

```java
import java.sql.Connection;
import java.sql.SQLException;
import java.sql.Statement;
public class CreateTable {
    //保存数据库连接的成员变量
    Connection con = null;
    //声明Statement类对象
    private Statement stmt = null;
    //该方法实现向数据库中添加一学生表
    //返回值代表数据添加成功与否，成功则返回真，否则返回假
    public boolean createBookDataTable() {
        //创建数据库连接对象
        DBConnection onecon = new DBConnection();
        //得到数据库连接对象
        con = onecon.getConnection();
        //保存创建是否成功的变量
        boolean returnResult = true;
        try {
            //建立Statement类对象
            stmt = con.createStatement();
            //声明创建学生表student的SQL语句
            String pSql = "create table student(sno char(10), sname char(20), "
                + "sage integer , ssex char(2))";
            //执行SQL命令
            stmt.executeUpdate(pSql);
            //释放资源
            stmt.close();
            //关闭与数据库的连接
```

```
            con.close();
        } catch(SQLException e1) { //对数据库读取时产生的异常进行处理
            System.out.println("数据库读异常, " + e1);
            returnResult = false;
        }
        return returnResult;
    }
    public static void main(String[] args) {
        CreateTable c = new CreateTable();
        boolean isSuccess = c.createBookDataTable();
        if(isSuccess)
            System.out.println("The table is created. ");
        else
            System.out.println("The table is not created. ");
    }
}
```

程序执行结果如图19.15所示。

图19.15　程序执行结果

分析执行结果，可以发现数据表已经创建成功，详细信息可以通过SQL Server 2012数据库管理平台查看，如图19.16所示。

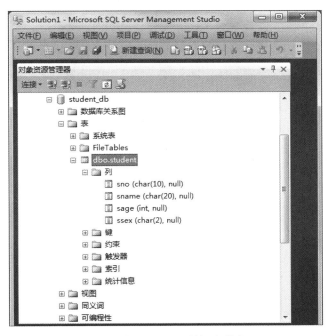

图19.16　student数据表信息

19.4.4 向数据表中添加数据

数据库表创建成功后，只有数据表结构，里面没有任何记录，下面通过一个实例，介绍向数据表 student中添加学生记录的方法。

⚠ **【例19.7】 向数据表student中添加记录**

为了提高系统的通用性和执行效率，本例采用支持预编译SQL语句能力的PreparedStatement 接口，并定义方法addStudentDataInfo(String sno,String sname,int sage,String ssex)，使添加的数据信息以参数的形式给出，具体实参在主方法中给出。

```java
import java.sql.Connection;
import java.sql.PreparedStatement;
import java.sql.SQLException;
public class AddRecord {
    DBConnection onecon = new DBConnection();
    Connection con = null;
    PreparedStatement pstmt = null;
    //该方法的形式参数为学生表中的字段信息，返回值代表修改记录的条数
    public int addStudentDataInfo(String sno, String sname, int sage,String ssex) {
        int count = 0;
        con = onecon.getConnection();
        try {
            //采用预编译方式定义SQL语句，使添加的数据以参数的形式给出
            String str = "insert into student values(?,?,?,?)";
            //创建PreparedStatement对象
            pstmt = con.prepareStatement(str);
            //给参数赋值
            pstmt.setString(1, sno);
            pstmt.setString(2, sname);
            pstmt.setInt(3, sage);
            pstmt.setString(4, ssex);
            //执行SQL语句
            count = pstmt.executeUpdate();
        } catch(SQLException e1) {
            //对执行SQL语句过程中出现的异常进行处理
            System.out.println("数据库读异常, " + e1);
        } finally {
            try {
                //释放所连接的数据库及JDBC资源
                pstmt.close();
                //关闭与数据库的连接
                con.close();
            } catch(SQLException e) {
                //关闭数据库时的异常处理
                System.out.println("在关闭数据库连接时出现了错误！");
            }
        }
        return count;
```

```
    }
    public static void main(String[] args) {
        AddRecord c = new AddRecord();
        int count = c.addStudentDataInfo("201701001", "张三", 18,"男");
        System.out.println(count + "条记录被添加到数据表中");
    }
}
```

程序执行结果如图19.17所示。

图19.17　程序执行结果

19.4.5 修改数据表中的数据

在数据表使用过程中，经常需要修改其中的数据，如修改学生的年龄、专业等信息。

⚠️ 【例19.8】 将数据表student中的列ssage的值全部加1

```
import java.sql.Connection;
import java.sql.SQLException;
import java.sql.Statement;
public class UpdateRecord {
    DBConnection onecon = new DBConnection();
    Connection con = null;
    Statement stmt = null;
    //该方法实现对学生年龄的修改，返回值代表被修改的记录条数
    //返回值为 - 1时，表示修改没有成功
    public int updateStudentDataInfo() {
        con = onecon.getConnection();
        //被修改的记录条数
        int count = -1;
        try {
            //建立Statement类对象
            stmt = con.createStatement();
            //定义修改记录的SQL语句
            String sql = "Update student set sage=sage+1";
            //执行SQL命令
            count = stmt.executeUpdate(sql);
            stmt.close();
            con.close();
```

```
        } catch(SQLException e1) {
            System.out.println("数据库读异常," + e1);
        }
        return count;
    }
    public static void main(String[] args) {
        UpdateRecord c = new UpdateRecord();
        int count = c.updateStudentDataInfo();
        System.out.println("数据表中"+count + "条记录被修改");
    }
}
```

程序执行结果如图19.18所示。

图19.18　程序执行结果

19.4.6 删除数据表中的记录

某些记录不需要的话可以将其删除，既可以通过Statement实例执行静态DELETE语句完成删除，也可以利用PreparedStatement实例通过动态Delete语句完成删除。

⚠ 【例19.9】 删除数据表student中的记录

根据指定的学号sno的值，删除学生表对应的记录，把学号以形参传递给deleteOneStudent，实参在主方法给出。

```
import java.sql.Connection;
import java.sql.PreparedStatement;
import java.sql.SQLException;
public class DeleteRecord {
    Connection con = null;
    PreparedStatement pstmt = null;
    //该方法实现按照学号删除学生信息，如果返回值为-1，代表修改没有成功
    public int deleteOneStudent(String sno) {
        //创建数据库连接对象
        DBConnection onecon = new DBConnection();
        //得到数据库连接对象
        con = onecon.getConnection();
        //删除记录的条数
        int count = -1;
```

```
    try {
        //在当前连接上创建一个prepareStatement对象
        pstmt = con.prepareStatement("delete from student  where sno=? ");
        //给参数设定值
        pstmt.setString(1, sno);
        //执行删除操作
        count = pstmt.executeUpdate();
        //释放资源
        pstmt.close();
        con.close();
    } catch(SQLException e1) {
        System.out.println("数据库读异常," + e1);
    }
    return count;
}

public static void main(String[] args) {
    DeleteRecord c = new DeleteRecord();
    int count = c.deleteOneStudent("201701001");
    System.out.println("数据表中" + count + "条记录被删除");
}
}
```

程序执行结果如图19.19所示。

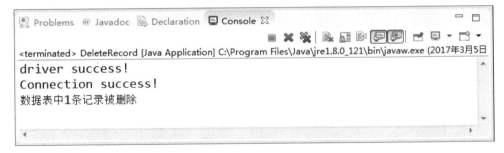

图19.19　程序执行结果

19.4.7 查询数据表中的数据

数据查询是最常见的数据操作，查询可通过Statement实例完成，也可利用PreparedStatement实例完成。

【例19.10】 查询数据表student中的记录

根据指定的学号sno的值，查询学生表对应的记录。

```
import java.sql.Connection;
import java.sql.Statement;
import java.sql.ResultSet;
import java.sql.SQLException;
```

```
public class QueryStudent {
    public void getAllStudent() {
        DBConnection onecon = new DBConnection();
        Connection con = onecon.getConnection();
        try {
            Statement stmt = con.createStatement();
            ResultSet rs = stmt.executeQuery("select * from student");
            while(rs.next()) {
                //检索当前行中指定列的值
                System.out.println(rs.getString(1) + " " + rs.getString(2)
                    + " " + rs.getInt(3) + " " + rs.getString(4));
            }
            stmt.close();
            con.close();
        } catch(SQLException e1) {
            System.out.println("数据库读异常，" + e1);
        }
    }
    public static void main(String[] args) {
        QueryStudent qs = new QueryStudent();
        qs.getAllStudent();
    }
}
```

程序执行结果如图19.20所示。

图19.20 程序执行结果

通过以上实例中介绍的数据库操作方法，可以实现对数据库表的创建、数据的添加、修改、删除及数据的查询操作。也可以把对数据库数据的增加、删除、修改和查询等功能定义在一个类里，每一种操作定义为该类的一个方法，需要访问数据库时只需创建该类的对象，调用其相应的成员方法即可。

本章小结

数据库的应用无处不在，作为Java程序开发人员，数据库应用程序的开发是必须掌握的技能。本章首先对数据库基本概念、数据库分类和SQL语句进行了简单介绍。接着介绍了JDBC 的功能结构和驱动程序类型。在此基础上，详尽地讲解了如何使用JDBC访问数据库。首先针对不同的数据库讲解如何加载JDBC驱动程序、怎样建立数据库连接、如何创建Statement、PreparedStatemen和CallableStatement对象执行SQL语句、怎样对结果集ResultSet进行遍历与处理。

最后，通过一个具体实例详细演示了如何通过JDBC访问数据库，实例内容包括：数据库连接类的定义、数据表student的创建和数据管理，其中，数据管理包括：添加数据、修改数据、删除数据和查询数据等内容。

项目练习

项目练习1

创建数据库连接类，该类至少包含创建数据库连接和断开数据库连接两个方法。

项目练习2

建立admins数据表，该表包含username和password两个字符型字段。并在表中增加若干条记录。然后，定义如下界面，当单击"登录"按钮时，从admins表中读取信息，判断用户名和密码是否正确，正确时打开自己定义的主窗口，否则以消息框提示用户名或者密码错误。当单击"退出"按钮时，关闭窗口，程序结束运行。

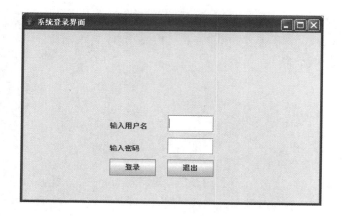

项目练习3

编写程序在数据库library中创建一个借阅者表reader，并编程向表中添加内容，结构和内容如下表所示。

readerid	passwd	name	gender	address	tel	startdate	enddate	type
20060101001	8888	李勇	男			2006.9	2016.7	1
20078001002	8888	王敏	女			2007.9	2017.11	2
T200101060	8888	张立	男			2001.7	2021.12	3

（1）查询数据表中性别为女的借阅者信息，并显示到屏幕上。

（2）查询所有借阅者信息，并按照借阅者的编号，从小到大排列显示到屏幕上。

（3）删除借阅者编号以"2006"开头的所有记录，并输出删除后的剩余的数据信息。

项目练习4

编写一个数据库应用程序，要求通过图形界面方式实现学生信息的录入、修改、删除和查询等功能。

Chapter

20

网络编程

本章概述

　　互联网技术的飞速发展给人类的生活环境带来极大的便利，网络应用程序也数不胜数，网络编程对于很多的初学者来说，感觉神秘而又专业，网络编程其实并没有想象的那么难，Java为读者提供了非常完善的网络应用开发类。

　　在本章将会学习网络的基本知识，让大家对网络通信有初步的认识；同时会学习Java环境中网络应用程序设计要用到的相关类和技术。通过本章的学习，读者将对网络应用程序开发有更清晰的认识，并能够运用JDK提供的网络通信相关类开发基本的网络应用程序。

重点知识

- 网络相关知识
- Java常用网络编程类
- 基于TCP的Socket编程
- 基于UDP的Socket编程
- 网络编程应用实例

20.1 网络相关知识

> 计算机网络通过传输介质把分散在不同地点的计算机设备互连起来，通过网络通信协议实现计算机之间的资源共享和数据传输。网络编程就是编写程序使相互联网的计算机或网络设备之间进行通信。Java语言对网络编程提供了良好的支持，通过其提供的接口，就可以方便地进行网络编程。

20.1.1 网络协议

如同人与人之间相互交流需要遵循一定的语言语法一样，计算机之间能够进行相互通信是因为它们都共同遵守一定的规则，即网络协议。与两个人之间的交流不同的是，计算机之间进行通信，必须严格按照协议的格式要求进行交互。计算机之间进行网络通信的协议参考模型主要有OSI模型和TCP/TP模型。

1. OSI参考模型

OSI网络参考模型是国际标准化组织ISO于1977提出的，由于网络通信协议本身非常复杂，OSI参考模型提出了分层的思想。OSI模型把网络通信的工作分为7层，分别是物理层、数据链路层、网络层、传输层、会话层、表示层和应用层，如图20.1所示。

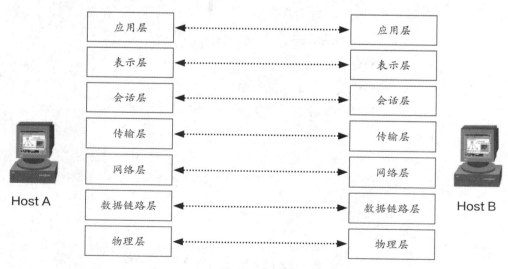

图20.1 OSI参考模型

- 物理层：物理层处于OSI的最底层，它的功能主要是为数据端设备提供传送数据的通路以及传输数据。
- 数据链路层：数据链路层的主要任务是实现计算机网络中相邻节点之间的可靠传输，把原始的、有差错的物理传输线路加上数据链路协议以后，构成逻辑上可靠的数据链路。需要完成的功能有链路管理、成帧、差错控制以及流量控制等。其中成帧是对物理层的原始比特流进行界定，数据链路层也能够对帧的丢失进行处理。

- 网络层：网络层涉及源主机节点到目的主机节点之间可靠的网络传输，它需要完成的功能主要包括路由选择、网络寻址、流量控制、拥塞控制、网络互连等。
- 传输层：传输层起着承上启下的作用，涉及源端节点到目的端节点之间可靠的信息传输。传输层需要解决跨越网络连接的建立和释放，对底层不可靠的网络，建立连接时需要三次握手，释放连接时需要四次挥手。
- 会话层：会话层的主要功能是负责应用程序之间建立、维持和中断会话，同时也提供对设备和节点之间的会话控制，协调系统和服务之间的交流，并通过提供单工、半双工和全双工3种不同的通信方式，使系统和服务之间有序地进行通信。
- 表示层：表示层关心所传输数据信息的格式定义，其主要功能是把应用层提供的信息变换为能够共同理解的形式，提供字符代码、数据格式、控制信息格式、加密等的统一表示。
- 应用层：应用层为OSI的最高层，是直接为应用进程提供服务的。其作用是在实现多个系统应用进程相互通信的同时，完成一系列业务处理所需的服务。

2. TCP/IP参考模型

ISO制定的OSI参考模型过于庞大、复杂，为此招致了许多批评。它难以实现，没有在实际中得到运用。与OSI参考模型相似的是TCP/IP参考模型，TCP/IP参考模型也是采用分层的思想，它对OSI参考模型的分层进行了简化，并对各层提供了完善的协议，这些协议构成了TCP/IP协议栈。TCP/IP协议栈简单的分层设计，使它得到广泛的应用，已经成为事实上的国际标准。

TCP/IP参考模型分为四个层次：应用层、传输层、网络互连层和主机－网络层，如图20.2所示。

应用层	HTTP、FTP、TELNET	SNMP、DNS
传输层	TCP	UDP
网络互联层	IP、ICMP、ARP、RARP	
主机－网络层	以太网	IEEE802.3
	令牌环网	IEEE802.3

图20.2　TCP/IP参考模型

在TCP/IP参考模型中，去掉了OSI参考模型中的会话层和表示层（这两层的功能被合并到应用层实现）。同时将OSI参考模型中的数据链路层和物理层合并为主机-网络层。

- 主机-网络层：实际上TCP/IP参考模型没有真正描述这一层的实现，只是要求能够提供给其上层-网络互连层一个访问接口，以便在其上传递IP分组。由于这一层次未被定义，所以其具体的实现方法将随着网络类型的不同而不同。
- 网络互连层：网络互连层是整个TCP/IP协议栈的核心。它的功能是把分组发往目标网络或主机。网络互连层定义了分组格式和协议，即IP协议（Internet Protocol）。网络互连层除了需要完成路由的功能外，也可以完成将不同类型的网络（异构网）互连的任务。除此之外，网络互连层还需要完成拥塞控制的功能。
- 传输层：在TCP/IP模型中，传输层的功能是使源端主机和目标端主机上的对等实体进行会话。在传输层定义了两种服务质量不同的协议，即传输控制协议TCP（Transmission Control Protocol）和用户数据报协议UDP（User Datagram Protocol）。
- 应用层：TCP/IP模型将OSI参考模型中的会话层和表示层的功能合并到应用层实现。应用层面向不同的网络应用引入了不同的应用层协议。其中，有基于TCP协议的，如文件传输协议（File

Transfer Protocol，FTP）、虚拟终端协议（TELNET）、超文本链接协议（Hyper Text Transfer Protocol，HTTP），也有基于UDP协议的。

20.1.2 IP地址和端口

为了实现网络上不同机器之间的通信，我们必须标识网络上不同的计算机。TCP/IP协议簇为接入互联网上的所有设备分配一个唯一的索引标识，这个索引标识被称为IP地址。同样，在一台计算机中可能同时运行着多个网络应用程序，怎么区分这些程序呢，在TCP/IP协议中通过端口号来标识不同的网络应用程序。

1. IP地址

IP地址是计算机网络中任意一台计算机地址的唯一标识。知道了网络中某一台主机的IP地址，就可以定位这台计算机。通过这种地址标识，网络中的计算机可以互相定位和通信。目前，网络上设备的IP地址大多由4个字节组成，这种IP地址叫作IPv4。除了这种由4个字节组成的IP，在互联网上还存在一种IP由16个字节组成，叫作IPv6。

IPV4是由4个字节（共32位）数组成，中间以小数点分隔。格式为xxx.xxx.xxx.xxx，其中的x代表的是一个三位的二进制数字，如127.129.121.3，这也是目前广为使用的IP地址格式。

IPV6是由16个字节（共128位）组成，中间以冒号分隔。IPV6有多种表示方法，其中一种格式为xxxx:xxxx:xxxx:xxxx:xxxx:xxxx:xxxx:xxxx，其中每个x是代表一个4位的十六进制数字，如FEDC:BA98:7654:3210:FEDC:BA98:7654:3210。

2. 端口号

一台主机上允许有多个进程，这些进程都可以和网络上的其他计算机进行通信。更准确地说，网络通信的主体不是主机，而是主机中运行的进程。这时候只有主机名或IP地址显然是不够的。因为一个主机名或IP地址对应的主机可以拥有多个进程。端口就是为了在一台主机上标识多个进程而采取的一种手段。主机名（或IP地址）和端口的组合能唯一确定网络通信的主体——进程。端口（Port）是网络通信时同一主机上的不同进程的标识。端口号（Port Number）是端口的数字编号，如80、8080、3306、2033、1521等。一台服务器可以通过不同端口提供许多不同的服务。

20.1.3 Java网络程序设计技术

用Java开发网络软件非常方便和强大，Java的这种强大来源于他提供的一套强大的网络 API，这些API是一系列的类和接口，均位于包java.net和javax.net包中，它包含了多个用于各种标准网络协议通信的类和接口。主要包括两部分的内容，一部分是提供传输层开发的类和接口，用于处理地址、套接字、接口及相关的异常处理；另一部分提供应用层开发用到的类和接口，用于处理URI、URL和URL连接等。Java网络编程常用类如表20-1所示。

表20-1　Java网络编程常用类

类	类说明
InetAddress	此类表示互联网协议（IP）地址
ServerSocket	此类实现服务器套接字

（续表）

类	类说明
Socket	此类实现客户端套接字
URL	此类代表一个统一资源定位符，它是指向互联网"资源"的指针
URLConnection	抽象类URLConnection是所有类的超类，它代表应用程序和URL之间的通信链接
URI	表示一个统一资源标识符（URI）引用
DatagramSocket	此类表示用来发送和接收数据报包的套接字
DatagramPacket	此类表示数据报包
MulticastSocket	多播数据报套接字类用于发送和接收IP多播包
URLDecoder	HTML格式解码的实用工具类
URLEncoder	HTML格式编码的实用工具类

20.2 Java常用网络编程类

20.2.1 InetAddress类

Java中的InetAddress类是一个代表IP地址的封装类。IP地址可以由字节数组和字符串来分别表示，InetAddress将IP地址以对象的形式进行封装，可以更方便地操作和获取其属性。InetAddress没有构造方法，可以通过两个静态方法获得它的对象。InetAddress的常用方法如下：

- static InetAddress getByAddress(byte[] addr)：在给定原始IP地址的情况下，返回InetAddress对象。
- static InetAddress getByAddress(String host, byte[] addr)：根据提供的主机名和IP地址创建 InetAddress。
- static InetAddress getByName(String host)：在给定主机名的情况下确定主机的IP地址。
- static InetAddress getLocalHost()：返回本地主机。
- byte[] getAddress()：返回此InetAddress对象的原始IP地址。
- String getHostAddress()：返回IP地址字符串（以文本表现形式）。
- String getHostName()：获取此IP地址的主机名。
- boolean isMulticastAddress()：检查InetAddress是否是IP多播地址。
- boolean isReachable(int timeout)：测试是否可以达到该地址。
- String toString()：将此IP地址转换为String。

使用InetAddress类可以很方便地获取网络资源的各种信息，如主机名、主机IP地址。

⚠ 【例20.1】 使用InetAddress类获取主机地址信息

使用InetAddress对象获取互联网上指定主机和本地主机的有关信息。

```java
package network;
import java.io.IOException;
import java.net.*;
public class InetAddressDemo {
    public static void main(String[] args) {
        try {
            //根据给定域名获取对应的InetAddress对象
            InetAddress inetAddress1 = InetAddress.getByName("www.sohu.com");
            //判断地址是否可达
            System.out.println("网站是否可达: " + inetAddress1.isReachable(2000));
            //显示主机名
            System.out.println("主机名（域名）: "+inetAddress1.getHostName());
            System.out.println("IP: "+inetAddress1.getHostAddress());//显示主机名
            //显示地址的字符串描述
            System.out.println("InetAddress对象字符串描述: "+inetAddress1);
            //获取本机对应的InetAddress对象
            InetAddress inetAddress2 = InetAddress.getLocalHost();
            //显示主机名
            System.out.println("本机主机名: "+inetAddress2.getHostName());
            //显示主机名
            System.out.println("本机IP: "+inetAddress2.getHostAddress());
            //显示地址的字符串描述
            System.out.println("InetAddress对象字符串描述: "+inetAddress2);
            //根据IP地址来获取对应的InetAddress对象(京东: 42.236.8.129)
            byte[] bs = new byte[] { (byte) 42, (byte) 236, (byte) 8, (byte) 129 };
            InetAddress inetAddress3 = InetAddress.getByAddress(bs);
            //显示地址的字符串描述
            System.out.println("InetAddress对象字符串描述: "+inetAddress3);
            //根据提供的主机名和IP地址来获取对应的InetAddress对象
            InetAddress inetAddress4 = InetAddress.getByAddress("京东商城(www.jd.com)",bs);
            //显示地址的字符串描述
            System.out.println("InetAddress对象字符串描述: "+inetAddress4);
        } catch(UnknownHostException e) {
            e.printStackTrace();
        } catch(IOException e) {
            e.printStackTrace();
        }
    }
}
```

程序运行结果如图20.3所示。

图20.3　获取主机地址信息结果

20.2.2 URL 类

URL（Uniform Resource Locator）是一种资源定位器的简称，它表示Internet上某一资源的地址。通过URL我们可以访问Internet上的各种网络资源，比如最常见的www、FTP站点。浏览器通过解析给定的URL，可以在网络上查找相应的文件或其他资源。

1. URL组成

一个URL包括两个主要部分：协议名和资源名。

协议名（protocol）指明获取资源所使用的传输协议，如http、ftp、gopher、file等，资源名（resourceName）则是资源的完整地址，包括主机名、端口号、文件名或文件内部的一个引用。例如：

```
http://www.baidu.com/ 协议名://主机名
https://acm.zzuli.edu.cn/zzuliacm/problemset.php 协议名://主机名＋文件名
http://www.developer.com/tags/Open-Source-2090.htm#BOTTOM 协议名://主机名＋端口
号＋文件名＋内部引用
```

2. URL类

为了表示URL，java.net中实现了URL类。我们可以通过下面的构造方法来初始化一个URL对象：

（1）public URL(String spec);

通过一个表示URL地址的字符串可以构造一个URL对象：

```
URL urlBase=new URL("http://www.pku.edu.cn ")
```

（2）public URL(URL context, String spec);

通过基URL和相对URL构造一个URL对象：

```
URL urlBase=new URL("http://www.pku.edu.cn ")
URLpku=new URL(urlBase, " /about/index.htm")
```

（3）public URL(String protocol, String host, String file);

```
URL pku =new URL("http", "www.pku.edu.cn ", "/about/index.htm");
```

（4）public URL(String protocol, String host, int port, String file);

```
URL pku=new URL("http","www.pku.edu.cn",80, "/about/index.htm ");
```

类URL的构造方法都声明抛弃非运行时例外（MalformedURLException），因此生成URL对象时，我们必须要对这一例外进行处理，通常使用try-catch语句进行捕获，格式如下：

```
try{
        URL myURL= new URL(…)
}catch(MalformedURLException e){
        …
}
```

生成一个URL对象后，其属性是不能被改变的，但是我们可以通过类URL所提供的方法来获取这些属性：

- public String getProtocol()：获取该URL的协议名。
- public String getHost()：获取该URL的主机名。
- public int getPort()：获取该URL的端口号，如果没有设置端口，返回-1。
- public String getFile()：获取该URL的文件名。
- public String getRef()：获取该URL在文件中的相对位置。
- public String getQuery()：获取该URL的查询信息。
- public String getPath()：获取该URL的路径。
- public String getAuthority()：获取该URL的权限信息。
- public String getUserInfo()：获得使用者的信息。
- public String getRef()：获得该URL的锚。

3. 通过URL类读取网络资源

得到一个URL对象后，可以通过它读取指定的www资源。这时候我们可以使用URL的方法openStream()、openSteam()与指定的URL建立连接，并返回InputStream类的对象，以从这一连接中读取数据。

```
URL url = new URL("http://www.baidu.com");
//使用openStream得到一输入流,并由此构造一个BufferedReader对象
BufferedReader br = new BufferedReader(new InputStreamReader(url.openStream()));
String line = null;
while(null != (line = br.readLine()))
{
    System.out.println(line);
}
br.close();
```

⚠ 【例20.2】 使用URL类获取远端主机上指定文件的内容

创建一个参数为"https://www.bnuoj.com/v3/index.php"的URL对象，然后读取这个对象获取文件内容。

```java
import java.io.*;
import java.net.URL;
public class URLDemo{
    public static void main(String[] args) throws Exception {
        //创建URL对象
        URL url = new URL("https://www.bnuoj.com/v3/index.php");
        //创建InputStreamReader对象
        InputStreamReader is = new InputStreamReader(url.openStream());
        System.out.println("协议: " + url.getProtocol()); //显示协议名
        System.out.println("主机: " + url.getHost()); //显示主机名
        System.out.println("端口: " + url.getPort()); //显示端口号
        System.out.println("路径: " + url.getPath()); //显示路径名
        System.out.println("文件: " + url.getFile()); //显示文件名

        BufferedReader br = new BufferedReader(is); //创建BufferedReader对象
        String inputLine;
        System.out.println("文件内容: ");
        //按行从缓冲输入流循环读字符，直到读完所有行
        while((inputLine = br.readLine()) != null) {

            System.out.println(inputLine);                    //把读取的数据输出到屏幕上
        }
        br.close();                                           //关闭字符输入流
    }
}
```

程序运行结果如图20.4所示。

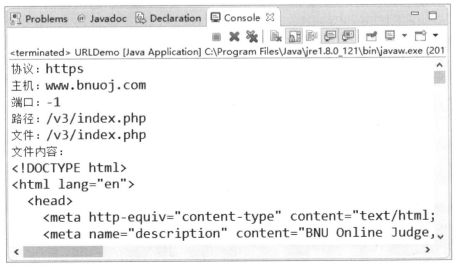

图20.4　获取主机信息和资源内容

运行上面代码的计算机必须连接到互联网，否则系统会产生<Exception in thread "main" java.net.UnknownHostException: www.baidu.com>异常。端口号显示-1，说明没有获取到端口号。

20.2.3 URLConnection类

通过URL的方法openStream()，我们只能从网络上读取数据，如果还想向对方写数据或者想从对方获取更多的信息，必须先与URL建立连接，然后对其进行读写，这时就要用到类URLConnection了。类URLConnection也在包java.net中定义，它表示Java程序和URL在网络上的通信连接。当与一个URL建立连接时，首先要在一个URL对象上通过方法openConnection()生成对应的URLConnection对象。

例如，下面的程序段首先生成一个指向地址http://www.sohu.com/index.html 的对象，然后用openConnection()打开该URL对象上的一个连接，返回一个URLConnection对象，如果连接过程失败，将产生IOException异常。

```
try{
   URL sohu = new URL("http://www.sohu.com/index.html");
   URLConnectonn tc = sohu.openConnection();
}catch(MalformedURLException e){          //创建URL()对象失败
   ...
}catch(IOException e){                    //openConnection()失败
   ...
}
```

应用程序和URL要建立一个连接通常需要如下几个步骤：

Step 01 通过在URL上调用openConnection()方法创建连接对象。
Step 02 处理设置参数和一般请求属性。
Step 03 使用connect()方法建立到远程对象的实际连接。
Step 04 与服务器建立连接后，远程对象变为可用，即可查询远程对象的头信息。
Step 05 访问远程对象的资源数据。

这里需要重点讨论一下第3步，如果只是发送GET方式请求，使用connect()方法建立和远程资源的连接即可；如果需要发送POST方式的请求，则需要获取URLConnection对象所对应的输出流来发送请求。这里需要注意的是，由于GET方法的参数传递方式是将参数显式追加在地址后面，那么在构造URL对象时的参数应当包含参数的完整URL地址，而在获得了URLConnection对象之后，直接调用connect()方法即可发送请求。而POST方法传递参数时，仅仅需要页面URL，参数需要通过输出流来传递。另外还需要设置头字段。以下是两种请求方式的代码。

发送GET方法的请求代码如下：

```
String urlName = url + "?" + param;
URL realUrl = new URL(urlName);                     //创建URL对象
URLConnection conn = realUrl.openConnection();      //打开和URL之间的连接
//设置通用的请求属性
conn.setRequestProperty("accept", "*/*");
conn.setRequestProperty("connection", "Keep-Alive");
conn.setRequestProperty("user-agent","Mozilla/5.0(Windows NT 6.1; WOW64)
```

```
AppleWebKit/537.36(KHTML, like Gecko) Chrome/44.0.2403.89 Safari/537.36" );
   conn.connect();                                        //建立实际的连接
```

发送POST方法的请求代码如下：

```
URL realUrl = new URL(url);                          //创建URL对象
URLConnection conn = realUrl.openConnection();       //打开和URL之间的连接
//设置通用的请求属性
conn.setRequestProperty("accept", "*/*");
conn.setRequestProperty("connection", "Keep-Alive");
conn.setRequestProperty("user-agent", "Mozilla/5.0(Windows NT 6.1; WOW64)
AppleWebKit/537.36(KHTML, like Gecko) Chrome/44.0.2403.89 Safari/537.36");
//发送POST请求必须设置如下两行
conn.setDoOutput(true);
conn.setDoInput(true);
out = new PrintWriter(conn.getOutputStream());       //获取输出流对象
out.print(param);                                     //发送请求参数
```

URLConnection类提供了丰富的变量和方法用于操作URL连接，下面介绍一些常用的变量和方法。

（1）URLConnection类的几个主要变量如下：

● connected：该变量表示URL的连接状态，true表示已经建立了通信链接，false表示此连接对象尚未创建到指定 URL 的通信链接。

● url：该变量表示此连接要在互联网上打开的远程对象。

（2）URLConnection类的构造方法如下：

URLConnection(URL url)：创建参数为url的URLConnection对象。

（3）URLConnection类的几个主要方法如下：

● Object getContent()：获取此URL 连接的内容。

● String getContentEncoding()：返回该 URL 引用的资源的内容编码。

● int getContentLength()：返回此连接的 URL 引用的资源的内容长度。

● String getContentType()：返回该 URL 引用的资源的内容类型。

● URL getURL()：返回此 URLConnection 的 URL 字段的值。

● InputStream getInputSTream()：返回从所打开连接读数据的输入流。

● OutputStream getOutputSTream()：返回向所打开连接写数据的输出流。

● public void setConnectTimeout(int timeout)：设置一个指定的超时值（以毫秒为单位）。

● setRequestProperty(String key, String value)：设置一般请求属性。如果已存在具有该关键字的属性，则用新值改写其值。

⚠ 【例20.3】 使用URLConnection类访问Web登陆页面

使用URLConnection访问网址"http://localhost/v3/ajax/login.php"的登陆页面，获取页面返回信息并显示。

```
package network;
```

```
import java.io.*;
import java.net.URL;
import java.net.URLConnection;

public class URLConnectionDemo {
    public static void main(String[] args) throws Exception {
        PrintWriter out = null;
        BufferedReader in = null;
        String url, param, result = "";
        try {
            url = "http://localhost/v3/ajax/login.php";
            URL realUrl = new URL(url);
            //打开和URL之间的连接
            URLConnection conn = realUrl.openConnection();
            //设置通用的请求属性
            conn.setRequestProperty("accept", "*/*");
            conn.setRequestProperty("connection", "Keep-Alive");
            //发送POST请求必须设置如下两行
            conn.setDoOutput(true);
            conn.setDoInput(true);
            //获取URLConnection对象对应的输出流
            out = new PrintWriter(conn.getOutputStream());
            param = "username=zhd&password=123";
            //发送请求参数
            out.print(param);
            //flush输出流的缓冲
            out.flush();
            //定义BufferedReader输入流来读取URL的响应
            in = new BufferedReader(new InputStreamReader(conn.getInputStream()));
            String line;
            while((line = in.readLine()) != null) {
                result += "/n" + line;
            }
        } catch(Exception e) {
            System.out.println("发送POST请求出现异常！" + e);
            e.printStackTrace();
        }
        //使用finally块来关闭输出流、输入流
        finally {
            try {
                if(out != null) {
                    out.close();
                }
                if(in != null) {
                    in.close();
                }
            } catch(IOException ex) {
                ex.printStackTrace();
            }
```

```
        }
        System.out.println(result);
    }
}
```

　　运行上面代码的计算机必须连接互联网，否则系统会产生异常。对于字节流数据的读取，判断是否读完的条件为是否读到了"–1"，或者用"is.available()>0"来判断是否全部读完。运行结果如图20.5所示。

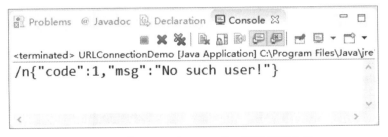

图20.5　使用URLConnection登陆网页成功

　　如果程序中的参数传入错误的用户名或密码，将会获取验证错误的返回信息，如图20.6所示。

图20.6　使用URLConnection登陆网页失败

20.3　基于TCP的Socket编程

　　TCP（Transfer Control Protocol的简称）协议是一种面向连接的、可以提供可靠传输的协议。使用TCP协议传输数据，接收端得到的是一个和发送端发出的完全一样的数据流。发送方和接收方之间的两个端口必须建立连接，以便在TCP协议的基础上进行通信。在程序中，端口之间建立连接，一般使用的是Socket（套接字）方法。当服务器的Socket等待服务请求（即等待建立连接）时，客户机的Socket可以要求进行连接，一旦这两个Socket连接起来，它们就可以进行双向数据传输，即双方都可以发送或接收数据。

20.3.1 网络套接字Socket

Socket，又称为套接字，Socket是计算机网络通信的基本技术之一。如今大多数基于网络的软件，如浏览器、即时通讯工具甚至是P2P下载都是基于Socket实现的。Socket可以说是一种针对网络的抽象应用，通过它可以针对网络读写数据。根据TCP协议和UDP协议的不同，在网络编程方面存在面向TCP和UDP两个协议的不同Socket，一个是面向字节流的，一个是面向报文的。

既然是应用通过Socket通信，肯定有一个服务器端和一个客户端。所以它必然就包含一个对应的IP地址。另外，在这个地址上server要提供一系列的服务，于是就需要有一系列对应的窗口来提供服务，也需要有一个对应的端口号（Port）。端口号是一个16位的二进制数字，其范围就是0~65535。

对于Java Socket编程而言，包含两个概念，一个是ServerSocket，一个是Socket。服务端和客户端之间通过Socket建立连接，之后它们就可以进行通信了。首先ServerSocket将在服务端监听某个端口，当发现客户端有Socket试图连接它时，它会接受该Socket的连接请求，同时在服务端建立一个对应的Socket与之进行通信。这样就有两个Socket了，客户端和服务端各一个。服务端往Socket的输出流里面写东西，客户端就可以通过Socket的输入流读取对应的内容。Socket与Socket之间是双向连通的，所以客户端也可以往对应的Socket输出流里面写东西，然后服务端对应的Socket的输入流就可以读出对应的内容。Java Socket的通信模型如图20.7所示。

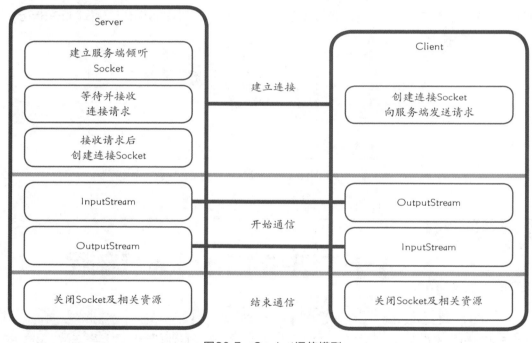

图20.7　Socket通信模型

20.3.2 Socket类

在Java的客户/服务器模式通信中，客户端需要主动建立与服务器连接的Socket类实例，服务器端收到客户端的连接请求，也会创建与客户端连接的Socket类实例。

Socket类常用的构造方法如下：

```
Socket(InetAddress address, int port)
```

此方法创建一个主机地址为address、端口号为port的流套接字，例如以下语句：

```
Socket mysocket = new Socket("218.198.118.112", 2017);
```

此语句创建了一个Socket对象并赋初值，要连接的远程主机的IP地址是218.198.118.112，端口号是2017。

 【TIPS】

> 每一个端口提供一种特定的服务，只有给出正确的端口，才能获得相应的服务。为此，系统特意为一些服务保留了一些端口。例如，http服务的端口号为80，ftp服务的端口号为23等。0~1023是系统预留的端口，所以在应用程序中设置自己的端口号时，最好选择大于1023的端口号。

Socket类常用方法如下：
- InetAddress getInetAddress()：返回套接字连接的地址。
- InetAddress getLocalAddress()：获取套接字绑定的本地地址。
- int getLocalPort()：返回此套接字绑定到的本地端口。
- SocketAddress getLocalSocketAddress()：返回此套接字绑定的端点的地址，如果尚未绑定则返回null。
- InputStream getInputStream()：返回此套接字的输入流。
- OutputStream getOutputStream()：返回此套接字的输出流。
- int getPort()：返回此套接字连接到的远程端口。
- boolean isBound()：返回套接字的绑定状态。
- boolean isClosed()：返回套接字的关闭状态。
- boolean isConnected()：返回套接字的连接状态。
- void connect(SocketAddress endpoint,int timeout)：将此套接字连接到服务器，并指定一个超时值。
- void close()：关闭此套接字。

使用Socket类的步骤如下：

Step 01 用服务器的IP地址和端口号实例化Socket对象。

Step 02 调用connect()方法，连接到服务器上。

Step 03 获得Socket()上的流，把流封装进BufferedReader/PrintWriter的实例，以进行读写。

Step 04 利用Socket提供的getInputStream和getOutputStream方法，通过IO流对象，向服务器发送数据流。

Step 05 关闭打开的流和Socket。

⚠ 【例20.4】通过Socket类扫描指定计算机上的端口，判断端口是否被监听

扫描自己主机上1-1024端口，判断这些端口是否被服务器监听，并输出扫描结果。

```
package network;
import java.io.IOException;
import java.net.Socket;
```

```java
public class SocketDemo {
    public static void main(String[] args) {
        String host = "localhost";
        new SocketDemo().scan(host);
    }
    public void scan(String host) {
        Socket socket = null;
        for(int port = 1; port < =1024; port++) {
            try {
                socket = new Socket(host, port);
                System.out.println("连接端口:" + port + " 成功!!!");
            } catch(IOException e) {
                System.out.println("连接端口:" + port + " 失败");
            } finally {
                try {
                    if(socket != null) {
                        socket.close();
                    }
                } catch(Exception e) {
                    e.printStackTrace();
                }
            }
        }
    }
}
```

程序运行结果如图20.8所示。

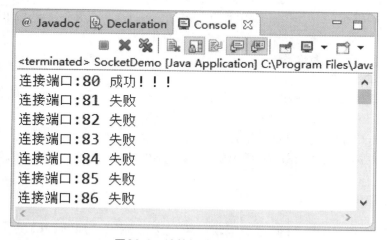

图20.8　计算机端口扫描结果

20.3.3 ServerSocket类

在客户/服务器通信模式中，服务器端需要创建能够监听特定端口的ServerSocket类对象，而ServerSocket对象负责监听网络中来自客户机的服务请求，并根据服务请求运行相应的服务程序。

ServerSocket类的构造方法如下：

- ServerSocket()：创建非绑定服务器套接字。
- ServerSocket(int port)：创建绑定到特定端口的服务器套接字。
- ServerSocket(int port,int backlog)：利用指定的backlog创建服务器套接字，并将其绑定到指定的本地端口号。
- ServerSocket(int port,int backlog,InetAddress bindAddr)：使用指定的端口、侦听backlog和要绑定到的本地IP地址创建服务器。

其中，port为端口号，若端口号的值为0，表示使用任何空闲端口。

backlog指定了服务器所能支持的最长连接队列，如果队列满时收到连接指示，则拒绝该连接。

indAddr将服务器绑定到的InetAddress，bindAddr参数可以在ServerSocket的多宿主主机（multi-homed host）上使用，ServerSocket仅接受对其地址之一的连接请求。如果bindAddr为null，则默认接受任何/本地地址上的连接。

例如下面语句：

```
ServerSocket serverSocket = new ServerSocket(2017);
```

此段语句创建了一个ServerSocket对象serverSocket，并将服务绑定在2017号端口。

再如下面语句：

```
ServerSocket serverSocket2 = new ServerSocket(2010, 10);
```

此段语句创建了一个ServerSocket对象serverSocket2，并将服务绑定在2017号端口，最长连接队列为10。

这里的10是队列长度，并不是最多只能有10个客户端。实际上，即使是1000个客户端连接这台服务器，只要这1000个客户端不是在极短的时间内同时访问，服务器也能正常工作。

ServerSocket类的常用方法如下：

- Socket accept()：侦听并接受到此套接字的连接。
- void bind(SocketAddress endpoint)：将 ServerSocket 绑定到特定地址（IP 地址和端口号）。
- void bind(SocketAddress endpoint,int backlog)：在有多个网卡（每个网卡都有自己的IP地址）的服务器上，将 ServerSocket 绑定到特定地址（IP 地址和端口号），并设置最长连接队列。
- void close()：关闭此套接字。
- InetAddress getInetAddress()：返回此服务器套接字的本地地址。
- int getLocalPort()：返回此套接字在其上侦听的端口。
- SocketAddress getLocalSocketAddress()：返回此套接字绑定的端点的地址，如果尚未绑定则返回 null。
- boolean isBound()：返回 ServerSocket 的绑定状态。
- boolean isClosed()：返回 ServerSocket 的关闭状态。
- String toString()：作为 String 返回此套接字的实现地址和实现端口。

使用ServerSocket类的通常步骤如下：

Step 01 创建ServerSocket对象，绑定监听端口。

Step 02 通过accept()方法监听客户端请求。

Step 03 连接建立后，通过输入流读取客户端发送的请求信息。

Step 04 通过输出流向客户端发送响应信息。

Step 05 关闭打开的流和Socket。

⚠ 【例20.5】 在服务器端获取网络连接信息

服务器端在端口2017监听客户机的连接请求，当有客户端连接时，通过ServerSocket和Socket对象，获取客户机和服务器端的连接信息并输出。

```java
package network;

import java.io.*;
import java.net.*;

public class ServerSocketDemo {
    public static void main(String args[]) {
        int i = 1;
        ServerSocket serverSocket = null;
        Socket clntSocket;
        try {
            serverSocket = new ServerSocket(2017);
        } catch(IOException e1) {
            e1.printStackTrace();
        }
        while(true) {
            try {
                //调用accept()方法，建立和客户端的连接
                clntSocket = serverSocket.accept();
                System.out.println("客户机端口: " + clntSocket.getPort());
                System.out.println("客户机地址: " + clntSocket.getInetAddress());
                System.out.println("客户机套接字: " + clntSocket.getRemoteSocket
Address());
                System.out.println("是否绑定连接: " + clntSocket.isBound());
                System.out.println("服务器地址: " + serverSocket.getInetAddress());
                System.out.println("服务器套接字: " + serverSocket.getLocalSocket
Address());
                System.out.println("连接是否关闭: " + serverSocket.isClosed());
                //操作结束，关闭socket.
                clntSocket.close();
            } catch(IOException e) {
                e.printStackTrace();
            }
        }
    }
}
```

程序运行结果如图20.9所示。

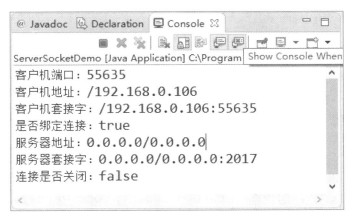

图20.9 输出网络连接信息

🔑【TIPS】

从上面的输出结果中可以看到，服务器的地址为0.0.0.0/0.0.0.0，端口为2017。服务器端地址是服务端绑定的IP地址，如果未绑定IP地址（一台服务器上往往有多个网卡，每个网卡都有相应的IP地址），这个值是0.0.0.0，在这种情况下，ServerSocket对象将监听服务端所有网络接口（网卡）的所有IP地址。

20.4 基于UDP的Socket编程

> UDP协议的全称是用户数据报协议，在网络中它与TCP协议一样用于处理数据包。UDP协议处于IP协议的上一层。与TCP不同，UDP有不提供数据报分组、组装和不能对数据包的排序的缺点，也就是说，当报文发送之后，是无法得知其是否安全完整到达的。UDP是一种无连接的网络通信机制，更像邮件或短信息通信方式。

尽管UDP是一种不可靠的通信协议，但由于其有较快的传输速度，在能容忍小错误的情况下，可以考虑使用UDP通信机制。比如在视频广播中，即使丢了几个信息帧，也不影响整体效果，并且速度够快。

Java通过两个类实现UDP协议顶层的数据报：DatagramPacket和DatagramSocket，前者是数据容器，后者是用来发送和接受DatagramPackets的套接字。采用UDP通信机制下，在发送信息时，首先将数据打包，然后将打包好的数据（数据包）发往目的地。在接收信息时，首先接收别人发来的数据包，然后查看数据包中的内容。

20.4.1 DatagramPacket类

要发送或接收数据报，需要用DatagramPacket类将数据打包，即用DatagramPacket类创建一个对象，称为数据包。

（1）DatagramPacket类的构造方法如下：

- DatagramPacket(byte[] buf, int length)：构造数据包对象，用来接收长度为length的数据包。
- DatagramPacket(byte[] buf, int length, InetAddress address, int port)：构造数据报包，用来将长度为length的包发送到指定主机上的指定端口号。
- DatagramPacket(byte[] buf, int offset, int length)：构造数据报包对象，用来接收长度为length的包，在缓冲区中指定了偏移量。
- DatagramPacket(byte[] buf, int offset, int length, InetAddress address, int port)：构造数据报包，用来将长度为length，偏移量为offset的包发送到指定主机上的指定端口号。
- DatagramPacket(byte[] buf, int offset, int length, SocketAddress address)：构造数据报包，用来将长度为length，偏移量为offset的包发送到指定主机上的指定端口号。
- DatagramPacket(byte[] buf, int length, SocketAddress address)：构造数据报包，用来将长度为length的包发送到指定主机上的指定端口号。

其中，buf为保存传入数据报的缓冲区，length为要读取的字节数，address为数据报要发送的目的套接字地址。port为数据包的目标端口号。length参数必须小于等于buf.length。

（2）DatagramPacket类的常用方法如下：

- InetAddress getAddress()：返回某台机器的IP地址，此数据报将要发往该机器或者是从该机器接收到的。
- byte[] getData()：返回数据缓冲区。
- int getLength()：返回将要发送或接收到的数据的长度。
- int getOffset()：返回将要发送或接收到的数据的偏移量。
- int getPort()：返回某台远程主机的端口号，此数据报将要发往该主机或者是从该主机接收到的。
- SocketAddress getSocketAddress()：获取要将此包发送到的或发出此数据报的远程主机的SocketAddress（通常为IP地址+端口号）。
- void setAddress(InetAddress iaddr)：设置要将此数据报发往的那台机器的IP地址。
- void setData(byte[] buf)：为此包设置数据缓冲区。
- void setData(byte[] buf, int offset, int length)：为此包设置数据缓冲区。
- void setLength(int length)：为此包设置长度。
- void setPort(int iport)：设置要将此数据报发往的远程主机上的端口号。
- void setSocketAddress(SocketAddress address)：设置要将此数据报发往的远程主机的SocketAddress（通常为IP地址+端口号）。

20.4.2 DatagramSocket类

DatagramSocket类是用来发送和接收数据报包的套接字，负责将数据包发送到目的地，或从目的地接收数据包。

（1）DatagramSocket类的构造方法如下：

- DatagramSocket()：构造数据报套接字，并将其绑定到本地主机上任何可用的端口。
- DatagramSocket(int port)：创建数据报套接字，并将其绑定到本地主机上的指定端口。
- DatagramSocket(int port, InetAddress Iaddr)：创建数据报套接字，将其绑定到指定的本地地址。

- DatagramSocket(SocketAddress bindaddr)：创建数据报套接字，将其绑定到指定的本地套接字地址。

（2）DatagramSocket类的常用方法如下：

- void bind(SocketAddress addr)：将此DatagramSocket绑定到特定的地址和端口。
- void close()：关闭此数据报套接字。
- void connect(InetAddress address, int port)：将套接字连接到此套接字的远程地址。
- void connect(SocketAddress addr)：将此套接字连接到远程套接字地址（IP地址+端口号）。
- void disconnect()：断开套接字的连接。
- InetAddress getInetAddress()：返回此套接字连接的地址。
- InetAddress getLocalAddress()：获取套接字绑定的本地地址。
- int getLocalPort()：返回此套接字绑定的本地主机上的端口号。
- SocketAddress getLocalSocketAddress()：返回此套接字绑定的端点的地址，如果尚未绑定则返回null。
- SocketAddress getRemoteSocketAddress()：返回此套接字连接的端点的地址，如果未连接则返回null。
- void receive(DatagramPacket p)：从此套接字接收数据报包。
- void send(DatagramPacket p)：从此套接字发送数据包。

例如，将"你好"这两个汉字封装成数据包，发送到目的主机"www.baidu.com"，端口2018，我们可以采用以下格式：

```
byte buff[] = "你好".getBytes();
InetAddress destAddress = InetAddress.getByName("www.baidu.com");
DatagramPacket dataPacket = new DatagramPacket(buff, buff.length, destAddress, 2018);
DatagramSocket sendSocket = new DatagramSocket();
sendSocket.send(dataPacket);
```

再如，接收外界发到本机2018号端口的数据包，其格式如下：

```
byte buff[] = new byte[8192];
DatagramPacket receivePacket = new DatagramPacket(buff, buff.length);
DatagramSocket receiveSocket = new DatagramSocket(2018);
receiveSocket.receive(receivePacket);
int length = receivePacket.getLength();
String message = new String(receivePacket.getData(), 0, length);
System.out.println(message);
```

⚠ 【例20.6】 通过UDP传输方式实现两台计算的通信

实现互联网上的两台主机UDP通信，一台作为客户机，一台作为服务器，服务器端程序在端口2018等待接收客户端发送的信息，接收到信息后，把接收的信息显示出来并向客户端回复信息。客户端程序向服务器端2018端口发送数据报，接着等待服务器端的响应信息，然后，把服务器的响应信息显示出来。

服务器端源程序如下：

```java
package network;

import java.net.*;
import java.util.Scanner;

//接收数据并回复
public class UDPServer {
    public static boolean receive() {
        String feedback;
        Scanner input = new Scanner(System.in);
        boolean rst = true;
        try {
            //确定接受方的IP和端口号，IP地址为本地机器地址
            //InetAddress ip = InetAddress.getLocalHost();
            InetAddress ip = InetAddress.getByName("192.168.0.108");
            int port = 2018;
            //创建接收方的套接字,并制定端口号和IP地址
            DatagramSocket getSocket = new DatagramSocket(port, ip);
            //确定数据报接受的数据的数组大小
            byte[] buf = new byte[1024];
            //创建接受类型的数据报，数据将存储在buf中
            DatagramPacket getPacket = new DatagramPacket(buf, buf.length);
            //通过套接字接收数据,一个数据包接收一次，过长时，长的部分被抛弃
            getSocket.receive(getPacket);
            //解析发送方传递的消息，并打印
            String getMes = new String(buf, 0, getPacket.getLength());
            System.out.println("客户端发送的消息: " + getMes);
            if(getMes.equals("bye")) {
                rst = false;
            }
            //通过数据报得到发送方的IP和端口号，并打印
            InetAddress sendIP = getPacket.getAddress();
            int sendPort = getPacket.getPort();
            System.out.println("客户端的IP地址是: " + sendIP.getHostAddress());
            System.out.println("客户端的端口号是: " + sendPort);
            System.out.println("-------------------------------------");
            //通过数据报得到发送方的套接字地址
            SocketAddress sendAddress = getPacket.getSocketAddress();
            //确定要反馈发送方的消息内容，并转换为字节数组
            if(rst) {
                feedback = input.nextLine();
            } else {
                feedback = "bye";
                System.out.println("bye!");
            }
            byte[] backBuf = feedback.getBytes();
            //创建发送类型的数据报
            DatagramPacket sendPacket = new DatagramPacket(backBuf, backBuf.length, sendAddress);
```

```
            //通过套接字发送数据
            getSocket.send(sendPacket);
            //关闭套接字
            getSocket.close();
        } catch(Exception e) {
            e.printStackTrace();
        }
        return rst;
    }
    public static void main(String[] args) {
        while(receive()) {
        }
    }
}
```

客户端源程序如下：

```
package network;

import java.net.*;
import java.util.Scanner;

//客户端程序，//发送数据并接收到服务器端回复的数据
public class UDPClient {
    public static void main(String[] args) {
        Scanner input = new Scanner(System.in);
        String host;
        String mes = "";
        String backMes = "";
        System.out.print("请输入服务器IP地址: ");
        host = input.nextLine();
        DatagramSocket sendSocket;

        while(!mes.equals("bye")) {
            try {
                //创建发送方的套接字，IP默认为本地，端口号随机
                sendSocket = new DatagramSocket();
                //确定要发送的消息
                mes = input.nextLine();
                //由于数据报的数据是以字符数组传的形式存储的，所以传转数据
                byte[] buf = mes.getBytes();
                //确定发送方的IP地址及端口号，地址为本地机器地址
                int port = 2018;
                InetAddress ip = InetAddress.getByName(host);
                //创建发送类型的数据报
                DatagramPacket sendPacket = new DatagramPacket(buf, buf.length,
ip, port);
                //通过套接字发送数据
                sendSocket.send(sendPacket);
```

```
            //确定接受响应数据的缓冲存储器，即存储数据的字节数组
            byte[] getBuf = new byte[1024];
            //创建接受类型的数据报
            DatagramPacket getPacket = new DatagramPacket(getBuf, getBuf.
length);
            //通过套接字接受数据
            sendSocket.receive(getPacket);
            //解析反馈的消息，并打印
            backMes = new String(getBuf, 0, getPacket.getLength());
            System.out.println("服务器返回的消息: " + backMes);
            System.out.println("-------------------------------------");
            //关闭套接字
            sendSocket.close();
        } catch(Exception e) {
            e.printStackTrace();
        }
    }
    System.out.println("end");
    }
}
```

服务器端运行结果如图20.10所示。

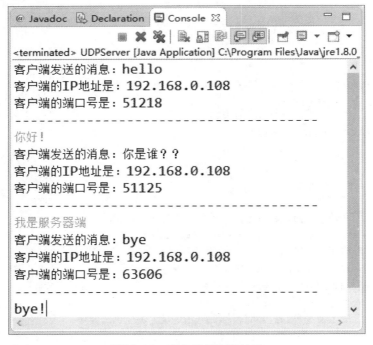

图20.10　服务器端运行结果

客户端运行结果如图20.11所示。

图20.11 客户端运行结果

20.4.3 MulticastSocket类

单播（Unicast）、多播（Multicast）和广播（Broadcast）这三个术语都是用来描述网络节点之间通讯方式的术语。单播是指对特定的主机进行数据传送。多播也称组播，是给一组特定的主机（多播组）发送数据。广播是多播的特例，是给某一个网络（或子网）上的所有主机发送数据包。多播数据报类似于广播电台，电台在指定的波段和频率上广播信息，接收者只有将收音机调到指定的波段、频率上才能收听到广播的内容。在Java语言中，多播通过多播数据报套接MulticastSocket类来实现。

（1）MulticastSocket的构造方法如下：

- MulticastSocket()：创建多播套接字。
- MulticastSocket(int port)：创建多播套接字，并将其绑定到特定端口。
- MulticastSocket(SocketAddress bindaddr)：该项表示创建绑定到指定套接字地址的MulticastSocket。

（2）MulticastSocket的常用方法如下：

- void joinGroup(InetAddress mcastaddr)：加入多播组。
- void leaveGroup(InetAddress mcastaddr)：离开多播组。
- void send(DatagramPacket p)：从此套接字发送数据报包。DatagramPacket包含的信息包括将要发送的数据、其长度、远程主机的IP地址和远程主机的端口号。
- void setTimeToLive(int ttl)：设置在此MulticastSocket上发出的多播数据包的默认生存时间，以便控制多播的范围。
- public void receive(DatagramPacket p)：套接字从此接收数据报包。当此方法返回时，DatagramPacket的缓冲区填充了接收的数据。数据报包也包含发送方的IP地址和发送方机器上的端口号。 此方法在接收到数据报前一直阻塞。数据报包对象的length字段包含所接收信息的长度。如果信息比包的长度长，该信息将被截短。

多播数据报套接字类用于发送和接收IP多播包。MulticastSocket实际上是一种（UDP）DatagramSocket，它具有加入Internet上其他多播主机的"组"的附加功能。多播组通过D类IP地址和标准UDP端口号指定。D类IP地址在224.0.0.0和239.255.255.255的范围内（包括两者）。地址224.0.0.0被保留，不应使用。 可以先使用所需端口创建MulticastSocket，然后调用 joinGroup (InetAddress groupAddr)方法来加入多播组。

例如，加入一个多播组，并发送组播信息，接收广播包，离开组播组，其过程如下：

```java
//发送数据包 ...
String msg = "Hello";
InetAddress group = InetAddress.getByName("228.118.56.32");
MulticastSocket socket = new MulticastSocket(6789);
socket.joinGroup(group);
DatagramPacket helloPacket = new DatagramPacket(msg.getBytes(), msg.length(),
group, 6789);
socket.send(helloPacket);
//接收数据包
byte[] buf = new byte[2048];
DatagramPacket recv = new DatagramPacket(buf, buf.length);
socket.receive(recv);
//离开多播接收组
socket.leaveGroup(group);
```

将消息发送到多播组时，该主机和端口的所有预定接收者都将接收到消息（在数据包的生存时间范围内，请参阅下文）。套接字不必成为多播组的成员即可向其发送消息。

当套接字预定多播组/端口时，它将接收由该组/端口的其他主机发送的数据报，像该组和端口的所有其他成员一样。套接字通过leaveGroup(InetAddress addr)方法放弃组中的成员资格。多个MulticastSocket可以同时预定多播组和端口，并且都会接收到组数据报。

⚠ 【例20.7】 设计一个多播系统

加入多播组的主机都能接收到发送端主机广播的信息。

本系统属于网络应用中多播应用系统，采用多播套接字编程技术可以实现单点对多点的通信。图形用户界面采用Swing组件来实现。需要分别设计发送端程序和接收端程序。

（1）发送端程序的设计。发送端将在广播地址为"230.198.112.0"，2018号端口处发送广播信息，其源程序如下：

```java
package network;

import java.net.InetAddress;
import java.net.DatagramPacket;
import java.net.MulticastSocket;
/**
 * 多播发送端，用于向接收端广播信息
 */
public class MulticastSender extends Thread {
    //两条广播消息
    String messages[] = { "考试信息：明天期末考试，大家做好准备，祝大家考出好成绩！", "
```

停课通知：明天将出现区域性重污染，我市启动空气重污染红色预警，明天全市中小学停课1天。" };

```java
        int port = 2018;                              //组播的端口
        InetAddress group = null;                     //组播的组地址
        MulticastSocket multiSocket = null;           //组播套接字
        /**
         * 多播发送端的构造方法，设置多播有关参数
         */
        MulticastSender() {
            try {
                //设置广播组的地址为230.198.112.0
                group = InetAddress.getByName("230.198.112.0");
                //多点广播套接字将在port端口广播
                multiSocket = new MulticastSocket(port);
                //设置在此多播套接字上发出的多播数据包的默认生存时间，以便控制多播的范围
                multiSocket.setTimeToLive(1);
                /**
                 * 加入广播组,加入group后,socket发送的数据报可以被加入到group中的主机接收到
                 */
                multiSocket.joinGroup(group);
            } catch(Exception e) {
                System.out.println("Error: " + e);
            }
        }
        /**
         * 进程的run()方法，处理广播信息业务
         */
        public void run() {
            while(true) {
                try {
                    DatagramPacket packet = null;          //定义广播数据包对象
                    for(String msg : messages) {           //循环发送每条广播信息
                        byte buff[] = msg.getBytes();      //缓冲待发送的广播信息
                        //组织数据包
                        packet = new DatagramPacket(buff, buff.length, group, port);
                        //在控制台输出广播信息（这行代码可以不要）
                        System.out.println(new String(buff));
                        multiSocket.send(packet);          //广播数据包
                        sleep(2000);                       //每隔2秒广播一则
                    }
                } catch(Exception e) {
                    System.out.println("Error: " + e);
                }
            }
        }

        /**
         * 发送端主程序，创建接发送对象，准备发送数据
         */
        public static void main(String args[]) {
```

```
        new MulticastSender().start();
    }
}
```

MulticastSender继承了Thread类，以线程方式广播信息。运行结果如图20.12所示。

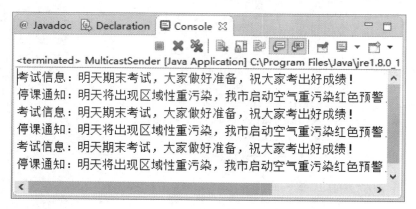

图20.12　多播发送端运行结果

（2）接收端程序的设计。接收端主机将加入广播地址为"230.198.112.0"，并在2018号端口处接收广播信息，源程序如下：

```
package network;

import java.awt.*;
import java.awt.event.*;
import javax.swing.*;
import java.net.InetAddress;
import java.net.DatagramPacket;
import java.net.MulticastSocket;

/**
 * 多播接收端，用于接收发送端的广播信息
 */
public class MulticastReceiver extends JFrame implements Runnable, ActionListener {
    private static final long serialVersionUID = -5923790809266120020L;
    int port;                               //组播的端口
    InetAddress group = null;               //组播的组地址
    MulticastSocket socket = null;          //多播套接字
    JButton startButton;                    //开始接收按钮
    JButton stopButton;                     //停止接受按钮
    JButton clearButton;                    //清空信息按钮
    JTextArea currentMsg;                   //当前接收的广播信息
    JTextArea receivedMsg;                  //已经收到的广播信息
    Thread thread;                          //负责接收信息的线程
    boolean isStop = false;                             //停止接收广播信息标识

    /**
```

```
 *  多播接收端的构造方法，创建图形界面，对有关组件注册监听器
 */
public MulticastReceiver() {
    setTitle("接收广播信息"); //设置窗口的标题
    Container container = this.getContentPane();//当前窗口的内容面板
    startButton = new JButton("开始接收"); //创建"开始接收"按钮对象
    stopButton = new JButton("停止接收");  //创建"停止接收"按钮对象
    clearButton = new JButton("清空信息"); //创建"清空信息"按钮对象
    stopButton.addActionListener(this);    //注册"开始接收"按钮的监听器
    startButton.addActionListener(this);   //注册"停止接收"按钮的监听器
    clearButton.addActionListener(this);   //注册"清空信息"按钮的监听器
    currentMsg = new JTextArea(3, 20);     //创建一个3行20列的多行文本框
    currentMsg.setForeground(Color.red);   //设置文本框的颜色为红色
    receivedMsg = new JTextArea(8, 20);
                             //创建一个8行20列的多行文本框，并使用默认的黑色
    container.setLayout(new BorderLayout()); //设置窗口组件的布局为BorderLayout
    JSplitPane sp = new JSplitPane(JSplitPane.VERTICAL_SPLIT);
                                          //创建带水平分隔条的面板
    JScrollPane currScrollPanel = new JScrollPane();   //创建一个滚动面板
    currScrollPanel.setViewportView(currentMsg);
                                          //在滚动面板上放置currentMsg组件
    JScrollPane recvScrollPanel = new JScrollPane();   //创建一个滚动面板
    recvScrollPanel.setViewportView(receivedMsg);
                                          //在滚动面板上放置receivedMsg组件
    currentMsg.setEditable(false);        //设置currentMsg不可编辑
    receivedMsg.setEditable(false);       //设置receivedMsg不可编辑
    sp.add(currScrollPanel);              //在分裂面板中增加currScrollPanel组件
    sp.add(recvScrollPanel);              //在分裂面板中增加recvScrollPanel组件
    container.add(sp, BorderLayout.CENTER); //将sp组件放到窗口的中央区
    JPanel bottomPanel = new JPanel();    //创建底部面板
    bottomPanel.add(startButton);         //将开始接收按钮放入底部面板
    bottomPanel.add(stopButton);          //将停止接收按钮放入底部面板
    bottomPanel.add(clearButton);         //将清空信息按钮放入底部面板
    container.add(bottomPanel, BorderLayout.SOUTH); //将底部面板放入窗口底部区
    setSize(500, 400);                    //设置窗口大小
    setVisible(true);                     //设置窗口可视
    thread = new Thread(this);            //创建线程对象
    setDefaultCloseOperation(JFrame.EXIT_ON_CLOSE);    //设置窗口退出方式
    port = 2018;                          //设置组播组的监听端口
    try {
        group = InetAddress.getByName("230.198.112.0");
                                          //设置多播组的地址为230.198.112.0
        socket = new MulticastSocket(port);//创建多播套接字，在port端口进行组播
        /**
         * 将socket加入多播组,以便让加入到group中的主机都能接收到多播信息
         */
        socket.joinGroup(group);
    } catch(Exception e) {
    }
```

```
    }
    /**
     * 窗口组件动作监听处理器，对"开始接收"按钮和"停止接收"按钮的单击动作进行处理
     */
    public void actionPerformed(ActionEvent e) {
        if(e.getSource() == startButton) {          //如果单击"开始接收"按钮
            startButton.setEnabled(false);          //将"开始接收"按钮置为不可用状态
            stopButton.setEnabled(true);            //将"停止接收"按钮为可用状态
            if(!(thread.isAlive())) {               //如果线程死亡（按了停止接收按钮）
                thread = new Thread(this);          //重新创建线程对象
            }
            try {
                thread.start();                     //启动线程
                isStop = false;                     //将停止接收标志置为假
            } catch(Exception ee) {
            }
        }
        if(e.getSource() == stopButton) {           //如果单击"停止接收"按钮
            startButton.setEnabled(true);           //将"开始接收"按钮置为可用状态
            stopButton.setEnabled(false);           //将"停止接收"按钮设置为不可用状态
            isStop = true;                          //将停止接收标志置为真
        }
        if(e.getSource() == clearButton) {          //如果单击"停止接收"按钮
            receivedMsg.setText("");                //将receivedMsg的内容清空
        }
    }
    /**
     * 进程的run()方法，处理接收广播信息业务
     */
    public void run() {
        while(true) {
            byte buff[] = new byte[8192];           //缓冲来自发送端的数据
            DatagramPacket packet = null;           //定义数据报对象
            packet = new DatagramPacket(buff, buff.length, group, port);
                                                    //准备数据包
            try {
                socket.receive(packet);             //接收数据包
                //取得数据包的信息内容
                String message = new String(packet.getData(), 0, packet.getLength());
                //在currentMsg里显示正在接收的内容
                currentMsg.setText("正在接收的内容:\n" + message);
                //将正在接收的内容追加到receivedMsg里
                receivedMsg.append(message + "\n");
            } catch(Exception e) {
            }
            if(isStop == true) { //如果停止接收标识为真，则退出死循环，停止接收信息
                break;
            }
        }
```

```
    }
    /**
     * 接收端主程序，创建接收端对象，启动接收端
     */
    public static void main(String args[]) {
        new MulticastReceiver();
    }
}
```

MulticastReceiver继承了JFrame框架，实现了Runnable 和ActionListener接口，对界面上的组件进行了监听，对各种异常进行了处理，以线程方式接收广播信息。程序运行结果如图20.13所示。

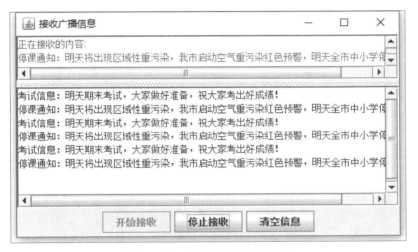

图20.13　多播接收端运行结果

20.5 应用实例

> 运用基于TCP的Socket技术，开发一个模拟用户存话费和手机漫游的应用系统。要求系统采用客户机/服务器模式。

手机用户向运行服务器软件的远端服务员交纳手机话费，请求服务员开通异地漫游业务。

系统需要定义发送信息和接受信息的格式及流程（即通信协议），我们用"PAY_BILL"和"ROAMING_SERVICE"两个常量来定义客户的请求，服务器根据收到的业务请求，接受客户的业务操作，并将处理结果反馈给客户。

（1）协议信息用接口来描述，其代码如下：

```
public interface BusinessProtocal {
```

```
    static final int PAY_BILL = 1;                //缴费业务
    static final int ROAMING_SERVICE = 2;         //漫游业务
    public void payBill();                        //缴费接口
    public void roamingService();                 //漫游接口
}
```

上面接口中定义了两个静态常量，用于定义客户端与服务器的通信协议。您可以往里面添加更多的业务处理协议，以增强本系统的功能。

（2）服务器端程序代码如下：

```
import java.io.*;
import java.net.Socket;
import java.net.ServerSocket;
public class MobileServer implements BusinessProtocal {
    ServerSocket server = null; //定义服务器端套接字
    Socket socket = null; //定义正在连接服务器的客户单的套接字
    String str; //记录客户的漫游地点
    int fee; //记录客户的缴费金额
    int serviceID; //客户端的业务请求标识
    DataInputStream in; //来自客户端的输入流
    DataOutputStream out; //发送到客户端的输出流
    /**
     * 构造函数，创建服务器端套接字对象，以便接收客户端发送来业务请求
     */
    MobileServer() {
        try {
            server = new ServerSocket(2010);
        } catch(IOException e1) {
            System.out.println(e1);
        }
        while(true) {
            try {
                System.out.println("服务员准备就绪，等待客户请求...");
                socket = server.accept(); //堵塞状态，除非有客户呼叫
                out = new DataOutputStream(socket.getOutputStream());
                in = new DataInputStream(socket.getInputStream());
                while(true) {
                    serviceID = in.readInt(); //读取客户放入"线路"里的信息，堵塞状态
                    switch(serviceID) {
                    case PAY_BILL:
                        payBill(); //处理客户的缴费请求
                        break;
                    case ROAMING_SERVICE:
                        roamingService(); //处理客户的漫游请求
                        break;
                    }
                }
            } catch(Exception e) {
```

```
                System.out.println("客户 "
                    + socket.getInetAddress().getHostName()
                    + " 业务办理完毕，已经离开了...");
            }
        }
    }
    /**
     * 手机缴费方法，处理来自客户端的缴费请求，并向客户端发送反馈信息
     */
    public void payBill() {
        try {
            fee = in.readInt();
            System.out.println("正在处理用户 "
                + socket.getInetAddress().getHostName() + "预交的 " + fee
                + " 元话费的请求...");
            Thread.sleep(1000); //模拟处理过程，延时1秒钟
            System.out.println("交费处理完毕 ");
            out.writeUTF("尊敬的客户，您已经成功预交了  " + fee + " 元话费");
            out.flush();    //刷新输出缓冲区
        } catch(Exception e) {
        }
    }
    /**
     * 手机漫游方法，处理来自客户端的漫游请求，并向客户端发送反馈信息
     */
    public void roamingService() {
        try {
            str = in.readUTF();
            System.out.println("正在处理用户" + socket.getInetAddress().getHostName()
                + "将手机漫游到 " + str + " 的请求...");
            out.writeUTF("尊敬的客户，您的手机已成功漫游到 " + str + " 了");
            Thread.sleep(1000); //模拟处理过程，延时1秒钟
            System.out.println("漫游处理完毕 ");
            out.flush();    //刷新输出缓冲区
        } catch(Exception e) {
        }
    }
    /**
     * 主方法，创建服务器端对象，启动服务器
     */
    public static void main(String args[]) {
        new MobileServer();
    }
}
```

程序运行结果如图20.14所示。

图20.14　服务器端启动后运行结果

MobileServer类实现了BusinessProtocal接口，重新定义了payBill()和roaming-Service()这两个方法的功能。另外，服务器端程序要先运行，以便随时接收客户端的请求。服务器端程序启动后，其运行初始界面如图20.14所示，等待客户发送请求。

（3）客户端程序代码如下：

```java
import java.net.*;
import java.io. Socket;
public class MobileClent implements BusinessProtocal {
    String str;                              //接受来自服务器的信息
    Socket socket;                           //用于连接服务器的套接字
    DataInputStream in = null;               //来自服务器的输入流
    DataOutputStream out = null;             //发送到服务器的输出流
    /**
     * 构造函数，创建客户端套接字对象，以便向服务器发送业务请求
     */
    MobileClent() {
        try {
            socket = new Socket("218.198.118.111", 2010);
            in = new DataInputStream(socket.getInputStream());
            out = new DataOutputStream(socket.getOutputStream());
            payBill();                       //办理交话费业务
            Thread.sleep(500);               //休息500毫秒
            roamingService();                //办理异地漫游业务
        } catch(Exception e) {
            System.out.println("服务员还没有上班...");
        }
    }
    /**
     * 手机缴费方法，向服务器发送缴费请求，并处理来自服务器的反馈信息
     */
    public void payBill() {
        try {
            out.writeInt(PAY_BILL);          //向服务器发交手机话费请求
            out.writeInt(200);               //交200元话费
            out.flush();                     //刷新输出缓冲区
            str = in.readUTF();                          //读取服务器发来的信息，堵塞状态
            System.out.println("来自服务员: " + str); //显示服务器发来的信息
        } catch(Exception e) {
```

```
        }
    }
    /**
     * 手机漫游方法，向服务器发送漫游请求，并处理来自服务器的反馈信息
     */
    public void roamingService() {
        try {
            out.writeInt(ROAMING_SERVICE);    //向服务器发送存手机漫游请求
            out.writeUTF("香港");              //将手机漫游到香港
            out.flush();                      //刷新输出缓冲区
            str = in.readUTF();               //读取服务器发来的信息，堵塞状态
            System.out.println("来自服务员: " + str); //显示服务器发来的信息
        } catch(Exception e) {
        }
    }
    /**
     * 主方法，创建客户端对象，运行客户端
     */
    public static void main(String args[]) {
        new MobileClent();
    }
}
```

客户端程序运行结果如图20.15所示。

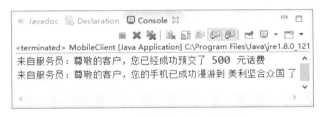

图20.15　客户端程序运行结果

同MobileServer类一样，MobileClent类也实现了BusinessProtocal接口，并重新定义了payBill()和roamingService()这两个方法的功能。虽然是相同的方法，其功能却截然不同。客户端程序运行初始界面如图20.15所示，服务器端代码如图20.16所示。如果服务器还没有启动，先运行了客户端程序，则客户端将不能完成业务请求，其运行界面如图20.17所示。

图20.16　服务器端程序交互后结果　　　　图20.17　服务器没有启动时客户端运行结果

本章小结

本章首先介绍了网络的基本概念，网络通信协议的参考模型主要有OSI和TCP/IP两类。对网络编程中用到的IP地址和端口号的概述进行说明。Java对网络编程提供了丰富的类库支持。

本章重点介绍了Java的Socket的编程，对TCP通信协议下用到的编程类Socket和ServerSocket，以及UDP通信协议下用到的DatagramPacket、DatagramSocket和MulticastSocket编程类进行了详细的说明。并通过实例进一步提高读者对这些类的运用能力。

最后通过一个综合实例，对Java网络编程的用到的核心知识进行总结。

项目练习

项目练习1

编写一个客户机服务器程序，使用Socket技术实现通信，双方约定一个通信端口，服务器端程序运行后在端口上监听客户机的连接，客户机运行后连接到服务器上，向服务器发送两个整数，服务器端计算这两个整数的和，然后把计算结果返回到客户端。

项目练习2

设计一个综合服务程序，这个综合服务程序可以接收多个客户端的连接，针对多个客户端发送的信息，服务程序可以分别进行响应，服务程序也可以向多个客户程序进行广播发送信息。要求系统设计成桌面应用程序。

Chapter

21

Swing表格和树组件

本章概述

　　Java的图形界面由各种组件构成，在java.awt包和javax.swing包中定义了多种用于创建图形界面的组件类，这些组件类具有特定的属性和功能，基本能满足不同程序界面的需求。之前的章节已经介绍过Swing基本组件的用法，本章重点介绍Swing中较复杂组件，如表格和树的具体用法。通过本章的学习，读者将能够创建内容丰富、风格更加多样的图形界面。

重点知识

- 表格
- 树

21.1 表格

> 表格在设计可视化界面时非常有用。当需要显示一批统计数据时，用表格可以非常清晰地显示出来。Swing中的JTable提供了这样的功能。JTable是Swing中复杂的组件之一，在本书中只对它进行简单的介绍，可以参考Java API或者联机帮助深入学习和使用。

21.1.1 JTable的简单用法

1. JTable常用的构造法

JTable常用的构造法主要有以下几种：

- JTable()：建立一个新的JTables，并使用系统默认的Model。
- JTable(int numRows,int numColumns)：建立一个具有numRows行，numColumns列的空表格，使用的是DefaultTableModel。
- JTable(Object[][] rowData,Object[][] columnNames)：建立一个显示二维数组数据的表格，且可以显示列的名称。
- JTable(TableModel dm)：建立一个JTable，有默认的字段模式以及选择模式，并设置数据模式。
- JTable(TableModel dm,TableColumnModel cm)：建立一个JTable，设置数据模式与字段模式，并有默认的选择模式。
- JTable(TableModel dm,TableColumnModel cm,ListSelectionModel sm)：建立一个JTable，设置数据模式、字段模式、与选择模式。
- JTable(Vector rowData,Vector columnNames)：建立一个以Vector为输入来源的数据表格，可显示行的名称。

2. JTable类常用的成员方法

JTable类的成员方式主要有如下几种：

- void addColumn(TableColumn aColumn)：将列追加到表格数组的结尾。
- int getColumnCount()：返回表格中的列数。
- int getRowCount()：返回此表格中的行数。
- void moveColumn(int column, int targetColumn)：列移动到目标列所占用的位置。
- void removeColumn(TableColumn aColumn)：从表格的列数组中移一列。
- void selectAll()：选择表中的所有行、列和单元格。
- Object getValueAt(int row, int column)：返回指定单元格的值。
- setValueAt(Object aValue, int row, int column)：设置表格指定单元格值。

下面举例说明采用JTable(Vector rowData,Vector columnNames)构造方法如何创建一个简单的表格。

⚠ 【例21.1】 使用构造方法JTable(Vector rowData,Vector columnNames)创建行列宽度固定的表格

```java
import javax.swing.*;
import java.awt.*;
import java.awt.event.*;
import java.util.*;
public class SimpleTable {
    public SimpleTable() {
        JFrame f = new JFrame();
        Object[][] playerInfo = {
            { "阿畅", new Integer(66), new Integer(32), new Integer(98), new
Boolean(false) },
            { "阿佩", new Integer(82), new Integer(69), new Integer(128), new
Boolean(true) }
        };
        String[] Names = { "姓名", "语文", "数学", "总分", "及格" };
        JTable table = new JTable(playerInfo, Names);
        table.setPreferredScrollableViewportSize(new Dimension(550, 30));
        JScrollPane scrollPane = new JScrollPane(table);
        f.getContentPane().add(scrollPane, BorderLayout.CENTER);
        f.setTitle("Simple Table");
        f.pack();
        f.show();
        f.addWindowListener(new WindowAdapter() {
            public void windowClosing(WindowEvent e) {
                System.exit(0);
            }
        });
    }
    public static void main(String[] args) {
        SimpleTable b = new SimpleTable();
    }
}
```

程序运行效果如图21.1所示。

图21.1　运行结果

在这个实例中，我们将JTable放在JScrollPane中，这种做法可以将Column Header与Colmn Object完整地显示出来，因为JScrollPane会自动取得Column Header。但如果将JScrollPane scrollPane = new JScrollPane(table);这条语句删除，并修改下一条语句为：

```java
f.getContentPane().add(table,BorderLayout.CENTER);
```

再次运行程序，则会发现Column Header不见了。

如果既不想用JScrollPane，又想显示Column Header，则要将程序修改如下：

```
JTable table=new JTable(p,n);
table.setPreferredScrollableViewportSize(new Dimension(550,30));
f.getContentPane().add(table.getTableHeader(),BorderLayout.NORTH);
f.getContentPane().add(table,BorderLayout.CENTER);
```

观察上例的运行结果会发现，每个字段的宽度都是一样的，除非自行拉动改变某个列宽。若想一开始就设置列宽的值，可以利用TableColumn类的setPreferredWidth()方法来设置，并可利用JTable类的setAutoResizeMode()方法，来设置调整某个列宽时其他列宽的变化情况，下面举例说明。

⚠ 【例21.2】 使用构造方法JTable(Vector rowData,Vector columnNames)创建行列宽度可以指定的表格

```java
import javax.swing.*;
import javax.swing.table.*;
import java.awt.*;
import java.awt.event.*;
import java.util.*;
public class SimpleTable2 {
    public SimpleTable2() {
        JFrame f = new JFrame();
        Object[][] p = {
            { "阿畅", new Integer(66), new Integer(32), new Integer(98), new
Boolean(false), new Boolean(false) },
            { "阿佩", new Integer(82), new Integer(69), new Integer(128), new
Boolean(true), new Boolean(false) }, };
        String[] n = { "姓名", "语文", "数学", "总分", "及格", "作弊" };
        TableColumn column = null;
        JTable table = new JTable(p, n);
        table.setPreferredScrollableViewportSize(new Dimension(550, 30));
        table.setAutoResizeMode(JTable.AUTO_RESIZE_SUBSEQUENT_COLUMNS);
        for(int i = 0; i < 6; i++) {
            /* 利用JTable中的getColumnModel()方法取得TableColumnModel对象;
            再利用TableColumnModel界面所定义的getColumn()方法取得
            TableColumn对象,利用此对象的setPreferredWidth()方法就可以控制字段的宽度。*/
            column = table.getColumnModel().getColumn(i);
            if((i % 2) == 0)
                column.setPreferredWidth(150);
            else
                column.setPreferredWidth(50);
        }
        JScrollPane scrollPane = new JScrollPane(table);
        f.getContentPane().add(scrollPane, BorderLayout.CENTER);
        f.setTitle("Simple Table2");
```

```
        f.pack();
        f.show();
        f.setVisible(true);
        f.addWindowListener(new WindowAdapter() {
            public void windowClosing(WindowEvent e) {
                System.exit(0);
            }
        });
    }
    public static void main(String[] args) {
        new SimpleTable2();
    }
}
```

运行效果如图21.2所示。

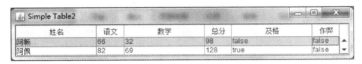

图21.2　运行结果

JTable的列宽的5个参数如下：

- AUTO_RESIZE_SUBSEQUENT_COLUMENS：当调整某一列宽时，此字段之后的所有字段列宽都会跟着一起变动，此为系统默认值。
- AUTO_RESIZE_ALL_COLUMNS：当调整某一列宽时，此表格上所有字段的列宽都会跟着一起变动。
- AUTO_RESIZE_OFF：当调整某一列宽时，此表格上所有字段列宽都不会跟着改变。
- AUTO_RESIZE_NEXT_COLUMN：当调整某一列宽时，此字段的下一个字段的列宽会跟着改变，其余均不会变。
- AUTO_RESIZE_LAST_COLUMN：当调整某一列宽时，最后一个字段的列宽会跟着改变，其余均不会改变。

可以看出，利用Swing来构造表格其实很简单，只需利用Vector或Array来作为表格的数据输入，将Vector或Array的内容填入JTable中，就产生了基本的表格。不过，虽然利用JTable(Object[][] rowData,Object[][] columnNames)以及JTable(Vector rowData,Vector columnNames)这两个构造方法来构造JTable很方便，但却有些缺点。例如上面的实例中，表格中的每个字段一开始都是默认为可修改的，用户可能修改到程序的数据；其次，表格中每个单元中的数据类型将会被视为同一种，在上例中，数据类型皆被显示为String，因此，原来的数据类型声明为Boolean的数据会以String的形式出现，而不是以检查框（Check Box）出现。除此之外，所要显示的数据可能是不固定的，或是随情况而变，例如同样是一份成绩单，老师与学生所看到的表格不一样，显示的外观或操作模式或许也不相同。为了应对诸如此类复杂情况，上面简单的构造方式已不适应需求。Swing提供各种Model（如TableModel、TableColumnModel与ListSelectionModel）来解决上述的不便，以增强设计表格的灵活性。接下来将对TableModel进行讲解。

21.1.2 TableModel

TableModel本身是一个界面，包括存取表格字段（cell）的内容、计算表格列数等基本存取操作，让设计者可以简单地利用TableModel来实现所需要的表格。TableModel位于javax.swing.table包中，此包中定义了许多JTable会用到的Model，用户可利用java api文件找到这个package，并由此package找到各类或接口界面所定义的方法。

TableModel接口主要提供了以下常用方法：

- void addTableModelListener(TableModelListener l)：使表格具有处理TableModelEvent的能力。当表格的Table Model有所变化时，会发出TableModel Event事件信息。
- Class getColumnClass(int columnIndex)：返回字段数据类型的类名称。
- int getColumnCount()：返回字段（行）数量。
- String getColumnName(int columnIndex)：返回字段名称。
- int getRowCount()：返回数据列数量。
- Object getValueAt(int rowIndex,int columnIndex)：返回数据某个cell中的值。
- boolean isCellEditable(int rowIndex,int columnIndex)：返回cell是否可编辑，true表示可编辑。
- void removeTableModelListener(TableModelListener l)：从TableModelListener中移除一个listener。
- void setValueAt(Object aValue,int rowIndex,int columnIndex)：设置cell(rowIndex, columnIndex)的值。

由于TableModel是一个接口，因此若要直接实现此接口来建立表格并不是件轻松的事。Java提供了两个类实现这个接口，一个是AbstractTableModel抽象类，另一个是DefaultTableModel实体类。前者实现了大部分的TableModel方法，让用户可以很灵活地构造自己的表格模式；后者继承前者，是Java默认的表格模式。

21.1.3 AbstractTableModel

Java提供的AbstractTableModel是一个抽象类，这个类实现了TableModel中大部分的方法，除了getRowCount()、getColumnCount()、getValueAt()这三个方法。因此我们的主要任务是去实现这三个方法。

利用这个抽象类可以设计出不同格式的表格，AbstractTableModel提供的方法有以下几个：

- void addTableModelListener(TableModelListener l)：使表格具有处理TableModelEvent的能力，当表格的Table Model有所变化时，触发TableModelEvent事件。
- int findColumn(String columnName)：寻找在行名称中是否含有columnName这个项目，若有，则返回其所在行的位置；反之，则返回-1，表示未找到。
- void fireTableCellUpdated(int row, int column)：通知所有的Listener在这个表格中的(row,column)字段的内容已经改变了。
- void fireTableChanged(TableModelEvent e)：将所收到的事件通知传送给所有在这个table model中注册过的TableModelListeners。
- void fireTableDataChanged()：通知所有的listener在这个表格中列的内容已经改变了，列的数目可能已经改变了，因此JTable可能需要重新显示此表格的结构。
- void fireTableRowsDeleted(int firstRow, int lastRow)：通知所有的listener在这个表格中

第firstrow行至lastrow列已经被删除了。

- void fireTableRowsUpdated(int firstRow, int lastRow)：通知所有的listener在这个表格中第firstrow行至lastrow列已经被修改了。
- void fireTableRowsInserted(int firstRow, int lastRow)：通知所有的listener在这个表格中第firstrow行至lastrow列已经添加了。
- void fireTableStructureChanged()：通知所有的listener这个表格的结构已经改变了，行的数目、名称以及数据类型都可能已经改变了。
- Class getColumnClass(int columnIndex)：返回字段数据类型的类名称。
- String getColumnName(int column)：若没有设置列标题，则返回默认值，依次为A、B、C…Z、AA、AB…；若无此column，则返回一个空的String。
- Public EventListener[] getListeners(Class listenerType)：返回所有在这个table model所建立的listener中符合listenerType的listener，并以数组形式返回。
- boolean isCellEditable(int rowIndex, int columnIndex)：返回所有在这个table model所建立的listener中符合listenerType形式的listener，并以数组形式返回。
- void removeTableModelListener(TableModelListener l)：从TableModelListener中移除一个listener。
- void setValueAt(Object aValue, int rowIndex, int columnIndex)：设置cell(rowIndex, columnIndex)的值。

下面举例说明使用AbstractTableModel如何构建需要的表格。

⚠ 【例21.3】 使用AbstractTableModel构建指定风格的表格

```java
import javax.swing.table.AbstractTableModel;
import javax.swing.*;
import java.awt.*;
import java.awt.event.*;
public class TableModel1 {
    public TableModel1() {
        JFrame f = new JFrame();
        MyTable mt = new MyTable();
        JTable t = new JTable(mt);
        t.setPreferredScrollableViewportSize(new Dimension(550, 30));
        JScrollPane s = new JScrollPane(t);
        f.getContentPane().add(s, BorderLayout.CENTER);
        f.setTitle("JTable1");
        f.pack();
        f.setVisible(true);
        f.addWindowListener(new WindowAdapter() {
            public void windowClosing(WindowEvent e) {
                System.exit(0);
            }
        });
    }
    public static void main(String args[]) {
        new TableModel1();
    }
```

```java
}
class MyTable extends AbstractTableModel {
    Object[][] p = {
            { "阿畅", new Integer(66), new Integer(32), new Integer(98), new
Boolean(false), new Boolean(false) },
            { "阿佩", new Integer(85), new Integer(69), new Integer(154), new
Boolean(true), new Boolean(false) }, };
    String[] n = { "姓名", "语文", "数学", "总分", "及格", "作弊" };
    public int getColumnCount() {
        return n.length;
    }
    public int getRowCount() {
        return p.length;
    }
    public String getColumnName(int col) {
        return n[col];
    }
    public Object getValueAt(int row, int col) {
        return p[row][col];
    }
    public Class getColumnClass(int c) {
        return getValueAt(0, c).getClass();
    }
}
```

运行结果如图21.3所示。

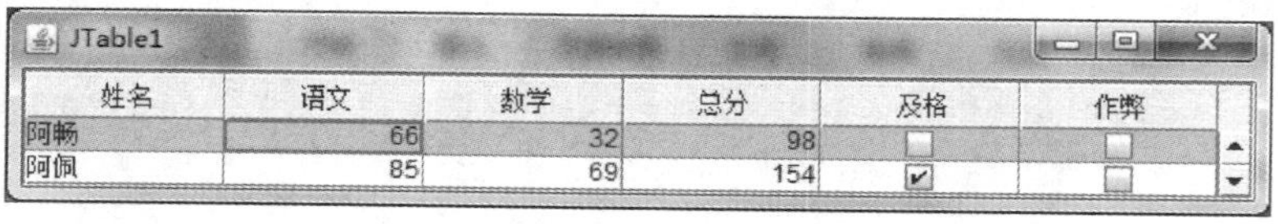

图21.3　运行结果

21.1.4 TableColumnModel

TableColumnModel本身是一个接口，里面定义了许多与表格的"列（行）"有关的方法，例如增加列、删除列、设置与取得"列"的相关信息。通常我们不会直接实现TableColumnModel接口，而是利用JTable的getColumnModel()方法取得TableColumnModel对象，再利用此对象对字段做设置。举例来说，如果我们想设计的表格包括有下拉式列表的Combo Box，我们就能利用TableColumnModel来达到这样的效果。

⚠ **【例21.4】 使用ableColumnModel定制表格的列**

```java
import javax.swing.table.AbstractTableModel;
import javax.swing.*;
import java.awt.*;
import java.awt.event.*;
```

450

```
   public class ColumnModelTest {
       public ColumnModelTest() {
           JFrame f = new JFrame();
           MyTable2 mt = new MyTable2();
           JTable t = new JTable(mt);          //利用MyTable2来建立JTable
           JComboBox c = new JComboBox();      //建立一个JComboBox的对象
           c.addItem("Zhengzhou");             //在新建立的JComboBox对象里新增三个项目
           c.addItem("Beijing");
           c.addItem("Shanghai");
           /*
            * 利用JTable所提供的getTableColumnModel()方法取得TableColumnModel对象,
            * 再由TableColumnModel类所提供的getColumn()方法
            * 取得TableColumn对象,TableColumn类可针对表格中的每一行做具体的设置,
            * 例如设置字段的宽度,某行的标头,设置输入较复杂的数据类型等等。
            * 在这里,利用TableColumn类所提供的setCellEditor()方法,
            * 将JComboBox作为第二行的默认编辑组件。
            */
           t.getColumnModel().getColumn(1).setCellEditor(new DefaultCellEditor(c));
           t.setPreferredScrollableViewportSize(new Dimension(550, 30));
           JScrollPane s = new JScrollPane(t);
           f.getContentPane().add(s, BorderLayout.CENTER);
           f.setTitle("ColumnModelTest");
           f.pack();
           f.setVisible(true);
           f.addWindowListener(new WindowAdapter() {
               public void windowClosing(WindowEvent e) {
                   System.exit(0);
               }
           });
       }
       public static void main(String args[]) {
           new ColumnModelTest();
       }
   }
   class MyTable2 extends AbstractTableModel {
       Object[][] p = {
               { "阿畅", "Zhengzhou", new Integer(66), new Integer(32), new Integer(98),
new Boolean(false),
                   new Boolean(false) },
               { "阿佩", "Shanghai", new Integer(85), new Integer(69), new Integer(154),
new Boolean(true),
                   new Boolean(false) }, };
       String[] n = { "姓名", "居住地", "语文", "数学", "总分", "及格", "作弊" };
       public int getColumnCount() {
           return n.length;
       }
       public int getRowCount() {
           return p.length;
       }
```

```
    public String getColumnName(int col) {
        return n[col];
    }
    public Object getValueAt(int row, int col) {
        return p[row][col];
    }
    public Class getColumnClass(int c) {
        return getValueAt(0, c).getClass();
    }
    /*public boolean isCellEditable(int rowIndex, int columnIndex) {
    return true;
    }
    public void setValueAt(Object value, int row, int col) {
    p[row][col] = value;
    fireTableCellUpdated(row, col);
    }*/
}
```

运行结果如图21.4所示。

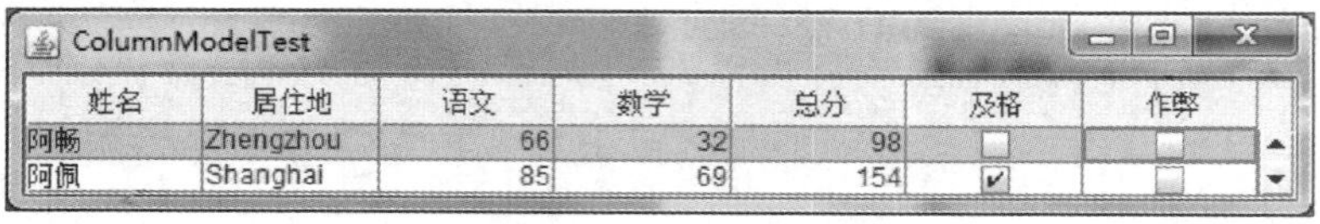

图21.4　运行结果

运行此程序可以发现，利用继承AbstractTableModel抽象类所产生的JTable的内容是不能被修改的。如果想允许修改表格中的某一个字段，例如勾选Check Box或是直接修改某个字段的数字，该怎么做呢？很简单，只要在实例的MyTable中重写AbstractTableModel抽象类中的isCellEditable()方法即可。在isCellEditable()中，只有一行简单的程序代码：return true，意思是将表格内的每个cell都变成可修改。但仅仅修改这个程序代码还不行，你会发现虽然表格可以修改，但更改完之后按下Enter键，内容马上恢复成原有的值。解决的方法是重写Abstract-TableModel抽象类中的setValueAt()方法，这个方法主要是将改过的值存入表格中。上述代码中去掉后面加注释的部分即可实现此功能。

21.1.5　DefaultTableModel

DefaultTableModel类是继承AbstractTableModel而来的，且实现了getColumnCount()、getRowCount()与getValueAt()三个方法。因此在实际的使用中，DefaultTableModel比AbstractTableModel要简单许多。DefaultTableModel内部使用Vector来使用表格的数据，若所要显示的表格格式是比较简单的，建议使用DefaultTableModel类。若所要显示的数据模式非常复杂，使用AbstractTableModel会比较容易一些。

下面是DefaultTableModel的构造方法：

- DefaultTableModel()：建立一个DefaultTableModel，里面没有任何数据。
- DefaultTableModel(int numRows,int numColumns)：建立一个指定行列数的DefaultTableModel。

- DefaultTableModel(Object[][] data,Object[] columnNames)：建立一个 DefaultTableModel，输入数据格式为Object Array，系统会自动调用setDataVector()方法来设置数据。
- DefaultTableModel(Object[] columnNames,int numRows)：该方法表示建立一个 DefaultTableModel，并具有Column Header名称与行数信息。
- DefaultTableModel(Vector columnNames,int numRows)：该方法表示建立一个 DefaultTableModel，并具有Column Header名称与行数信息。
- DefaultTableModel(Vector data,Vector columnNames)：建立一个DefaultTableModel，输入数据格式为Vector，系统会自动调用setDataVector()方法来设置数据。

DefaultTableModel类提供很多便捷的方法，如之前讨论过的getColumnCount()、getRowCount()、getValueAt()、isCellEditable()、setValueAt()等均可直接使用。DefaultTableModel还提供了addColumn()与addRow()等方法，可随时增加表格的数据。

⚠ 【例21.5】使用DefaultTableModel动态增加表格字段

```java
import java.awt.*;
import java.awt.event.*;
import java.util.Vector;
import javax.swing.*;
import javax.swing.event.*;
import javax.swing.table.*;
public class AddRemoveCells implements ActionListener {
    JTable table = null;
    DefaultTableModel defaultModel = null;
    public AddRemoveCells() {
        JFrame f = new JFrame();
        String[] name = { "字段 1", "字段 2", "字段 3", "字段 4", "字段 5" };
        String[][] data = new String[5][5];
        int value = 1;
        for(int i = 0; i < data.length; i++) {
            for(int j = 0; j < data.length; j++)
                data[i][j] = String.valueOf(value);
        }
        defaultModel = new DefaultTableModel(data, name);
        table = new JTable(defaultModel);
        table.setPreferredScrollableViewportSize(new Dimension(400, 80));
        JScrollPane s = new JScrollPane(table);
        JPanel panel = new JPanel();
        JButton b = new JButton("增加行");
        panel.add(b);
        b.addActionListener(this);
        b = new JButton("增加列");
        panel.add(b);
        b.addActionListener(this);
        b = new JButton("删除行");
        panel.add(b);
        b.addActionListener(this);
```

```
            b = new JButton("删除列");
            panel.add(b);
            b.addActionListener(this);
            Container contentPane = f.getContentPane();
            contentPane.add(panel, BorderLayout.NORTH);
            contentPane.add(s, BorderLayout.CENTER);
            f.setTitle("AddRemoveCells");
            f.pack();
            f.setVisible(true);
            f.addWindowListener(new WindowAdapter() {
                public void windowClosing(WindowEvent e) {
                    System.exit(0);
                }
            });
        }
        /*
         * 要删除列必须使用TableColumnModel的removeColumn()方法。
         * 因此先由JTable类的getColumnModel()方法取得TableColumnModel对象，
         * 再由TableColumnModel的getColumn()方法取得要删除列的TableColumn。
         * 把此TableColumn对象当作是removeColumn()的参数。
         * 删除此列完毕后必须重新设置列数，也就是使用DefaultTableModel的setColumnCount()
方法来设置。
         */
        public void actionPerformed(ActionEvent e) {
            if(e.getActionCommand().equals("增加列"))
                defaultModel.addColumn("增加列");
            if(e.getActionCommand().equals("增加行"))
                defaultModel.addRow(new Vector());
            if(e.getActionCommand().equals("删除列")) {
                int columncount = defaultModel.getColumnCount() - 1;
                if(columncount >= 0)//若columncount<0代表已经没有任何列了
                {
                    TableColumnModel columnModel = table.getColumnModel();
                    TableColumn tableColumn = columnModel.getColumn(columncount);
                    columnModel.removeColumn(tableColumn);
                    defaultModel.setColumnCount(columncount);
                }
            }
            if(e.getActionCommand().equals("删除行")) {
                int rowcount = defaultModel.getRowCount() - 1;
                //getRowCount返回行数，rowcount<0代表已经没有任何行了
                if(rowcount >= 0) {
                    //删除行比较简单，只要用DefaultTableModel的removeRow()方法即可
                    defaultModel.removeRow(rowcount);
                    //删除行完毕后必须重新设置列数，使用DefaultTableModel的setRow Count()
方法来设置。
                    defaultModel.setRowCount(rowcount);
                }
            }
```

```
      table.revalidate();
   }
   public static void main(String args[]) {
      new AddRemoveCells();
   }
}
```

运行结果如图21.5所示。

图21.5　运行结果

21.2 树

> **JTree组件以树的形式显示数据，一层套一层，看起来清晰明了，用户可以方便地了解各节点之间的层次关系，从而找到相关数据。例如Windows系统的文件管理器就是一个典型的树层次结构。**

JTree对象并没有包含实际的数据，它只是提供了一个数据的视图。像其他特殊的Swing组件一样，这种JTree通过查询它的数据模型获得数据。JTree垂直显示它的数据，树中显示的每一行包含一项数据，称之为节点。每棵树有一个根节点，其他所有节点是它的子孙。默认情况下，树只显示根节点，但是可以设置改变默认显示方式。一个节点可以拥有孩子，也可以没有任何子孙。我们称那些可以拥有孩子的节点为"分支节点"，而不能拥有孩子的节点为"叶子节点"。分支节点可以有任意多个孩子，通常，用户可以通过单击实现展开或者折叠分支节点，使它们的孩子可见或不可见。默认情况下，除了根节点以外的所有分支节点呈现折叠状态。

JTree的构造方法主要有下列几种：

- JTree()：建立一棵带有示例模型的JTree。
- JTree(Hashtable<?,?> value)：返回从HashTable创建的JTree，它不显示根。
- JTree(Object[] value)：返回JTree，指定数组的每个元素作为不被显示的新根节点的子节点。
- JTree(TreeModel newModel)：返回JTree的一个实例，使用指定的数据模型，显示根节点。
- JTree(TreeNode root)：返回JTree，指定的TreeNode作为其根，显示根节点。
- JTree(TreeNOde root,Boolean asksAllowsChildren)：返回JTree，指定的TreeNode作

为其根，它用指定的方式显示根节点，并确定节点是否为叶节点。

- JTree(Vector<?> value)：返回JTree，指定Vector的每个元素作为不被显示的新根节点的子节点。

下面通过一个简单的实例演示JTree的应用，此例仅动态地创建一个指定的树，而在实际应用中，树的节点可以动态从数据库获取。可以为JTree添加相应的事件监听程序，每当选择相应的节点时，程序即做出相应的处理。由于篇幅有限，在此不再一一讲解，读者在需要的时候可以参阅API文档进行深入的学习。

⚠ 【例21.6】 JTree的应用

使用简单的TreeNode模型创建一个树，用户单击按钮，为树添加一个分支。

```java
import java.awt.*;
import java.awt.event.*;
import javax.swing.*;
import javax.swing.event.TreeSelectionEvent;
import javax.swing.event.TreeSelectionListener;
import javax.swing.tree.*;
public class JTreeDemo extends JFrame {
    static int i = 0;
    DefaultMutableTreeNode root; /* DefaultMutableTreeNode是树数据结构中的通用节点 */
    DefaultMutableTreeNode child;
    DefaultMutableTreeNode chosen;
    JTree tree;
    DefaultTreeModel model; //使用 TreeNodes 的简单树数据模型
    String[][] data = {
        { "财务部", "财务管理", "成本核算" },
        { "总经办", "档案管理", "行政事务", "综合统计", "人力资源", "网络部", "广告部" },
        { "工程部", "项目管理", "质检部"},
        { "设计部", "客户服务", "设计师", "预算" },
    };
    JTreeDemo() {
        Container contentPane = this.getContentPane();
        JPanel jPanel1 = new JPanel(new BorderLayout());
        root = new DefaultMutableTreeNode("公司");
        /*
         * DefaultMutableTreeNode(Object userObject)
         * 创建没有父节点和子节点，但允许有子节点的树节点，并使用指定的用户对象对它进行初始化
         */
        tree = new JTree(root); //建立以root为根的树
        jPanel1.add(new JScrollPane(tree),
            BorderLayout.CENTER); /* 将树添加至滚动窗格中,同时将滚动窗格添加进jPanel1
面板 */
        model = (DefaultTreeModel) tree.getModel();
        /* TreeModel getModel() 返回正在提供数据的 TreeModel。 */
        JButton jButton1 = new JButton("添加节点");
        jButton1.addActionListener(new ActionListener() {
            public void actionPerformed(ActionEvent e) {
                if(i < data.length) {
```

```
                    child = new Branch(data[i++]).node();
                    chosen = (DefaultMutableTreeNode) tree.getLastSelectedPath
Component();
                    /*
                     * Object getLastSelectedPathComponent()
                     * 返回当前选择的第一个节点中的最后一个路径组件。
                     */
                    if(chosen == null) {
                        chosen = root;
                    }
                    model.insertNodeInto(child, chosen, 0);
                    /*
                     * void insertNodeInto(MutableTreeNode newChild,
                     * MutableTreeNode parent, int index) 对它进行调用，以便在父节
点的子节点中的index位置插入newChild。
                     */
                }
            }
        });
        jButton1.setBackground(Color.blue);
        jButton1.setForeground(Color.white);
        JPanel jPanel2 = new JPanel();
        jPanel2.add(jButton1);
        jPanel1.add(jPanel2, BorderLayout.SOUTH);
        contentPane.add(jPanel1);
        this.setTitle("JtreeDemo");
        this.setSize(300, 500);
        this.setLocation(400, 400);
        this.setDefaultCloseOperation(JFrame.EXIT_ON_CLOSE);
        this.setVisible(true);
    }
    class Branch {
        DefaultMutableTreeNode r;

        public Branch(String[] data) {
            r = new DefaultMutableTreeNode(data[0]);
            for(int i = 1; i < data.length; i++) {
                r.add(new DefaultMutableTreeNode(data[i]));
            }
        }
        public DefaultMutableTreeNode node() {
            return r;
        }
    }
    public static void main(String args[]) {
        JTreeDemo test = new JTreeDemo();
    }
}
```

程序运行效果如图21.6所示。

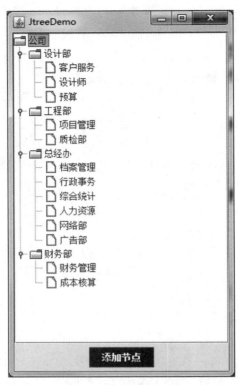

图21.6　运行效果图

此程序中，最重要的类是Branch，它是一个工具，用来获取一个字符串数组，并为第一个字符串建立DefaultMutableTreeNode作为根，其余在数组中的字符串作为叶子。然后node()方法被调用，以产生分支的根。树状物类包括一个用于制造分支的二维字符数组，以及用来统计数组的静态变量i。DefaultMutableTreeNode对象控制这个节点，但在屏幕上显示的是被JTree和它的相关模型（DefaultTreeModel）所控制的。当我们修改这个模型时，模型产生一个事件，导致JTree对可以看见的树状物完成任何必要的升级。在init()中，通过调用getMode()方法捕捉模型。当按钮被按下时，一个新的分支即被创建，然后当前选择的组件被找到（如果没有选择就是根），并且由模型的insertNodeInto()方法，完成树状物的改变和升级的操作。

本章小结

　　本章在前面章节的基础上，进一步介绍了图像界面开发的一些高级知识，重点是Swing高级组件的使用。首先介绍了Swing的表格组件JTable的使用，包括利用不同的构造方法创建表格，以及对表格的行列进行定制。最后介绍Swing的树组件以及对话框。结合具体实例，演示了Java中图形界面的设计思想以及每一种组件的具体用法。通过本章的学习，读者真正掌握了独立开发实际应用系统的能力。

项目练习

项目练习1
　　假设一个名为"table.txt"的表格存储在文本文件中。文件的第一行是表头，其余的行与表格中的行相对应，元素之间用逗号隔开。编写一个程序，用JTable组件显示表格。

项目练习2
　　创建一棵树，显示一本书的目录结构。选定书中的一个结点时，显示描述该结点的一段文字。

Swing菜单和对话框组件

本章概述

　　一个复杂的图形界面程序，除了包含Swing的基本组件之外，一般还含有菜单和对话框。丰富的菜单系统可以为用户提供多种实用功能，而对话框则为用户和程序的交互提供诸多便捷。可以使用Swing中的JMenu、JMenuBar和JMenuItem三个类来实现菜单系统。Swing也提供了若干类来实现不同的对话框。通过对本章内容的学习，读者将能够创建包含菜单和对话框的功能完备、界面优美的GUI程序。

重点知识

● 菜单　　　　　　　　● 对话框

22.1 菜单

> 菜单在GUI应用程序中有着非常重要的作用，通过菜单，用户可以非常方便地访问应用程序的各个功能。菜单是软件中必备的组件之一，利用菜单可以将程序功能模块化。

22.1.1 认识菜单组件

Swing包中提供了多种菜单组件，他们的继承关系如图22.1所示。通过菜单组件可以创建多种样式的菜单，如下拉式、快捷键式及弹出式菜单等。这里简单介绍下拉式菜单和弹出式菜单。

```
java.lang.Object
  └─java.awt.Component
       └─java.awt.Container
            └─javax.swing.JComponent
                 javax.swing.JMenuBar
                 javax.swing.JPopupMenu
                 javax.swing.JSeparator
                 javax.swing.AbstractButton
                      └─javax.swing.JMenuItem
                           └─javax.swing.JMenu
                             javax.swing.JCheckboxMenuItem
                             javax.swing.JRadioButtonMenuItem
```

图22.1　菜单组件的继承关系

1. 菜单栏（JMenuBar）

菜单栏是指窗口中的主菜单，它只用来管理菜单，不参与交互式操作。Java应用程序中的菜单都包含在一个菜单栏对象之中。JMenuBar只有一个构造方法JMenuBar()，例如创建一个菜单栏：

```
JMenuBar menuBar = new JMenuBar();
```

2. 菜单（JMenu）

菜单是指最基本的下拉菜单，用来存放和整合菜单项（JMenuItem）的组件，它是构成一个菜单不可或缺的组件之一。菜单可以是单一层次的结构，也可以是一个多层次的结构，具体使用何种形式的结构则取决于界面设计的需要。

（1）JMenu常用的构造方法如下：

- JMenu()：创建一个空标签的JMenu对象。
- JMenu(String text)：使用指定的标签创建一个JMenu对象。
- JMenu(String text,Boolean b)：使用指定的标签创建一个JMenu对象，并给出此菜单是否具有下拉式的属性。

```
JMenu fileMenu = new JMenu("文件(F)");
JMenu helpMenu = new JMenu("帮助(H)");
menuBar.add(fileMenu);
menuBar.add(helpMenu);   //构造两个菜单，并将它们添加到菜单栏上
```

（2）JMenu常用成员方法如下：
- getItem(int pos)：得到指定位置的 JmenuItem。
- getItemCount()：得到菜单项数目包括分隔符。
- insert和remove()：插入菜单项或者移除某个菜单项。
- addSeparator()和insertSeparator(int index)：在某个菜单项间加入分隔线。

3. 菜单项（JMenuItem）

菜单项是菜单系统中最基本的组件，它继承自AbstractButton类，所以也可以把菜单项看作一个按钮，它支持按钮的许多功能，例如加入图标以及在菜单中选择某一项时触发ActionEvent事件等。

（1）常用的菜单构造方法如下：
- JMenuItem(String text)：创建一个具有文本提示信息的菜单项。
- JMenuItem(Icon icon)：创建一个具有图标的菜单项。
- JMenuItem(String text,Icon icon)：创建一个既有文本又有图标的菜单项。
- JMenuItem(String text,int mnemonic)：创建一个指定文本和键盘快捷的菜单项，在创建时如果不指明键盘快捷键，也可以通过setMnemonic()方法设定。

（2）JMenuItem常用的成员方法如下：
- void setEnabled(boolean b)：启用或禁用菜单项。
- void setAccelerator(KeyStroke keyStroke)：设置加速键，它能直接调用菜单项的操作侦听器而不必显示菜单的层次结构。
- void setMnemonic(char mnemonic)：设置快捷键。

由于JMenuItem和JMenu都是JAbstractButton的子类，所以菜单项和菜单的使用方法均与按钮有类似之处。当菜单中的菜单项被选中时，将会引发一个ActionEvent事件，因此通常需要为菜单注册ActionListener，以便对事件作出反应。

4. 下拉式菜单

制作一个可用的菜单系统，一般需要经过下面的几个步骤：

Step 01 创建一个JMenuBar对象，并将其放置在一个JFrame中。
Step 02 创建JMenu对象。
Step 03 创建JMenuItem对象并将其添加到JMenu对象中。
Step 04 把JMenu对象添加到JMenuBar中。

上面的这几步主要是创建菜单的结构，如果要使用菜单所指定的功能，则必须要为菜单项注册监听者，并在监听者提供的事件处理程序中写入相应的代码。

⚠ 【例22.1】建立一个完整的菜单系统

```
import java.awt.*;
import java.awt.event.*;
import javax.swing.*;
```

```java
public class MenuDemo  implements ItemListener,ActionListener{
    JFrame frame = new JFrame("Menu Demo");
    JTextField tf = new JTextField();
    public static void main(String args[]) {
        MenuDemo menuDemo = new MenuDemo();
        menuDemo.go();
    }
    public void go() {
        JMenuBar menubar = new JMenuBar();                    //菜单栏
        frame.setJMenuBar(menubar);
        JMenu menu,submenu;                                   //菜单和子菜单
        JMenuItem menuItem;                                   //菜单项
        //建立File菜单
        menu = new JMenu( "File");
        menu.setMnemonic(KeyEvent.VK_F);
        menubar.add(menu);
        //File中的菜单项
        menuItem = new JMenuItem( "Open..." );
        menuItem.setMnemonic(KeyEvent.VK_O);                  //设置快捷键
        menuItem.setAccelerator(KeyStroke.getKeyStroke(
        KeyEvent.VK_1, ActionEvent.ALT_MASK));               //设置加速键
        menuItem.addActionListener(this);
        menu.add(menuItem);
        menuItem = new JMenuItem( "Save",KeyEvent.VK_S );
        menuItem.addActionListener(this);
        menuItem.setEnabled(false);                           //设置为不可用
        menu.add(menuItem);
        menuItem = new JMenuItem( "Close" );
        menuItem.setMnemonic(KeyEvent.VK_C);
        menuItem.addActionListener(this);
        menu.add(menuItem);
        menu.add(new JSeparator());                           //加入分隔线
        menuItem = new JMenuItem( "Exit" );
        menuItem.setMnemonic(KeyEvent.VK_E);
        menuItem.addActionListener(this);
        menu.add(menuItem);
        //建立Option菜单
        menu = new JMenu( "Option" );
        menubar.add(menu);
        //Option中的菜单项
        menu.add( "Font..." );
        //建立子菜单
        submenu = new JMenu("Color...");
        menu.add(submenu);
        menuItem = new JMenuItem( "Foreground" );
        menuItem.addActionListener(this);
        menuItem.setAccelerator(KeyStroke.getKeyStroke(
        KeyEvent.VK_2, ActionEvent.ALT_MASK));               //设置加速键
        submenu.add(menuItem);
```

```
    menuItem = new JMenuItem( "Background" );
    menuItem.addActionListener(this);
    menuItem.setAccelerator(KeyStroke.getKeyStroke(
    KeyEvent.VK_3, ActionEvent.ALT_MASK));          //设置加速键
    submenu.add(menuItem);
    menu.addSeparator();                             //加入分隔线
    JCheckBoxMenuItem cm = new JCheckBoxMenuItem("Always On Top");
    cm.addItemListener(this);
    menu.add(cm);
    menu.addSeparator();
    JRadioButtonMenuItem rm = new JRadioButtonMenuItem("Small",true);
    rm.addItemListener(this);
    menu.add(rm);
    ButtonGroup group = new ButtonGroup();
    group.add(rm);
    rm = new JRadioButtonMenuItem("Large");
    rm.addItemListener(this);
    menu.add(rm);
    group.add(rm);
    //建立Help菜单
    menu = new JMenu( "Help" );
    menubar.add(menu);
    menuItem = new JMenuItem( "about..." ,new ImageIcon("dukeWaveRed.gif"));
    menuItem.addActionListener(this);
    menu.add(menuItem);
    tf.setEditable(false);                           //设置为不可编辑的
    Container cp = frame.getContentPane();
    cp.add(tf,BorderLayout.SOUTH);
    frame.setDefaultCloseOperation(JFrame.EXIT_ON_CLOSE);
    frame.setSize(300,200);
    frame.setVisible(true);
}
    //实现ItemListener接口中的方法
public void itemStateChanged(ItemEvent e) {
    int state = e.getStateChange();
    JMenuItem amenuItem = (JMenuItem)e.getSource();
    String command = amenuItem.getText();
    if(state==ItemEvent.SELECTED)
        tf.setText(command+" SELECTED");
    else
        tf.setText(command+" DESELECTED");
}
//实现ActionListener接口中的方法
public void actionPerformed(ActionEvent e) {
    tf.setText(e.getActionCommand());

    if(e.getActionCommand()=="Exit") {
        System.exit(0);
    }
```

```
        }
    }
```

程序运行效果如图22.2所示。

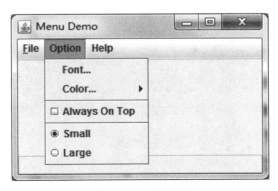

图22.2　运行结果

22.1.2 弹出式菜单

弹出式菜单（JPopupMenu）是一种比较特殊的特殊菜单，可以根据需要显示在指定的位置。弹出式菜单有两种构造方法:

- public JPopupMenu(): 创建一个没有名称的弹出式菜单。
- public JPopupMenu(String label): 构建一个有指定名称的弹出式菜单。

在弹出式菜单中，可以像下拉式菜单一样加入菜单或者菜单项，在显示弹出式菜单式时，必须调用show(Component invoker,int x,int y)方法，在该方法中需要一个组件作参数，该组件的位置将作为显示弹出式菜单的参考原点。可以像下拉式菜单一样为弹出式菜单项进行事件注册，对用户的交互作出响应。下面通过一个简单的实例说明弹出式菜单的使用。

⚠ 【例22.2】 弹出式菜单的创建

创建弹出式菜单，当单击鼠标右键时弹出一个菜单。

```java
import javax.swing.*;
import java.awt.*;
import java.awt.event.*;
public class JPopupMenuDemo extends JFrame {
    JPopupMenu popMenu = new JPopupMenu();
    public JPopupMenuDemo() {
        Container container = this.getContentPane();
        this.addMouseListener(new mouseLis());
        /* 创建4个菜单项，并添加到弹出式菜单中 */
        JMenuItem save = new JMenuItem("Save");
        JMenuItem cut = new JMenuItem("Cut");
        JMenuItem copy = new JMenuItem("Copy");
        JMenuItem exit = new JMenuItem("Exit");
        popMenu.add(save);
        popMenu.add(cut);
```

```
            popMenu.add(copy);
            popMenu.addSeparator();                    //添加一个分隔线
            popMenu.add(exit);
            this.setVisible(true);;
            this.setSize(300, 250);
        }
        class mouseLis extends MouseAdapter {
            public void mouseClicked(MouseEvent e) {
                if(e.getButton() == e.BUTTON3)          //判断单击的是否是鼠标右键
                popMenu.show(e.getComponent(), e.getX(), e.getY()); //在当前位置显示
            }
        }
        public static void main(String[] args) {
            new JPopupMenuDemo();
        }
    }
```

其运行结果如图22.3所示。

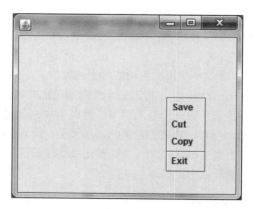

图22.3　运行结果

22.2　对话框

> GUI应用程序中种类繁多的对话框为用户的操作提供了很大的便利，是应用程序与用户进行交互的重要手段之一。为了方便开发，Swing为对话框的开发提供了很好的支持，包括JDialog、JOptionPane、JFileChooser等对话框组件。

22.2.1　对话框（JDialog）

JDialog是Swing提供的用来实现自定义对话框的类，从本质上讲它是一种特殊的窗体，它具有较少的修饰，并且用户可以根据自己的需要设置窗口模式。该类创建的对话框可分为模式对话框和非模式

对话框。模式对话框需要用户在处理完该对话框之后，才能继续与其他窗体进行交互。非模式对话框允许用户处理对话框的同时，与其他窗体进行交互。JDialog类的构造方法主要有以下几种：

- JDialog(Frame owner)：构造一个没有标题的非模式对话框，owner对话框的所有者。
- JDialog(Frame owner,String title)：构建一个有指定名称的非模式对话框。
- JDialog(Frame owner,boolean modal)：构建一个有指定模式的无标题的对话框。
- JDialog(Frame owner,String title,boolean modal)：构建一个具有指定标题和指定模式的对话框，modal指定模式，true表示模式对话框，false表示非模式对话框。

例如：

```
JDialog dialog=new JDialog(parentFrame,"读者登录",true);
```

该语句表示创建一个标题为"读者登录"的模式对话框，该对话框被当前容器所拥有。当对话框的拥有者被清除时，对话框也被清除。拥有者被最小化时，对话框将变为不可见。刚刚创建的对话框是不可见的，需要调用setVisible(boolean b)方法设置其可见性。

对话框可对各种窗口事件进行监听，与JFrame一样，也是顶层容器，可以向对话框的内容窗格放置各种组件。下面通过实例演示对话框的使用。

⚠ 【例22.3】 对话框的应用

构建一个对话框，当用户单击主窗口中的按钮时，对话框即显示出来。

```
import java.awt.*;
import java.awt.event.*;
import javax.swing.*;
public class JDialogDemo implements ActionListener {
    JFrame frame ;
    JDialog dialog ;
    JButton button ;
    public static void main(String args[]) {
        JDialogDemo jd = new JDialogDemo();
        jd.go();
    }
    public void go() {
        frame = new JFrame("JDialog Demo");
        dialog = new JDialog(frame,"Dialog",true);
        //在对话框中添加组件
        dialog.getContentPane().add(new JLabel("Hello,I'm a Dialog"));
        dialog.setSize(100,100);
        button = new JButton("Show Dialog");
        button.addActionListener(this);
        Container cp = frame.getContentPane();
        cp.add(button,BorderLayout.SOUTH);
        frame.setDefaultCloseOperation(JFrame.EXIT_ON_CLOSE);
        frame.setSize(300,150);
        frame.setVisible(true);
    }
    public void actionPerformed(ActionEvent e) {
```

```
        //显示对话框
        dialog.setVisible(true);
    }
}
```

程序运行效果如图22.4所示。

图22.4　对话框运行结果

22.2.2 标准对话框（JOptionPane）

JDialog通常用于创建自定义的对话框，JOptionPane提供了许多现成的对话框样式，用户只需使用该类提供的静态方法，指定方法中所需要的参数即可。利用JOptionPane类来制作对话框不仅简单快速，而且程序代码简洁清晰。在JOptionPane类中定义了多个形如showxxxDialog的静态方法，根据对话框的用途可分为4种类型：提示信息的MessageDialog、要求用户进行确认的ConfirmDialog、可输入数据的InputDialog和由用户自己定义类型的OptionDialog。

1. MessageDialog

MessageDialog是提示信息对话框。这种对话框中通常只含有一个"确定"按钮，创建这种对话框的静态方法有多种，下面介绍其中一种，并对方法的参数进行说明。

```
showMessageDialog(Component parentComponent,Object message,String title,int
messageType, Icon icon)
```

其中参数含义如下：

- Component parentComponent：对话框的父窗口对象，通常是指Frame或Dialog组件。其屏幕坐标将决定对话框的显示位置。此参数也可以为null，表示采用缺省的Frame作为父窗口，此时对话框将设置在屏幕的正中。
- Object message：显示在对话框中的描述信息。
- String title：对话框的标题。
- int messageType：对话框所传递的信息类型。messageType共有5种类型，分别用下述字符常量表示：ERROR_MESSAGE、INFORMATION_MESSAGE、WARNING _MESSAGE、QUESTION_MESSAGE、PLAIN_MESSAGE。指定messageType后，对话框中就会出现相应的图标及提示字符串，使用PLAIN_MESSAGE则没有图标。
- Icon icon：对话框上显示的装饰性图标，如果没有指定，则根据messageType 参数显示缺省图标。

2. ConfirmDialog

ConfirmDialog称为确认对话框，这类对话框通常会询问用户一个问题，要求用户作出YES/NO的回答。例如，当我们修改了某个文件的内容却没有存储，关闭此文件时，系统通常会弹出一个确认对话框，询问我们是否要保存修改过的内容。创建这种对话框的静态方法多种，例如：

```
showConfirmDialog(Component parentComponent, Object message, String title, in
t optionType,int messageType,Icon icon)
```

除了参数optionType外，其他参数和MessageDialog相同。optionType参数用于指定按钮的类型，可有4种不同的选择，分别是DEFAULT_OPTION、YES_NO_OPTION、YES_NO_CANCEL_OPTION与OK_CANCEL_OPTION。该类方法的返回值是一个整数，根据用户单击的按钮而定，YES、OK=0、NO=1、CANCEL=2；若用户直接关掉对话框，CLOSED=-1。

3. InputDialog

InputDialog称为输入对话框，这类对话框可以让用户输入相关的信息，也可以提供信息让用户选择，避免用户输入错误。创建这种对话框的静态方法有多种，例如：

```
showInputDialog(Component parentComponent,Object message,String title,int
messageType, Icon icon,Object[] selectionValues, Object initialSelectionValue)
```

其中，参数Object[]selectionValues为用户提供了可能的选择值，这些数据会以JComboBox方式显示出来，而initialSelectionValue是对话框初始化时所显示的值。其他参数和MessageDialog相同。当用户单击"确定"按钮时，会返回用户输入的信息，若单击"取消"按钮，则返回null。

4. OptionDialog

OptionDialog称为选项对话框，这类对话框可以让用户自己定义对话框的类型，包括一组可以进行选择的按钮。创建该类对话框的方法如下：

```
int showOptionDialog(Component parentComponent,Object message,String title,
int option Type,int messageType,Icon icon,Object[] options,Object initialValue)
```

该方法各个参数和前面对话框中的含义相同，返回值代表用户选择按钮的序号。

下面通过实例演示这四种对话框的用法。

⚠ 【例22.4】 标准对话框的应用

创建四个按钮和一个文本域，当用户单击某个按钮时，屏幕上将会显示出对应的标准对话框，用户在确认、输入和选项对话框中的操作结果将显示在文本域中。

```
import java.awt.*;
import java.awt.event.*;
import javax.swing.*;
public class JOptionPaneDemo  implements ActionListener{
    JFrame frame = new JFrame("JOptionPane Demo");
    JTextField tf = new JTextField();
```

```java
JButton messageButton,ConfirmButton,InputButton,OptionButton;
public static void main(String args[]) {
    JOptionPaneDemo opd = new JOptionPaneDemo();
    opd.go();
}
public void go() {
    messageButton = new JButton("message dialog");
    messageButton.addActionListener(this);
    ConfirmButton = new JButton("Confirm dialog");
    ConfirmButton.addActionListener(this);
    InputButton = new JButton("Input dialog");
    InputButton.addActionListener(this);
    OptionButton = new JButton("Option dialog");
    OptionButton.addActionListener(this);
    JPanel jp = new JPanel();
    jp.add(messageButton);
    jp.add(ConfirmButton);
    jp.add(InputButton);
    jp.add(OptionButton);
    Container cp = frame.getContentPane();
    cp.add(jp,BorderLayout.CENTER);
    cp.add(tf,BorderLayout.SOUTH);
    frame.setDefaultCloseOperation(JFrame.EXIT_ON_CLOSE);
    frame.setSize(300, 200);;
    frame.setVisible(true);
}
public void actionPerformed(ActionEvent e) {
    JButton button = (JButton)e.getSource();
    //信息对话框
    if(button == messageButton){
        JOptionPane.showMessageDialog(frame,
            "File not found.",
            "An error",
            JOptionPane.ERROR_MESSAGE);
    }
    //确认对话框
    if(button == ConfirmButton) {
        int select = JOptionPane.showConfirmDialog(frame,
        "Create one","Confirm", JOptionPane.YES_NO_OPTION);
        if(select == JOptionPane.YES_OPTION)
            tf.setText("choose YES");
        if(select == JOptionPane.NO_OPTION)
            tf.setText("choose NO");
        if(select == JOptionPane.CLOSED_OPTION)
            tf.setText("Closed");
    }
    //输入对话框
    if(button == InputButton) {
        Object[] possibleValues = { "First", "Second", "Third" };
```

```
         Object selectedValue = JOptionPane.showInputDialog(frame,
            "Choose one", "Input",JOptionPane.INFORMATION_MESSAGE, null,
            possibleValues, possibleValues[0]);
         if(selectedValue != null)
            tf.setText(selectedValue.toString());
         else
            tf.setText("Closed");
      }
      //选项对话框
      if(button == OptionButton) {
         Object[] options = { "OK", "CANCEL" };
         int select = JOptionPane.showOptionDialog(frame, "Click OK to
continue","Warning",JOptionPane.DEFAULT_OPTION,JOptionPane.WARNING_MESSAGE,
         null, options, options[0]);
         if(select == 0)
            tf.setText("choose OK");
         else if(select == 1)
            tf.setText("choose CANCEL");
         else if(select == -1)
            tf.setText("Closed");
      }
   }
}
```

运行结果如图22.5所示。

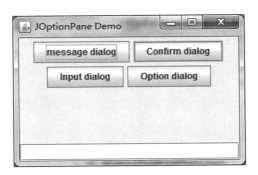

图22.5　运行结果

22.2.3 文件对话框（JFileChooser）

文件对话框是专门用于对文件（或目录）进行浏览和选择的对话框。文件对话框也必须依附于一个窗口（JFrame）对象。

（1）常用的构造方法

● JFileChooser()：构造一个指向默认目录的文件对话框。

● JFileChooser(File currentDirectory)：用给定的File作为路径，构造一个文件对话框。

● JFileChooser(String currentDirectoryPath)：使用给定路径创建一个文件对话框。

（2）常用的成员方法

● String getName(File f)：返回文件名。

- File getSelectedFile()：取得用户所选择的文件。
- File[] getSelectedFiles()：若设置为允许选择多个文件，则返回选中文件的列表。
- int showOpenDialog(Component parent)：显示"打开"文件对话框。
- int showSaveDialog(Component parent)：显示"保存"文件对话框。

⚠ 【例22.5】 文件对话框的应用

在窗口中放置两个命令按钮，当单击"打开文件"按钮时，出现"打开"文件对话框，单击"保存文件"按钮时，出现"保存"文件对话框。

```java
import java.awt.*;
import java.awt.event.*;
import javax.swing.*;
import java.io.*;
public class JFileChooserDemo extends JFrame implements ActionListener {
    JFileChooser fc = new JFileChooser();                  //创建文件对话框对象
    JButton open, save;
    public JFileChooserDemo() {
        Container container = this.getContentPane();
        container.setLayout(new FlowLayout());
        this.setTitle("文件对话框演示程序");
        open = new JButton("打开文件");                      //定义命令按钮
        save = new JButton("保存文件");
        open.addActionListener(this);                      //为事件注册
        save.addActionListener(this);
        container.add(open);                               //添加到内容窗格上
        container.add(save);
        this.show(true);
        this.setSize(600, 450);
    }
    public static void main(String args[]) {
        JFileChooserDemo fcd = new JFileChooserDemo();
    }
    public void actionPerformed(ActionEvent e) {
        JButton button = (JButton) e.getSource();          //得到事件源
        if(button == open) {                               //选择的是"打开"按钮
            int select = fc.showOpenDialog(this);          //显示"打开"文件对话框
            if(select == JFileChooser.APPROVE_OPTION) {    //选择的是否为确认
                File file = fc.getSelectedFile();          //根据选择创建文件对象
                //在屏幕上显示打开文件的文件名
                System.out.println("文件" + file.getName() + "被打开");
            } else
                System.out.println("打开操作被取消");
        }
        if(button == save) {                               //选择的是"保存"按钮
            int select = fc.showSaveDialog(this);          //显示"保存"文件对话框
            if(select == JFileChooser.APPROVE_OPTION) {
                File file = fc.getSelectedFile();
                System.out.println("文件" + file.getName() + "被保存");
```

```
        } else
            System.out.println("保存操作被取消");
    }
    }
}
```

其运行结果如图22.6所示。

"打开"文件对话框

"保存"文件对话框

图22.6 运行结果

在上面实例的操作中，无论单击对话框中的"打开文件"按钮或"取消文件"按钮，选择器都自动消失，并没有实现对文件的打开操作。这是因为文件对话框仅仅提供了一个文件操作的界面，要真正实现对文件的操作，应采用文件的输入输出流。

本章小结

　　本章进一步介绍了图像界面开发的一些高级知识，重点是Swing的菜单相关组件和对话框组件的使用。首先介绍了菜单组件的构成，创建菜单系统的步骤以及弹出式菜单的创建，然后介绍对话框的使用，主要包括标准对话框和文件对话框的用法，中间穿插具体实例对不同类的用法做了演示。

项目练习

项目练习1

编写一个图形界面程序，满足如下要求：

- 有一个菜单条。
- 菜单条中有一个菜单，该菜单有两个菜单项，其中一个菜单项又有两个菜单子项。
- 至少实现两个菜单项的事件响应。

项目练习2

　　在窗口中建立菜单，"文件"中含有"打开"项目，单击后弹出文件对话框，在界面中的一个文本框中显示打开的文件名。

Chapter

23

进销存管理系统
——系统分析

本章概述

　　进销存管理系统是一个典型的信息管理系统，是根据企业需求采用先进的计算机技术开发的，集进货、销货、存储多个环节于一体的信息系统，是企业日常经营管理中十分重要的一个组成部分，用户对进销存系统的需求具有普遍性。在系统软件的开发过程中，前期的系统分析在系统开发过程中有非常重要的地位，它的好坏直接关系到系统开发成本、系统开发周期及系统质量。系统分析的任务是对目标系统提出完整、准确、清晰、具体的要求。本章主要向读者介绍进销存管理系统的系统分析部分的内容。

重点知识

- 需求描述
- 用例图
- 开发运行环境需求

23.1 需求描述

> 企业进销存管理系统的主要目的是实现企业进销存的信息化管理，主要的业务是商品的采购、销售和入库，另外还需要提供统计查询功能，其中包括商品查询、供应商查询、客户查询、销售查询、入库查询和销售排行等。

进销存管理系统项目实施后，能够降低采购成本、合理控制库存、减少资金占用并提升企业市场竞争力，能够为企业节省大量人力资源，减少管理费用，从而间接为企业提高效益。

进销存管理系统包括基础信息管理、进货管理、销售管理、库存管理、查询统计、系统管理等6大功能模块。

1. 基础信息管理模块

该模块用于管理进销存管理系统中的客户、商品和供应商信息，其功能主要是对这些基础信息进行添加、修改和删除。

2. 进货管理模块

该模块是进销存管理系统中不可缺少的重要组成部分，它主要负责记录进货单及其退货信息，相应的进货商品会添加到库存管理中。

3. 销售管理模块

该模块是进销存管理系统中最重要的组成部分，它主要负责记录出货信息，相应的出货商品会从库存中减去。

4. 查询统计模块

该模块是进销存管理系统中非常重要的组成部分，它主要包括基础信息、进货信息、销售信息、退货信息的查询和销售排行功能。

5. 库存管理模块

该模块包括库存盘点和价格调整两个功能，主要用于调整商品价格和统计汇总各类商品数量。

6. 系统管理模块

该模块主要包括系统用户与系统参数的管理和维护，如用户权限分配、系统参数修改等功能。

23.2 用例图

23.2.1 进销存系统用例图

进销存系统用例如图23.1所示。

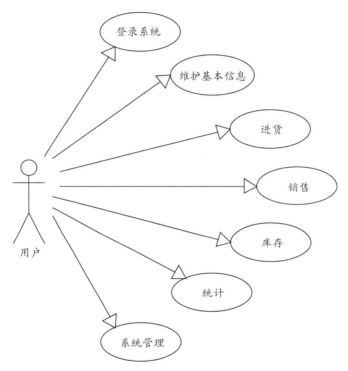

图23.1 进销存系统用例图

下面以用户登录的用例为例进行介绍。

（1）用例名称：用户登录。

（2）功能：验证用户的身份。

（3）简要说明：本用例主要是确保用户在提供正确的验证信息之后，可以进一步使用本系统。

（4）事件流：

- 用户请求使用本系统。
- 系统显示用户登录信息输入界面。
- 用户输入登录名、密码并确认操作。
- 系统验证用户登录信息，如果登录信息验证没有通过，系统显示提醒信息，可以重新登录，如果验证通过，系统显示操作主界面。

（5）特殊需求：无。

（6）前置条件：请求使用本系统。

（7）后置条件：用户登录成功，可以使用系统提供的功能。

（8）附加说明：无。

23.2.2 基本信息维护用例图

基本信息维护用例如图23.2所示。

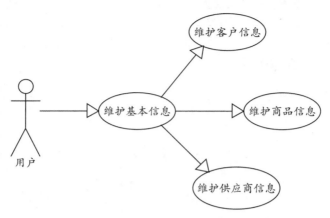

图23.2 维护基本信息用例图

下面以维护供应商信息的用例为例进行分析。

（1）用例名称：维护供应商数据。

（2）功能：用于维护公司的供应商资料。

（3）简要说明：本用例的功能主要是增加、删除、修改、查询公司供应商的信息。

（4）事件流：

- 用户请求维护供应商资料。
- 系统显示供应商资料。
- 根据用户的操作执行相应操作：用户修改已经存在的供应商信息，系统执行修改供应商信息；用户选择增加供应商信息操作，系统执行增加供应商信息；用户选择删除供应商信息操作，系统执行删除供应商信息；用户选择查询符合指定条件的供应商的信息，系统执行查询供应商。
- 用户要求保存操作结果。
- 系统保存用户操作结果。
- 用户要求结束供应商信息的维护。
- 系统结束供应商信息的显示。

（5）特殊需求：

- 输入供应商全称不能超过60位英文字符或30个汉字。
- 中文简称必须指定，输入不能超过10位中文字符。
- 输入负责人姓名不能超过30个英文字符或15个汉字。

（6）前置条件：

- 进入本系统的主界面。
- 拥有维护供应商信息资料的权限。

（7）后置条件：系统保存修改后的供应商信息资料。

（8）附加说明：

- 供应商资料应包括供应商全称、供应商简称、联系人姓名、电话、传真、移动电话、供应商地址。
- 供应的交易记录应属于供应商的资料的部分内容，其中包括交易标志、交易单号、交易日期、总交易金额。

23.2.3 进货用例图

进货用例如图23.3所示。

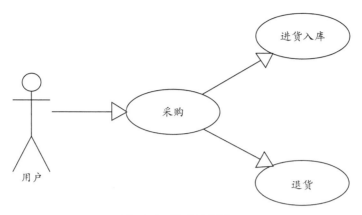

图23.3　进货用例图

下面以进货入库为例进行分析。

（1）用例名称：进货入库。

（2）功能：用于维护公司进货入库信息。

（3）简要说明：本用例的功能主要是增加、删除、修改、查询公司采购入库的信息。

（4）事件流：

- 用户请求维护公司采购入库单据资料。
- 系统显示公司采购入库单据信息。
- 根据用户的操作执行以下相应操作：用户修改已经存在的采购入库单据，系统执行修改采购入库单据；用户选择增加采购入库单据操作，系统执行增加采购入库单据；用户选择删除采购入库单据操作，系统执行删除采购入库单据；用户选择查询符合指定条件的采购入库单据，系统执行查询采购入库单据。
- 用户要求保存操作结果。

（5）特殊需求：

- 采购单单号必须指定，不能超过8位字符。
- 供应商编号可以不指定，如果指定，则该供应商信息必须在系统供应商资料中存在。
- 必须指定商品数量，商品数量只能输入数字和小数点。

（6）前置条件：

- 进入本系统的主界面。
- 拥有维护采购入库单据资料的权限。

（7）后置条件：系统保存修改后的采购入库单据信息。

（8）附加说明：被操作采购入库单内容包括供应商编号、供应商名称、采购单单号、采购日期、总金额以及商品明细、其中商品明细包括商品编号、商品数量、单价及金额。

23.2.4 销售用例图

销售用例如图23.4所示。

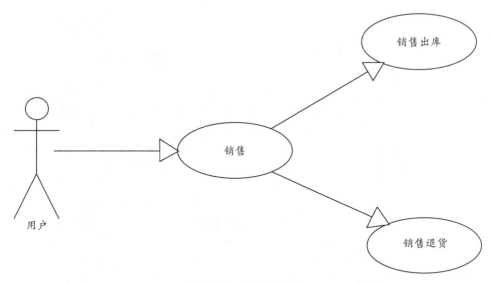

图23.4　销售用例图

下面以销售出库为例进行分析。

（1）用例名称：销售出库。

（2）功能：用于维护公司销售出库信息。

（3）简要说明：本用例的功能主要是增加、删除、修改、查询公司销售出库单据的信息。

（4）事件流：

● 用户请求维护公司销售出库单据资料。

● 系统显示公司销售出库单据资料。

● 根据用户的操作执行以下相应操作：用户修改已经存在的销售出库单据，系统执行修改销售出库单据；用户选择增加销售出库单据操作，系统执行增加销售出库单据；用户选择删除销售出库单据操作，系统执行删除销售出库单据；用户选择查询符合指定条件的销售出库单据，系统执行查询销售出库单据。

● 用户要求保存操作结果。

（5）特殊需求：

● 销售单单号必须指定，不能超过8位字符。

● 客户编号可以不指定，如果指定，则该客户信息必须在系统供应商资料中存在。

● 必须指定商品数量，商品数量只能输入数字和小数点。

（6）前置条件：

● 进入本系统的主界面。

● 拥有维护销售出库单据资料的权限。

（7）后置条件：系统保存修改过的销售出库单据信息。

（8）附加说明：被操作销售出库单据的内容包括客户编号、客户名称、单号、销售日期、送货地址、业务员编号、总金额以及销售明细，每条销售明细数据包括商品编号、商品数量、单价及金额。

23.2.5 库存用例图

库存用例如图23.5所示。

图23.5 库存用例图

下面是库存盘点的用例分析。

（1）用例名称：库存盘点。

（2）功能：用于核对每种商品的库存信息。

（3）简要说明：本用例的功能主要是查询并核对商品的库存信息。

（4）事件流：

● 用户请求查询公司的商品的库存信息。

● 系统显示指定查询条件界面。

● 用户指定查询条件并确认操作。

● 系统显示符合查询条件的商品的库存信息。

● 用户要求结束库存信息的查询。

● 系统结束商品库存信息显示界面。

（5）特殊需求：无。

（6）前置条件：

● 进入本系统的主界面。

● 拥有查询商品库存的权限。

（7）后置条件：用户获得想要的商品库存信息。

（8）附加说明：查询到的数据库资料应包括库存编号、当前数量、商品名称、安全存量、最后进货日期、最后送货日期、建议购买价、建议销售价。

23.2.6 系统管理用例图

系统管理用例如图23.6所示。

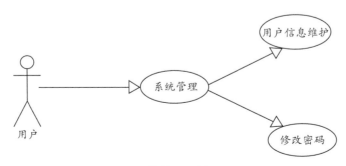

图23.6 系统管理用例图

下面以密码修改为例，进行用例分析。

（1）用例名称：修改用户密码。

（2）功能：用于系统用户修改自己的密码，以确保系统的安全性。

（3）简要说明：本用例的功能主要是允许用户修改自己的密码。

（4）事件流：

- 用户请求修改自己的密码。
- 系统显示密码修改界面。
- 用户输入旧密码、新密码。
- 系统对旧密码进行验证，再次要求用户输入新密码。
- 用户再次输入新密码。
- 系统比较两次输入的新密码，根据比较结果执行下面的相应操作：新密码两次输入相符，继续执行下一步骤；新密码两次输入不相符，返回。
- 系统修改用户密码，并提醒用户密码修改成功。
- 用户要求结束用户密码修改任务。
- 系统结束用户密码修改界面的显示。

（5）特殊需求：

- 超级管理员的密码允许被自己修改。
- 用户新密码必须指定，不能为空，为6-30个字符。

（6）前置条件：进入本系统的主界面。

（7）后置条件：系统成功保存用户的新密码，新密码下次登录生效。

（8）附加信息：无。

23.3 开发运行环境需求

23.3.1 硬件环境

进销存管理系统硬件环境要求如下：

- CPU：酷睿I3，主频2000MHz以上的处理器。
- 内存：4GB，推荐8GB。
- 硬盘：500GB以上，推荐1TB。
- 显示像素：最低1024*768，最佳效果1600*900。

23.3.2 软件环境

进销存管理系统软件环境要求如下：

- 系统开发平台：Eclipse IDE，版本为Neon.2 Release (4.6.2)。
- 系统开发语言：Java，版本为jdk-8u121-windows-x64。
- 数据库：MySQL5.7。
- 数据库管理软件：Navicat for MySQL。
- 操作系统：Windows 7/Windows 10。

本章小结

    本章分析了进销存管理系统开发过程，通过对系统的功能分析，绘制用例图，对用例进行解析。列出了进销存管理系统的开发运行环境的需求。通过本章的学习，读者可以了解开发软件系统的系统分析过程应包含的内容和分析方式。

项目练习

项目练习1

    熟悉进销存系统的系统分析的基本流程，为本章介绍的进销存管理系统添加功能，并进行系统分析说明，使系统更加完善。

项目练习2

    设计一个简单的学生信息管理系统，用于管理本班同学的基本信息，完成系统分析部分的内容。

Chapter

24

进销存管理系统
——系统设计

本章概述

　　系统设计其实就是系统建立的过程。根据前期所作的需求分析，对整个系统进行设计，如系统框架、数据库设计等。本章将介绍进销存管理系统概要设计和详细设计部分的内容，包括系统的模块划分，数据库的设计等。

重点知识

- 系统目标
- 系统功能结构
- 数据库与数据表设计
- 系统文件夹组织结构

24.1 系统目标

> 本系统是针对中小型企业的进销存管理系统，通过对企业的业务流程进行调查
> 与分析，确定本系统应具备的目标。

进销存管理系统的设计目标如下：
- 界面设计简洁、友好、美观大方。
- 操作简单、快捷方便。
- 数据存储安全、可靠。
- 信息分类清晰、准确。
- 强大的查询功能，保证数据查询的灵活性。
- 提供销售排行榜，为管理员提供真实的数据信息。
- 提供灵活、方便的权限设置功能，使整个系统的管理分工明确。
- 对于用户输入的数据，系统进行严格的数据检验，尽可能排除人为的错误。

24.2 系统功能结构

> 可以利用层次图来表示系统中各模块之间的关系。层次方框图采用树形结构的
> 一系列多层次的矩形框来描绘数据的层次结构。树形结构的顶层是一个单独的矩形
> 框，它代表完整的数据结构，下面的各层矩形框代表各个数据的子集，最底层的各
> 个矩形框代表组成这个数据的实际数据元素。随着结构的精细化，层次方框图对数
> 据结构也描绘得越来越详细。从对顶层信息的分类开始，沿着图中每条路径反复细
> 化，直到确定了数据结构的全部细节为止。

进销存管理系统包括基础信息管理、进货管理、销售管理、库存管理、查询统计、系统管理等6大
功能模块。

基础信息管理模块主要用于管理系统中的客户、商品和供应商的基本信息；进货管理模块主要完成
系统中进货业务处理；销售管理模块主要完成系统中出货的业务处理；查询统计模块主要包括基础信息
业务数据的查询和统计功能；库存管理模块实现库存盘点和价格调整功能；系统管理模块主要是对系统
用户与系统参数的管理和维护。

系统功能结构图如图24.1所示。

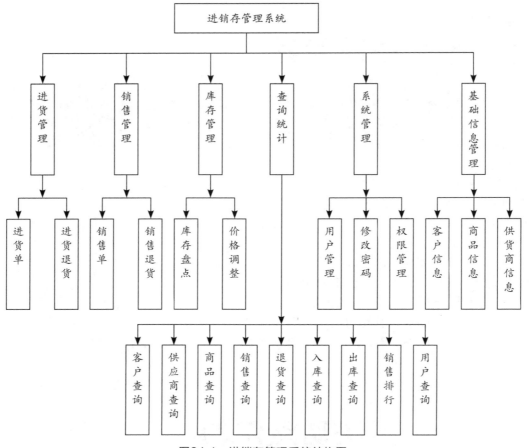

图24.1 进销存管理系统结构图

24.3 数据库与数据表设计

> 数据库设计是建立数据库及其应用系统的技术，是信息系统开发和建设中的核心技术，数据库结构设计的好坏，将直接影响应用系统的效率以及实现效果，在数据库系统开始设计的时候，应该尽量考虑全面。设计合理的数据库，往往可以起到事半功倍的效果。数据库如果设计不当，系统运行会产生大量的冗余数据，从而造成数据库的极度膨胀，影响系统的运行效率，甚至造成系统的崩溃。数据库的设计前期要充分了解用户的各方面需求，包括现有的需求以及将来可能添加的需求，这样才能设计出用户满意的系统。

24.3.1 系统数据库的概念设计

在数据库概念结构设计阶段，从用户需求的观点描述了数据库的全局逻辑结构，产生独立于计算机硬件和DBMS（数据库管理系统）的概念模型。概念模型的表示方法有很多，目前常用的是实体-联系方法（Entity Relationship Approach）。

实体-联系方法也称为E-R方法，提供了表示实体型、属性和联系的方法，该方法用E-R图来描述现实世界的概念模型。E-R模型的"联系"用来描述现实世界中事物内部以及事物之间的关系。

用户信息表信息实体主要包括用户姓名、用户账号、用户密码和用户权限，其E-R图如图24.2所示。

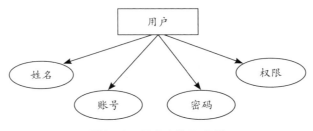

图24.2　用户实体E-R图

商品信息表信息实体主要包括商品编号、商品名称、商品简称、产地、单位、规格、包装、批号、供应商和批准文号，其E-R图如图24.3所示。

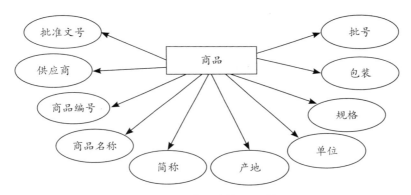

图24.3　商品实体E-R图

客户信息表信息实体主要包括客户编号、客户名称、客户地址、客户简称、邮政编码、电话、传真、联系人、联系电话、电子邮箱、开户银行和银行账号，其E-R图如图24.4所示。

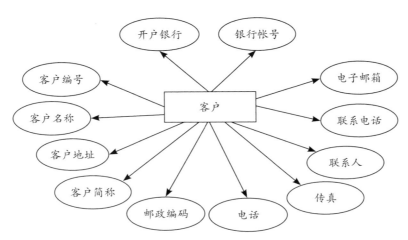

图24.4　客户实体E-R图

供应商信息表信息实体主要包括供应商编号、供应商名称、供应商简称、邮政编码、电话、传真、联系人、联系人电话、开户银行和电子邮箱，其E-R图如图24.5所示。

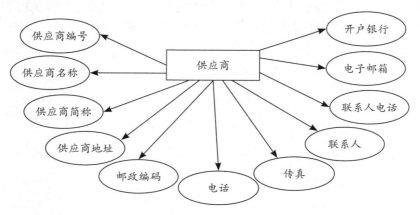

图24.5　供应商实体E-R图

进货主表信息实体主要包括入库编号、供应商名称、结算方式、入库时间、经手人、品种数量、合计金额、验收结论和操作员，其E-R图如图24.6所示。

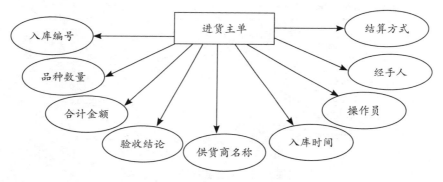

图24.6　进货主表实体E-R图

进货明细表信息实体主要包括明细流水号、入库编号、商品编号、单价和数量，其E-R图如图24.7所示。

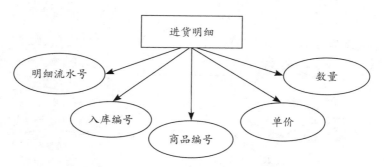

图24.7　进货明细表实体E-R图

销售主表信息实体主要包括销售单编号、客户名称、结算方式、销售时间、经手人、品种数量、合计金额、验收结论和操作员，其E-R图如图24.8所示。

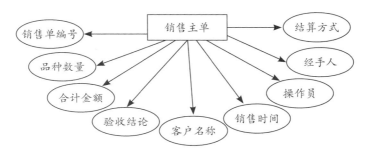

图24.8 销售主表实体E-R图

销售明细表信息实体主要包括流水号、销售单编号、商品编号、单价和数量，其E-R图如图24.9所示。

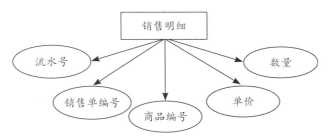

图24.9 销售明细表实体E-R图

24.3.2 系统数据库的物理设计

数据库物理设计主要解决数据库文件存储结构和确定文件存取方法的问题，其内容包括选择存储结构、确定存取方法、选择存取路径、确定数据的存放位置。在数据库中访问数据的路径主要表现为如何建立索引。如要直接定位到所要查找的记录，应采用索引方法（索引表），顺序表只能从起点进去向后一个个访问记录。数据库的物理实现取决于特定的DBMS，在规划存储结构时主要应考虑存取时间和存储空间，这两者通常是互相矛盾的，要根据实际情况决定。

根据用户信息、客户信息、销售订单信息、出库单信息、销售发票信息、库存信息、销售员信息、产品信息，设计各信息的数据表。

本系统设计了客户信息表（tb_khinfo）、供货商信息表（tb_gysinfo）、商品信息表（tb_spinfo）、商品入库表（tb_ruku_main）、商品入库明细表（tb_ruku_ detail）、商品销售表（tb_sell_main）、商品销售明细表（tb_sell_ detail）、用户信息表（tb_userlist）等17个数据表。下面给出其中几个最关键的数据表结构，如表24.1～表24.9所示。

表24.1 客户信息表（tb_khinfo）

字段名	数据类型	可否为空	长度	描述
id	字符型	NOT NULL	50	客户编号，主键
khname	字符型	NOT NULL	50	客户名称
jc	字符型		100	公司简称
address	字符型		100	公司地址

（续表）

字段名	数据类型	可否为空	长度	描述
bianma	字符型		50	公司营业证编号
tel	字符型		50	电话
fax	字符型		50	传真
lian	字符型		50	联系人
ltel	字符型		50	联系人电话
mail	字符型		50	E-mail
yinhang	字符型		50	开户行
hao	字符型		50	账号

表24.2　供货商信息表（tb_gysinfo）

字段名	数据类型	可否为空	长度	描述
id	字符型	NOT NULL	50	供货商编号，主键
name	字符型	NOT NULL	100	供货商名称
jc	字符型		50	简称
bianma	字符型		50	公司营业证编号
tel	字符型		50	电话
fax	字符型		50	传真
lian	字符型		50	联系人
ltel	字符型		50	联系人电话
yh	字符型		50	开户行
mail	字符型		50	E-mail

表24.3　商品信息表（tb_spinfo）

字段名	数据类型	可否为空	长度	描述
id	字符型	NOT NULL	50	商品编号，主键
spname	字符型	NOT NULL	100	商品名称
jc	字符型		50	简称
dw	字符型		50	计量单位
gg	字符型		50	规格

（续表）

字段名	数据类型	可否为空	长度	描述
bz	字符型		50	标准
pzwh	字符型		50	批准文号
memo	字符型		100	备注
gysname	字符型		100	供应商名称

表24.4　商品入库表（tb_ruku_main）

字段名	数据类型	可否为空	长度	描述
rkid	字符型	NOT NULL	30	入库编号，主键
pzs	数字型	NOT NULL	4	品种数量
je	数字型	NOT NULL	10,2	合计金额
ysjl	字符型		100	验收结论
gysname	字符型	NOT NULL	50	供货商名称
rkdate	日期型	NOT NULL	50	入库时间
czy	字符型	NOT NULL	50	操作员
jsr	字符型	NOT NULL	30	经手人
jsfs	字符型	NOT NULL	10	结算方式

由于同一个入库单往往包含多个商品信息，为了减少数据冗余度，把入库信息拆开分别存入两个数据表，其中：所有商品共有的信息存入入库表，单个商品信息存入商品入库明细表中。

表24.5　商品入库明细表（tb_ruku_detail）

字段名	数据类型	可否为空	长度	描述
id	数字型		4	流水号，主键
rkid	字符型	NOT NULL	30	入库编号
spid	字符型		50	商品编号
dj	数字型		8,2	单价
sl	数字型		4	数量

表24.6　商品销售表（tb_sell_main）

字段名	数据类型	可否为空	长度	描述
sellid	字符型	NOT NULL	30	销售单编号，主键

（续表）

字段名	数据类型	可否为空	长度	描述
pzs	数字型	NOT NULL	4	品种数量
je	数字型	NOT NULL	10,2	合计金额
ysjl	字符型		100	验收结论
khname	字符型	NOT NULL	50	客户名称
xsdate	日期型	NOT NULL	50	销售时间
czy	字符型	NOT NULL	50	操作员
jsr	字符型	NOT NULL	30	经手人
jsfs	字符型	NOT NULL	10	结算方式

由于同一个销售单往往包含多个商品信息，为了减少数据冗余度，把销售单信息拆开分别存入两个数据表，其中：所有商品共有的信息存入销售表，单个商品信息存入销售明细表中。

表24.7　商品销售明细表（tb_ sell_detail）

字段名	数据类型	可否为空	长度	描述
id	数字型	NOT NULL	4	流水号，主键
sellid	字符型	NOT NULL	30	销售单编号
spid	字符型		50	商品编号
dj	数字型		8,2	单价
Sl	数字型		4	数量

表24.8　商品库存表（tb_kucun）

字段名	数据类型	可否为空	长度	描述
id	字符型	NOT NULL	30	商品编号，主键
spname	字符型	NOT NULL	100	商品名称
jc	字符型		50	简称
dw	字符型		50	计量单位
gg	字符型		50	规格
bz	字符型		50	标准
dj	数字型		8,2	单价
kcsl	数字型		10,2	库存数量

表24.9　用户表（tb_ userlist）

字段名	数据类型	可否为空	长度	描述
name	字符型	NOT NULL	50	用户账号，主键
username	字符型	NOT NULL	50	用户姓名
pass	字符型		20	密码
quan	字符型		2	权限

24.4 系统文件夹组织结构

在进行系统开发之前，需要规划文件夹组织结构，也就是说，建立多个文件夹，对各个功能模块进行划分，实现统一管理。这样做的好处在于，便于开发、管理和维护。本系统的文件夹组织结构如图24.10 所示。

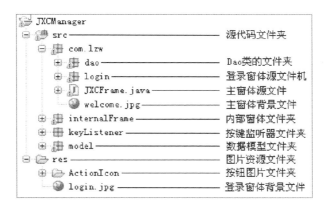

图24.10　文件夹组织结构

本章小结

　　本章主要对进销存管理系统进行了系统设计，包括系统的设计目标、系统的整体功能模块划分、系统数据库的设计，最后给出进销存管理系统的开发夹组织结构。通过本章的学习，读者将学会软件系统的整体分析。

项目练习

项目练习1

　　熟悉进销存系统的开发流程，为本章介绍的进销存管理系统添加功能，根据第23章项目练习1完成的系统分析，完成系统设计的任务分析，使系统更加完善。

项目练习2

　　设计一个简单的学生信息管理系统，用于管理本班同学的基本信息，完成系统设计部分。

Chapter

25

进销存管理系统
——系统实现

本章概述

经过了系统分析和系统设计等阶段以后，便开始了系统实现阶段。系统实现是把系统设计转化为可实际运行的系统软件。系统实现作为系统的最后物理实现阶段，对于系统的质量、可靠性和可维护性等有着十分重要的影响。

本章将介绍系统实现的过程，通过设计公共类，使数据库访问部分独立出来。同时，把系统的界面实现和业务逻辑分开，使系统代码组织结构更加清晰，增强系统的可维护性；在代码中加入注释，使代码的阅读性更强。

重点知识

- 公共类设计
- 系统登录模块设
- 系统主窗体设计
- 进货单模块设计
- 售货模块设计
- 库存管理模块设计
- 查询统计模块设计
- 系统打包与发布

25.1 公共类设计

> 开发项目时，通过编写公共类，可以减少重复代码的编号，有利于代码的重用和维护。在进销存管理系统中创建一个数据库操作公共类，这个数据库操作类主要用来执行SQL语句。

Dao.java类是数据库访问类，包括驱动程序的加载，建立数据库连接。系统各功能模块界面通过该类完成对数据库的访问操作，代码如下：

```java
package com.lzw.dao;
import internalFrame.guanli.Item;
import java.sql.*;
import java.util.*;
import model.*;
public class Dao {
    //设定数据库驱动程序，这里是MySQL数据库驱动程序
    protected static String dbClassName = "com.mysql.jdbc.Driver";
    //连接数据的URL
    protected static String dbUrl = "jdbc:mysql: //localhost:3306/db_JXC";
    protected static String dbUser = "root";         //连接数据库的用户名
    protected static String dbPwd = "root";           //连接数据库的密码
    protected static String second = null;
    public static Connection conn = null;
    static {
        try {
            if(conn == null) {
                Class.forName(dbClassName).newInstance();    //加载驱动程序
                //连接数据库
                conn = DriverManager.getConnection(dbUrl, dbUser, dbPwd);
            }
        } catch(Exception ee) {
            ee.printStackTrace();
        }
    }
    private Dao() {
    }
    //读取所有客户信息
    public static List getKhInfos() {
        List list = findForList("select id,khname from tb_khinfo");
        return list;
    }
    //读取所有供应商信息
    public static List getGysInfos() {
```

```
        List list = findForList("select id,name from tb_gysinfo");
        return list;
    }
//读取客户信息
public static TbKhinfo getKhInfo(Item item) {
    String where = "khname='" + item.getName() + "'";
    if(item.getId() != null)
        where = "id='" + item.getId() + "'";
    TbKhinfo info = new TbKhinfo();
    ResultSet set = findForResultSet("select * from tb_khinfo where "
            + where);
    try {
        if(set.next()) {
            info.setId(set.getString("id").trim());
            info.setKhname(set.getString("khname").trim());
            info.setJian(set.getString("jian").trim());
            info.setAddress(set.getString("address").trim());
            info.setBianma(set.getString("bianma").trim());
            info.setFax(set.getString("fax").trim());
            info.setHao(set.getString("hao").trim());
            info.setLian(set.getString("lian").trim());
            info.setLtel(set.getString("ltel").trim());
            info.setMail(set.getString("mail").trim());
            info.setTel(set.getString("tel").trim());
            info.setXinhang(set.getString("xinhang").trim());
        }
    } catch(SQLException e) {
        e.printStackTrace();
    }
    return info;
}
//读取指定供应商信息
public static TbGysinfo getGysInfo(Item item) {
    String where = "name='" + item.getName() + "'";
    if(item.getId() != null)
        where = "id='" + item.getId() + "'";
    TbGysinfo info = new TbGysinfo();
    ResultSet set = findForResultSet("select * from tb_gysinfo where "
            + where);
    try {
        if(set.next()) {
            info.setId(set.getString("id").trim());
            info.setAddress(set.getString("address").trim());
            info.setBianma(set.getString("bianma").trim());
            info.setFax(set.getString("fax").trim());
            info.setJc(set.getString("jc").trim());
            info.setLian(set.getString("lian").trim());
            info.setLtel(set.getString("ltel").trim());
            info.setMail(set.getString("mail").trim());
```

```
                info.setName(set.getString("name").trim());
                info.setTel(set.getString("tel").trim());
                info.setYh(set.getString("yh").trim());
            }
        } catch(SQLException e) {
            e.printStackTrace();
        }
        return info;
    }
    //读取用户信息
    public static TbUserlist getUser(String name, String password) {
        TbUserlist user = new TbUserlist();
        ResultSet rs = findForResultSet("select * from tb_userlist where username='"
                + name + "'");
        try {
            if(rs.next()) {
                user.setUsername(name);
                user.setPass(rs.getString("pass"));
                if(user.getPass().equals(password)) {
                    user.setName(rs.getString("name"));
                    user.setQuan(rs.getString("quan"));
                }
            }
        } catch(SQLException e) {
            e.printStackTrace();
        }
        return user;
    }
    //执行指定查询
    public static ResultSet query(String QueryStr) {
        ResultSet set = findForResultSet(QueryStr);
        return set;
    }
    //执行删除
    public static int delete(String sql) {
        return update(sql);
    }
    //添加客户信息的方法
    public static boolean addKeHu(TbKhinfo khinfo) {
        if(khinfo == null)
            return false;
        return insert("insert tb_khinfo values('" + khinfo.getId() + "','"
            + khinfo.getKhname() + "','" + khinfo.getJian() + "','"
            + khinfo.getAddress() + "','" + khinfo.getBianma() + "','"
            + khinfo.getTel() + "','" + khinfo.getFax() + "','"
            + khinfo.getLian() + "','" + khinfo.getLtel() + "','"
            + khinfo.getMail() + "','" + khinfo.getXinhang() + "','"
            + khinfo.getHao() + "')");
    }
```

```
//修改客户信息的方法
public static int updateKeHu(TbKhinfo khinfo) {
    return update("update tb_khinfo set jian='" + khinfo.getJian()
        + "',address='" + khinfo.getAddress() + "',bianma='"
        + khinfo.getBianma() + "',tel='" + khinfo.getTel() + "',fax='"
        + khinfo.getFax() + "',lian='" + khinfo.getLian() + "',ltel='"
        + khinfo.getLtel() + "',mail='" + khinfo.getMail()
        + "',xinhang='" + khinfo.getXinhang() + "',hao='"
        + khinfo.getHao() + "' where id='" + khinfo.getId() + "'");
}
//修改库存的方法
public static int updateKucunDj(TbKucun kcInfo) {
    return update("update tb_kucun set dj=" + kcInfo.getDj()
        + " where id='" + kcInfo.getId() + "'");
}
//修改供应商信息的方法
public static int updateGys(TbGysinfo gysInfo) {
    return update("update tb_gysinfo set jc='" + gysInfo.getJc()
        + "',address='" + gysInfo.getAddress() + "',bianma='"
        + gysInfo.getBianma() + "',tel='" + gysInfo.getTel()
        + "',fax='" + gysInfo.getFax() + "',lian='" + gysInfo.getLian()
        + "',ltel='" + gysInfo.getLtel() + "',mail='"
        + gysInfo.getMail() + "',yh='" + gysInfo.getYh()
        + "' where id='" + gysInfo.getId() + "'");
}
//添加供应商信息的方法
public static boolean addGys(TbGysinfo gysInfo) {
    if(gysInfo == null)
        return false;
    return insert("insert tb_gysinfo values('" + gysInfo.getId() + "','"
        + gysInfo.getName() + "','" + gysInfo.getJc() + "','"
        + gysInfo.getAddress() + "','" + gysInfo.getBianma() + "','"
        + gysInfo.getTel() + "','" + gysInfo.getFax() + "','"
        + gysInfo.getLian() + "','" + gysInfo.getLtel() + "','"
        + gysInfo.getMail() + "','" + gysInfo.getYh() + "')");
}
//添加商品
public static boolean addSp(TbSpinfo spInfo) {
    if(spInfo == null)
        return false;
    return insert("insert tb_spinfo values('" + spInfo.getId() + "','"
        + spInfo.getSpname() + "','" + spInfo.getJc() + "','"
        + spInfo.getCd() + "','" + spInfo.getDw() + "','"
        + spInfo.getGg() + "','" + spInfo.getBz() + "','"
        + spInfo.getPh() + "','" + spInfo.getPzwh() + "','"
        + spInfo.getMemo() + "','" + spInfo.getGysname() + "')");
}
//更新商品
public static int updateSp(TbSpinfo spInfo) {
```

```java
        return update("update tb_spinfo set jc='" + spInfo.getJc() + "',cd='"
            + spInfo.getCd() + "',dw='" + spInfo.getDw() + "',gg='"
            + spInfo.getGg() + "',bz='" + spInfo.getBz() + "',ph='"
            + spInfo.getPh() + "',pzwh='" + spInfo.getPzwh() + "',memo='"
            + spInfo.getMemo() + "',gysname='" + spInfo.getGysname()
            + "' where id='" + spInfo.getId() + "'");
    }
    //读取商品信息
    public static TbSpinfo getSpInfo(Item item) {
        String where = "spname='" + item.getName() + "'";
        if(item.getId() != null)
            where = "id='" + item.getId() + "'";
        ResultSet rs = findForResultSet("select * from tb_spinfo where "
            + where);
        TbSpinfo spInfo = new TbSpinfo();
        try {
            if(rs.next()) {
                spInfo.setId(rs.getString("id").trim());
                spInfo.setBz(rs.getString("bz").trim());
                spInfo.setCd(rs.getString("cd").trim());
                spInfo.setDw(rs.getString("dw").trim());
                spInfo.setGg(rs.getString("gg").trim());
                spInfo.setGysname(rs.getString("gysname").trim());
                spInfo.setJc(rs.getString("jc").trim());
                spInfo.setMemo(rs.getString("memo").trim());
                spInfo.setPh(rs.getString("ph").trim());
                spInfo.setPzwh(rs.getString("pzwh").trim());
                spInfo.setSpname(rs.getString("spname").trim());
            }
        } catch(SQLException e) {
            e.printStackTrace();
        }
        return spInfo;
    }
    //获取所有商品信息
    public static List getSpInfos() {
        List list = findForList("select * from tb_spinfo");
        return list;
    }
    //获取库存商品信息
    public static TbKucun getKucun(Item item) {
        String where = "spname='" + item.getName() + "'";
        if(item.getId() != null)
            where = "id='" + item.getId() + "'";
        ResultSet rs = findForResultSet("select * from tb_kucun where " + where);
        TbKucun kucun = new TbKucun();
        try {
            if(rs.next()) {
                kucun.setId(rs.getString("id"));
```

```
            kucun.setSpname(rs.getString("spname"));
            kucun.setJc(rs.getString("jc"));
            kucun.setBz(rs.getString("bz"));
            kucun.setCd(rs.getString("cd"));
            kucun.setDj(rs.getDouble("dj"));
            kucun.setDw(rs.getString("dw"));
            kucun.setGg(rs.getString("gg"));
            kucun.setKcsl(rs.getInt("kcsl"));
        }
    } catch(SQLException e) {
        e.printStackTrace();
    }
    return kucun;
}
//获取入库单的最大ID，即最大入库票号
public static String getRuKuMainMaxId(Date date) {
    return getMainTypeTableMaxId(date, "tb_ruku_main", "RK", "rkid");
}
//在事务中添加入库信息
public static boolean insertRukuInfo(TbRukuMain ruMain) {
    try {
        boolean autoCommit = conn.getAutoCommit();
        conn.setAutoCommit(false);
        //添加入库主表记录
        insert("insert into tb_ruku_main values('" + ruMain.getRkId()
            + "','" + ruMain.getPzs() + "'," + ruMain.getJe() + ",'"
            + ruMain.getYsjl() + "','" + ruMain.getGysname() + "','"
            + ruMain.getRkdate() + "','" + ruMain.getCzy() + "','"
            + ruMain.getJsr() + "','" + ruMain.getJsfs() + "')");
        Set<TbRukuDetail> rkDetails = ruMain.getTabRukuDetails();
        for(Iterator<TbRukuDetail> iter = rkDetails.iterator(); iter
            .hasNext();) {
            TbRukuDetail details = iter.next();
            //添加入库详细表记录
            insert("insert into tb_ruku_detail values('" + ruMain.getRkId()
            + "','" + details.getTabSpinfo() + "',"
            + details.getDj() + "," + details.getSl() + ")");
            //添加或修改库存表记录
            Item item = new Item();
            item.setId(details.getTabSpinfo());
            TbSpinfo spInfo = getSpInfo(item);
            if(spInfo.getId() != null && !spInfo.getId().isEmpty()) {
                TbKucun kucun = getKucun(item);
                if(kucun.getId() == null || kucun.getId().isEmpty()) {
                    insert("insert into tb_kucun values('" + spInfo.getId()
                        + "','" + spInfo.getSpname() + "','"
                        + spInfo.getJc() + "','" + spInfo.getCd()
                        + "','" + spInfo.getGg() + "','"
                        + spInfo.getBz() + "','" + spInfo.getDw()
```

```
                          + "'," + details.getDj() + ","
                          + details.getS1() + ")");
                } else {
                    int s1 = kucun.getKcs1() + details.getS1();
                    update("update tb_kucun set kcs1=" + s1 + ",dj="
                        + details.getDj() + " where id='"
                        + kucun.getId() + "'");
                }
            }
        }
        conn.commit();
        conn.setAutoCommit(autoCommit);
    } catch(SQLException e) {
        try {
            conn.rollback();
        } catch(SQLException e1) {
            e1.printStackTrace();
        }
        e.printStackTrace();
    }
    return true;
}

public static ResultSet findForResultSet(String sql) {
    if(conn == null)
        return null;
    long time = System.currentTimeMillis();
    ResultSet rs = null;
    try {
        Statement stmt = null;
        stmt = conn.createStatement(ResultSet.TYPE_SCROLL_INSENSITIVE,
            ResultSet.CONCUR_READ_ONLY);
        rs = stmt.executeQuery(sql);
        second = ((System.currentTimeMillis() - time) / 1000d) + "";
    } catch(Exception e) {
        e.printStackTrace();
    }
    return rs;
}
public static boolean insert(String sql) {
    boolean result = false;
    try {
        Statement stmt = conn.createStatement();
        result = stmt.execute(sql);
    } catch(SQLException e) {
        e.printStackTrace();
    }
    return result;
}
```

```
public static int update(String sql) {
    int result = 0;
    try {
        Statement stmt = conn.createStatement();
        result = stmt.executeUpdate(sql);
    } catch(SQLException e) {
        e.printStackTrace();
    }
    return result;
}
public static List findForList(String sql) {
    List<List> list = new ArrayList<List>();
    ResultSet rs = findForResultSet(sql);
    try {
        ResultSetMetaData metaData = rs.getMetaData();
        int colCount = metaData.getColumnCount();
        while(rs.next()) {
            List<String> row = new ArrayList<String>();
            for(int i = 1; i <= colCount; i++) {
                String str = rs.getString(i);
                if(str != null && !str.isEmpty())
                    str = str.trim();
                row.add(str);
            }
            list.add(row);
        }
    } catch(Exception e) {
        e.printStackTrace();
    }
    return list;
}
//获取退货最大ID
public static String getRkthMainMaxId(Date date) {
    return getMainTypeTableMaxId(date, "tb_rkth_main", "RT", "rkthId");
}
//在事务中添加入库退货信息
public static boolean insertRkthInfo(TbRkthMain rkthMain) {
    try {
        boolean autoCommit = conn.getAutoCommit();
        conn.setAutoCommit(false);
        //添加入库退货主表记录
        insert("insert into tb_rkth_main values('" + rkthMain.getRkthId()
            + "','" + rkthMain.getPzs() + "'," + rkthMain.getJe()
            + ",'" + rkthMain.getYsjl() + "','" + rkthMain.getGysname()
            + "','" + rkthMain.getRtdate() + "','" + rkthMain.getCzy()
            + "','" + rkthMain.getJsr() + "','" + rkthMain.getJsfs()
            + "')");
        Set<TbRkthDetail> rkDetails = rkthMain.getTbRkthDetails();
        for(Iterator<TbRkthDetail> iter = rkDetails.iterator(); iter
```

```
                    .hasNext();) {
            TbRkthDetail details = iter.next();
            //添加入库详细表记录
            insert("insert into tb_rkth_detail values('"
                    + rkthMain.getRkthId() + "','" + details.getSpid()
                    + "'," + details.getDj() + "," + details.getSl() + ")");
            //添加或修改库存表记录
            Item item = new Item();
            item.setId(details.getSpid());
            TbSpinfo spInfo = getSpInfo(item);
            if(spInfo.getId() != null && !spInfo.getId().isEmpty()) {
                TbKucun kucun = getKucun(item);
                if(kucun.getId() != null && !kucun.getId().isEmpty()) {
                    int sl = kucun.getKcsl() - details.getSl();
                    update("update tb_kucun set kcsl=" + sl + " where id='"
                        + kucun.getId() + "'");
                }
            }
        }
        conn.commit();
        conn.setAutoCommit(autoCommit);
    } catch(SQLException e) {
        e.printStackTrace();
    }
    return true;
}
//获取销售主表最大ID
public static String getSellMainMaxId(Date date) {
    return getMainTypeTableMaxId(date, "tb_sell_main", "XS", "sellID");
}
//在事务中添加销售信息
public static boolean insertSellInfo(TbSellMain sellMain) {
    try {
        boolean autoCommit = conn.getAutoCommit();
        conn.setAutoCommit(false);
        //添加销售主表记录
        insert("insert into tb_sell_main values('" + sellMain.getSellId()
            + "','" + sellMain.getPzs() + "'," + sellMain.getJe()
            + ",'" + sellMain.getYsjl() + "','" + sellMain.getKhname()
            + "','" + sellMain.getXsdate() + "','" + sellMain.getCzy()
            + "','" + sellMain.getJsr() + "','" + sellMain.getJsfs()
            + "')");
        Set<TbSellDetail> rkDetails = sellMain.getTbSellDetails();
        for(Iterator<TbSellDetail> iter = rkDetails.iterator(); iter
            .hasNext();) {
            TbSellDetail details = iter.next();
            //添加销售详细表记录
            insert("insert into tb_sell_detail values('"
                    + sellMain.getSellId() + "','" + details.getSpid()
```

```
                          + "'," + details.getDj() + "," + details.getSl() + ")");
            //修改库存表记录
            Item item = new Item();
            item.setId(details.getSpid());
            TbSpinfo spInfo = getSpInfo(item);
            if(spInfo.getId() != null && !spInfo.getId().isEmpty()) {
                TbKucun kucun = getKucun(item);
                if(kucun.getId() != null && !kucun.getId().isEmpty()) {
                    int sl = kucun.getKcsl() - details.getSl();
                    update("update tb_kucun set kcsl=" + sl + " where id='"
                        + kucun.getId() + "'");
                }
            }
        }
        conn.commit();
        conn.setAutoCommit(autoCommit);
    } catch(SQLException e) {
        e.printStackTrace();
    }
    return true;
}
//获取更类主表最大ID
private static String getMainTypeTableMaxId(Date date, String table,
        String idChar, String idName) {
    String dateStr = date.toString().replace("-", "");
    String id = idChar + dateStr;
    String sql = "select max(" + idName + ") from " + table + " where "
        + idName + " like '" + id + "%'";
    ResultSet set = query(sql);
    String baseId = null;
    try {
        if(set.next())
            baseId = set.getString(1);
    } catch(SQLException e) {
        e.printStackTrace();
    }
    baseId = baseId == null ? "000" : baseId.substring(baseId.length() - 3);
    int idNum = Integer.parseInt(baseId) + 1;
    id += String.format("%03d", idNum);
    return id;
}
public static String getXsthMainMaxId(Date date) {
    return getMainTypeTableMaxId(date, "tb_xsth_main", "XT", "xsthID");
}
public static List getKucunInfos() {
    List list = findForList("select id,spname,dj,kcsl from tb_kucun");
    return list;
}
//在事务中添加销售退货信息
```

```java
public static boolean insertXsthInfo(TbXsthMain xsthMain) {
    try {
        boolean autoCommit = conn.getAutoCommit();
        conn.setAutoCommit(false);
        //添加销售退货主表记录
        insert("insert into tb_xsth_main values('" + xsthMain.getXsthId()
            + "','" + xsthMain.getPzs() + "'," + xsthMain.getJe()
            + ",'" + xsthMain.getYsjl() + "','" + xsthMain.getKhname()
            + "','" + xsthMain.getThdate() + "','" + xsthMain.getCzy()
            + "','" + xsthMain.getJsr() + "','" + xsthMain.getJsfs()
            + "')");
        Set<TbXsthDetail> xsthDetails = xsthMain.getTbXsthDetails();
        for(Iterator<TbXsthDetail> iter = xsthDetails.iterator(); iter
            .hasNext();) {
            TbXsthDetail details = iter.next();
            //添加销售退货详细表记录
            insert("insert into tb_xsth_detail values('"
                + xsthMain.getXsthId() + "','" + details.getSpid()
                + "'," + details.getDj() + "," + details.getSl() + ")");
            //修改库存表记录
            Item item = new Item();
            item.setId(details.getSpid());
            TbSpinfo spInfo = getSpInfo(item);
            if(spInfo.getId() != null && !spInfo.getId().isEmpty()) {
                TbKucun kucun = getKucun(item);
                if(kucun.getId() != null && !kucun.getId().isEmpty()) {
                    int sl = kucun.getKcsl() - details.getSl();
                    update("update tb_kucun set kcsl=" + sl + " where id='"
                        + kucun.getId() + "'");
                }
            }
        }
        conn.commit();
        conn.setAutoCommit(autoCommit);
    } catch(SQLException e) {
        e.printStackTrace();
    }
    return true;
}
//添加用户
public static int addUser(TbUserlist ul) {
    return update("insert tb_userlist values('" + ul.getUsername() + "','"
        + ul.getName() + "','" + ul.getPass() + "','" + ul.getQuan()
        + "')");
}
public static List getUsers() {
    List list = findForList("select * from tb_userlist");
    return list;
}
```

```
//修改用户方法
public static int updateUser(TbUserlist user) {
    return update("update tb_userlist set name='" + user.getName() + "',pass='"
    + user.getPass()
        + "',quan='" + user.getQuan() + "' where username='"
        + user.getUsername() + "'");
}
//获取用户对象的方法
public static TbUserlist getUser(String username) {
    String where = "username='" + username + "'";
    ResultSet rs = findForResultSet("select * from tb_userlist where "
        + where);
    TbUserlist user = new TbUserlist();
    try {
        if(rs.next()) {
            user.setName(rs.getString("name").trim());
            user.setUsername(rs.getString("username").trim());
            user.setPass(rs.getString("pass").trim());
            user.setQuan(rs.getString("quan").trim());
        }
    } catch(SQLException e) {
        e.printStackTrace();
    }
    return user;
}
}
```

25.2　系统登录模块设计

25.2.1 登录窗口设计效果

运行进销存管理系统，首先打开的是登录窗口，如图25.1所示。

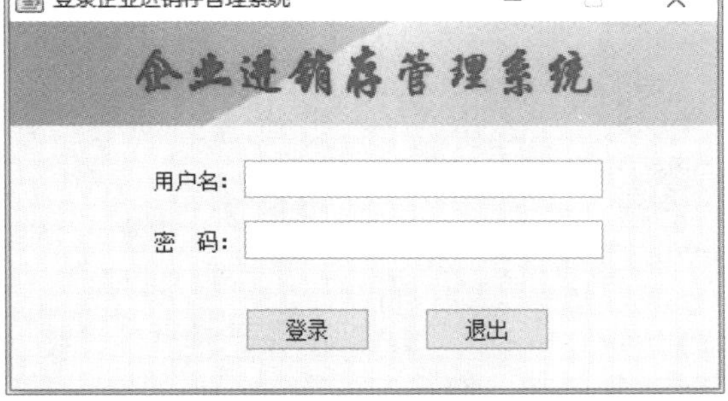

图25.1　登录窗口

25.2.2 登录窗口设计与按钮的事件处理

当输入用户名和密码后，点击"登录"按钮，将会查询数据库，验证用户名和密码是否正确，登录窗口的界面设计和事件处理代码如下：

```java
package com.lzw.login;
import java.awt.event.ActionEvent;
import java.awt.event.ActionListener;
import java.awt.event.KeyAdapter;
import java.awt.event.KeyEvent;

import javax.swing.ImageIcon;
import javax.swing.JButton;
import javax.swing.JFrame;
import javax.swing.JLabel;
import javax.swing.JPanel;
import javax.swing.JPasswordField;
import javax.swing.JTextField;
import javax.swing.WindowConstants;

import model.TbUserlist;

import com.lzw.JXCFrame;
import com.lzw.dao.Dao;
public class Login extends JFrame {
    private JLabel userLabel;
    private JLabel passLabel;
    private JButton exit;
    private JButton login;
    private static TbUserlist user;
    public Login() {
        setTitle("登录企业进销存管理系统");
        final JPanel panel = new JPanel();
        panel.setLayout(null);
        panel.setSize(400,240);
        getContentPane().add(panel);
        setBounds(300, 200, panel.getWidth(), panel.getHeight());
        JLabel labelback=new JLabel();
        labelback.setText("<html><body><image width=400 height=60 src="
            + this.getClass().getResource("login.jpg")
            + "'></img></body></html>");
        labelback.setBounds(0,0,400,60);
        panel.add(labelback);
        userLabel = new JLabel();
        userLabel.setText("用户名: ");
        userLabel.setBounds(80, 80, 200, 22);
        panel.add(userLabel);
        final JTextField userName = new JTextField();
        userName.setBounds(130, 80, 200, 22);
        panel.add(userName);
```

```
            passLabel = new JLabel();
            passLabel.setText("密  码: ");
            passLabel.setBounds(80, 115, 200, 22);
            panel.add(passLabel);
            final JPasswordField userPassword = new JPasswordField();
            userPassword.addKeyListener(new KeyAdapter() {
                public void keyPressed(final KeyEvent e) {
                    if(e.getKeyCode() == 10)
                        login.doClick();
                }
            });
            userPassword.setBounds(130, 115, 200, 22);
            panel.add(userPassword);
            login = new JButton();
            login.addActionListener(new ActionListener() {
                public void actionPerformed(final ActionEvent e) {
                    user = Dao.getUser(userName.getText(), userPassword.
getText());
                    if(user.getUsername() == null || user.getName() == null) {
                        userName.setText(null);
                        userPassword.setText(null);
                        return;
                    }
                    setVisible(false);
                    new JXCFrame();
                }
            });
            login.setText("登录");
            login.setBounds(130, 165, 70, 25);
            panel.add(login);
            exit = new JButton();
            exit.addActionListener(new ActionListener() {
                public void actionPerformed(final ActionEvent e) {
                    System.exit(0);
                }
            });
            exit.setText("退出");
            exit.setBounds(230, 165, 70, 25);
            panel.add(exit);
            setVisible(true);
            setResizable(false);
            setDefaultCloseOperation(WindowConstants.DO_NOTHING_ON_CLOSE);
    }
    public static TbUserlist getUser() {
        return user;
    }
    public static void setUser(TbUserlist user) {
        Login.user = user;
    }
}
```

25.3 系统主窗体设计

> 用户输入正确的用户名和密码后，就会打开系统的主窗体。主窗体界面同时也是该系统的欢迎界面。应用程序的主窗体设计包含层次清晰的系统菜单，其中包含系统中所有功能的菜单项。

本系统的上面是系统的主菜单项，下面是主界面的图片，图片可以更改。同时，在窗体中要实现所有菜单的事件处理过程。主窗体的运行结果如图25.2所示。

图25.2　系统主窗体效果

用户通过系统主窗体提供的菜单项，可以选择所需的操作功能项，从而提高其工作效率。

JXCFrame类是项目的主类，首先调用登录窗口，如果登录成功，则创建主窗体JXCFrame对象，初始化主窗体的界面，关联菜单的处理类，代码如下：

```java
package com.lzw;
import java.awt.*;
import javax.swing.*;
import java.util.*;
import java.beans.PropertyVetoException;
import java.lang.reflect.Constructor;
import com.lzw.login.Login;
public class JXCFrame {
    private JPanel sysManagePanel;
    private JDesktopPane desktopPane;
    private JFrame frame;
    private JLabel backLabel;
```

```java
public JMenuBar menubar = new JMenuBar();//菜单栏
//菜单
private JMenu systemMenu = new JMenu("系统管理(S)");
private JMenu baseMenu=new JMenu("基础信息(B)");
private JMenu depotMenu=new JMenu("进货管理(D)");
private JMenu sellMenu = new JMenu("销售管理(E)");
private JMenu stockMenu = new JMenu("库存管理(T)");
private JMenu searchMenu=new JMenu("查询统计(A)");
//系统管理菜单项
private JMenuItem addUserItem = new JMenuItem("增加用户(A)", 'A');
private JMenuItem modifyUserItem=new JMenuItem("修改删除用户(L)",'L');
private JMenuItem alterPasswordItem = new JMenuItem("修改密码(N)", 'N');
//private JMenuItem exitItem = new JMenuItem("退出(X)", 'X');
//基础信息菜单项
private JMenuItem addCustomItem =new JMenuItem("增加客户(A)",'A');
private JMenuItem modifyCustomItem =new JMenuItem("修改删除用户(M)",'M');
private JMenuItem addGoodsItem =new JMenuItem("增加商品(A)",'A');
private JMenuItem modifyGoodsItem =new JMenuItem("修改删除商品(M)",'M');
private JMenuItem addSupplierItem =new JMenuItem("增加供应商(A)",'A');
private JMenuItem modifySupplierItem =new JMenuItem("修改删除供应商(M)",'M');
//进货管理菜单项
private JMenuItem goodsListItem =new JMenuItem("进货单(L)",'L');
private JMenuItem depotRetreatItem = new JMenuItem("进货退货(D)", 'D');
//销售管理菜单项
private JMenuItem sellListItem =new JMenuItem("销售单(S)",'S');
private JMenuItem sellRetreatItem = new JMenuItem("销售退货(R)", 'R');
//库存管理菜单项
private JMenuItem stockCheckItem = new JMenuItem("库存盘点(S)", 'S');
private JMenuItem priceChangeItem = new JMenuItem("价格调整(P)", 'P');
//查询统计菜单项
private JMenuItem customSearchItem =new JMenuItem("客户查询(C)",'C');
private JMenuItem goodsSearchItem =new JMenuItem("商品查询(G)",'G');
private JMenuItem supplierSearchItem =new JMenuItem("供应商查询(S)",'S');
private JMenuItem sellSearchItem =new JMenuItem("销售查询(E)",'E');
private JMenuItem sellRetreatSearchItem =new JMenuItem("销售退货查询(R)",'R');
private JMenuItem storageSearchItem =new JMenuItem("入库查询(T)",'T');
private JMenuItem storageRetreatSearchItem =new JMenuItem("入库退货查询(O)",'O');
private JMenuItem sellRankItem = new JMenuItem("销售排行(L)", 'L');
//创建窗体的Map类型集合对象
private Map<String, JInternalFrame> ifs = new HashMap<String, JInternalFrame>();
public JXCFrame() {
    frame = new JFrame("企业进销存管理系统");
    frame.getContentPane().setBackground(new Color(105, 165, 205));
    frame.addComponentListener(new FrameListener());
    frame.getContentPane().setLayout(new BorderLayout());
    frame.setBounds(100, 100, 860, 580);
    frame.setDefaultCloseOperation(JFrame.EXIT_ON_CLOSE);
    backLabel = new JLabel();//背景标签
    backLabel.setVerticalAlignment(SwingConstants.TOP);
```

```
        backLabel.setHorizontalAlignment(SwingConstants.CENTER);
        updateBackImage();  //更新或初始化背景图片
        desktopPane = new JDesktopPane();
        desktopPane.add(backLabel, new Integer(Integer.MIN_VALUE));
        frame.getContentPane().add(desktopPane);
        initMenu();           //初始化菜单
        frame.setVisible(true);
}
//主方法
public static void main(String[] args) {
        new Login();
}
//初始化菜单方法
public void initMenu() {
        //设置菜单快捷键
        systemMenu.setMnemonic('S');
        baseMenu.setMnemonic('B');
        depotMenu.setMnemonic('D');
        sellMenu.setMnemonic('E');
        searchMenu.setMnemonic('A');
        stockMenu.setMnemonic('T');
        //为每个菜单项注册事件监听器
        addUserItem.addActionListener(new openFrameAction("TJCzy"));
        modifyUserItem.addActionListener(new openFrameAction("ModifyUser"));
        alterPasswordItem.addActionListener(new openFrameAction("GengGaiMiMa"));
        systemMenu.add(addUserItem);
        systemMenu.add(modifyUserItem);
        systemMenu.addSeparator();
        systemMenu.add(alterPasswordItem);
        menubar.add(systemMenu);

        addCustomItem.addActionListener(new openFrameAction("KeHuTianJia"));
        modifyCustomItem.addActionListener(new openFrameAction("KeHuXiuGai"));
        addGoodsItem.addActionListener(new openFrameAction("ShangPinTianJia"));
        modifyGoodsItem.addActionListener(new openFrameAction("ShangPinXiuGai"));
        addSupplierItem.addActionListener(new openFrameAction("GysTianJia"));
        modifySupplierItem.addActionListener(new openFrameAction("GysXiuGai"));

        baseMenu.add(addCustomItem);
        baseMenu.add(modifyCustomItem);
        baseMenu.add(addGoodsItem);
        baseMenu.add(modifyGoodsItem);
        baseMenu.add(addSupplierItem);
        baseMenu.add(modifySupplierItem);
        menubar.add(baseMenu);

        goodsListItem.addActionListener(new openFrameAction("JinHuoDan"));
        depotRetreatItem.addActionListener(new openFrameAction("JinHuoTuiHuo"));
        depotMenu.add(goodsListItem);
```

```
        depotMenu.add(depotRetreatItem);
        menubar.add(depotMenu);

        sellListItem.addActionListener(new openFrameAction("XiaoShouDan"));
        sellRetreatItem.addActionListener(new openFrameAction("XiaoShouTuiHuo"));
        sellMenu.add(sellListItem);
        sellMenu.add(sellRetreatItem);
        menubar.add(sellMenu);

        stockCheckItem.addActionListener(new openFrameAction("KuCunPanDian"));
        priceChangeItem.addActionListener(new openFrameAction("JiaGeTiaoZheng"));
        stockMenu.add(stockCheckItem);
        stockMenu.add(priceChangeItem);
        menubar.add(stockMenu);

        customSearchItem.addActionListener(new openFrameAction("KeHuChaXun"));
        goodsSearchItem.addActionListener(new openFrameAction("ShangPinChaXun"));
        supplierSearchItem.addActionListener(new openFrameAction("GongYingSha
ngChaXun"));
        sellSearchItem.addActionListener(new openFrameAction("XiaoShouChaXun"));
        sellRetreatSearchItem.addActionListener(new openFrameAction("XiaoShou
TuiHuoChaXun"));
        storageSearchItem.addActionListener(new openFrameAction("RuKuChaXun"));
        storageRetreatSearchItem.addActionListener(new openFrameAction("RuKuT
uiHuoChaXun"));
        sellRankItem.addActionListener(new openFrameAction("XiaoShouPaiHang"));
        searchMenu.add(customSearchItem);
        searchMenu.add(goodsSearchItem);
        searchMenu.add(supplierSearchItem);
        searchMenu.add(sellSearchItem);
        searchMenu.add(sellRetreatSearchItem);
        searchMenu.add(storageSearchItem);
        searchMenu.add(storageRetreatSearchItem);
        searchMenu.add(sellRankItem);
        menubar.add(searchMenu);

        frame.add(menubar,"North");//把菜单栏添加到窗体上
    }
/********************内部类，辅助主窗体类的显示和事件处理********************/
//获取内部窗体的唯一实例对象
private JInternalFrame getIFrame(String frameName) {
    JInternalFrame jf = null;
    if(!ifs.containsKey(frameName)) {
        try {
            Class fClass = Class.forName("internalFrame." + frameName);
            Constructor constructor = fClass.getConstructor(null);
            jf = (JInternalFrame) constructor.newInstance(null);
            ifs.put(frameName, jf);
        } catch(Exception e) {
```

```
                e.printStackTrace();
            }
        } else
            jf = ifs.get(frameName);
        return jf;
    }
}
//更新背景图片大小的方法
private void updateBackImage() {
    if(backLabel != null) {
        int backw = JXCFrame.this.frame.getWidth();
        int backh = frame.getHeight();
        backLabel.setSize(backw, backh);
        backLabel.setText("<html><body><image width='" + backw
                + "' height='" + (backh - 30) + "' src="
                + JXCFrame.this.getClass().getResource("welcome.jpg")
                + "'></img></body></html>");


    }
}
//窗体监听器
private final class FrameListener extends ComponentAdapter {
    public void componentResized(final ComponentEvent e) {
        updateBackImage();
    }
}
//主窗体菜单项的单击事件监听器
protected final class openFrameAction extends AbstractAction {
    private String frameName = null;
    private openFrameAction() {}
    public openFrameAction(String frameName){
        this.frameName=frameName;
    }
    public void actionPerformed(final ActionEvent e) {
        JInternalFrame jf = getIFrame(frameName);
        //在内部窗体关闭时，从内部窗体容器ifs对象中清除该窗体
        jf.addInternalFrameListener(new InternalFrameAdapter() {
            public void internalFrameClosed(InternalFrameEvent e) {
                ifs.remove(frameName);
            }
        });
        if(jf.getDesktopPane() == null) {
            desktopPane.add(jf);
            jf.setVisible(true);
        }
        try {
            jf.setSelected(true);
        } catch(PropertyVetoException e1) {
            e1.printStackTrace();
        }
```

```
        }
    }
    static {
        try {
UIManager.setLookAndFeel(UIManager.getSystemLookAndFeelClassName());
        } catch(Exception e) {
            e.printStackTrace();
        }
    }
}
```

25.4　进货单模块设计

> 进货单功能主要负责记录企业的商品进货信息，界面中包含要进货商品的详细信息，如商品名称、商品编号、产地、单位、规格、包装、价格等。

　　首先设计添加要进货商品详细信息的录入界面，可以单击"添加"按钮，在列表中添加一条行输入商品信息的输入框和选择框，填写完要进货的一种商品的详细信息后，单击"添加"按钮继续添加其他要进货的商品，将所有进货商品录入完之后，单击"入库"按钮，把进货信息存入进货单数据库中，同时修改商品的库存信息。进货单的程序界面如图25.3所示。

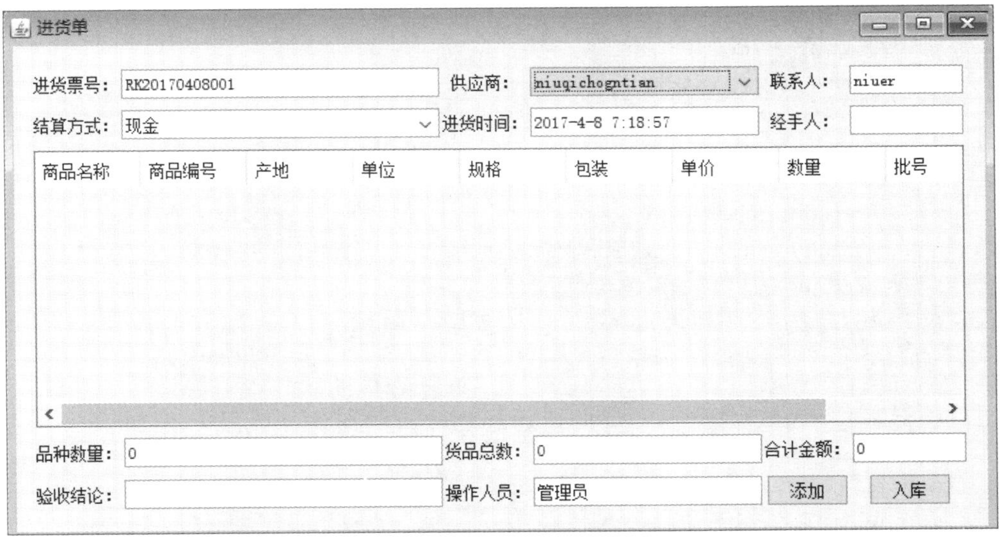

图25.3　进货单界面

　　通过进货单窗口可以实现进货操作，操作员先在下拉列表中选择供应商，单击"添加"按钮，自动在表格中增加一行，可以选择供应商所对应的商品，然后录入进货商品的数量、价格等信息，再录入经手人和验收结论，单击"入库"按钮，进货过程完成，创建JinHuoDan类的代码如下：

```java
package internalFrame;
import java.awt.*;
import java.awt.event.*;
import java.sql.*;
import javax.swing.*;
import keyListener.InputKeyListener;
import model.TbGysinfo;
import com.lzw.dao.Dao;
public class GysTianJia extends JInternalFrame {
    private JTextField EMailF;
    private JTextField yinHangF;
    private JTextField lianXiRenDianHuaF;
    private JTextField lianXiRenF;
    private JTextField chuanZhenF;
    private JTextField dianHuaF;
    private JTextField diZhiF;
    private JTextField bianMaF;
    private JTextField jianChengF;
    private JTextField quanChengF;
    private JButton resetButton;
    public GysTianJia() {
        setTitle("添加供应商");
        setLayout(new GridBagLayout());
        setBounds(10, 10, 510, 260);
        setClosable(true);
        setupComponet(new JLabel("供应商全称: "), 0, 0, 1, 1, false);
        quanChengF = new JTextField();
        setupComponet(quanChengF, 1, 0, 3, 400, true);
        setupComponet(new JLabel("简称: "), 0, 1, 1, 1, false);
        jianChengF = new JTextField();
        setupComponet(jianChengF, 1, 1, 1, 160, true);
        setupComponet(new JLabel("邮政编码: "), 2, 1, 1, 1, false);
        bianMaF = new JTextField();
        bianMaF.addKeyListener(new InputKeyListener());
        setupComponet(bianMaF, 3, 1, 1, 0, true);
        setupComponet(new JLabel("地址: "), 0, 2, 1, 1, false);
        diZhiF = new JTextField();
        setupComponet(diZhiF, 1, 2, 3, 0, true);
        setupComponet(new JLabel("电话: "), 0, 3, 1, 1, false);
        dianHuaF = new JTextField();
        dianHuaF.addKeyListener(new InputKeyListener());
        setupComponet(dianHuaF, 1, 3, 1, 0, true);
        setupComponet(new JLabel("传真: "), 2, 3, 1, 1, false);
        chuanZhenF = new JTextField();
        chuanZhenF.addKeyListener(new InputKeyListener());
        setupComponet(chuanZhenF, 3, 3, 1, 0, true);
        setupComponet(new JLabel("联系人: "), 0, 4, 1, 1, false);
        lianXiRenF = new JTextField();
        setupComponet(lianXiRenF, 1, 4, 1, 0, true);
```

```
        setupComponet(new JLabel("联系人电话: "), 2, 4, 1, 1, false);
        lianXiRenDianHuaF = new JTextField();
        lianXiRenDianHuaF.addKeyListener(new InputKeyListener());
        setupComponet(lianXiRenDianHuaF, 3, 4, 1, 0, true);
        setupComponet(new JLabel("开户银行: "), 0, 5, 1, 1, false);
        yinHangF = new JTextField();
        setupComponet(yinHangF, 1, 5, 1, 0, true);
        setupComponet(new JLabel("电子信箱: "), 2, 5, 1, 1, false);
        EMailF = new JTextField();
        setupComponet(EMailF, 3, 5, 1, 0, true);
        final JButton tjButton = new JButton();
        tjButton.addActionListener(new TjActionListener());
        tjButton.setText("添加");
        setupComponet(tjButton, 2, 6, 1, 0, false);
        resetButton = new JButton();
        setupComponet(resetButton, 3, 6, 1, 0, false);
        resetButton.addActionListener(new ResetActionListener());
        resetButton.setText("重填");
    }
    //设置组件位置并添加到容器中
    private void setupComponet(JComponent component, int gridx, int gridy,
        int gridwidth, int ipadx, boolean fill) {
        final GridBagConstraints gridBagConstrains = new GridBagConstraints();
        gridBagConstrains.gridx = gridx;
        gridBagConstrains.gridy = gridy;
        gridBagConstrains.insets = new Insets(5, 1, 3, 1);
        if(gridwidth > 1)
            gridBagConstrains.gridwidth = gridwidth;
        if(ipadx > 0)
            gridBagConstrains.ipadx = ipadx;
        if(fill)
            gridBagConstrains.fill = GridBagConstraints.HORIZONTAL;
        add(component, gridBagConstrains);
    }
    class ResetActionListener implements ActionListener {//重填按钮的事件监听类
        public void actionPerformed(final ActionEvent e) {
            diZhiF.setText("");
            bianMaF.setText("");
            chuanZhenF.setText("");
            jianChengF.setText("");
            lianXiRenF.setText("");
            lianXiRenDianHuaF.setText("");
            EMailF.setText("");
            quanChengF.setText("");
            dianHuaF.setText("");
            yinHangF.setText("");
        }
    }
    class TjActionListener implements ActionListener {//添加按钮的事件监听类
```

```java
public void actionPerformed(final ActionEvent e) {
    if(diZhiF.getText().equals("") || quanChengF.getText().equals("")
        || chuanZhenF.getText().equals("")
        || jianChengF.getText().equals("")
        || yinHangF.getText().equals("")
        || bianMaF.getText().equals("")
        || diZhiF.getText().equals("")
        || lianXiRenF.getText().equals("")
        || lianXiRenDianHuaF.getText().equals("")
        || EMailF.getText().equals("")
        || dianHuaF.getText().equals("")) {
        JOptionPane.showMessageDialog(GysTianJia.this, "请填写全部信息");
        return;
    }
    try {
        ResultSet haveUser = Dao
            .query("select * from tb_gysinfo where name='"
                + quanChengF.getText().trim() + "'");
        if(haveUser.next()) {
            JOptionPane.showMessageDialog(GysTianJia.this,
                "供应商信息添加失败，存在同名供应商", "供应商添加信息",
                JOptionPane.INFORMATION_MESSAGE);
            return;
        }
        ResultSet set = Dao.query("select max(id) from tb_gysinfo");
        String id = null;
        if(set != null && set.next()) {
            String sid = set.getString(1).trim();
            if(sid == null)
                id = "gys1001";
            else {
                String str = sid.substring(3);
                id = "gys" + (Integer.parseInt(str) + 1);
            }
        }
        TbGysinfo gysInfo = new TbGysinfo();
        gysInfo.setId(id);
        gysInfo.setAddress(diZhiF.getText().trim());
        gysInfo.setBianma(bianMaF.getText().trim());
        gysInfo.setFax(chuanZhenF.getText().trim());
        gysInfo.setYh(yinHangF.getText().trim());
        gysInfo.setJc(jianChengF.getText().trim());
        gysInfo.setName(quanChengF.getText().trim());
        gysInfo.setLian(lianXiRenF.getText().trim());
        gysInfo.setLtel(lianXiRenDianHuaF.getText().trim());
        gysInfo.setMail(EMailF.getText().trim());
        gysInfo.setTel(dianHuaF.getText().trim());
        Dao.addGys(gysInfo);
        JOptionPane.showMessageDialog(GysTianJia.this, "已成功添加客户",
```

```
                        "客户添加信息", JOptionPane.INFORMATION_MESSAGE);
                resetButton.doClick();
            } catch(SQLException e1) {
                e1.printStackTrace();
            }
        }
    }
}
```

25.5　售货模块设计

销售模块功能主要负责记录企业的商品销售信息，首先设计添加要销售商品详细信息的录入界面，可以单击"添加"按钮，在列表中添加一条行输入商品信息的输入框和选择框，填写完要销售的一种商品的信息后，单击"添加"按钮继续添加其他要销售的商品，将所有要销售商品录入完之后，单击"销售"按钮，把销售信息存入售货单数据库中，同时修改商品的库存信息。售货的程序界面如图25.4所示。

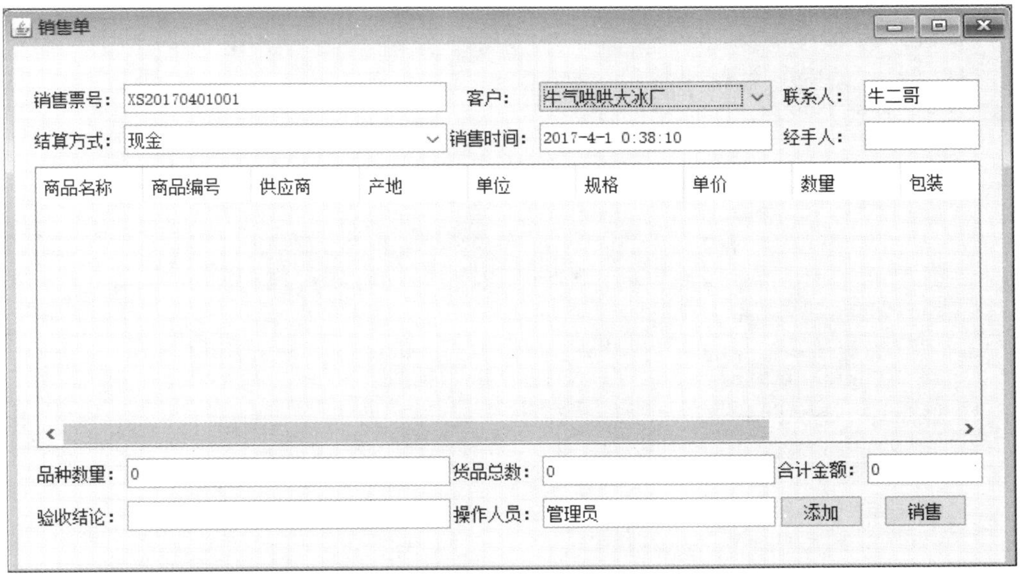

图25.4　销售记录添加界面

在销售单窗口中，先选择客户，然后单击"添加"按钮，这时在表格中增加一行，可以选择要销售的商品，修改销售数量和单价等信息，最后录入经手人和验收结论，单击"销售"按钮完成销售工作。创建的XiaoShouDan类的代码如下：

```
package internalFrame;
import internalFrame.guanli.Item;
```

```java
import java.awt.*;
import java.awt.event.*;
import java.sql.*;
import java.util.*;
import javax.swing.*r;
import javax.swing.event.*;
import javax.swing.table.*;
import model.*;
import com.lzw.dao.Dao;
import com.lzw.login.Login;
public class XiaoShouDan extends JInternalFrame {
  private final JTable table;
  private TbUserlist user = Login.getUser();             //登录用户信息
  private final JTextField jhsj = new JTextField();      //进货时间
  private final JTextField jsr = new JTextField();       //经手人
  private final JComboBox jsfs = new JComboBox();        //计算方式
  private final JTextField lian = new JTextField();      //联系人
  private final JComboBox kehu = new JComboBox();        //客户
  private final JTextField piaoHao = new JTextField();   //票号
  private final JTextField pzs = new JTextField("0");    //品种数量
  private final JTextField hpzs = new JTextField("0");   //货品总数
  private final JTextField hjje = new JTextField("0");   //合计金额
  private final JTextField ysjl = new JTextField();      //验收结论
  private final JTextField czy = new JTextField(user.getName()); //操作员
  private Date jhsjDate;
  private JComboBox sp;
  public XiaoShouDan() {
      super();
      setMaximizable(true);
      setIconifiable(true);
      setClosable(true);
      getContentPane().setLayout(new GridBagLayout());
      setTitle("销售单");
      setBounds(50, 50, 700, 400);
      setupComponet(new JLabel("销售票号: "), 0, 0, 1, 0, false);
      piaoHao.setFocusable(false);
      setupComponet(piaoHao, 1, 0, 1, 140, true);
      setupComponet(new JLabel("客户: "), 2, 0, 1, 0, false);
      kehu.setPreferredSize(new Dimension(160, 21));
      //供应商下拉选择框的选择事件
      kehu.addActionListener(new ActionListener() {
          public void actionPerformed(ActionEvent e) {
              doKhSelectAction();
          }
      });
      setupComponet(kehu, 3, 0, 1, 1, true);
      setupComponet(new JLabel("联系人: "), 4, 0, 1, 0, false);
      lian.setFocusable(false);
      lian.setPreferredSize(new Dimension(80, 21));
```

```
setupComponet(lian, 5, 0, 1, 0, true);
setupComponet(new JLabel("结算方式: "), 0, 1, 1, 0, false);
jsfs.addItem("现金");
jsfs.addItem("支票");
jsfs.setEditable(true);
setupComponet(jsfs, 1, 1, 1, 1, true);
setupComponet(new JLabel("销售时间: "), 2, 1, 1, 0, false);
jhsj.setFocusable(false);
setupComponet(jhsj, 3, 1, 1, 1, true);
setupComponet(new JLabel("经手人: "), 4, 1, 1, 0, false);
setupComponet(jsr, 5, 1, 1, 1, true);
sp = new JComboBox();
sp.addActionListener(new ActionListener() {
    public void actionPerformed(ActionEvent e) {
        TbSpinfo info = (TbSpinfo) sp.getSelectedItem();
        //如果选择有效就更新表格
        if(info != null && info.getId() != null) {
            updateTable();
        }
    }
});
table = new JTable();
table.setAutoResizeMode(JTable.AUTO_RESIZE_OFF);
initTable();
//添加事件完成品种数量、货品总数、合计金额的计算
table.addContainerListener(new computeInfo());
JScrollPane scrollPanel = new JScrollPane(table);
scrollPanel.setPreferredSize(new Dimension(380, 200));
setupComponet(scrollPanel, 0, 2, 6, 1, true);
setupComponet(new JLabel("品种数量: "), 0, 3, 1, 0, false);
pzs.setFocusable(false);
setupComponet(pzs, 1, 3, 1, 1, true);
setupComponet(new JLabel("货品总数: "), 2, 3, 1, 0, false);
hpzs.setFocusable(false);
setupComponet(hpzs, 3, 3, 1, 1, true);
setupComponet(new JLabel("合计金额: "), 4, 3, 1, 0, false);
hjje.setFocusable(false);
setupComponet(hjje, 5, 3, 1, 1, true);
setupComponet(new JLabel("验收结论: "), 0, 4, 1, 0, false);
setupComponet(ysjl, 1, 4, 1, 1, true);
setupComponet(new JLabel("操作人员: "), 2, 4, 1, 0, false);
czy.setFocusable(false);
setupComponet(czy, 3, 4, 1, 1, true);
//单击“添加”按钮在表格中添加新的一行
JButton tjButton = new JButton("添加");
tjButton.addActionListener(new ActionListener() {
    public void actionPerformed(ActionEvent e) {
        //初始化票号
        initPiaoHao();
```

```
                        //结束表格中没有编写的单元
                        stopTableCellEditing();
                        //如果表格中还包含空行，就再添加新行
                        for(int i = 0; i < table.getRowCount(); i++) {
                            TbSpinfo info = (TbSpinfo) table.getValueAt(i, 0);
                            if(table.getValueAt(i, 0) == null)
                                return;
                        }
                        DefaultTableModel model = (DefaultTableModel) table.getModel();
                        model.addRow(new Vector());
                    }
                });
                setupComponet(tjButton, 4, 4, 1, 1, false);
                //单击"销售"按钮保存进货信息
                JButton sellButton = new JButton("销售");
                sellButton.addActionListener(new ActionListener() {
                    public void actionPerformed(ActionEvent e) {
                        stopTableCellEditing();                    //结束表格中没有编写的单元
                        clearEmptyRow();                           //清除空行
                        String hpzsStr = hpzs.getText();           //货品总数
                        String pzsStr = pzs.getText();             //品种数
                        String jeStr = hjje.getText();             //合计金额
                        String jsfsStr = jsfs.getSelectedItem().toString(); //结算方式
                        String jsrStr = jsr.getText().trim();      //经手人
                        String czyStr = czy.getText();             //操作员
                        String rkDate = jhsjDate.toLocaleString(); //销售时间
                        String ysjlStr = ysjl.getText().trim();    //验收结论
                        String id = piaoHao.getText();             //票号
                        String kehuName = kehu.getSelectedItem().toString();//供应商名字
                        if(jsrStr == null || jsrStr.isEmpty()) {
                            JOptionPane.showMessageDialog(XiaoShouDan.this, "请填写经手人");
                            return;
                        }
                        if(ysjlStr == null || ysjlStr.isEmpty()) {
                            JOptionPane.showMessageDialog(XiaoShouDan.this, "填写验收结论");
                            return;
                        }
                        if(table.getRowCount() <= 0) {
                            JOptionPane.showMessageDialog(XiaoShouDan.this, "填加销售商品");
                            return;
                        }
                        TbSellMain sellMain = new TbSellMain(id, pzsStr, jeStr,
                            ysjlStr, kehuName, rkDate, czyStr, jsrStr, jsfsStr);
                        Set<TbSellDetail> set = sellMain.getTbSellDetails();
                        int rows = table.getRowCount();
                        for(int i = 0; i < rows; i++) {
                            TbSpinfo spinfo = (TbSpinfo) table.getValueAt(i, 0);
                            String djStr = (String) table.getValueAt(i, 6);
                            String slStr = (String) table.getValueAt(i, 7);
```

```
                Double dj = Double.valueOf(djStr);
                Integer sl = Integer.valueOf(slStr);
                TbSellDetail detail = new TbSellDetail();
                detail.setSpid(spinfo.getId());
                detail.setTbSellMain(sellMain.getSellId());
                detail.setDj(dj);
                detail.setSl(sl);
                set.add(detail);
            }
            boolean rs = Dao.insertSellInfo(sellMain);
            if(rs) {
                JOptionPane.showMessageDialog(XiaoShouDan.this, "销售完成");
                DefaultTableModel dftm = new DefaultTableModel();
                table.setModel(dftm);
                initTable();
                pzs.setText("0");
                hpzs.setText("0");
                hjje.setText("0");
            }
        }
    });
    setupComponet(sellButton, 5, 4, 1, 1, false);
    //添加窗体监听器，完成初始化
    addInternalFrameListener(new initTasks());
}
//初始化表格
private void initTable() {
    String[] columnNames = {"商品名称", "商品编号", "供应商", "产地", "单位",
"规格", "单价", "数量", "包装", "批号", "批准文号"};
    ((DefaultTableModel) table.getModel())
        .setColumnIdentifiers(columnNames);
    TableColumn column = table.getColumnModel().getColumn(0);
    final DefaultCellEditor editor = new DefaultCellEditor(sp);
    editor.setClickCountToStart(2);
    column.setCellEditor(editor);
}
//初始化商品下拉列表框
private void initSpBox() {
    List list = new ArrayList();
    ResultSet set = Dao.query(" select * from tb_spinfo"
        + " where id in(select id from tb_kucun where kcsl>0)");
    sp.removeAllItems();
    sp.addItem(new TbSpinfo());
    for(int i = 0; table != null && i < table.getRowCount(); i++) {
        TbSpinfo tmpInfo = (TbSpinfo) table.getValueAt(i, 0);
        if(tmpInfo != null && tmpInfo.getId() != null)
            list.add(tmpInfo.getId());
    }
    try {
```

```
                while(set.next()) {
                    TbSpinfo spinfo = new TbSpinfo();
                    spinfo.setId(set.getString("id").trim());
                    //如果表格中已存在同样商品，商品下拉列表框中就不再包含该商品
                    if(list.contains(spinfo.getId()))
                        continue;
                    spinfo.setSpname(set.getString("spname").trim());
                    spinfo.setCd(set.getString("cd").trim());
                    spinfo.setJc(set.getString("jc").trim());
                    spinfo.setDw(set.getString("dw").trim());
                    spinfo.setGg(set.getString("gg").trim());
                    spinfo.setBz(set.getString("bz").trim());
                    spinfo.setPh(set.getString("ph").trim());
                    spinfo.setPzwh(set.getString("pzwh").trim());
                    spinfo.setMemo(set.getString("memo").trim());
                    spinfo.setGysname(set.getString("gysname").trim());
                    sp.addItem(spinfo);
                }
        } catch(SQLException e) {
            e.printStackTrace();
        }
}
//设置组件位置并添加到容器中
private void setupComponet(JComponent component, int gridx, int gridy,
    int gridwidth, int ipadx, boolean fill) {
    final GridBagConstraints gridBagConstrains = new GridBagConstraints();
    gridBagConstrains.gridx = gridx;
    gridBagConstrains.gridy = gridy;
    if(gridwidth > 1)
        gridBagConstrains.gridwidth = gridwidth;
    if(ipadx > 0)
        gridBagConstrains.ipadx = ipadx;
    gridBagConstrains.insets = new Insets(5, 1, 3, 1);
    if(fill)
        gridBagConstrains.fill = GridBagConstraints.HORIZONTAL;
    getContentPane().add(component, gridBagConstrains);
}
//选择供应商时更新联系人字段
private void doKhSelectAction() {
    Item item = (Item) kehu.getSelectedItem();
    TbKhinfo khInfo = Dao.getKhInfo(item);
    lian.setText(khInfo.getLian());
}
//在事件中计算品种数量、货品总数、合计金额
private final class computeInfo implements ContainerListener {
    public void componentRemoved(ContainerEvent e) {
        //清除空行
        clearEmptyRow();
        //计算代码
```

```
        int rows = table.getRowCount();
        int count = 0;
        double money = 0.0;
        //计算品种数量
        TbSpinfo column = null;
        if(rows > 0)
            column = (TbSpinfo) table.getValueAt(rows - 1, 0);
        if(rows > 0 && (column == null || column.getId().isEmpty()))
            rows--;
        //计算货品总数和金额
        for(int i = 0; i < rows; i++) {
            String column7 = (String) table.getValueAt(i, 7);
            String column6 = (String) table.getValueAt(i, 6);
            int c7 = (column7 == null || column7.isEmpty()) ? 0 : Integer
                .valueOf(column7);
            Double c6 = (column6 == null || column6.isEmpty()) ? 0 : Double
                .valueOf(column6);
            count += c7;
            money += c6 * c7;
        }
        pzs.setText(rows + "");
        hpzs.setText(count + "");
        hjje.setText(money + "");
        /////////////////////////////////////////////////////////////
    }
    public void componentAdded(ContainerEvent e) {
    }
}
//窗体的初始化任务
private final class initTasks extends InternalFrameAdapter {
    public void internalFrameActivated(InternalFrameEvent e) {
        super.internalFrameActivated(e);
        initTimeField();
        initKehuField();
        initPiaoHao();
        initSpBox();
    }
    private void initKehuField() { //初始化客户字段
        List gysInfos = Dao.getKhInfos();
        for(Iterator iter = gysInfos.iterator(); iter.hasNext();) {
            List list = (List) iter.next();
            Item item = new Item();
            item.setId(list.get(0).toString().trim());
            item.setName(list.get(1).toString().trim());
            kehu.addItem(item);
        }
        doKhSelectAction();
    }
    private void initTimeField() { //启动进货时间线程
```

```java
                new Thread(new Runnable() {
                    public void run() {
                        try {
                            while(true) {
                                jhsjDate = new Date();
                                jhsj.setText(jhsjDate.toLocaleString());
                                Thread.sleep(100);
                            }
                        } catch(InterruptedException e) {
                            e.printStackTrace();
                        }
                    }
                }).start();
    }
}
private void initPiaoHao() {
    java.sql.Date date = new java.sql.Date(jhsjDate.getTime());
    String maxId = Dao.getSellMainMaxId(date);
    piaoHao.setText(maxId);
}
//根据商品的选择，更新表格当前行的内容
private synchronized void updateTable() {
    TbSpinfo spinfo = (TbSpinfo) sp.getSelectedItem();
    Item item = new Item();
    item.setId(spinfo.getId());
    TbKucun kucun = Dao.getKucun(item);
    int row = table.getSelectedRow();
    if(row >= 0 && spinfo != null) {
        table.setValueAt(spinfo.getId(), row, 1);
        table.setValueAt(spinfo.getGysname(), row, 2);
        table.setValueAt(spinfo.getCd(), row, 3);
        table.setValueAt(spinfo.getDw(), row, 4);
        table.setValueAt(spinfo.getGg(), row, 5);
        table.setValueAt(kucun.getDj() + "", row, 6);
        table.setValueAt(kucun.getKcsl() + "", row, 7);
        table.setValueAt(spinfo.getBz(), row, 8);
        table.setValueAt(spinfo.getPh(), row, 9);
        table.setValueAt(spinfo.getPzwh(), row, 10);
        table.editCellAt(row, 7);
    }
}
//清除空行
private synchronized void clearEmptyRow() {
    DefaultTableModel dftm = (DefaultTableModel) table.getModel();
    for(int i = 0; i < table.getRowCount(); i++) {
        TbSpinfo info2 = (TbSpinfo) table.getValueAt(i, 0);
        if(info2 == null || info2.getId() == null
            || info2.getId().isEmpty()) {
            dftm.removeRow(i);
```

```
                }
            }
        }
    //停止表格单元的编辑
    private void stopTableCellEditing() {
        TableCellEditor cellEditor = table.getCellEditor();
        if(cellEditor != null)
            cellEditor.stopCellEditing();
    }
}
```

25.6 库存管理模块设计

> 该模块包括库存盘点和价格调整两个功能，主要用于调整商品价格和统计汇总各类商品数量。

　　库存盘点实现起来比较简单，只需要将库存信息显示出来，接着由操作人员输入盘点后的商品数量，然后系统自动计算损益值；价格调整涉及的技术稍多一些，主要用到下拉列表框选择事件监听和事件处理等技术，该技术经常用于将可枚举的输入内容封装到下拉列表框中，以限制用户输入，从而起到防止用户输入非法数据的目的。价格调整主界面如图25.5 所示。

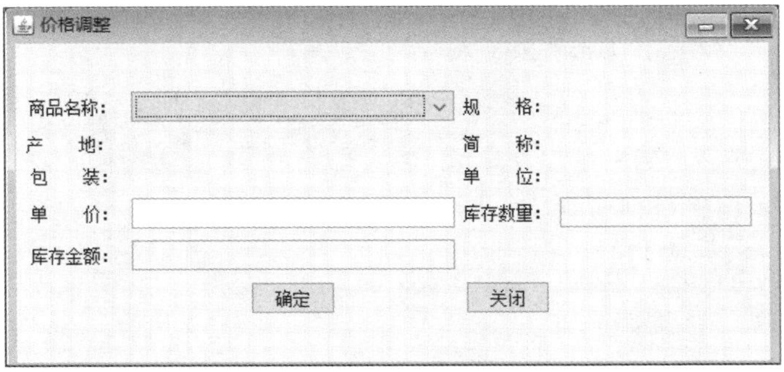

图25.5　价格调整主界面

价格调整窗口用来调整商品的销售价格。创建的JiaGeTiaoZheng类的代码如下：

```
package internalFrame;
import internalFrame.guanli.Item;
import java.awt.*;
import java.awt.event.*;
import java.util.*;
import javax.swing.*;
import javax.swing.event.*;
```

```java
import model.TbKucun;
import com.lzw.dao.Dao;
public class JiaGeTiaoZheng extends JInternalFrame {
    private TbKucun kcInfo;
    private JLabel guiGe;
    private JTextField kuCunJinE;
    private JTextField kuCunShuLiang;
    private JTextField danJia;
    private JComboBox shangPinMingCheng;
    private JLabel chanDi;
    private JLabel baoZhuang;
    private JLabel danWei;
    private JLabel jianCheng;
    public JiaGeTiaoZheng() {
        super();
        setTitle("价格调整");
        addInternalFrameListener(new InternalFrameAdapter() {
            public void internalFrameActivated(final InternalFrameEvent e) {
                DefaultComboBoxModel mingChengModel = (DefaultComboBoxModel)
shangPinMingCheng
                    .getModel();
                mingChengModel.removeAllElements();
                List list = Dao.getKucunInfos();
                Iterator iterator = list.iterator();
                while(iterator.hasNext()) {
                    List element = (List) iterator.next();
                    Item item = new Item();
                    item.setId((String) element.get(0));
                    item.setName((String) element.get(1));
                    mingChengModel.addElement(item);
                }
            }
        });
        setIconifiable(true);
        setClosable(true);
        getContentPane().setLayout(new GridBagLayout());
        setTitle("价格调整");
        setBounds(100, 100, 531, 253);
        setupComponet(new JLabel("商品名称: "), 0, 0, 1, 1, false);
        shangPinMingCheng = new JComboBox();
        shangPinMingCheng.setPreferredSize(new Dimension(220, 21));
        setupComponet(shangPinMingCheng, 1, 0, 1, 1, true);
        setupComponet(new JLabel("规    格: "), 2, 0, 1, 0, false);
        guiGe = new JLabel();
        guiGe.setForeground(Color.BLUE);
        guiGe.setPreferredSize(new Dimension(130, 21));
        setupComponet(guiGe, 3, 0, 1, 1, true);
        setupComponet(new JLabel("产    地: "), 0, 1, 1, 0, false);
        chanDi = new JLabel();
```

```
chanDi.setForeground(Color.BLUE);
setupComponet(chanDi, 1, 1, 1, 1, true);
setupComponet(new JLabel("简    称: "), 2, 1, 1, 0, false);
jianCheng = new JLabel();
jianCheng.setForeground(Color.BLUE);
setupComponet(jianCheng, 3, 1, 1, 1, true);
setupComponet(new JLabel("包    装: "), 0, 2, 1, 0, false);
baoZhuang = new JLabel();
baoZhuang.setForeground(Color.BLUE);
setupComponet(baoZhuang, 1, 2, 1, 1, true);
setupComponet(new JLabel("单    位: "), 2, 2, 1, 0, false);
danWei = new JLabel();
danWei.setForeground(Color.BLUE);
setupComponet(danWei, 3, 2, 1, 1, true);
setupComponet(new JLabel("单    价: "), 0, 3, 1, 0, false);
danJia = new JTextField();
danJia.addKeyListener(new KeyAdapter() {
    public void keyTyped(KeyEvent e) {
        String numStr = "0123456789." + (char) 8;
        if(numStr.indexOf(e.getKeyChar()) < 0)
            e.consume();
        else
            updateJinE();
    }
});
setupComponet(danJia, 1, 3, 1, 1, true);
setupComponet(new JLabel("库存数量: "), 2, 3, 1, 0, false);
kuCunShuLiang = new JTextField();
kuCunShuLiang.setEditable(false);
setupComponet(kuCunShuLiang, 3, 3, 1, 1, true);

setupComponet(new JLabel("库存金额: "), 0, 4, 1, 0, false);
kuCunJinE = new JTextField();
kuCunJinE.setEditable(false);
setupComponet(kuCunJinE, 1, 4, 1, 1, true);

final JButton okButton = new JButton();
okButton.addActionListener(new OkActionListener());
okButton.setText("确定");
setupComponet(okButton, 1, 5, 1, 1, false);

final JButton closeButton = new JButton();
closeButton.addActionListener(new CloseActionListener());
closeButton.setText("关闭");
setupComponet(closeButton, 2, 5, 1, 1, false);

shangPinMingCheng.addItemListener(new ItemActionListener());
}
//设置组件位置并添加到容器中
```

```
    private void setupComponet(JComponent component, int gridx, int gridy,
        int gridwidth, int ipadx, boolean fill) {
        final GridBagConstraints gridBagConstrains = new GridBagConstraints();
        gridBagConstrains.gridx = gridx;
        gridBagConstrains.gridy = gridy;
        if(gridwidth > 1)
            gridBagConstrains.gridwidth = gridwidth;
        if(ipadx > 0)
            gridBagConstrains.ipadx = ipadx;
        gridBagConstrains.insets = new Insets(5, 1, 3, 5);
        if(fill)
            gridBagConstrains.fill = GridBagConstraints.HORIZONTAL;
        getContentPane().add(component, gridBagConstrains);
    }
    private void updateJinE() {  //更新库存金额的方法
        Double dj = Double.valueOf(danJia.getText());
        Integer sl = Integer.valueOf(kuCunShuLiang.getText());
        kuCunJinE.setText((dj * sl) + "");
    }
    class OkActionListener implements ActionListener {
        public void actionPerformed(final ActionEvent e) {
            kcInfo.setDj(Double.valueOf(danJia.getText()));
            kcInfo.setKcsl(Integer.valueOf(kuCunShuLiang.getText()));
            int rs = Dao.updateKucunDj(kcInfo);
            if(rs > 0)
                JOptionPane.showMessageDialog(getContentPane(), "价格调整完毕。",
                    kcInfo.getSpname() + "价格调整",
                    JOptionPane.QUESTION_MESSAGE);
        }
    }
    class CloseActionListener implements ActionListener {
        public void actionPerformed(final ActionEvent e) {
            JiaGeTiaoZheng.this.doDefaultCloseAction();
        }
    }
    class ItemActionListener implements ItemListener {//商品选择事件监听器
        public void itemStateChanged(final ItemEvent e) {
            Object selectedItem = shangPinMingCheng.getSelectedItem();
            if(selectedItem == null)
                return;
            Item item = (Item) selectedItem;
            kcInfo = Dao.getKucun(item);
            if(kcInfo.getId() == null)
                return;
            int dj, sl;
            dj = kcInfo.getDj().intValue();
            sl = kcInfo.getKcsl().intValue();
            chanDi.setText(kcInfo.getCd());
            jianCheng.setText(kcInfo.getJc());
```

```
        baoZhuang.setText(kcInfo.getBz());
        danWei.setText(kcInfo.getDw());
        danJia.setText(kcInfo.getDj() + "");
        kuCunShuLiang.setText(kcInfo.getKcsl() + "");
        kuCunJinE.setText(dj * sl + "");
        guiGe.setText(kcInfo.getGg());
    }
  }
}
```

篇幅所限，其他的功能模块设计就不再——一列举了，有兴趣的读者可以参看随书光盘，通过构建系统运行环境、运行系统程序，相信您一定能够更加详尽地了解系统所使用的技术和系统的功能。

25.7 查询统计模块设计

> 该模块是进销存管理系统中非常重要的组成部分，它主要包括基础信息、进货信息、销售信息、退货信息的查询和销售排行功能。

当查询一个商品销售或者退货等信息时，需要提供客户全称、销售票号、退货票号、指定日期等多种查询条件和查询对象，进行普通查询或者模糊查询。对于普通查询条件，可以简单地使用SQL语句的"="进行判断，但是对于一些比较模糊的查询要求，仅仅使用"="是不够的，这时就要用到SQL语言中的另外一个运算符LIKE，该运算符需要使用通配符以指定在字符串内查找的模式，我们需要简单了解一些通配符。通配符的含义如表25.1所示。

表25.1 通配符描述表

通配符	描 述
%	由零个或更多字符组成的任意字符串
_	任意单个字符
[]	表示指定范围之内的，例如[A~F]，表示A~F范围内的任何单个字符
[^]	表示指定范围之外的，例如[^A~F]，表示A~F范围之外的任何单个字符

考虑到查询模块中相关窗体较多，受篇幅所限，这里仅给出销售信息查询运行效果图，如图25.6所示。

图25.6　销售信息查询界面

销售查询功能主要用于查询系统中的销售信息，通过界面中的"选择查询条件"下拉列表框，可以选择按照客户名称或销售票号进行精确或模糊查询。另外，还可以指定销售日期查询。XiaoShou-ChaXun类的代码如下：

```java
package internalFrame;
import java.awt.*;
import java.awt.event.*;
import java.util.*;
import javax.swing.*
import javax.swing.event.*;
import javax.swing.table.DefaultTableModel;

import model.TbUserlist;
import com.lzw.dao.Dao;
public class XiaoShouChaXun extends JInternalFrame{
    private JButton queryButton;
    private JTextField endDate;
    private JTextField startDate;
    private JTable table;
    private JTextField content;
    private JComboBox operation;
    private JComboBox condition;
    private TbUserlist user;
    private DefaultTableModel dftm;
    private JCheckBox selectDate;
    public XiaoShouChaXun() {
        addInternalFrameListener(new InternalFrameAdapter() {
            public void internalFrameActivated(final InternalFrameEvent e) {
                java.sql.Date date=new java.sql.Date(System.currentTimeMillis());
                endDate.setText(date.toString());
                date.setMonth(0);
                date.setDate(1);
                startDate.setText(date.toString());
            }
```

```
        });
        setIconifiable(true);
        setClosable(true);
        setTitle("销售信息查询");
        getContentPane().setLayout(new GridBagLayout());
        setBounds(100, 100, 650, 375);

        setupComponet(new JLabel(" 选择查询条件: "), 0, 0, 1, 1, false);
        condition = new JComboBox();
        condition.setModel(new DefaultComboBoxModel(new String[] {"客户全称", "销售
票号"}));
        setupComponet(condition, 1, 0, 1, 30, true);

        operation = new JComboBox();
        operation.setModel(new DefaultComboBoxModel(new String[]{"等于", "包含"}));
        setupComponet(operation, 4, 0, 1, 30, true);

        content = new JTextField();
        content.addKeyListener(new KeyAdapter() {
            public void keyReleased(final KeyEvent e) {
                if(e.getKeyCode()==10) {
                    queryButton.doClick();
                }
            }
        });
        setupComponet(content, 5, 0, 2, 240, true);

        queryButton = new JButton();
        queryButton.addActionListener(new QueryActionListener());
        setupComponet(queryButton, 7, 0, 1, 1, false);
        queryButton.setText("查询");

        selectDate = new JCheckBox();
        final GridBagConstraints gridBagConstraints_7 = new GridBagConstraints();
        gridBagConstraints_7.anchor = GridBagConstraints.EAST;
        gridBagConstraints_7.insets = new Insets(0, 10, 0, 0);
        gridBagConstraints_7.gridy = 1;
        gridBagConstraints_7.gridx = 0;
        getContentPane().add(selectDate, gridBagConstraints_7);

        final JLabel label_1 = new JLabel();
        label_1.setText("指定查询日期     从");
        final GridBagConstraints gridBagConstraints_8 = new GridBagConstraints();
        gridBagConstraints_8.anchor = GridBagConstraints.EAST;
        gridBagConstraints_8.gridy = 1;
        gridBagConstraints_8.gridx = 1;
        getContentPane().add(label_1, gridBagConstraints_8);

        startDate = new JTextField();
```

```java
            startDate.setPreferredSize(new Dimension(100,21));
            setupComponet(startDate, 2, 1, 3, 1, true);

            setupComponet(new JLabel("到"), 5, 1, 1, 1, false);

            endDate = new JTextField();
            endDate.addKeyListener(content.getKeyListeners()[0]);
            endDate.setPreferredSize(new Dimension(100,21));
            final GridBagConstraints gridBagConstraints_11 = new GridBagConstraints();
            gridBagConstraints_11.ipadx = 90;
            gridBagConstraints_11.anchor = GridBagConstraints.WEST;
            gridBagConstraints_11.insets = new Insets(0, 0, 0, 0);
            gridBagConstraints_11.gridy = 1;
            gridBagConstraints_11.gridx = 6;
            getContentPane().add(endDate, gridBagConstraints_11);

            final JButton showAllButton = new JButton();
            showAllButton.addActionListener(new ShowAllActoinListener());
            final GridBagConstraints gridBagConstraints_5 = new GridBagConstraints();
            gridBagConstraints_5.insets = new Insets(0, 0, 0, 10);
            gridBagConstraints_5.gridy = 1;
            gridBagConstraints_5.gridx = 7;
            getContentPane().add(showAllButton, gridBagConstraints_5);
            showAllButton.setFont(new Font("", Font.PLAIN, 12));
            showAllButton.setText("显示全部数据");

            final JScrollPane scrollPane = new JScrollPane();
            final GridBagConstraints gridBagConstraints_6 = new GridBagConstraints();
            gridBagConstraints_6.weighty = 1.0;
            gridBagConstraints_6.anchor = GridBagConstraints.NORTH;
            gridBagConstraints_6.insets = new Insets(0, 10, 5, 10);
            gridBagConstraints_6.fill = GridBagConstraints.BOTH;
            gridBagConstraints_6.gridwidth = 9;
            gridBagConstraints_6.gridy = 2;
            gridBagConstraints_6.gridx = 0;
            getContentPane().add(scrollPane, gridBagConstraints_6);

            table = new JTable();
            table.setEnabled(false);
            table.setAutoResizeMode(JTable.AUTO_RESIZE_OFF);
            dftm = (DefaultTableModel)table.getModel();
            String[] tableHeads = new String[]{"销售票号", "商品编号", "商品名称", "规
格", "单价","数量", "金额", "客户全称", "销售日期", "操作员", "经手人", "结算方式"};
            dftm.setColumnIdentifiers(tableHeads);
            scrollPane.setViewportView(table);
    }

    private void updateTable(Iterator iterator) {          //更新表格数据
        int rowCount=dftm.getRowCount();
```

```
        for(int i=0;i<rowCount;i++) {
            dftm.removeRow(0);
        }
        while(iterator.hasNext()) {
            Vector vector=new Vector();
            List view=(List) iterator.next();
            vector.addAll(view);
            dftm.addRow(vector);
        }
    }
    //设置组件位置并添加到容器中
    private void setupComponet(JComponent component, int gridx, int gridy,
        int gridwidth, int ipadx, boolean fill) {
        final GridBagConstraints gridBagConstrains = new GridBagConstraints();
        gridBagConstrains.gridx = gridx;
        gridBagConstrains.gridy = gridy;
        if(gridwidth > 1)
            gridBagConstrains.gridwidth = gridwidth;
        if(ipadx > 0)
            gridBagConstrains.ipadx = ipadx;
        gridBagConstrains.insets = new Insets(5, 1, 3, 1);
        if(fill)
            gridBagConstrains.fill = GridBagConstraints.HORIZONTAL;
        getContentPane().add(component, gridBagConstrains);
    }
    class ShowAllActoinListener implements ActionListener {
                                    //显示全部按钮的动作监听器
        public void actionPerformed(final ActionEvent e) {
            content.setText("");
            List list=Dao.findForList("select * from v_sellView");
            Iterator iterator=list.iterator();
            updateTable(iterator);
        }
    }
    class QueryActionListener implements ActionListener {
        public void actionPerformed(final ActionEvent e) {
            boolean selDate = selectDate.isSelected();
            if(content.getText().equals("")) {
                JOptionPane.showMessageDialog(getContentPane(), "请输入查询内容! ");
                return;
            }
            if(selDate) {
                if(startDate.getText()==null||startDate.getText().equals("")) {
                    JOptionPane.showMessageDialog(getContentPane(), "请输入查询的
开始日期! ");
                    return;
                }
                if(endDate.getText()==null||endDate.getText().equals("")) {
                    JOptionPane.showMessageDialog(getContentPane(), "请输入查询的
```

```
结束日期! ");
                        return;
                }
        }
        List list=null;
        String con = condition.getSelectedIndex() == 0
            ? "khname "
            : "sellId ";
        int oper = operation.getSelectedIndex();
        String opstr = oper == 0 ? "= " : "like ";
        String cont = content.getText();
        list = Dao.findForList("select * from v_sellView where "
            + con
            + opstr
            + (oper == 0 ? "'"+cont+"'" : "'%" + cont + "%'")
            + (selDate ? " and xsdate>'" + startDate.getText()
            + "' and xsdate<='" + endDate.getText()+" 23:59:59'" : ""));
        Iterator iterator = list.iterator();
        updateTable(iterator);
    }
  }
}
```

25.8 系统打包与发布

> 本节主要介绍如何打包和发布一个Java应用系统。

可以使用JDK提供的jar.exe进行打包，也可以通过集成开发工具进行打包，打包后得到一个JAR文件，JAR文件是一个简单的ZIP格式文件，它包含程序中的类文件和执行程序的其他资源文件。一旦程序打包之后，就可以使用简单的命令来执行它。如果配置好Java环境或使用JDK的安装程序构建Java环境，那么就可以像运行本地可执行文件一样执行JAR文件。

下面我们将介绍如何使用Eclipse开发工具将程序打包成JAR文件。

1. 创建描述文件

JAR文件需要一个描述文件，该文件以"MANIFEST.MF"命名，它描述了JAR的配置信息，例如指定主类名称、类路径等。文件内容如下：

```
Manifest-Version: 1.0                    //文件版本号
Main-Class: com.lzw.JXCFrame              //指定程序主类
//配置类路径
Class-Path: .lib\mysql-connector-java-5.1.25.jar
```

//添加空行结尾

具体含义如下：

● 版本号是每个描述文件的基本信息。

● Main-Class用于指定程序执行的主类。

● Class-Path用于指定程序执行的类路径，多个路径使用" "空格符号分割。

● 在描述文件的结尾插入一个空行，这代表描述文件的结束。

具体操作步骤如下：

Step 01 在Eclipse的资源包管理器中右击项目的src文件夹，在弹出的快捷菜单中选择"导出"命令。

Step 02 在弹出的"导出"对话框中选择"Java/JAR文件"子节点，单击"下一步"按钮。

Step 03 在弹出的"JAR导出"对话框中选择要导出的文件夹，本系统的程序代码都在src文件夹中，在步骤2中是右击src文件夹启动导出功能的，在该对话框中已经默认选取src文件夹中所有内容，包括子文件夹。然后，在"JAR文件"下拉列表框中输入生成的JAR文件名和路径，如图25.7所示，单击两次"下一步"按钮。

图25.7 "JAR导出"对话框

Step 04 在弹出的对话框中选中"从工作空间中使用现有清单"单选按钮，在"清单文件"文本框的右侧单击"浏览"按钮，选择步骤1建立的清单文件"MANIFEST.MF"，单击"完成"按钮。

Step 05 现在JAR文件已经创建并保存在C盘JXC文件夹中，程序的清单描述文件中指定了连接SQL Server 2000数据库的JDBC驱动包放在lib文件夹中，所以，必须在JXC文件夹中创建lib文件夹，然后将相应的类包复制到lib文件夹中，最后将本系统所用到的图片资源文件夹复制到JXC文件夹中，即可双击JXCManager.jar文件运行程序了。

本章小结

　　本章介绍了系统需求分析、系统设计、系统实现、系统的运行与发布等各环节的基本过程。通过本章的学习，读者可以了解Java应用程序的开发流程以及窗体设计、事件监听等技术，提高程序开发的能力。

项目练习

项目练习1

　　熟悉进销存系统的开发流程，为进销存管理系统添加功能，使系统更加完善。根据第24章项目练习1完成的系统设计的内容，完成系统的代码实现。

项目练习2

　　设计一个简单的学生信息管理系统，用于管理本班同学的基本信息，完成系统代码实现部分。